西北干寒地区高性能混凝土性能与配制技术

张戎令　王起才　著

人民交通出版社股份有限公司
China Communications Press Co.,Ltd.

内 容 提 要

本书依托青藏铁路、兰新高铁等国家重大工程以及相关科研成果，主要内容包括干寒地区高性能混凝土配合比设计、大温差条件下高性能混凝土性能和配制技术、低温条件下高性能混凝土性能及强度增长机理、腐蚀条件下高性能混凝土性能及配制技术、大风条件高性能混凝土配制技术，以及高性能混凝土养护技术。

本书可作为从事混凝土工程设计、科研及施工人员的参考书，也可供相关院校师生参考使用。

图书在版编目(CIP)数据

西北干寒地区高性能混凝土性能与配制技术 / 张戎令，王起才著. —北京：人民交通出版社股份有限公司，2016.5

ISBN 978-7-114-12847-9

Ⅰ. ①西… Ⅱ. ①张… ②王… Ⅲ. ①寒带—干旱区—高强混凝土—性能 ②寒带—干旱区—高强混凝土—配制 Ⅳ. ①TU528.31

中国版本图书馆 CIP 数据核字(2016)第 040038 号

书　　名：**西北干寒地区高性能混凝土性能与配制技术**
著 作 者：张戎令　王起才
责任编辑：李　喆
出版发行：人民交通出版社股份有限公司
地　　址：(100011)北京市朝阳区安定门外外馆斜街 3 号
网　　址：http://www.ccpress.com.cn
销售电话：(010)59757973
总 经 销：人民交通出版社股份有限公司发行部
经　　销：各地新华书店
印　　刷：北京鑫正大印刷有限公司
开　　本：787 × 1092　1/16
印　　张：18.25
字　　数：420 千
版　　次：2016 年 5 月　第 1 版
印　　次：2016 年 5 月　第 1 次印刷
书　　号：ISBN 978-7-114-12847-9
定　　价：48.00 元

序　　言

混凝土因原材料就地取材、使用方便及高强耐久等优点，在土木工程结构设计中得到了广泛应用。高性能混凝土是一种新型高技术混凝土，是在大幅度提高普通混凝土性能的基础上采用现代混凝土技术制作的混凝土。根据不同的用途、不同地区的原材料及不同的气候环境，应保证其耐久性、工作性、适用性、强度、体积稳定性和经济性等性能要求。

目前在高性能混凝土性能和配制技术研究方面，许多学者开展了大量的试验研究和实际应用，取得了许多可喜的成绩。但是，在西北地区，干燥、寒冷、大温差、大风、多年冻土等特殊的气候环境，对高性能混凝土配合比的设计及性能的保证提出了极大的挑战。如果对高性能混凝土材料自身和使用环境相互影响的分析和研究不透彻，混凝土结构将会存在严重的耐久性问题。如高性能混凝土在恶劣气候环境下的冻融破坏、低温下强度增长缓慢、干旱养护不足造成的开裂以及强腐蚀条件下的混凝土腐蚀破坏等，都会造成混凝土结构无法达到预定的设计使用年限。

作者通过"青藏铁路工程——负温早强耐腐蚀混凝土"、"寒旱地区混凝土结构开裂原因、防治技术及应用"、"寒旱地区耐久混凝土研制及应用"、"青藏铁路多年冻土工程技术"及"干旱风沙地区铁路修建关键技术研究——干旱风沙地区混凝土和无砟轨道施工质量控制研究"等课题的研究，取得了一系列的科技成果，形成了西北地区高性能混凝土性能和配制技术等较为完整的理论和技术体系。研究成果能够指导高性能混凝土的设计和施工，有效地解决了西北地区恶劣气候环境下高性能混凝土性能难以控制的问题，大大推进了高性能混凝土配制技术的应用。随着近几年该技术在青藏铁路、青藏公路、兰新高速铁路、白明高速公路等工程中的应用，在国内外产生了很大的影响，为我国混凝土工程建设做出了重要贡献。

《西北干寒地区高性能混凝土性能与配制技术》一书将作者及其研究团队二十多年的系统科学研究成果和恶劣气候环境下工程应用积累的宝贵经验进行了总结，具有较高的学术价值和工程应用价值，将对高性能混凝土性能的研究，特别是干寒条件下高性能混凝土的工程应用起到积极的推动作用。

中国科学院院士

2016 年 1 月

前　言

随着欧亚大陆桥战略通道和“新丝绸之路”的国家战略深入发展，基础设施建设将进一步发展，干寒地区高性能混凝土的需求量会日益增加。据资料显示，中国计划设立千亿元的基金为“新丝绸之路”中的基础设施建设筹措资金，基金规模达163亿美元（约1 002亿元），主要用于新建和扩建中国部分省份的铁路、公路以及管道。西部大开发、欧亚大陆桥战略通道及“新丝绸之路”经过的区域存在干寒、大风、大温差等气候特点，基础建设中大宗型材料——高性能混凝土的配制技术和性能保证尤为重要，其关系混凝土结构的设计使用寿命，关系大型基础设施的质量，关系国计民生和国际形象。

西北地区高性能混凝土在恶劣气候环境下的配制要求和力学性能有别于中部、东部地区。通常情况下高性能混凝土组成材料主要包括水泥、粗细集料、水、矿物掺和料和外加剂，而恶劣气候环境下高性能混凝土除对以上组成材料有要求之外，又需要考虑不同的环境条件对高性能混凝土的性能要求，需要改变和优化掺和料，甚至研制新型掺和料和外加剂，以配制出满足不同地区、不同原材料和不同功能要求的高性能混凝土。各组分配合比间在混凝土形成过程中的物理、化学与力学间和环境条件间的正负效应交互耦合影响作用，造成西北地区高性能混凝土性能在形成过程中的极度复杂性和正负效应间的交叉。

为了全面、系统地研究西北干寒地区高性能混凝土性能与配制技术，深入研究不同气候条件下的各项关键技术，如干旱大温差下混凝土的配制、低温条件下混凝土的配制、腐蚀条件下混凝土的配制、大风条件下混凝土的配制等，以揭示干寒地区高性能混凝土配制特点和性能变化规律。作者在混凝土材料领域深入研究二十多年，并申请到了原铁道部“青藏铁路低温早强耐腐蚀高性能混凝土应用试验研究”、“昆仑山和风火山隧道关键技术的研究——低温早强耐久性混凝土技术应用研究”、“混凝土外加剂性能对比试验研究”，以及中国铁路总公司“干旱风沙地区混凝土施工质量及控制措施研究”、教育部长江学者和创新团队支撑及滚动支撑“西北干寒地区材料与结构耐久性研究”（IRT－15R29）、国家自然科学基金“多年冻土区混凝土灌注桩在冰—水—冰介质中早期强度增长规律及机理研究”（51268032）等多项国家级和省部级科研计划的支持。研究成果获得了国家科技进步特等奖1项、全国铁路重大科技成果奖1项、甘肃省科技一等奖1项、二等奖7项、三等奖2项，并有12项国家专利。

参加课题研究的主要人员有：王起才、张戎令、拉有玉、刘建勋、王效有、刘树红、张粉芹、于本田、王小平、孟芳、赵彦华、李盛、代金鹏、彭一春、王永忠、周立霞、杨斌、张华、朱昌岳、徐祥宏等。

本书基于作者及其课题组多年的研究成果撰写而成，全书共7章，第2章、第4章、第5章主要由王起才完成；第1章、第3章、第6章、第7章主要由张戎令完成。其中，第1章为背景资料的概述;第 2 章着重介绍干寒地区高性能混凝土配合比设计;第 3 章着重介绍大温差条件下高性能混凝土性能和配制技术;第 4 章着重介绍低温条件下高性能混凝土性能及强度增长机理;第 5 章着重介绍腐蚀条件下高性能混凝土性能及配制技术;第 6 章着重介绍大风条件高性能混凝土配制技术;第 7 章着重介绍高性能混凝土养护技术。

本书的研究成果离不开各科研项目的支撑,感谢国家自然科学基金委、教育部长江学者和创新团队滚动项目、中国科协青年人才托举工程,陇原青年人才项目等给予的资助。同时也要感谢项目研究过程中,各建设单位、设计单位、施工单位及监理单位给予的指导和支持,感谢参加项目研究的全体课题组成员的支持和帮助。

西北干寒地区高性能混凝土的研究仍有许多工作要做,本书的研究成果为今后的深化研究和推广应用打下了坚实的和创新性的基础。由于作者水平有限,书中难免存在不妥之处,敬请读者指正。

张戎令　王起才

2016 年 1 月于兰州

目　　录

第1章　西北地区气候环境与混凝土原材料概况

1.1　西北地区地形地貌和气候特征

1.1.1　所处地理位置

西北地区是中国七大地理分区之一，涵盖区域如图1.1所示。覆盖地区是亚欧大陆桥通道和新丝绸之路经济带的重要组成部分，在国民经济与路网中均具有非常重要的意义和作用。区域蕴藏着丰富的石油、天然气、有色金属等资源，盛产棉花等农副产品，是国民经济发展不可或缺的重要物资。而我国内陆地区对石油、煤炭等物资有较大需求，仅靠中东部地区

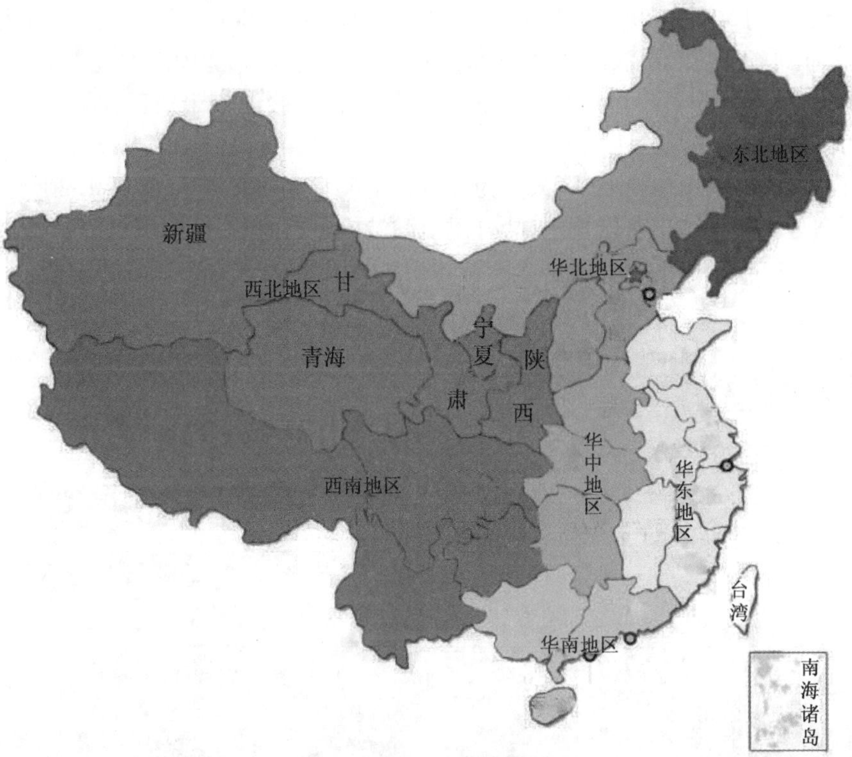

图1.1　西北地区示意图

供给或者进口不能安全有效地保障上述重要物资的供应。区域交通基础设施的建设,可大幅度提高运输能力,可较好地为资源开发和外运提供强大的运力支撑,为我国能源战略安全提供保障。

1.1.2 西北地区地形地貌和气象条件

甘肃省地处黄土、青藏和蒙古三大高原交汇地带,地貌复杂多样,山地、高原、平川、沙漠、戈壁交错分布,地势自西南向东北倾斜,是山地型高原地貌。气候干燥,气温日较差大,光照充足,太阳辐射强。干旱区年降水量一般不超过 200 ~ 250mm,且多以暴雨形式降落。植被稀少,昼夜温差大,物理风化作用强烈,风力强,荒漠发育。其地貌以风成地貌和暂时性流水地貌为主,如沙丘、戈壁,干冲沟和洪积扇等。祁连山地,山系低山区干燥剥蚀作用盛行,中山区以流水侵蚀为主,高山为寒冻风化作用所控制。其存在三级夷平面:第一级,东段海拔 4 400 ~ 4 600m,西段 4 800 ~ 5 000m;第二级,东段 4 000 ~ 4 200m,西段 4 500 ~ 4 700m;第三级,东段 3 600 ~ 3 800m,西段 4 000 ~ 4 200m。

甘肃省气候属温带季风气候,具有明显的向大陆性气候过渡的特征。干旱缺雨,温差较大,四季气候的特点是:冬季雨雪少,寒冷时间长;春季升温快,冷暖变化大;夏季气温高,降水较集中;秋季降温快,初霜来临早。年平均气温为 -0.3 ~ 14.8℃,海拔 1 500m 以下的地方年平均气温在 8℃以上,海拔 2 500m 以上的年平均低于 4℃。最冷的一月平均气温从西北往东南变化为 -11.9 ~ 3.8℃,各地年降水量在 300 ~ 860mm。受季风影响,降水多集中在 6 ~ 8 月份,占全年降水量的 50% ~ 70%。全年日照时间在 1 975 ~ 3 300h。省内大致可分为 8 个气候区:①陇南南部河谷亚热带湿润区;②陇南北部暖温带湿润区;③陇中南部温带半湿润区;④陇中北部温带半干旱区;⑤河西北部温带干旱区;⑥河西西部暖温带干旱区;⑦河西南部高寒半干旱区;⑧甘南高寒湿润区。

甘肃省河西走廊除山地高坡外,大多为发育在荒漠土上的盐碱土,如图 1.2 所示。在冲积扇中部大面积分布的是结皮蓬松盐土,盐分以硫酸钠为主;冲积平原中下部分布的是灰褐色结皮盐土,硫酸盐含量较低;平原下部排水不良和低洼河滩地上分布有潮湿结皮盐土,多含氯化物和镁盐。

图 1.2 甘肃西北地区地表盐渍土

甘肃省西北部区域属于戈壁半荒漠、荒漠地区，气候环境极为恶劣，主要表现在以下3个方面：①穿越风区，风期长，风力大；全年大于8级大风的天气有六十多天，沙尘暴约有30d。②严重干旱缺水，蒸发量远大于降水量；根据马鬃山气象站1981～2011年气象资料，年平均降水量为63.7mm，年平均蒸发量高达3 000mm，干旱地区混凝土结构的养护、干燥收缩开裂使混凝土结构面临着巨大的考验。③夏季高温、冬季低温、昼夜和季节温差大，年平均气温为4.8℃，1月份平均气温为－11.8℃，7月份平均气温为20.8℃。同时盐渍土分布较为广泛，其上部为洪积氯盐、硫酸盐弱～中盐渍土，下部为残积盐渍土硫酸盐、氯盐弱～中盐渍土，盐渍土最大深度达4.5m，盐渍土类型为氯盐及硫酸盐，以弱盐渍土为主，多具中—强腐蚀性。

青海省位于世界屋脊青藏高原东北部，是中国青藏高原上的重要省份之一。东北部由阿尔金山、祁连山数列平行山脉和谷地组成，平均海拔4 000m以上。西北部的柴达木盆地，是一个被阿尔金山、祁连山和昆仑山环绕的巨大盆地，海拔2 600～3 000m，东西长800km，南北宽200～300 km，盆地南部多为湖泊、沼泽、并以盐湖为主。南部是以昆仑山为主体并占全省面积一半以上的青南高原，平均海拔4 500m以上。

青海省属于高原大陆性气候，具有气温低、昼夜温差大、降雨少而集中、日照长、太阳辐射强等特点。冬季严寒而漫长，夏季凉爽而短暂。各地区气候有明显差异，东部湟水谷地，年平均气温为2～9℃，无霜期为100～200d，年降雨量为250～550mm，主要集中于7～9月。柴达木盆地年平均温度为2～5℃，年降雨量近200mm，日照长达3 000h以上。东北部高山区和青南高原温度低，除祁连山、阿尔金山和江河源头以西的山地外，年降雨量一般在100～500mm。青海地处中纬度地带，太阳辐射强度大，光照时间长，年总辐射量可达690.8～753.6kJ/cm^3，直接辐射量占辐射总量的60%以上，年绝对值超过418.68 kJ，仅次于西藏，位居中国第二。

青海省西部属青藏高原冻土区，是世界上中、低纬度地带海拔最高面积最大的高原型冻土，青海省内面积约占24万km^2。该区域内气候严寒，年平均气温多年保持在负温状态，冻土分布区域界线大致与年平均气温－3.5～－2.5℃等值线相一致，冻土厚度一般在30～70m。该区域地形起伏变化大，地貌植被条件复杂，地表水活动频繁，地下水类型复杂，使多年冻土的厚度在水平方向上变化很大。其中祁连山及青藏高原之间的柴达木盆地、茶卡共和盆地及西宁—民和盆地等广大区域内广泛分布着季节性冻土。东部为祁连山地区多年冻土，面积约9 100km^2，占祁连山总面积的43%左右，其南界为拉脊山、青海南山、柴达木南坡大致海拔3 700～3 950m以上，北界为冷龙岭走廊、南山及野马山北坡海拔分别为3 494m、3 670m和3 740m以上。南坡大致与年平均气温－2℃等值线相吻合，北坡大致与－2.5℃等值线相吻合。其中岛状多年冻土厚度一般为25～35m，连续多年冻土厚度一般为50～95m，最厚为139.7m，其形成时间距今约3 000余年，主要为后生多年冻土。

青海省是我国第三大盐渍土分布地区，该地区盐渍土主要是盐化草甸土，主要分布在柴达木盆地和青海盆地的冲积平原和低洼地区，以及盐滩和盐湖地区。冲积平原的盐渍土主要是氯化物和硫酸盐，盐湖附近以氯化物为主。

(1)根据青海九〇六工程勘察设计院提供的《岩土工程勘察报告》，盐渍土主要矿物含量如表1.1所示。

表 1.1　盐渍土主要矿物含量

工程名称	样品名称	最大浓度(mg/L)	
		SO_4^{2-}	Cl^-
共和桥	地下水	2 545.59	251.7
	河水	100.86	46.09
	土	7 156.5	1 418.0
	泥岩	270 408.9	6 735.5
勤奋桥	地下水	876.55	159.53
	河水	96.06	42.54
	土	6 143.9	974.9
	泥岩	109 508.4	12 141.6

(2)根据甘肃省水利水电勘测设计研究院提供的《岩土工程勘察报告》,盐渍土主要矿物含量如表 1.2 所示。

表 1.2　盐渍土主要矿物含量

工程名称	样品名称	最大浓度(mg/L)	
		SO_4^{2-}	Cl^-
河道改造工程	河水	67.93	
	钻孔取水	822.3	
	基岩裂隙水	37 036	19 093

(3)根据青海九〇六工程勘察设计院提供的数据,盐渍土主要矿物含量如表 1.3 所示。

表 1.3　盐渍土主要矿物含量

工程名称	样品名称	最大浓度(mg/L)	
		SO_4^{2-}	Cl^-
地下空间、下穿隧道及轨道工程	地下水	1 044.65	230.43
	孔隙水(石膏岩)	2 137.34	395.27
	杂填土	8 261.2	974.9
	泥岩石膏岩	237 676.455	16 466.5

宁夏自治区银川以南地区分布的是斑状轻度盐化浅色草甸土,以北地区分布的是斑状中、强度盐化草甸土和浅色草甸盐土,在地势低洼地区盐土呈大面积分布。由于地形和地下径流流速的差异,盐分产生分异作用,形成的盐土类型较多,如蓬松盐土、潮湿盐土、草甸盐土、沼泽盐土和苏打盐土等,在封闭洼地还有白僵土。盐渍土盐分主要为氯化物硫酸盐和硫酸盐氯化物,其次是重碳酸盐的苏打盐土和白僵土,如表 1.4 所示。

新疆天山东脉北山南麓丘陵区:柳园南至烟墩为天山东脉北山南麓丘陵区,地形波状起伏,地面高程 1 600 ~1 860m,相对高差 30 ~100m。年平均气温 5.9℃,极端最高温 39.3℃,极端最低温度 -31℃,最热月平均气温 22℃,最冷月平均气温 -12.5℃,最大月平均气温差 19℃,年平均相对湿度 36,年均降水量 43.4mm,年最大降水量 122.3mm 年最小降水量

16.9mm，年均蒸发量3 301.6mm，年最大蒸发量3 828.1mm，平均风速4.8m/s，年均大风日数（≥8级）40.1d，最大风速29.0m/s，最大季节冻土深度90cm。区内人烟稀少，地表荒芜，地表零星覆盖粗、细圆砾土，大部分地段基岩裸露，多呈砾漠、岩漠地貌景观，地层以古老变质岩系及侵入岩为主，地下水不发育。

表1.4 西北地区气候及含盐量

地区	气候					土壤	地下水	
	类型	年平均气温（℃）	年均降雨量（mm）	年均蒸发量（mm）	含盐量（%）	盐分	埋深（m）	EDS（g/L）
内蒙古	半干旱	6～10	140～330	1 800～2 000	15～140	钠镁化硫酸盐或硫酸盐	1～2	5～10
宁夏	半干旱	9	150～300	1 600～3 000	1～5	钠氯化硫酸盐或硫酸盐氯化物	1～2	10～25
甘肃	干旱	7～9	150～300	1 600～3 300	50	钠的硫酸盐、钠镁氯化物	1～2.5	5～10
青海	干旱	3～4	25～200	3 000		钠的氯化物、硫酸盐		
新疆	干旱	4～12	100～200	1 500～3 500	20～60	钠的氯化物、硫酸盐	3～20	3～10

新疆哈密、吐鲁番盆地北缘山前冲、洪积平原区：哈密、吐鲁番盆地北缘天山南麓山前冲、洪积平原区，地形平坦开阔，地势略有起伏，地面高程700～1 050m，多为典型的戈壁荒漠地貌。年平均气温14℃，极端最高温47.7℃，极端最低温度－28℃，最热月平均气温32.7℃，最冷月平均气温－9.5℃，最大月平均气温差11.9℃，年平均相对湿度41，年均降水量16.2mm，年最大降水量48.4mm，年最小降水量2.9mm，年均蒸发量2 789.1mm，年最大蒸发量3 608.2mm，平均风速1.6m/s，年均大风日数（≥8级）25.1d，最大风速40.7m/s，最大季节冻土深度83cm。区内人烟稀少。了墩—小草湖段为著名的百里风区；三个泉一带为著名的三十里风区；烟墩一带为烟墩风区；风蚀地貌发育，沟梁相间，相对高差5～30m。全区地表多为第四系地层覆盖，个别段落基岩裸露。

新疆东天山博格多山南坡低中山区及山间盆地：属低中山区和山间盆地区，达坂城以东为低中山区，山势陡峭，地面高程1 000～1 400m，自然山坡30°～50°，相对高差100～400m，“V”形沟谷发育，基岩裸露；达坂城至芨东，属山间盆地，为冲积、湖积平原，地形平坦、开阔，地面高程1 070～1 130m，分布湿地、沼泽等松软地层；芨东以西至芨芨槽子为丘陵区，自然坡度20°～35°，地面高程1 100～1 200m，相对高差20～100m，基岩局部出露。年平均气温6.3℃，极端最高温31.3℃，极端最低温度－31.9℃，最热月平均气温21.1℃，最冷月平均气温－10.5℃，最大月平均气温差11.6℃，年平均相对湿度50，年均降水量63.2mm，年最大降水量112.3mm，年最小降水量22.4mm，年均蒸发量2 721.8mm，年最大蒸发量3 056mm，平均风速6.2m/s，年均大风日数（≥8级）156.8d，最大风速40.7m/s，最大季节冻土深度1.44m。区内零星散布居民点，交通便利，平原及低洼地带地下水丰富。

新疆准噶尔盆地南缘山前冲、洪积平原区：为准噶尔盆地南缘、天山北麓山前冲、洪积平原区。地形平坦，整个地势由南向北倾斜，地面高程由1 100m下降至900m。年平均气温6.9℃，极端最高温42.1℃，极端最低温度－41.5℃，最热月平均气温24.1℃，最冷月平均气温－12.7℃，最大月平均气温差6.2℃，年平均相对湿度58，年均降水量271.4mm，年最大降水量419.2mm，年最小降水量131.3mm，年均蒸发量2 164.2mm，年最大蒸发量2 663.4mm，平均风速2.4m/s，年均大风日数（≥8级）17.5d，最大风速34.9m/s，最大季节冻土深度162cm，区内城镇居民点密布，交通便利。地表大多为第四系地层覆盖，局部基岩出露。

新疆盐渍土主要发育在河流冲积平原上。在地势低平地区分布有盐碱荒漠土和结皮盐土;沿天山南北两侧冲积扇边缘的泉水带分布的是盐化草甸土、盐化和沼泽荒漠土;天山以南盆地的洼地和塔里木河两岸分布的是盐化草甸土。在上述盐土分布区内也有碱土分布。盐土盐分较为复杂,以硫酸盐和氯化物为主。天山以北伊犁盆地的盐土以氯化物硫酸盐为主;天山以南和东部地区的盐土分别以硫酸盐和氯化物为主;各盆地洪积扇边缘的盐土以硫酸盐为主;南疆的盐土主要含有碳酸盐。

新疆土壤含盐量之高,盐渍土类型之多和分布范围之广均属世界罕见。

通过对西北地区气候条件分析可以得知,西北地区气候环境较为恶劣,主要表现在以下几个方面:

(1)穿越风区,风期长、风力大

线路穿越百里风区、三十里风区等五大风区,区段内风速高,最大风速达60m/s;风期长,局部地段大于8级风的天数超过200d。

(2)严重干旱缺水、蒸发量远大于降水量

西北地区地处大陆性气候区,干旱多风,降雨稀少,蒸发强烈,蒸发量为降雨量的5~10倍以上,是我国最干旱的地区。该地区严重干旱缺水,年降水量均较小,年均降水量最大的准噶尔盆地南缘山前冲、洪积平原区年降水量为271.4mm,而哈密、吐鲁番盆地北缘山前冲、洪积平原区年均降水量仅为16.2mm,但四个地区的年均蒸发量均在2 000mm以上,其中天山东脉北山南麓丘陵区年均蒸发量达到3 301.6mm。

(3)夏季高温、冬季低温、昼夜和季节温差大

夏季极端气温均在30℃以上,最高达到47.7℃,而冬季极端气温又非常低,最低达到-41.5℃。而且由于夏季高温是太阳直射造成的,晚上由于大风影响,气温降低较多,昼夜和季节温差较大。

(4)西北地区广泛分布着多年冻土和季节冻土

青藏高原冻土区是世界上中、低纬度地带海拔最高面积最大的高原型冻土,该区域内气候严寒,年平均气温多年保持在负温状态,冻土分布区平均气温-2.5~-3.5℃,冻土厚度一般在30~70m。

(5)西北地区广泛分布着盐碱土

我国盐渍土分布范围很广,据统计,全国约有987km^2盐渍土,而西北地区就占60%左右。西北干旱区盐碱地面积约占全国盐碱地面积的1/3。

西北地区总体气候特征为:干旱少水、大风、夏季高温、冬季低温,昼夜和季节温差大。

1.2 西北地区高性能混凝土面临的问题及研究的意义和目的

1.2.1 干寒地区高性能混凝土研究现状

1)干旱大温差条件下高性能混凝土研究现状

国外,挪威学者在1986年首度提出高性能混凝土这一概念,国内,高性能混凝土的概

念是清华大学于1994年向国内介绍和发起应用研究的。高性能混凝土是对传统混凝土的重大突破，它是一种环保型、集约型的新型材料，在节能、节料、工程经济以及环保等方面都具有重要意义。高性能混凝土的出现是混凝土发展史上的一个新的里程碑。在干旱大温差环境下，高性能混凝土的性能更是受到了严峻的考验，针对干旱大温差环境下高性能混凝土的研究也取得了较大的进展。周立霞采用优化掺和料、优化集料、优化养护技术的"三优化"方法，解决了戈壁地区高性能混凝土的耐久性问题；李朝来结合目前常用的减缩阻裂措施，分析了各类减缩阻裂措施在不同环境条件下对混凝土抗裂性能的改善效果，并探索多种措施相结合的方式，找到该环境下最有效的减缩阻裂措施；Bissonnette 的研究表明，随着水灰比的降低，混凝土的强度增加，弹性模量变大，同时混凝土的徐变能力降低，综合几种性能变化的影响，混凝土的开裂趋势增加；Bloom 的研究表明，混凝土的水泥用量越大，开裂的可能性越大；Brewer 的研究表明，水泥颗粒越细，早期水化反应越快，导致短期内放出大量热量，对水泥浆体的抗裂性不利；Wiegrink 的研究表明，在混凝土中掺加硅灰尽管可以提高早期强度，但是混凝土的开裂趋势增加；蒲建国从高性能混凝土的配合比的优化及施工阶段科学合理的施工措施两个方面入手，提出了提高混凝土耐久性的措施；佘安明以干燥大温差地区的气候环境为背景，针对这些地区混凝土制备过程中的含水率控制难题以及气候环境对混凝土早期显微结构的影响进行了研究；刮俊针对高寒地区桥梁混凝土工作环境，依托实际工程，系统开展高寒地区桥梁混凝土耐久性研究，提出了提高该区桥梁混凝土抵抗冻融、腐蚀以及碳化等耐久性的方法；岳家平从研究材料的物理化学特性出发，以颗粒级配理论为基础，优选出高性能漂珠和微硅作为外掺料，并适当降低水泥浆液固比，优化材料组配，不仅获得了较低的水泥浆密度，还提高了浆体中胶凝组分含量，对稳定性、抗压强度以及水泥石致密性均有改善作用。总之，随着高性能混凝土在干旱大温差环境下的使用，针对干旱大温差环境高性能混凝土的研究越来越多，也越来越深入，更是取得了越来越多的成果，使高性能混凝土在干旱大温差环境中的使用更加便利。

2)低温条件下混凝土研究现状

为了优化寒冷地区混凝土的施工技术，国内外专家学者做了大量的研究工作，选用3种养护条件：自然变负温养护、室温养护、恒负温养护，在3种养护条件下，采用数据采集系统对混凝土内部、环境等进行系统测试，获得了不同养护条件下混凝土内、外部温度曲线及相应温度下不同龄期混凝土强度发展规律。研究表明，变温条件增加了水泥石体系中自由能差，使水泥粒子和水分子有反应的能量和动力，使变负温养护比恒负温养护条件使混凝土强度有更大幅度的增加；掺高效防冻剂和矿物混合材料，有利于混凝土早期结构形成及强度发展；用变负温养护制度检测掺防冻剂混凝土技术性能更为接近施工实际。研究了恒定低温养护情况下，混凝土早期抗压与抗拉强度的增长规律；试验分别在0℃、5℃、10℃和20 ℃恒定温度条件下养护，并在不同龄期下测定其轴压与劈拉强度，得到强度增长过程曲线。研究了水灰比、矿物掺和料、外加剂及预养制度对负温混凝土抗压强度、抗折强度、轴心抗压强度和静弹性模量的影响。通过对冬季混凝土试件强度的系统试验研究，得出了在寒冷地区冬季混凝土强度（标准养护、自然养护）随龄期的增长规律、冬季混凝土强度（标准养护、自然养护）随成熟度的增长规律。研究了掺和料对低温混凝土抗冻临界强度作用的机理；研究了不同强度等级的混凝土（C30、C40、C50）在是否掺加防冻剂和不同受冻温度（-5 ℃、-10℃、-15℃）下的抗冻临界强度；另外还对达到抗冻临界强度的负温混凝土的后期抗冻性和抗渗性进行了研究。通过改变混凝土养护的温度制度，测试不同预养时间的混凝土 6d 及 31d 抗压强度，研究不同预养时间以及不同温度制度对混凝土早期及后期强度的影响；通过对冬季混凝土试件强度的系统试验研究，探讨了在寒冷地区冬期低温条件下混凝土强度增长的规律。统计分析表明，冬期混凝土强度即使在 0℃以下也有缓慢增长，增长与龄期的关系不确定性较大，但与成熟度呈明显的对应关系；介绍了混凝土成熟度的概念、原理、应用和发展的趋势；阐述了混凝土成熟度的理论，并指出混凝土从 0 ~ −12.5℃负温养护，强度在抗压强度标准值 $f_{cu,k}$ 的 50% 以下，混凝土成熟度的理论和计算公式是适用的，从而扩大了混凝土成熟度的应用范围，并提出了求负温混凝土强度的回归方程，为随时掌握混凝土强度提供了依据。

配制干寒地区耐久混凝土，需要从混凝土所用材料、配合比、施工工艺等方面进行研究。

从材料方面而言，配制耐久混凝土适用、经济的方法，仍然是添加外加材料。在以寒、旱为主要特征的复杂因素作用下的耐久混凝土，该外加材料需要采用多组分体系，同时考虑土建工程中混凝土用量很大，水泥品种较多，寒、旱带来的施工难度等问题。该外加材料还需满足使用要求，即具有配制简单、使用方便、效果明显、适用性强、价格便宜的特点。这些性能及使用要求，都决定了该外加材料绝非简单组合就能满足要求，必须进行精心组合、科学设计、系统试验方能确定。

从配合比而言，模拟现场条件，对掺有复合外加剂的混凝土在规定温度的正负变温、低温、负温条件下进行不同水泥用量、不同和易性、不同强度等级、不同预养制度的物理力学性能及耐久性试验。找到适宜不同和易性、不同强度等级、不同耐久性要求的经济配合比，有其必要性。

结合西部地区正在进行的国家重点工程——青藏铁路，对寒旱地区耐久混凝土的研究成果应用情况进行了分析，从施工方面研究了耐久混凝土的技术措施，确保了耐久混凝土的质量很有必要。

3）耐腐条件下高性能混凝土研究现状

随着水泥混凝土的开始使用，混凝土耐久性问题也随之出现。水泥混凝土早期的应用场合主要是一些海岸防波堤、码头、灯塔等工程，这些工程由于长期遭受海水的侵蚀、波浪冲击以及冰冻作用而迅速破坏，引起人们对混凝土耐久性的注意。但早期人们对混凝土耐久性的研究主要集中在了解海上混凝土的腐蚀情况。

19 世纪 40 年代，法国工程师 Buka 为探索码头被海水破坏的原因，对石灰以及用石灰和火山灰制成的砂浆性能进行了抗腐蚀研究，并著有《水硬性组分遭受海水腐蚀的化学成因及其防护方法的研究》一书，成为混凝土受海水腐蚀破坏的第一部研究著作。19 世纪 80 年代，钢筋混凝土开始应用于工业建筑，人们便着手研究钢筋混凝土能否在活性物质腐蚀条件下安全使用，以及工业大气中混凝土的耐久性问题。20 世纪初，Grun R 和 Kleinlogel A 等对工业建筑中使用的混凝土和钢筋混凝土的腐蚀问题进行了系统研究。1925 年，美国 Mi11er D G 为了获得 25 年、50 年甚至更长时间的混凝土腐蚀数据，进行了混凝土在硫酸盐含量极高的土内耐腐蚀性能的试验。前联邦德国钢筋混凝土协会利用混凝土构筑物遭受沼泽水腐蚀损坏的实例，对混凝土在自然条件下的腐蚀情况进行了一次长期试验。1934 ~ 1964 年的 30 年间，Campus F 和 Graf O 等对混凝土在海水中的耐久性及腐蚀情况进行了试验研究，提供了许多有关混凝土结构在自然条件下使用情况的可靠数据以及有关水泥种类、混凝土配合比和某些生产因素对混凝土抗腐蚀性能影响的有关见解。从20世纪60年代开始，随着混凝土结构的广泛使用，混凝土结构的耐久性研究进入了高潮，并向系统化、国际化方向发展，出现了各种结构耐久性学术机构，开展多种学术活动，出版大量研究论著。美国混凝土学会(American Concrete Institute，ACI)于1957年成立了ACI 201委员会，负责并指导混凝土耐久性方面的研究。国际材料与结构研究联合会于1960年成立了“混凝土中钢筋腐蚀”技术委员会，并于1961年、1969年分别召开国际混凝土耐久性学术会议；1970年第六届国际预应力混凝土会议上明确提出了“混凝土耐久性与强度同样重要”的观点；1978～1993年连续六次召开了建筑材料与构件的耐久性国际学术会议；1985年，美国投资2 000万美元，在西北大学成立了美国先进水泥基材料研究中心(Ceater for Advanced Cement-based Materials，ACBM)，期限为11年，重点研究混凝土的耐久性，目前已在混凝土断裂、冻融、硫酸盐侵蚀、碱集料反应等方面取得了很多研究成果。1987年，国际桥梁与结构协会(Internanional Association for Bridge and Structure Engineering，IABSE)在巴黎召开了“混凝土的未来”国际学术会议；1988年在丹麦召开了“混凝土结构的重新评估”国际会议；1989年，在美国和葡萄牙分别举办了有关结构耐久性的国际会议；1991年美国和加拿大联合举行了第二届混凝土结构耐久性国际学术会议；1993年在日本召开了第六届建筑材料与构件的耐久性国际会议，IABSE在丹麦召开了结构残余能力国际学术会议；2001年3月IABSE代表CIB、ECCS、FIB、RILEM等组织在马耳他岛召开了“安全性、风险性与可靠性——工程趋势”的国际学术会议。

我国对混凝土腐蚀方面的研究起步较晚，在20世纪50年代初开始了这方面的研究，主要进行了抗硫酸盐侵蚀的试验方法和破坏机理的初步探讨，以及如何提高水泥混凝土抗硫酸盐侵蚀性的初步研究。这些研究大都是结合工程进行的短期探索或验证试验，缺乏系统深入的研究。特别是已有的调查表明，在我国青海、甘肃、山东、河北、天津等省市部分地区的土和河水中都含有大量的Cl^-、Mg^{2+}、Ca^{2+}、K^+、Na^+等离子，尤其是在高浓度的盐卤水中，对混凝土的腐蚀非常严重，需要对其进行不断深入的研究，寻求合适的防腐蚀措施。20世纪60年代，南京水利科学研究院进行了水泥混凝土中的钢筋锈蚀研究；80年代初，我国对混凝土结构的耐久性特别是腐蚀方面进行了广泛而深入的研究，取得了不少成果。中国土木工程学会于1982年和1983年连续召开了两次全国耐久性学术会议，为混凝土结构规范的科学修订奠定了基础，推动了混凝土耐久性研究工作的进一步开展。原铁道部、原交通部、中国土木工程学会等有关单位，结合工程需要，对混凝土结构的腐蚀进行了大量的调研和试验。2000年5月中国土木工程学会第九届年会的主题为“工程安全度及耐久性”，会议认为必须重视工程结构耐久性的研究。2001年11月在清华大学举行了“土建结构工程的安全性与耐久性”科技论坛，与会专家对此进行了热烈讨论，混凝土的耐久性问题得到了前所未有的重视。

20世纪50～70年代，为了满足青藏公路和青藏铁路一期工程建设的需要，铁道部科学研究院、中国建筑材料科学研究院、哈尔滨工业大学低温与超导技术研究所等单位联合开展了“青藏高原多年冻土地区铁路桥涵建筑低温早强耐久混凝土研究”和“青藏铁路察尔汗盐湖及超盐渍土区段坊工防侵蚀研究”等前期研究工作，并在青藏线清水河现场进行了低温早强混凝土工程试验，在德令哈地区进行了拼装桥梁胶结接头材料的工程试验，在楚玛尔河和雅玛尔河现场埋置了部分混凝土试件,并定期对其进行了实地观测,取得了宝贵的资料和一定的科研成果。1994 年,国家“九五”重点科技攻关项目“重点工程混凝土安全性的研究”针对混凝土安全性存在的抗碱—集料反应、耐腐蚀性、抗冻性、耐钢筋腐蚀性等问题,从材料的角度研究了混凝土的耐久性。2001 年,中国铁道科学研究院主持,原铁道第一勘察设计院、原兰州铁道学院、中南大学为协作单位的国家重点工程青藏铁路科研课题“青藏线低温早强耐腐蚀高性能混凝土的应用试验研究”,采用优质矿物掺和料、高效减水剂、引气剂及其他外加剂复配的技术配置出高性能混凝土,着重解决我国在青藏高原多年冻土地区进行铁路混凝土工程施工时,如何促使混凝土的早期强度能够较快发展,混凝土的长期耐久性能,特别是抗冻性、耐腐蚀性、护筋性、抗风蚀性等能满足设计和使用要求,将青藏线混凝土主体工程的大修时间推后了约 20 年。

2003 年,青海大学刘连新教授主持的“863”计划项目“西部高海拔、高寒地区抗盐渍侵蚀建筑材料与技术研究”课题对我国盐湖地区混凝土和钢筋混凝土结构的耐久性进行了深入的调查研究,重点分析了盐湖及超盐渍土地区化学作用和物理作用对混凝土侵蚀破坏的机理,首次比较系统地对青藏高原的盐渍土的含盐成分进行了分析测定,提出增强研究区内混凝土工程耐久性的措施,提供了适合于青藏高原严酷环境条件下耐腐蚀高性能混凝土配合比的设计,针对怎样遏制或减小盐湖卤水及盐渍土对混凝土建筑物结构的强烈腐蚀,配制的 KYZ 系列混凝土外加剂填补了我国外加剂种类的空白。研究成果对今后在西部高海拔、高寒地区修建混凝土建筑物及其他材质的建筑物提供科学理论依据。其后,西南交通大学的李固华和高波研究了耐腐蚀外加剂的性能,并且对混凝土耐腐蚀外加剂的机理进行分析。李波等通过对盐渍土地区混凝土腐蚀作用机理的分析及抗腐蚀方法的探讨,采用正交试验设计配制了盐渍土地区桥涵混凝土专用多功能复合型外加剂 NF-1;在此基础上配制掺加 NF-1 型外加剂和粉煤灰的耐腐蚀混凝土,并开展一系列包括硫酸盐侵蚀、氯离子扩散、抗冻融循环等耐久性能研究;通过对 NF-1 组分和掺量的调整,优化了耐腐蚀混凝土在工作性、强度和耐久性 3 个方面的协调性。

4)大风条件下高性能混凝土耐风蚀性能研究现状

风蚀是挟沙风对建构筑物以及地貌的磨蚀作用。已有研究结果显示,在 6m/s 以内的低风速段,风蚀量随风速的增大出现小幅增加;而风速在 7 ~ 10m/s 的范围内时,风蚀量会随风速的增加显著增大。以百里风区内的十三间房为例,年均 8 级以上的大风有 136d,年均风速达 9.3m/s,四月份加大到 13.2m/s,强劲风力作用的影响不可忽视。

目前对混凝土耐磨蚀研究主要以调整混凝土配合比制成耐磨混凝土,或表面附加厚质耐磨层等“以刚克刚”的思路为主。国内关于混凝土在气固两相流下的冲蚀磨损鲜见报道,国外的报道也较少,且主要集中在冲蚀磨损的影响因素及机理方面,这对强风沙地区混凝土结构风蚀防护提供了指导。研究指出,混凝土结构表面的抗冲蚀性能取决于基底的性能和防护层的性能,如混凝土的表面硬度,防护涂层的厚度、硬度、柔韧性和强度等。表面硬度高,其耐磨性也高,表面柔韧性好,可以吸收砂粒的动能,降低其冲击力,减缓砂粒对混凝土结构的破坏。因此,强柔结合的复合防护方法可能是强风蚀地区混凝土结构防护的有效方法。

风蚀地区混凝土的破坏有物理作用和化学作用两个方面的因素,在物理破坏方面主要是在强风作用下将地面的砂砾、小石子等卷起,直接撞击混凝土,对混凝土表面造成损伤;在化学侵蚀方面,一方面是在混凝土表层脱落后空气中的二氧化碳在混凝土表面或空隙中发生碳酸化作用,使混凝土的碱性材料逐渐溶解,形成明显的裂纹;另一方面,混凝土表面损伤破坏钢筋保护层后,内部钢筋锈蚀加速,使混凝土强度降低。因此风蚀地区耐久性混凝土需要重点解决的问题主要有:提高抗冲耐磨性,以提高混凝土在使用阶段的抗风蚀能力;提高早期强度,防止混凝土强度发展阶段大风对混凝土表层的破坏;提高抗渗性和抗冻性,降低混凝土内部气孔和缝隙数量;减少风蚀作用对混凝土内部的影响;提高抗化学侵蚀性,抑制混凝土在风蚀后的碱—集料反应。

高性能混凝土具有高胶凝材料用量、低水胶比的配制特点,加之干旱少水、大风、夏季高温、冬季低温,昼夜和季节温差大的戈壁环境条件,在施工阶段和硬化阶段会加速混凝土的各类收缩变形,如塑性收缩、自收缩、干燥收缩、温度收缩等,这将导致混凝土的早期体积稳定性差,极易产生各种裂缝。而在混凝土结构的使用阶段过程中,一旦裂缝产生,混凝土的裂缝就成了环境介质侵入结构内部的通道,将直接影响混凝土结构物的耐久性,使其在100年的设计使用寿命内无法满足各项功能要求。因此,如何保证高性能混凝土在施工阶段、硬化阶段以及使用阶段不产生开裂,是戈壁环境高性能混凝土应用研究面临的最大难题,也是解决高性能混凝土耐久性问题的前提。

5)干旱条件下高性能混凝土养护技术研究现状

高性能混凝土养护条件,尤其是早期养护过程中温度和湿度条件的控制,对混凝土的水化硬化速度、微观结构特性、强度发展和耐久性均有着重要影响,特别是对混凝土表层结构的影响更为明显。

周立霞等以兰新二线(新疆段)为例,对高性能混凝土采取优化养护措施,首先保证混凝土周围的养护湿度一次性满足要求,并采用保温隔热材料,夏季高温时可起到隔热作用,保证混凝土表面温度不过高,以保证其耐久性。杨明等研究表明早期供水养护对粉煤灰高性能混凝土的强度和收缩有极大的影响,而带模供水养护则是一种有效抑制混凝土收缩的养护方法。另外,在养护水中掺入减缩剂有一定的减小收缩作用。钱晓倩研究了早期养护时间对高性能混凝土早期收缩的影响。研究表明,掺减水剂混凝土必须在初凝前开始及时养护,且确保初凝后持续8h以上的养护时间。在混凝土内部掺入超强吸水剂(高分子吸水材料,SAP)进行自养护,可提高高性能混凝土的内部相对湿度,达到降低高性能混凝土自收缩的目的。Gowri P的研究工作为高性能混凝土养护研究提供了重要的启示:初期养护对于混凝土性能提高极为有利,低水灰比混凝土对于初期外界养护敏感性不强。Aseslnasi研究了不同养护条件对高强混凝土力学性能的影响,检测显示高强度混凝土湿度养护超过7d后,养护对其强度与耐久性能提高影响甚微,7d后混凝土基本密实,所以必须对低水灰比混凝土加强早期养护。与普通混凝土相比,高强高性能混凝土更易出现早期开裂现象;超强吸水树脂不仅显著降低了高强高性能混凝土的早期收缩,而且提高了抗裂性能;掺粉煤灰的高性能混凝土对环境非常敏感,通过养护可以降低不同掺量混凝土的敏感性,从而提高了抗裂性能。

1.2.2 干寒地区高性能混凝土面临的问题

在干燥、大风、大温差、冻土和盐渍土的环境下,高性能混凝土所面临的主要问题有以下几个方面。

(1)在特殊的戈壁环境条件下,混凝土在施工阶段和后期的硬化阶段发生塑性收缩、自收缩、干燥收缩、温度收缩等收缩变形等,将导致混凝土早期体积稳定性差,混凝土易开裂,降低耐久性,随之带来诸多危害。

(2)低负温环境下,特别是在冻土区,其年平均气温为 -6.9 ~ -2℃,平均地温基本维持在 -3.5 ~0℃,而混凝土的入模温度一般控制为2 ~10℃。当灌注桩混凝土浇筑后,多年冻土会持续吸收灌注桩混凝土入模前后水泥水化放出的热量,使灌注桩长期处于持续低温的水化环境下,持续的低温可以明显减缓灌注桩混凝土的水化速率,进而减少同一龄期下冻土灌注桩水化放出的总热量。灌注桩水化反应放出热量的减小可以使水化温升对多年冻土造成的扰动减弱,缩短冻土回冻时间,但是水化反应一直在持续低温的环境下进行也造成了灌注桩混凝土自身的水化反应很不充分、桩身强度增长缓慢、甚至桩身强度难以满足设计要求等一系列问题。持续低负温作用下,在混凝土水化放热无法定量化分析、桩身混凝土水化程度规律等情况研究不足时,不但无法准确预知灌注桩对桩周冻土的扰动范围以及回冻时间,而且会给冻土层中混凝土结构物留下强度不足的隐患;又由于灌注桩混凝土埋设在冻土中,属于隐蔽性结构,自身微结构的缺陷会给结构留下永久难以去除的病害。

(3)高碱含量和强腐蚀条件下高性能混凝土性能。盐渍土中含有害成分硫酸盐和氯盐,严重时还会有镁盐。硫酸盐和镁盐会破坏水泥水化产物的稳定性,导致混凝土剥落和溃散;氯盐的渗透会破坏钢筋的钝化膜,导致钢筋锈蚀和混凝土结构的破坏;同时盐渍土碱金属离子的渗透会提高混凝土的可溶碱含量,加剧混凝土的碱—集料反应等。可以看出盐渍土土壤中的有害成分将使得盐渍土地区结构物受到很大程度上的腐蚀,因此在盐渍土地区土木工程构筑物混凝土配合比需要进行优化才能保证其耐久性、安全性和长期性。

(4)戈壁地区大风条件下风蚀问题。

①风害会加剧使用阶段混凝土的表面损伤速度。在强烈的大风作用下,一方面会造成混凝土表面的水泥剥落;另一方面地面的砂砾、小石子等被卷起,撞击到结构物混凝土上,混凝土表面将出现坑窝的损伤。此类破坏已涉及混凝土抗冲击的性能,这方面国内外研究较少,但提高混凝土表面的质量,对提高混凝土抗腐蚀、抗冻性等耐久性意义重大。

②风害会加剧使用阶段混凝土的冻融破坏速度。混凝土抗冻性是混凝土抵抗反复冻融循环的能力。对于严寒地区的混凝土,混凝土抗冻性不足是造成耐久性破坏的主要原因。混凝土冻融破坏的机理主要是由于毛细孔中水结冰产生膨胀应力及渗透应力,当这种应力超过混凝土局部抗拉强度时,就可能产生裂缝,在反复冻融作用下,混凝土内部的微细裂缝逐渐增多和扩大,导致混凝土产生疏松剥落,直至破坏。

(5)混凝土养护问题。在干燥、大风、大温差的这种极端气候条下,周围的温度变化、水分散失过快对混凝土结构物的危害很大,在水泥水化产生热量及散热条件不佳的共同作用下,导致混凝土浇筑后的几天里温度大幅度上升。随后,冷却至周围温度,在这个过程中,常规养护方式在这种特殊的环境气候条件下,难以保证混凝土中心与混凝土表面温差、混凝土表面与大气温差在规范允许范围内。

因此,在这种特殊气候环境条件下,如何应用有效的方法来解决以上问题,很好地保证混凝土结构物的耐久性,是西北地区高性能混凝土面临的几大难题。

1.3 针对高性能混凝土面临的技术问题对应采取的解决方法

1)优化集料

通过分析卵石粒径大小、颗粒级配对碎卵石破碎面、粒形的影响,以及分析碎卵石、机制砂的颗粒特性(如粒形、破碎面、石粉含量)及颗粒级配对高性能混凝土性能的影响,进行集料的优化,以满足高性能混凝土对集料性能的要求。

2)优化矿物掺和料

粉煤灰、磨细矿渣粉、硅灰均属于活性细粉材料,这些掺和料中较粗的颗粒可代替水泥填充细集料空隙,更细的颗粒,可以填充水泥的空隙。采用适当的比例,可使胶凝材料空隙率达到最小,从而使整个混凝土形成紧密的堆聚结构体系。在混凝土中掺入优化掺和料,还可以很大程度上改善混凝土内部胶凝材料体系的孔结构、改善浆—集界面结构,并可降低混凝土中的水化热;同时在高性能混凝土中掺入有机和无机材料复合而成的外掺料,其能降低混凝土中固液相的表面张力、缓冲混凝土的内应力,从而减少混凝土的收缩和开裂;同时可抑制碱—集料反应,改善混凝土拌和物的和易性;能有效减少混凝土中连通的毛细孔通道,提高混凝土的抗渗性;通过密实填充效应、火山灰效应及表面活性效应,使混凝土中形成合理的孔级配,不仅能使混凝土的强度稳步增长,而且能显著提高混凝土的致密性、耐腐蚀性等性能。因此,可以考虑将粒径分布范围不同的粉煤灰、磨细矿渣粉、硅灰及抗裂致密剂按一定的优化比例复合掺入到混凝土中,这样可以充分发挥它们各自的优点,以到达最佳的效果。

通过调整粉煤灰、矿粉等矿物掺和料的掺量和品种,配制出单掺或复掺矿物掺和料的不同高性能混凝土,并测试混凝土拌和物的工作性能、强度和耐久性等,研究矿物掺和料的掺量和品种对高性能混凝土性能的影响。并对试验数据进行分析,得到矿物掺和料的最优掺量和比例。

3)低温条件下如何解决

通过对西北地区盐渍土的化学成分、混凝土结构破坏机理分析及对实际工程地段取样的混凝土进行离子含量分析,研究不同位置混凝土中各种离子的分布情况,总结影响混凝土结构耐久性的因素,提出提高混凝土耐久性所要采取的措施。以高性能混凝土性能指标为依据,提出高性能混凝土设计的主要方向及其在结构工程中的应用。在此基础上,采用西北地区原材料,加入添加剂,通过配合比试验及试验优化,配制出满足低温条件下高性能混凝土,并在实际中进行应用验证。

4)腐蚀条件下如何解决

通过研制适宜不同低温、负温环境使用的系列高性能混凝土复合外加剂。将胶结材用量10%左右的高性能混凝土复合外加剂掺入相应负温环境的混凝土中,在混凝土拌和物坍落度达80(±10)mm、含气量5%左右的条件下,对混凝土各项性能进行试验;在20~-5℃、20~-10℃、20~-15℃的正负变温条件下,受检负温混凝土(掺复合外加剂)与基准标养混凝土(不掺复合外加剂)强度进行对比分析;提出在正负变温情况下以及在负温情况下的混凝土配合比设计原则与方法。

5)提高结构的抗风蚀能力

处于严重腐蚀环境中的混凝土,除混凝土的配合比和耐久性应满足相应要求外,还应采用合理的防腐蚀措施,以保证硬化混凝土的耐久性。

大风将加剧使用阶段混凝土表面损伤速度,造成混凝土表面的水泥石剥落及出现坑窝的损伤,同时风害会加剧使用阶段混凝土的开裂。根据西北地区气候特点及混凝土自身特点,一方面提高混凝土自身耐磨性能,通过改善混凝土的孔结构等来提高混凝土自身的密实性,进而提高混凝土自身的耐风蚀性;另一方面在结构体表面进行涂层,通过涂层增强结构表面的耐风蚀性。在干燥、大风、大温差环境下,主要通过试验验证大风磨蚀条件下所采用防风蚀措施的有效性。通过掺加不同矿物掺和料,采用不同的养护方式对混凝土进行胶凝材料耐磨试验及混凝土耐磨试验,分析掺和料及养护方式对混凝土耐风蚀性能的影响,目的是通过增加混凝土密实度与提高抗风蚀性能,研究提高混凝土耐风蚀性的途径。同时从研究混凝土耐风蚀机理出发,研究能够渗入混凝土内部通过物理和化学作用形成抗风蚀涂层的适宜原材料,试验不同原材料的风蚀效果。

6)优化养护方式

由于西北地区干旱少水、大风、夏季高温、冬季低温,昼夜和季节温差大的戈壁环境条件,混凝土的养护至关重要。由于干燥、夏季高温和大风的影响,混凝土在养护期间很难从外界获得水分补充,而其内部水分会大量向外散失,使水泥水化不充分;缺水又导致难以应用传统的养护方式,如洒水养护等;由于大温差会使混凝土中心和表面内外温差较大,尤其是大体积混凝土温度差更大;冬季低温要求混凝土在养护期间应注意保温,否则会发生严重的冻害。因此,通过优化高性能混凝土的养护方式,首先保证混凝土周围的养护湿度一次性满足要求,在养护期间减少水分向外散失,其次采用保温隔热材料,减小混凝土的表面温度受外界环境温度的影响,夏季高温时起到隔热作用,保证混凝土表面温度不过高;冬季低温时起到保温作用,保证混凝土表面温度不过低,不发生冻胀,从而保证混凝土中心温度与表面温度差、混凝土表面温度与大气温度差不超过20℃的规范要求,同时保证混凝土结构抗冻性、抗渗性、抗化学腐蚀性以及抗风蚀性等耐久性。

因在室内无法做到精确模拟现场情况,在具有典型恶劣气候或环境的在建工程区域,现场浇筑实体混凝土结构,分别采用传统的养护方式(包裹塑料薄膜、棉毡洒水和优化的养护方式),即保温保湿膜包裹的养护方式进行养护,通过混凝土内部埋设的温度测试元件,测试混凝土浇筑完成后水化过程中及养护期间混凝土内外不同部位的温度变化规律,通过对混凝土内外温度的实时监控,了解混凝土内外温差的大小,判断是否会产生较大温度应力。另外,在混凝土结构施工的同时预留混凝土强度测试试件和相关耐久性测试试件,进行不同类型混凝土在标准养护、塑料布包裹、保温保湿包裹3种养护方式和20℃、-5~15℃及-10~20℃的3种养护温度条件下7d、28d、56d抗压强度,56d电通量和不同养护条件下开裂情况的测试,分析养护方式对高性能混凝土强度、耐久性和抗裂性的影响。通过测试两种养护方式养护的混凝土结构表面裂缝开展情况、不同龄期强度、电通量等指标比较两种养护方式的优劣。

7)耐久混凝土复合外加剂的研制

开发研制出适宜不同低温、负温环境使用的系列耐久混凝土复合外加剂。

第2章 干寒地区高性能混凝土配合比设计

2.1 高性能混凝土配合比设计影响因素

混凝土配合比设计参数选择的要求和混凝土的耐久性，通常需要根据结构的不同部位分别给出混凝土配合比设计的参考指标。混凝土设计强度等级，应按实际情况根据相应设计规范和施工规范的要求进行混凝土配合比设计参数选择。以下以《铁路混凝土结构耐久性设计规范》(TB 10005—2010)为例，列出不同结构部位混凝土设计参数指标。

1)桩体混凝土配合比设计参考指标

桩体C35、C40混凝土配合比设计参考指标如表2.1所示。

表2.1 桩体C35、C40混凝土配合比设计参考指标

<table>
<tr><th rowspan="2">序号</th><th rowspan="2">项　目</th><th colspan="5">环境类别</th></tr>
<tr><th>T2</th><th>L1</th><th>L2</th><th>H2</th><th>H3</th></tr>
<tr><td>1</td><td>最小胶材用量(kg/m³)</td><td>300</td><td>320</td><td>340</td><td>330</td><td>360</td></tr>
<tr><td>2</td><td>最大水胶比</td><td>0.50</td><td>0.45</td><td>0.40</td><td>0.45</td><td>0.40</td></tr>
<tr><td>3</td><td>56d最大电通量(C)</td><td>1 500</td><td>1 000</td><td>800</td><td>1 200</td><td>1 000</td></tr>
<tr><td>4</td><td>28d最小抗蚀系数</td><td>—</td><td>—</td><td>—</td><td>0.8</td><td>0.8</td></tr>
<tr><td>5</td><td>最小含气量(%)</td><td colspan="5">2.0</td></tr>
<tr><td>6</td><td>常压泌水率(%)</td><td colspan="5">不泌水</td></tr>
<tr><td>7</td><td>氯离子总含量(kg/m³)</td><td colspan="5">≤0.001B(B为胶凝材料总量)</td></tr>
<tr><td rowspan="4">8</td><td rowspan="4">总碱含量(kg/m³)和抗碱—集料反应性</td><td colspan="3">采用非活性集料</td><td colspan="2">不限制</td></tr>
<tr><td colspan="3" rowspan="2">集料砂浆棒膨胀率在0.10%~0.20%</td><td>干燥环境</td><td>≤3.5</td></tr>
<tr><td>潮湿环境</td><td>≤3.0</td></tr>
<tr><td colspan="3">集料砂浆棒膨胀率在0.20%~0.30%</td><td colspan="2">抑制效能合格</td></tr>
<tr><td>9</td><td>抗裂性</td><td colspan="5">应通过对比试验选择抗裂性相对较好的配合比</td></tr>
</table>

注：桩体包含长期处于水下(土中)或冻结线以下的桩基、涵洞基础及承台等。

2)墩台体混凝土配合比设计参考指标

墩台体C35、C40、C45混凝土设计参考指标如表2.2所示。

表 2.2　墩台体 C35、C40、C45 混凝土配合比设计参考指标

<table>
<tr><th rowspan="2">序号</th><th rowspan="2">项　　目</th><th colspan="9">环 境 类 别</th></tr>
<tr><th>T2</th><th>L1</th><th>L2</th><th>H2</th><th>H3</th><th>D2</th><th>D3</th><th>M2</th><th>M3</th></tr>
<tr><td>1</td><td>最小胶材用量(kg/m³)</td><td>300</td><td>320</td><td>340</td><td>330</td><td>360</td><td>320</td><td>340</td><td>320</td><td>340</td></tr>
<tr><td>2</td><td>最大水胶比</td><td>0.50</td><td>0.45</td><td>0.40</td><td>0.45</td><td>0.40</td><td>0.45</td><td>0.40</td><td>0.45</td><td>0.40</td></tr>
<tr><td>3</td><td>56d 最大电通量(C)</td><td>1 500</td><td>1 000</td><td>800</td><td>1 200</td><td>1 000</td><td>1 500</td><td>1 500</td><td>1 500</td><td>1 500</td></tr>
<tr><td>4</td><td>28d 最小抗蚀系数</td><td>—</td><td>—</td><td>—</td><td>0.8</td><td>0.8</td><td>—</td><td>—</td><td>—</td><td>—</td></tr>
<tr><td>5</td><td>56d 抗冻等级</td><td>—</td><td>—</td><td>—</td><td>—</td><td>—</td><td colspan="2">≥F300</td><td>—</td><td>—</td></tr>
<tr><td>6</td><td>最小含气量(%)</td><td>—</td><td>—</td><td>2.0</td><td>—</td><td>—</td><td colspan="2">根据设计确定</td><td>—</td><td>—</td></tr>
<tr><td>7</td><td>耐磨性对比试验</td><td colspan="7">—</td><td colspan="2">应通过对比试验选择耐磨性相对较好的配合比</td></tr>
<tr><td>8</td><td>常压泌水率(%)</td><td colspan="9">不泌水</td></tr>
<tr><td>9</td><td>氯离子总含量(kg/m³)</td><td colspan="9">≤0.001B(B 为胶凝材料总量)</td></tr>
<tr><td rowspan="4">10</td><td rowspan="4">总碱含量(kg/m³)和抗碱—集料反应性</td><td colspan="4">采用非活性集料</td><td colspan="5">不限制</td></tr>
<tr><td colspan="4">集料砂浆棒膨胀率在 0.10% ~0.20%</td><td colspan="3">干燥环境</td><td colspan="2">≤3.5</td></tr>
<tr><td colspan="4" rowspan="2">集料砂浆棒膨胀率在 0.20% ~0.30%</td><td colspan="3">潮湿环境</td><td colspan="2">≤3.0</td></tr>
<tr><td colspan="5">抑制效能合格</td></tr>
<tr><td>11</td><td>抗裂性</td><td colspan="9">应通过对比试验选择抗裂性相对较好的配合比</td></tr>
</table>

注:墩台体包含露出地表或处于冻结线以上的桩基、承台、桥台、墩身、涵洞及其基础、隧道、路基支挡等。

3)梁体混凝土配合比设计参考指标

梁体 C50、C55 混凝土设计参考指标如表 2.3 所示。

表 2.3　梁体 C50、C55 混凝土配合比设计参考指标

<table>
<tr><th rowspan="2">序号</th><th rowspan="2">项　　目</th><th colspan="4">环 境 类 别</th></tr>
<tr><th>T2</th><th>M2</th><th colspan="2">M3</th></tr>
<tr><td>1</td><td>最小胶材用量(kg/m³)</td><td>300</td><td>320</td><td colspan="2">340</td></tr>
<tr><td>2</td><td>最大水胶比</td><td>0.50</td><td>0.45</td><td colspan="2">0.40</td></tr>
<tr><td>3</td><td>56d 最大电通量(C)</td><td>1 000</td><td>1 000</td><td colspan="2">1 000</td></tr>
<tr><td>4</td><td>56d 抗渗等级</td><td>≥P20</td><td>—</td><td colspan="2">—</td></tr>
<tr><td>5</td><td>最小含气量(%)</td><td>2.0</td><td>—</td><td colspan="2">—</td></tr>
<tr><td>6</td><td>耐磨性对比试验</td><td>—</td><td colspan="3">应通过对比试验选择耐磨性相对较好的配合比</td></tr>
<tr><td>7</td><td>常压泌水率(%)</td><td colspan="4">不泌水</td></tr>
<tr><td>8</td><td>氯离子总含量(kg/m³)</td><td colspan="4">≤0.001B(B 为胶凝材料总量)</td></tr>
<tr><td rowspan="4">9</td><td rowspan="4">总碱含量(kg/m³)和抗碱—集料反应性</td><td colspan="2">采用非活性集料</td><td colspan="2">不限制</td></tr>
<tr><td colspan="2">集料砂浆棒膨胀率在 0.10% ~0.20%</td><td>干燥环境</td><td>≤3.5</td></tr>
<tr><td colspan="2" rowspan="2">集料砂浆棒膨胀率在 0.20% ~0.30%</td><td>潮湿环境</td><td>≤3.0</td></tr>
<tr><td colspan="2">抑制效能合格</td></tr>
<tr><td>10</td><td>抗裂性</td><td colspan="4">应通过对比试验选择抗裂性相对较好的配合比</td></tr>
</table>

注:梁体包含预制梁、现浇梁和预制轨道板。

2.2 配合比参数与技术指标

干寒地区混凝土配合比参数与技术指标包括以下几个方面：

(1)混凝土的配合比应根据混凝土原材料品质、设计强度等级、耐久性以及施工工艺对工作性的要求，通过试配、调整等步骤选定。配制的混凝土拌和物应满足施工要求，配制成的混凝土应满足设计强度、耐久性等质量要求。

(2)选定混凝土配合比应遵循如下基本规定：

①为提高混凝土的耐久性，改善混凝土的施工性能和抗裂性能，混凝土中应适量掺加优质的粉煤灰、磨细矿渣粉或硅灰等矿物掺和料。不同矿物掺和料的掺量应根据混凝土的性能通过试验确定。一般情况下，矿物掺和料掺量不宜小于胶凝材料总量的20%。当混凝土中粉煤灰掺量大于30%时，混凝土的水胶比不宜大于0.45。预应力混凝土以及处于冻融环境中的混凝土的粉煤灰的掺量不宜大于30%。

②C30及以下混凝土的胶凝材料总量不宜高于400 kg/m^3，C35 ~ C40混凝土不宜高于450 kg/m^3，C50及以上混凝土不宜高于500 kg/m^3。

③不同环境条件下钢筋混凝土结构的混凝土水胶比、胶凝材料用量应满足表2.4的规定。

表2.4 混凝土的最大水胶比和最小胶凝材料用量(kg/m^3)

环境类别	环境作用等级	设计使用年限级别					
		一(100年)		二(60年)		三(30年)	
		(1)	(2)	(1)	(2)	(1)	(2)
碳化环境	T1	0.55	280	0.60	260	0.65	260
	T2	0.50	300	0.55	280	0.60	260
	T3	0.45	320	0.50	300	0.50	300
氯盐环境	L1	0.45	320	0.50	300	0.50	300
	L2	0.40	340	0.45	320	0.45	320
	L3	0.36	360	0.40	340	0.40	340
化学侵蚀环境	H1	0.50	300	0.55	280	0.60	260
	H2	0.45	320	0.50	300	0.50	300
	H3	0.40	340	0.45	320	0.45	320
	H4	0.36	360	0.40	340	0.40	340
冻融破坏环境	D1	0.50	300	0.55	280	0.60	260
	D2	0.45	320	0.50	300	0.50	300
	D3	0.40	340	0.45	320	0.45	320
	D4	0.36	360	0.40	340	0.40	340
磨蚀环境	M1	0.50	300	0.55	280	0.60	260
	M2	0.45	320	0.45	300	0.50	300
	M3	0.40	340	0.45	320	0.45	320

注：(1)表示最大水胶比；(2)表示最小胶凝材料用量。

④不同环境条件下素混凝土结构的混凝土的水胶比、胶凝材料用量应满足表 2.5 的规定。

表 2.5 混凝土的最大水胶比和最小胶凝材料用量(kg/m^3)

环境类别	环境作用等级	设计使用年限级别					
		一(100 年)		二(60 年)		三(30 年)	
		(1)	(2)	(1)	(2)	(1)	(2)
碳化环境	T1、T2、T3	0.60	280	0.65	260	0.65	260
氯盐环境	L1、L2、L3	0.60	280	0.65	260	0.65	260
化学侵蚀环境	H1	0.50	300	0.55	280	0.60	260
	H2	*	*	0.50	300	0.50	300
	H3	*	*	*	*	*	*
	H4	*	*	*	*	*	*
冻融破坏环境	D1	0.50	300	0.55	280	0.60	260
	D2	*	*	0.50	300	0.50	300
	D3	*	*	*	*	*	*
	D4	*	*	*	*	*	*
磨蚀环境	M1	0.55	280	0.60	260	0.65	260
	M2	0.50	300	0.55	280	0.60	260
	M3	*	*	0.50	300	0.50	300

注:1.(1)表示最大水胶比;(2)表示最小胶凝材料用量。
2. * 表示不宜采用素混凝土结构。

⑤当化学侵蚀介质为硫酸盐时,除了配合比参数应满足表 2.4 和表 2.5 的规定外,混凝土的胶凝材料还应满足表 2.6 的规定,且胶凝材料的抗蚀系数不得小于 0.8。

表 2.6 硫酸盐侵蚀环境下混凝土胶凝材料的要求

环境作用等级	水 泥 品 种	水泥熟料中的 C3A 含量(%)	粉煤灰或磨细矿渣粉的掺量(%)	最小胶凝材料用量(kg/m^3)
H1	普通硅酸盐水泥	≤8	≥20	300
	中抗硫酸盐硅酸盐水泥	≤5		300
H2	普通硅酸盐水泥	≤8	≥25	330
	中抗硫酸盐硅酸盐水泥	≤5	≥20	300
	高抗硫酸盐硅酸盐水泥	≤3		300
H3、H4	普通硅酸盐水泥	≤6	≥30	360
	中抗硫酸盐硅酸盐水泥	≤5	≥25	360
	高抗硫酸盐硅酸盐水泥	≤3	≥20	360

⑥混凝土中宜掺加符合要求且能提高混凝土耐久性能的混凝土外加剂,优先选用多功能复合外加剂。

⑦当集料的碱—硅酸反应砂浆棒膨胀率在 0.10% ~0.20% 时,混凝土的碱含量应满足表

2.7 的规定；当集料的碱—硅酸反应砂浆棒膨胀率在 0.20% ~0.30% 时，除了混凝土的碱含量应满足表 2.7 的规定外，还应在混凝土中掺加具有明显抑制效能的矿物掺和料和外加剂。

表 2.7 混凝土最大碱含量（kg/m^3）

设计使用年限级别		一(100 年)	二(60 年)	三(30 年)
环境条件	干燥环境	3.5	3.5	3.5
	潮湿环境	3.0	3.0	3.5
	含碱环境	*	*	3.0

注：1. * 表示混凝土必须换用非碱活性集料。

2. 混凝土总碱含量包括水泥、矿物掺和料、外加剂及水的碱含量之和。其中，矿物掺和料的碱含量以其所含可溶性碱计算。粉煤灰的可溶性碱量取粉煤灰总碱量的 1/6，矿渣的可溶性碱量取矿渣总碱量的 1/2，硅灰的可溶性碱量取硅灰总碱量的 1/2。

3. 干燥环境是指不直接与水接触、年平均空气相对湿度长期不大于 75% 的环境；潮湿环境是指长期处于水下或潮湿土中、干湿交替区、水位变化区以及年平均相对湿度大于 75% 的环境；含碱环境是指直接与高含盐碱地、海水、含碱工业废水或钠（钾）盐等接触的环境；干燥环境或潮湿环境与含碱环境交替变化时，均按含碱环境对待。

4. 处于含碱环境中的设计使用寿命为 30 年、60 年的混凝土结构，在限制混凝土碱含量的同时，应对混凝土表面作防水、防碱涂层处理；否则应换用非碱活性集料。

⑧钢筋混凝土结构的混凝土氯离子总含量不应超过胶凝材料总量的 0.10%，预应力混凝土结构的混凝土氯离子总含量不应超过胶凝材料总量的 0.06%。

⑨混凝土的入模含气量，宜满足表 2.8 的规定。

表 2.8 混凝土含气量

环境条件	混凝土无抗冻要求	混凝土有抗冻要求		
		D1	D2、D3	D4
含气量(%)	≥2.0	≥4.0	≥5.0	≥5.5

⑩混凝土的坍落度宜根据施工工艺要求确定。在条件许可的条件下，应尽量选用低坍落度的混凝土施工。坍落度测定方法应符合现行国家标准《普通混凝土拌和物性能试验方法》（GB/T 50080—2002）的规定。

（3）混凝土的配合比可按下列步骤计算（以干燥状态集料为基准，矿物掺和料和外加剂的掺量均以胶凝材料总量百分率计）、试配和调整。

①核对供应商提供的水泥熟料的化学成分和矿物组成、混合材料种类和数量等资料，并根据设计要求，初步选定混凝土的水泥、矿物掺和料、集料、外加剂、拌和水的品种以及水胶比、胶凝材料总用量、矿物掺和料和外加剂的掺量。当设计无明确要求时，可根据一般要求进行选定。

②参照《普通混凝土配合比设计规程》（JGJ 55—2011）的规定计算单方混凝土中各原材料组分用量，并核算单方混凝土的总碱含量和氯离子含量是否满足 1.2 节的要求。否则应重新选择原材料或调整计算的配合比，直至满足要求为止。

③采用工程中实际使用的原材料和搅拌方法，通过适当调整混凝土外加剂用量或砂率，调配出坍落度、含气量、泌水率、表观密度符合要求的混凝土配合比。试拌时，每盘混凝土的最小搅拌量应在 15 L 以上。该配合比作为基准配合比。

④适当改变基准配合比的水胶比、胶凝材料用量、矿物掺和料掺量、外加剂掺量或砂率等

参数，调配出拌和物性能与要求值基本接近的配合比 3～5 个。

⑤按要求对上述不同配合比混凝土制作力学性能和抗裂性能对比试件，按规定养护至规定龄期时进行试验。其中，抗压强度试件每种配合比宜制作 4 组，标准养护至 1d、3d、28d、56d 时试压，试件的边长可选择 150mm 或 100mm（强度等级 C50 及以上的混凝土试件边长应采用 150mm）。

⑥从上述配合比中优选出拌和物性能和抗裂性优良、抗压强度适宜的一个或多个配合比各成型一组或多组耐久性试件，按规定养护至规定龄期时进行试验。混凝土耐久性试件的制作及试验按《普通混凝土长期性能和耐久性能试验方法》（GB/T 50082—2009）进行。

⑦根据上述不同配合比对应混凝土拌和物的性能、抗压强度、抗裂性以及耐久性能试验结果，按照工作性能优良、强度和耐久性满足要求、经济合理的原则，从不同配合比中选择一个最适合的配合比作为理论配合比。

⑧采用工程实际使用的原材料拌和混凝土，测定混凝土的表观密度。根据实测拌和物的表观密度，求出校正系数，对理论配合比进行校正（即以理论配合比中每项材料用量乘以校正系数后获得的配合比作为混凝土配合比）。校正系数按下式计算：

$$\text{校正系数} = \frac{\text{实测拌和物表观密度}}{\text{理论配合比拌和物表观密度}}$$

⑨当混凝土的力学性能或耐久性能试验结果不满足设计或施工要求时，应重新根据要求选择混凝土配合比参数，并按照上述步骤重新试拌和调整混凝土配合比，直至满足要求为止。

⑩当混凝土的原材料品质、施工环境气温发生较大变化时，应及时对混凝土的配合比进行调整。

（4）混凝土结构耐久性设计

①为统一混凝土结构耐久性设计要求，保证混凝土结构物的正常使用，主要依据相关国家和行业规范或规定进行耐久性设计。

②相应设计适用于混凝土结构在碳化环境、氯盐环境、化学侵蚀环境、冻融破坏环境和磨蚀环境作用下的耐久性要求。混凝土结构在其他特殊环境作用下的耐久性设计尚应进行专门研究和论证。

③混凝土结构耐久性设计应遵循下列基本原则。

a. 采用合理的结构构造，便于施工、检查和维护，减少环境因素对结构的不利影响。

b. 选用优质的混凝土原材料、合理的混凝土配合比、适当的混凝土耐久性指标。

c. 对主要混凝土施工过程的质量控制提出要求。

d. 对于严重腐蚀环境条件下的混凝土结构，除了对混凝土本身提出严格的耐久性要求外，还应提出可靠的附加防腐蚀措施，并对结构在设计使用年限内的检测作出规划，明确跟踪检测内容。

e. 当采用规范未涉及的新材料、新工艺和新方法时，应通过试验论证。

④混凝土结构耐久性设计除应符合地方规范的要求外，尚应符合国家现行的有关强制性标准规定。

⑤一般规定。

a. 结构耐久性应根据结构的设计使用年限、环境类别及其作用等级进行设计。

b. 当混凝土结构的不同部位或构件所处的环境类别及其作用等级不同时，应根据实际情况分别进行耐久性设计。

c. 当混凝土结构处于多种环境作用时，应根据每一环境类别及其作用等级分别进行耐久性设计。

d. 当混凝土结构处于严重腐蚀环境作用时，应采取必要的附加防腐蚀措施。

e. 混凝土结构耐久性设计应包括以下内容：

a)结构及主要可更换部件的设计使用年限；

b)结构所处的环境类别及其作用等级；

c)结构耐久性要求的混凝土原材料品质、配合比参数限值以及耐久性指标要求；

d)结构耐久性要求的构造措施(包括钢筋的混凝土保护层厚度)；

e)与结构耐久性有关的主要施工控制要求；

f)严重腐蚀环境条件下采取的附加防腐蚀措施；

g)与结构耐久性有关的跟踪检测要求；

h)与结构耐久性有关的养护维修要求。

(5)设计使用年限级别,环境类别及作用等级。

①混凝土结构设计使用年限级别可根据设计使用年限按表2.9进行划分(以铁路工程为例)。

表2.9 混凝土结构设计使用年限级别

设计使用年限级别	设计使用年限(年)	设计使用年限级别	设计使用年限(年)
一	100	三	30
二	60		

②混凝土结构所处环境类别分为碳化环境、氯盐环境、化学侵蚀环境、冻融破坏环境和磨蚀环境。不同类别环境的作用等级可按表2.10～表2.14所列环境条件特征进行划分。

表2.10 碳 化 环 境

环境作用等级	环境条件特征	环境作用等级	环境条件特征
T1	年平均相对湿度＜60%	T3	水位变动区
	长期在水下(不包括海水)或土中		干湿交替
T2	年平均相对湿度≥60%		

注：当钢筋混凝土薄型结构的一侧干燥而另一侧湿润或饱水时，其干燥一侧混凝土的碳化锈蚀作用等级应按T3级考虑。

表2.11 氯 盐 环 境

环境作用等级	环境条件特征	环境作用等级	环境条件特征
L1	长期在海水水下区	L3	海水潮汐区或浪溅区(南方炎热地区)
	离平均水位15m以上的海上大气区		盐渍土地区露出地表的毛细吸附区
	离涨潮岸线100～300m的陆上近海区		遭受氯盐冷冻液和氯盐化冰盐侵蚀部位
L2	离平均水位15m以内的海上大气区		
	离涨潮岸线100m以内的陆上近海区		
	海水潮汐区或浪溅区(非炎热地区)		

表 2.12　化学侵蚀环境

化学侵蚀类型		环境作用等级			
		H1	H2	H3	H4
硫酸盐侵蚀	环境水中 SO_4^{2-} 含量(mg/L)	≥200 ≤600	>600 ≤3 000	>3 000 ≤6 000	>6 000
	强透水性环境土中 SO_4^{2-} 含量(mg/kg)	≥2 000 ≤3 000	>3 000 ≤12 000	>12 000 ≤24 000	>24 000
	弱透水性环境土中 SO_4^{2-} 含量(mg/kg)	≥3 000 ≤12 000	>12 000 ≤24 000	>24 000	
盐类结晶侵蚀	环境土中 SO_4^{2-} 含量(mg/kg)	—	≥2 000 ≤3 000	>3 000 ≤12 000	>12 000
酸性侵蚀	环境水中 pH 值	≤6.5 ≥5.5	<5.5 ≥4.5	<4.5 ≥4.0	
二氧化碳侵蚀	环境水中侵蚀性 CO_2 含量(mg/L)	≥15 ≤40	>40 ≤100	>100	
镁盐侵蚀	环境水中 Mg^{2+} 含量(mg/L)	≥300 ≤1 000	>1 000 ≤3 000	>3 000	

注:1. 对于盐渍土地区的混凝土结构,埋入土中的混凝土遭受化学侵蚀;当环境多风干燥时,露出地表的毛细吸附区内的混凝土遭受盐类结晶型侵蚀。

2. 对于一面接触含盐环境水(或土)而另一面临空且处于干燥或多风环境中的薄壁混凝土,接触含盐环境水(或土)的混凝土遭受化学侵蚀,临空面的混凝土遭受盐类结晶侵蚀。

3. 当环境中存在酸雨时,按酸性环境考虑,但相应作用等级可降一级。

表 2.13　冻融破坏环境

环境作用等级	环境条件特征
D1	微冻地区 + 频繁接触水
D2	微冻地区 + 水位变动区
	严寒和寒冷地区 + 频繁接触水
	微冻地区 + 氯盐环境 + 频繁接触水
D3	严寒和寒冷地区 + 水位变动区
	微冻地区 + 氯盐环境 + 水位变动区
	严寒和寒冷地区 + 氯盐环境 + 频繁接触水
D4	严寒和寒冷地区 + 氯盐环境 + 水位变动区

注:严寒地区、寒冷地区和微冻地区是根据其最冷月的平均气温划分的。严寒地区、寒冷地区和微冻地区最冷月的平均气温 t 分别为 :$t \leq -8$℃, -8℃ $< t < -3$ ℃ 和 -3℃ $\leq t \leq 2.5$℃。

表 2.14 磨 蚀 环 境

环境作用等级	环境条件特征	
M1	风蚀(有砂情况)	风力等级≥7 级,且年累计刮风时间大于 90d
M2	风蚀(有砂情况)	风力等级≥9 级,且年累计刮风时间大于 90d
	流冰冲刷	被强烈流冰撞击、磨损、冲刷(冰层水位下 0.5m ~ 冰层水位上 1.0m)
M3	风蚀(有砂情况)	风力等级≥11 级,且年累计刮风时间大于 90d
	泥沙冲刷	被大量夹杂泥沙或物体磨损、冲刷

③环境作用等级为 L3、H3、H4、D3、D4、M3 级的环境为严重腐蚀环境。

④混凝土的耐久性指标一般是指混凝土的抗裂性、护筋性、耐蚀性、抗冻性、耐磨性及抗碱—集料反应性等。具体的混凝土耐久性指标应根据结构的设计使用年限、所处的环境类别及作用等级等确定。

⑤混凝土耐久性的一般要求:

a. 混凝土的电通量应满足表 2.15 的规定。

表 2.15 混凝土的电通量

设计使用年限级别		一(100 年)	二(60 年)、三(30 年)
56d 最大电通量(C)	< C30	<2 000	<2 500
	C30 ~ C45	<1 500	<2 000
	≥C50	<1 000	<1 500

b. 混凝土应进行抗裂性对比试验。

c. 钢筋的混凝土保护层厚度应满足表 2.16 的规定。

表 2.16 普通钢筋的混凝土保护层最小厚度 c_{min}(mm)

结构部位	设计使用年限(年)	碳化环境			氯盐环境			磨蚀环境			冻融破坏环境				化学侵蚀环境			
		T1	T2	T3	L1	L2	L3	M1	M2	M3	D1	D2	D3	D4	H1	H2	H3	H4
梁	100	35	35	45	45	50	60	35	40	45	35	45						
板、支挡结构	30	15	15	25	25	35	45	20	20	30	20	25	35	45	20	25	35	45
	60	20	20	30	30	40	50	25	25	35	25	30	40	50	25	30	40	50
	100	30	30	40	40	45	55	30	35	40	30	40	45	55	30	40	45	55
轨道	30	15	15	20	30	40	50				15	20						
	60	15	20	25	35	45	55				20	25						
墩台	60	30	30	35	35	45	55	30	35	40	30	35	45	55	30	35	45	55
	100	35	35	45	45	50	60	35	40	45	35	45	50	60	35	45	50	60
基础	60	30	30	35	35	45	55	30	35	40	30	35	45	55	30	35	45	55
	100	30	35	45	45	50	60	35	40	45	35	45	50	60	35	45	50	60
隧道衬砌	60	30	30	30	30	40	50				30	30	40	50	30	30	40	50
	100	35	35	40	40	45	55				35	40	45	55	30	40	45	55

d. 混凝土的抗碱—集料反应性能应符合下列规定:

a)集料的碱—硅酸反应砂浆棒膨胀率或碱—碳酸盐反应岩石柱膨胀率应小于 0.10%；

b)混凝土的碱含量参见表 2.17 相关规定。

表 2.17　混凝土最大碱含量(kg/m^3)

设计使用年限级别		一(100 年)	二(60 年)	三(30 年)
环境条件	干燥环境	3.5	3.5	3.5
	潮湿环境	3.0	3.0	3.5
	含碱环境	*	*	3.0

注：* 表示混凝土必须换用非碱活性集料。

⑥氯盐环境下的钢筋混凝土结构，混凝土的耐久性除应满足表 2.18 的规定外，还应满足表 2.19 的规定。

表 2.18　混凝土的电通量

设计使用年限级别		一(100 年)	二(60 年)、三(30 年)
56d 最大电通量(C)	< C30	<2 000	<2 500
	C30 ~ C45	<1 500	<2 000
	≥C50	<1 000	<1 500

表 2.19　氯盐环境下混凝土的电通量

设计使用年限级别	一(100 年)		二(60 年)、三(30 年)	
环境作用等级	L1	L2、L3	L1	L2、L3
56d 最大电通量(C)	<1 000	<800	<1 500	<1 000

⑦化学侵蚀环境下的混凝土结构，混凝土的耐久性除应满足表 2.18 的规定外，还应满足表 2.20 的规定。

表 2.20　化学侵蚀环境下混凝土的电通量

设计使用年限级别	一(100 年)		二(60 年)、三(30 年)	
环境作用等级	H1、H2	H3、H4	H1、H2	H3、H4
56d 最大电通量(C)	<1 200	<1 000	<1 500	<1 000

⑧冻融破坏环境下的混凝土结构，混凝土的耐久性除应满足表 2.18 的规定外，还应满足表 2.21 的规定。

表 2.21　冻融破坏环境下混凝土的抗冻性

设计使用年限级别	一(100 年)	二(60 年)	三(30 年)
环境作用等级	D1、D2、D3、D4	D1、D2、D3、D4	D1、D2、D3、D4
56d 抗冻等级	≥F300	≥F250	≥F200

⑨磨蚀环境下的混凝土结构，其耐久性除应满足表 2.18 的规定外，还应进行混凝土耐磨性对比试验。

⑩处于严重腐蚀环境下的混凝土结构，尚应根据相关规定采取必要的附加防腐蚀措施。

2.3 高性能混凝土配合比设计步骤

2.3.1 高性能混凝土指导性配合比试验方案

1)高性能混凝土配合比研究内容

为满足高性能混凝土工程实际需要,根据前期进行的混凝土原材料性能测试结果,并针对西北地区特殊的气候环境因素,考虑施工期间可能出现的问题,需进行以下4个方面的工作:①工程所使用的高性能混凝土配合比设计;②矿物掺和料对高性能混凝土碱—集料反应抑制效果;③矿物掺和料对混凝土高性能影响;④环境条件、养护方式对混凝土高性能影响。

2)高性能混凝土配合比测试内容

(1)混凝土和易性的测试。测试混凝土拌和物的坍落度和坍落扩展度,并测试1h混凝土拌和物的坍落度和坍落扩展度保留值,依据直观经验观察黏聚性和保水性,综合评定混凝土拌和物的和易性。

(2)混凝土强度的测试。测试标准养护的混凝土28d和56d立方体抗压强度,评定混凝土是否达到强度等级要求。

(3)混凝土抗氯离子渗透性的测试。采用标准养护56d的混凝土试件进行电通量和氯离子迁移系数测试,评定混凝土是否达到耐久性要求。

(4)混凝土抗水渗透的测试。采用标准养护28d的混凝土(有抗渗等级要求的混凝土)抗水渗透试件进行混凝土抗水渗透试验,评定混凝土是否达到设计要求的抗渗等级。

2.3.2 高性能混凝土配合比设计

1)高性能混凝土配合比种类确定

根据设计结构所处环境类型,设计使用寿命、施工条件等确定出工程结构高性能混凝土种类,根据实际工程及原材料情况,可开展多种高性能混凝土配合比设计研究工作,并进行相关耐久性指标测试,获得指导施工的理论配合比。

以干旱地区一具体工程为例,根据设计图纸可确定出工程共包括C30、C35、C40、C40(P8或P10)、C45、C45(P8或P10)、C50、C50(P8或P10)8种混凝土。考虑混凝土28d强度、抗氯离子迁移系数、抗渗性等要求,结合试验拟定出5种耐久性混凝土配合比设计,得出指导施工的理论配合比。

2)配合比试验方案

为分析矿物掺和料对混凝土强度及耐久性的影响,C50混凝土采用5~25mm级配碎石,C50以下混凝土采用5~31.5mm级配碎石,减水剂掺量为胶凝材料的1.2%。粉煤灰与粒化高炉矿渣粉采用单掺和复掺两种方式,粉煤灰单掺时掺量为胶凝材料总量的25%,粉煤灰与粒化高炉矿渣粉双掺时,各掺胶凝材料总量的15%。通过混凝土的和易性、强度、电通量、氯离子迁移系数和抗水渗透性测试,得出不同强度等级的混凝土配合比,如表2.22所示。

表 2.22　$1m^3$ 混凝土配合比各材料用量（kg）

编号	水泥	粉煤灰	粒化高炉矿渣粉	水	细集料—砂	粗集料—石子	减水剂
C30-1	272	91(25%)	0(0%)	145	932	1 010	4.37
C30-2	255	54(15%)	54(15%)	145	932	1 010	4.37
C35-1	285	95(25%)	0(0%)	145	886	1 040	4.56
C35-2	266	57(15%)	57(15%)	145	886	1 040	4.56
C40-1	302	101(25%)	0(0%)	145	856	1 046	4.84
C40-2	283	60(15%)	60(15%)	145	856	1 046	4.84
C45-1	320	106(25%)	0(0%)	145	827	1 052	5.11
C45-2	298	64(15%)	64(15%)	145	827	1 052	5.11
C50-1	363	121(25%)	0(0%)	155	761	1 050	5.81
C50-2	340	72(15%)	72(15%)	155	761	1 050	5.81

3)高性能混凝土配合比试验结果与分析

(1)和易性测试结果与分析

按表 2.22 各材料进行混凝土的配合比试配工作，并采用坍落度筒法测试了混凝土的坍落度，量测了混凝土的坍落扩展度，观察黏聚性和保水性，并测试了 1h 后混凝土拌和物的坍落度和坍落扩展度保留值，具体数值如表 2.23 所示。

表 2.23　混凝土和易性测试值

编号	坍落度(mm)	坍落扩展度(mm)	1h 坍落度保留值(mm)	1h 坍落扩展度保留值(mm)	黏聚性	保水性
C30-1	180	500	170	490	良好	不泌水
C30-2	170	430	160	410	良好	不泌水
C35-1	175	490	150	460	良好	不泌水
C35-2	195	510	165	500	良好	不泌水
C40-1	165	480	150	450	良好	不泌水
C40-2	190	530	175	480	良好	不泌水
C45-1	160	470	145	465	良好	不泌水
C45-2	185	510	175	480	良好	不泌水
C50-1	175	500	160	490	良好	不泌水
C50-2	220	530	200	530	良好	不泌水

由表 2.23 的测试数据分析可知：设计的 10 种混凝土配合比其坍落度都能达到 160mm 以上，在 160 ~ 220mm，而坍落扩展度在 430 ~ 530mm，达到大流动性混凝土的要求，且具有良好的黏聚性和保水性，可以保证混凝土的泵送施工需要；施工时也可根据实际坍落度需要调整混凝土中减水剂的掺量，以达到提高或降低混凝土流动性的效果。另外，通过 1h 后混凝土拌和物的坍落度和坍落扩展度测试数据可以得知混凝土的保坍性能较好。

国内外在评价耐久性混凝土的工作性时，多采用坍落度结合坍落扩展度来评价，一般认为，坍落度与坍落扩展度的比值在 0.4 左右，混凝土的工作性为最佳；当这一比值小于 0.4 时，说明混凝土会发生一定的泌水，并有产生离析的可能；而当这一比值大于0.4时，说明混凝土过于黏稠，不利于泵送施工。表2.24给出了设计的10种混凝土的坍落度与坍落扩展度的比值。由其分析可知，对于同一强度等级的混凝土配合比，当双掺粉煤灰和粒化高炉矿渣粉时，坍落度与坍落扩展度的比值相对单掺粉煤灰的混凝土的比值要高，且这一比值更接近于0.4。这是因为粉煤灰的玻璃微珠的外观形态，使其具有较好的增塑效应，而矿粉不具有形态效应，增塑效应不明显，会使混凝土的黏聚性提高。因此仅单掺粉煤灰的混凝土其保水性相对要差一些。

表2.24　混凝土坍落度与坍落扩展度比值

编　　号	坍落度(mm)	坍落扩展度(mm)	坍落度/坍落扩展度
C30-1	180	500	0.36
C30-2	170	430	0.40
C35-1	175	490	0.36
C35-2	195	510	0.38
C40-1	165	480	0.34
C40-2	190	530	0.36
C45-1	160	470	0.34
C45-2	185	510	0.36
C50-1	175	500	0.35
C50-2	220	530	0.42

(2)立方体抗压强度测试结果与分析

将每一种混凝土配合比的混凝土拌和物制作成相应的立方体混凝土试件，在标准条件下进行养护，达到规定龄期后进行立方体抗压强度测试。通常工程在进行竣工验收时是以混凝土结构实体的28d混凝土强度是否达到设计要求为标准的，而考虑耐久性和抑制碱—集料反应的需要，在进行配合比设计时均掺入了一定量的矿物掺和料，矿物掺和料的水化反应要滞后于水泥，属于二次水化反应，大掺量矿物掺和料的高性能混凝土均以56d的强度能否达到设计要求为标准，两者存在矛盾。所以，保证大掺量矿物掺和料的混凝土在28d达到设计强度也是配合比设计的关键指标。表2.25给出了10种混凝土28d和56d强度测试数值。

由表2.25分析可知，配制的10种混凝土配合比28d立方体抗压强度和56d立方体抗压强度均达到设计强度等级要求。因此试验所确定的混凝土配合比可以满足工程混凝土结构28d强度达到验收要求。另外，对比分析单掺粉煤灰和双掺粉煤灰和粒化高炉矿渣粉的两种同强度等级的混凝土可以发现：单掺粉煤灰的混凝土28d强度略低于双掺粉煤灰和粒化高炉矿渣粉的混凝土，其中C30混凝土低6.78%、C35混凝土低5.73%、C40混凝土低2.25%、C45混凝土低1.06%、C50混凝土低0.66%，分析认为由于试验中使用了Ⅱ级粉煤灰，其细度偏粗，加之粉煤灰特殊的釉状玻璃质外壳，使水分较难进入内部发生反应，因此水化初期在激发剂的作用下粉煤灰与水反应速度相对缓慢，而粒化高炉矿渣粉表面较粉煤灰粗糙，表面积大，相对水化反应面积也大，因此在激发剂的作用下比粉煤灰反映的速度快。但随着水化的进行，单掺粉煤灰的混凝土随着粉煤灰不断与水发生反应，其56d强度基本与双掺粉煤灰和粒化高炉矿渣粉的混凝土强度持平,甚至超出。试验中混凝土强度是采用在20℃环境温度下标准养护的混凝土试件进行测试的,实际工程中环境温度会随着季节发生变化,当夏季施工时,环境温度高,混凝土结构内部由于水化热的释放,温度更高,因此可适当增加粉煤灰的掺量,不会影响混凝土的早期强度;当冬季施工时,由于环境温度较低,混凝土入模温度较低,可适当降低粉煤灰掺量,增加粒化高炉矿渣粉掺量,保证混凝土早期强度达到要求。

另外,从表2.25还可以发现,随着混凝土强度等级的提高,实测的混凝土立方体抗压强度的富余量越来越小,对于C50混凝土,其28d抗压强度刚满足要求。分析认为导致这一现象的原因是试验全部采用42.5级普通硅酸盐水泥,而水泥强度是混凝土强度的重要影响因素,42.5级强度等级的水泥配制C50混凝土,水泥强度等级偏低。为保证混凝土质量,建议对于C50及以上强度等级的混凝土采用强度等级为52.5级水泥进行配制。

表2.25　混凝土不同龄期强度测试值

编　号	28d强度(MPa)	56d强度(MPa)	编　号	28d强度(MPa)	56d强度(MPa)
C30-1	44.0	50.1	C40-2	53.4	58.8
C30-2	47.2	51.0	C45-1	55.9	61.2
C35-1	47.7	54.3	C45-2	56.5	61.6
C35-2	50.6	53.8	C50-1	59.9	62.4
C40-1	52.2	58.3	C50-2	60.3	62.7

(3)抗氯离子渗透性测试结果与分析

混凝土的耐久性与其渗透性之间有着密切的联系,混凝土的耐久性破坏主要是由于侵蚀性介质的侵入,而渗透性决定了侵蚀性介质进入混凝土的速度,对混凝土的抗冻、耐化学腐蚀、耐磨性等有直接的影响,是影响耐久性的关键因素之一。因此,通常认为混凝土的抗渗性是评价混凝土耐久性的重要指标,而混凝土抗氯离子渗透性比混凝土抗水渗透性更能真实反应混凝土的抗渗透情况。我国很多行业已经将混凝土的抗氯离子渗透性指标作为评价混凝土能否达到设计使用寿命的关键指标,铁路工程将电通量作为控制混凝土耐久性指标,而公路、市政工程多以氯离子迁移系数(RCM法)作为控制混凝土耐久性指标,如图2.1所示。因此,采用了电通量和氯离子迁移系数两项指标评价对工程耐久性混凝土的抗氯离子渗透性。表2.26给出了不同强度等级的混凝土在标准养护56d后的电通量测试值和氯离子迁移系数测试值。

图2.1　氯离子迁移深度测试

由表2.26分析可知,按照10种混凝土配合比配制的混凝土56d氯离子迁移系数满足设计要求。另外,通过对比分析氯离子迁移系数和电通量数值,发现两者具有很好的相关性,因此电通量与氯离子迁移系数均能够很好地表征混凝土的抗氯离子渗透性。

由表2.26分析还可以看出:单掺粉煤灰的混凝土电通量值和氯离子迁移系数值较双掺粉

煤灰和粒化高炉矿渣粉的混凝土测试值均大，这是因为粉煤灰、矿粉进行优化复合后，掺入混凝土中，不同粒度分布的材料填充密实效应明显，可显著提高混凝土结构的密实度，改善混凝土内部孔隙结构，使电通量和氯离子迁移系数降低。

表 2.26　混凝土电通量测试值和氯离子迁移系数测试值

编　号	电通量(C)	氯离子迁移系数($\times 10^{-12} m^2/s$)
C30-1	820	5.7
C30-2	783	4.3
C35-1	694	3.9
C35-2	617	3.3
C40-1	633	3.5
C40-2	569	3.0
C45-1	515	2.7
C45-2	478	2.3
C50-1	496	2.5
C50-2	444	2.1

(4)抗水渗透性测试结果与分析

试验中对这三个强度等级(C40、C45、C50)的混凝土进行了抗水渗透性试验，测试了混凝土的抗渗等级。试验结果表明这三种混凝土能达到 P10 的抗渗等级。

2.3.3　指导性配合比

1)高性能混凝土指导性配合比

在实际工程中，特别是线路较长的公路、铁路，其里程较长，沿线地材差异性较大，需要在施工时配制出指导性配合比。现以一具体工程为为例，通过矿物掺和料对碱—集料反应抑制效果研究、矿物掺和料对混凝土抗氯离子渗透性影响研究，以及环境条件、养护方式对混凝土耐久性和体积稳定性影响的研究，最终确定该工程耐久性混凝土指导性配合比如表 2.27 所示。

表 2.27　一工程耐久性混凝土指导性配合比(kg)

编号	水泥	粉煤灰	粒化高炉矿渣粉	水	细集料—砂	粗集料—石子	减水剂
C30	255	54(15%)	54(15%)	145	932	1 010	4.37
C35	266	57(15%)	57(15%)	145	886	1 040	4.56
C40	283	60(15%)	60(15%)	145	856	1 046	4.84
C45	298	64(15%)	64(15%)	145	827	1 052	5.11
C50	340	72(15%)	72(15%)	155	761	1 050	5.81

2)混凝土指导性配合比有害物质计算

《混凝土结构耐久性设计规范》(GB/T 50476—2008)附录 B.2 中规定，进行混凝土配合比设计时需计算单位体积混凝土中氯离子、三氧化硫和碱含量,表2.28为混凝土中有害杂质含量计算汇总。

表2.28 混凝土中有害杂质含量计算汇总

强度等级	有害物质	标准要求	计算值
C30	氯离子	≤0.1%(胶凝材料总量)	0.035
	三氧化硫	≤4%(胶凝材料总量)	3.12
	碱含量	≤3.0kg/m^3	1.94
C35	氯离子	≤0.1%(胶凝材料总量)	0.034
	三氧化硫	≤4%(胶凝材料总量)	3.06
	碱含量	≤3.0kg/m^3	2.03
C40	氯离子	≤0.1%(胶凝材料总量)	0.034
	三氧化硫	≤4%(胶凝材料总量)	2.98
	碱含量	≤3.0kg/m^3	2.16
C45	氯离子	≤0.1%(胶凝材料总量)	0.034
	三氧化硫	≤4%(胶凝材料总量)	2.91
	碱含量	≤3.0kg/m^3	2.27
C50	氯离子	≤0.1%(胶凝材料总量)	0.033
	三氧化硫	≤4%(胶凝材料总量)	2.76
	碱含量	≤3.0kg/m^3	2.59

表2.28中未考虑拌和用水和减水剂带入的有害物质含量,因此实际混凝土中有害杂质含量应比表中计算值略大。表中碱含量按各种材料的水溶性总碱含量($Na_2O+0.658K_2O$)计算,参照《混凝土结构耐久性设计规范》(GB/T 50476—2008)附录B.2.4条文说明中的规定,粉煤灰的水溶性碱含量按其总碱含量的1/6计算,粒化高炉矿渣粉的水溶性碱含量按其总碱含量的1/2计算。

经对表2.28给出的该工程耐久性混凝土指导性配合比中的氯离子、三氧化硫和碱含量等有害物质的计算,均满足《混凝土结构耐久性设计规范》(GB/T 50476—2008)的要求。

2.4 高性能混凝土试验与调试

高性能混凝土指导性配合比调整程序如下:

(1)必须严格按照配合比进行混凝土的配制,严禁随意改变混凝土配合比中的水胶比、集胶比、胶凝材料用量等参数,但可调整减水剂量和砂率以满足施工和易性。

(2)在混凝土生产过程中需定期对原材料进行检测,尤其是测试原材料的碱含量、氯离子含量和三氧化硫含量,保证用于混凝土生产的原材料满足现行国家标准。

(3)不同批次原材料指标与本试验研究所用原材料指标存在较大差异时,应停止混凝土生产。

(4)高性能混凝土冬季施工配合比以现有高性能混凝土配合比为基础,冬季施工时掺入防冻剂。防冻剂应满足如下要求：

①防冻剂应为无氯盐类、有机化合物类，不得使用氯盐类和含有钠盐为防冻成分的防冻剂。宜采用与混凝土中所使用的减水剂同一厂家生产的防冻剂。

②防冻剂匀质性指标和掺防冻剂混凝土性能应符合《混凝土防冻剂》(JC 475—2004)的各项要求。

③具有防冻功能的减水剂，不能与引气剂进行复掺。

混凝土掺入防冻剂后应进行试配，测试混凝土的工作性、强度和耐久性等指标，满足耐久性混凝土的要求后方可使用。

第3章　大温差条件下高性能混凝土性能与配制技术

3.1　试验用原材料情况

3.1.1　试验用原材料性能

试验所用原材料均取自兰新铁路第二双线(新疆段)某标段,采用规范规定的试验方法对原材料进行性能测试。

1)水泥性能

试验采用42.5级普通(低碱)硅酸盐水泥。水泥各项指标符合《通用硅酸盐水泥》(GB 175—2007)的要求,水泥的物理力学性能指标如表3.1所示。

表3.1　水泥的物理力学性能指标

试验项目		标准规定值	实测值
80μm方孔筛筛余(%)		≤10	2.3
比表面积(m^2/kg)	≥300	≤310	339
凝结时间	初凝(min)	≥45	164
	终凝(min)	≤600	211
安定性		合格	合格
胶砂强度			
类别	龄期	标准规定值	实测值
抗折强度(MPa)	3d	≥3.5	4.7
	28d	≥6.5	7.9
抗压强度(MPa)	3d	≥17.0	20.8
	28d	≥42.5	44.3

2)粉煤灰和矿渣粉性能

采用Ⅰ级粉煤灰及S95矿渣粉。采用《高强高性能混凝土矿物外加剂》(GB/T 18736—2002)对矿渣粉及粉煤灰的主要性能指标进行测试,结果如表3.2所示。

表 3.2 矿渣及粉煤灰的主要性能指标

试验项目		性能指标值	
		粉煤灰	矿粉
比表面积(m^2/kg)		460	440
需水量比(%)		92	94
活性指数(%)	3d		60
	7d	78	80
	28d	90	105

3)减水剂性能

采用缓凝型聚羧酸减水剂,采用《混凝土外加剂》(GB 8076—2008)对减水剂的主要性能指标进行测试,其主要性能指标如表 3.3 所示。

表 3.3 聚羧酸减水剂主要性能指标值

试验项目		标准规定值			试验结果
		早强型	标准型	缓凝型	
减水率 WR(%)			≥25		26.5
常压泌水率比 BR 常(%)			≤20		5
压力泌水率比 BR 压(%)			≤90		35
含气量 *A*(%)			≤3.0		2.8
坍落度保留值(mm)(用于配制泵送混凝土时)	30min				190
	60min			≥150mm	155
扩展度保留值(mm)	30min				460
	60min				380
抗压强度比 *Rs*(%)	1d	≥180	≥170		
	3d	≥170	≥160		180
	7d	≥145	≥150	≥140	155
	28d	≥130	≥140	≥130	145
收缩率比 *Rc*(%)			≤110		103
凝结时间差 $\triangle T$(min)	初凝 $\triangle T_c$	-90 ~ +90	-90 ~ +120	> +90	+110
	终凝 $\triangle T_z$				+100

4)粗集料性能

粗集料按照《普通混凝土用砂、石质量及检验方法标准》(JGJ 52—2006)、《关于印发〈铁路混凝土工程施工质量验收补充标准〉(混凝土分项工程原材料标准局部修订条文)》(铁建设[2009]152 号)测试碎石的性能指标,如表 3.4 所示。

表 3.4　碎石的主要性能指标值

<table>
<tr><td colspan="2" rowspan="2">试验项目</td><td colspan="10">标准规定值</td><td colspan="2" rowspan="2">试验结果</td></tr>
<tr><td colspan="4">Ⅰ ≥C50</td><td colspan="3">Ⅱ C30 ~ C45</td><td colspan="3">Ⅲ < C30</td></tr>
<tr><td colspan="2">表观密度 ρ(kg/m^3)</td><td colspan="4"></td><td colspan="3">>2 500</td><td colspan="3"></td><td colspan="2">2 720</td></tr>
<tr><td colspan="2">堆积密度 ρ_L(kg/m^3)</td><td colspan="4"></td><td colspan="3">>1 350</td><td colspan="3"></td><td colspan="2">1 630</td></tr>
<tr><td colspan="2">堆积空隙率 v_L(%)</td><td colspan="4"></td><td colspan="3"><47</td><td colspan="3"></td><td colspan="2">40</td></tr>
<tr><td colspan="2">含泥量 ω_c(%)</td><td colspan="4">≤0.5</td><td colspan="3">≤1.0</td><td colspan="3">≤1.0</td><td colspan="2">0.4</td></tr>
<tr><td colspan="2">泥块含量 $\omega_{c,L}$(%)</td><td colspan="4"></td><td colspan="3">≤0.2</td><td colspan="3"></td><td colspan="2">0.1</td></tr>
<tr><td colspan="2">针片状颗粒含量(%)</td><td colspan="4">≤5</td><td colspan="3">≤8</td><td colspan="3">≤10</td><td colspan="2">3.0</td></tr>
<tr><td colspan="2">坚固性指标 δ_j(%)</td><td colspan="10">预应力混凝土结构≤5;混凝土结构≤8</td><td colspan="2">3.5</td></tr>
<tr><td colspan="2">吸水率 $\omega_\omega a$(%)</td><td colspan="10"><2(普通环境); <1(湿交替或冻融环境)</td><td colspan="2">1.6</td></tr>
<tr><td colspan="2">三氧化硫含量 ω_{so_3}(%)</td><td colspan="10">≤0.5</td><td colspan="2">0.4</td></tr>
<tr><td colspan="2">氯化物含量 ω_{cL}(%)</td><td colspan="10">≤0.02</td><td colspan="2">0.01</td></tr>
<tr><td colspan="2">有机物含量判定(%)</td><td colspan="10">浅于标准色</td><td colspan="2">合格</td></tr>
<tr><td colspan="2">碱活性(%)</td><td colspan="10"><0.10</td><td colspan="2">0.11</td></tr>
<tr><td rowspan="2">压碎指标值 δ_{sa}(%)</td><td>碎石</td><td colspan="4">≤10</td><td colspan="3">≤10</td><td colspan="3">≤16</td><td colspan="2">6.6</td></tr>
<tr><td>卵石</td><td colspan="4">≤12</td><td colspan="3">≤12</td><td colspan="3">≤16</td><td colspan="2">—</td></tr>
<tr><td rowspan="4">颗粒级配</td><td>筛孔尺寸(mm)</td><td>90.0</td><td>75.0</td><td>63.0</td><td>53.0</td><td>37.5</td><td>31.5</td><td>26.5</td><td>19.0</td><td>16.0</td><td>9.50</td><td>4.75</td><td>2.36</td></tr>
<tr><td>标准规定累计筛余(%)</td><td></td><td></td><td></td><td></td><td></td><td>0 ~ 5</td><td></td><td>15 ~ 45</td><td></td><td>70 ~ 90</td><td>90 ~ 100</td><td>95 ~ 100</td></tr>
<tr><td>实际累计筛余(%)</td><td></td><td></td><td></td><td></td><td></td><td>0</td><td></td><td>29.8</td><td></td><td>73.4</td><td>91.3</td><td>95.8</td></tr>
<tr><td>符合公称粒级</td><td colspan="3">5 ~ 31.5</td><td colspan="3">最大粒径(mm)</td><td colspan="6">31.5</td></tr>
</table>

5)细集料性能

细集料按照《普通混凝土用砂、石质量及检验方法标准》(JGJ 52—2006)、《关于印发〈铁路混凝土工程施工质量验收补充标准〉(混凝土分项工程原材料标准局部修订条文)》(铁建设[2009]152 号)测试砂的性能指标,如表 3.5 所示。

表 3.5　砂的主要性能指标

试验项目	标准规定值			试验结果
	>C50	C30 ~ C45	<C30	
表观密度 ρ(kg/m^3)	>2 500			2 660
堆积密度 ρ_L(kg/m^3)	>1 350			1 640
堆积空隙率 v_L(%)	<47			38
含泥量 ω_c(%)	≤2.0	≤2.5	≤3.0	1.5
泥块含量 $\omega_{c,L}$(%)	≤0.5			0.2

续上表

试验项目	标准规定值 >C50	标准规定值 C30～C45	标准规定值 <C30	试验结果
云母含量 ω_m(%)	≤0.5			0.3
坚固性指标 δ_j(%)	≤8			2.9
氯化物含量 ω_{cL}(%)	≤0.02			0.003
吸水率 $\omega_{\omega a}$(%)	≤2.0			1.0
硫化物含量 ω_{so_3}(%)	≤0.5			0.35
有机物含量判定(%)	颜色不应深于标准色			合格
轻物质含量 ω_L(%)	≤0.5			0.40
碱活性(%)	<0.10			0.11

	筛孔尺寸(mm)	标准规定累计筛余值(%)	试验结果 累计筛余(%)	试验结果 级配区属	试验结果 细度模数	试验结果 粗细程度
颗粒级配	9.5	0	0	Ⅱ区	2.8	中砂
	4.75	10～0	5.9			
	2.36	25～0	23.2			
	1.18	50～10	32.6			
	0.6	70～41	44.4			
	0.3	92～70	77.2			
	0.15	100～90	96.5			

6)混凝土拌和用水

混凝土拌和用水采用新疆乌鲁木齐红山嘴地区河水，按照《铁路工程水质分析规程》(TB 10104—2003)、《铁路混凝土工程施工质量验收补充标准》(铁建设[2005]160号)、《铁路混凝土结构耐久性设计暂行规定》(铁建设[2005]157号)，以及《关于印发〈铁路混凝土工程施工质量验收补充标准〉混凝土分项工程原材料标准局部修订条文的通知》(铁建设[2009]152号)测试砂的性能指标，如表3.6所示。

表3.6 水质主要性能指标

试验项目	标准规定值 预应力混凝土	标准规定值 钢筋混凝土	标准规定值 素混凝土	检验结果
pH值	>6.5	>6.5	>6.5	8.19
不溶物含量(mg/L)	<2 000	<2 000	<5 000	550
可溶物含量(mg/L)	<2 000	<5 000	<10 000	1 460
氯化物含量(mg/L)	<500 <350(用钢丝或热处理的钢筋)	<1 000	<3 500	335
	<200(混凝土处于氯盐环境下)			

续上表

试验项目	标准规定值			检验结果
	预应力混凝土	钢筋混凝土	素混凝土	
硫酸盐含量(mg/L)	<600	<2 000	<2 700	400
碱含量(mg/L)	<1 500	<1 500	<1 500	

注:试验依据《铁路工程水质分析规程》(TB 10104—2003)检测评定依据,《铁路混凝土工程施工质量验收补充标准》(铁建设[2005]160号),《铁路混凝土结构耐久性设计暂行规定》(铁建设[2005]157号),以及《关于印发〈铁路混凝土工程施工质量验收补充标准〉混凝土分项工程原材料标准局部修订亲文的通知》(铁建设[2009]152号)。

3.1.2 优化掺和料混凝土孔结构与耐久性关系的研究

1)混凝土孔结构分类

目前业界对水泥石中孔的大小分类还没有一个统一的模式,有代表性的几种如下:

(1)日本的近藤连一和大门正机综合了 Brunauer、Powers、Dubinin、Mikhail、Feldman 等和他们自己的观点和试验数据,在1976年的第六届国际水泥化学学会上提出将水泥石中的孔分为:

①凝胶微晶内孔:孔半径<6Å,孔内为层间水,是混凝土中最小的孔,能级最高;

②凝胶微晶间孔:孔半径近似为6~16Å,为 Powers 的凝胶孔,孔内的水包括结构水和非蒸发水;

③凝胶粒子间孔:孔半径近似为6~16Å,或称过渡孔,为 Powers 所说的毛细孔;

④毛细孔:孔半径>2 000Å,或称大孔。

所用半径指的是水力半径(水力半径 d=孔体积/孔周面积)的一半。

(2)美国学者 Mehta P K 按孔径大小将混凝土中的孔大体分成小于4.5nm、4.5~50nm、50~100nm 和大于100nm 4个等级。并通过试验表明其中大于100 nm(他的文章中给出的数据是135nm)的孔(毛细孔)对混凝土性质有很大影响。

(3)我国著名科学家吴中伟在1973年提出对混凝土中的孔级划分和分孔隙率(即该级孔的孔隙率占总孔隙率的百分率)及其影响因素(即第f级孔的孔隙率对某一性能的影响程度)的概念,建议划分孔级如图3.1所示。

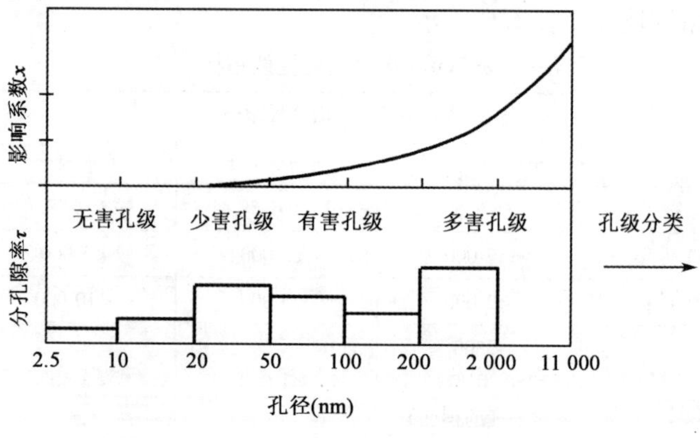

图3.1 孔级、分孔隙率与影响系数的关系

由图3.1知,孔径小于20nm的孔为无害孔,孔径为20~50nm的为少害孔,孔径在50~200nm的为有害孔,孔径大于200nm则为多害孔。减小孔隙率,除去多害孔,减少有害孔,就能得到较高的强度和密实度。如增加50nm以下的孔,减少100nm以上的孔,对混凝土的性能可大大改善。Jambor用汞压力测孔法得出的结果和吴中伟教授提出的上述关系相符。孔径小于20nm的孔为无害孔;孔径为20~100nm的为少害孔;孔径在100~200nm的为有害孔;孔径大于200nm则为多害孔,

(4)Powers T C将水泥石中的孔分为:凝胶孔、毛细孔及气泡。

①凝胶孔是凝胶结构内部最细小的结构,平均宽度约1.8nm,孔隙率约为28%,由于孔隙太小,不会对水泥石的透水性和强度等性能产生不利影响。

②毛细孔为原有水体由于水泥水化被凝胶分割残留的孔隙,其尺寸最少是凝胶孔的10~20倍,主要由新拌水泥浆的水灰比和水化程度所决定。在水灰比低且充分水化的水泥石中,毛细孔隙范围约为10~50nm;在水灰比高、水化早期的水泥石中,毛细孔隙可以大至3~5μm。大于50nm的毛细孔隙对强度和透水性产生有害影响,小于50mn的毛细孔隙的则对干缩和徐变的影响更为重要。

③气泡是施工操作遗留的显微规模及更粗大孔穴,包括作为引气剂有意掺入的气泡,尺寸通常在50~200μm,一般对混凝土的强度和抗渗性有影响。

从上述的分类情况来看,不管是哪种分类方式,毛细孔对水泥石性能的影响都很大,尤其是抗冻性。在正常养护条件下,随着水化程度的提高,凝胶量将增加,水泥浆体中凝胶孔和凝胶水也会增加,而凝胶有可能堵塞毛细孔,使毛细孔变得不连通,并随龄期而减少。当水泥水化程度相同时,水灰比越大,硬化后混凝土的毛细孔越多。

在通常孔隙率的情况下,毛细孔只能通过凝胶孔而相互连接;而当孔隙率较高时,毛细孔成为凝胶的、连续的、相互连接的网状结构,对水泥石及混凝土的影响更大。

2)孔结构与耐久性关系

(1)汞压力测孔法简介

压汞法(Method of Mercury in Trusion Pore measurement,MIP),主要是根据压入混凝土材料等多孔体系中的水银数量与所加压力之间的函数关系,计算孔尺寸和相应的孔体积。首先必须对孔的形状做假定,因为孔在充满状态下的压力决定于液面曲率半径,孔形的假定影响孔径分布的计算,通常采用Wittman的假定,即柱状毛细管系统;二次压汞法假定孔是墨水瓶状,如图3.2所示。

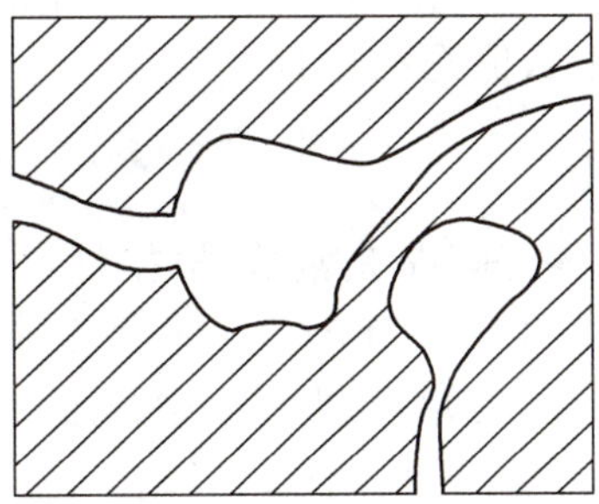

图3.2 墨水瓶孔状图

压汞法根据施加压力的大小,适合于测量平均孔径为15Å~100μm范围的孔。

汞压力法特别是高压汞测孔法是目前用得最多而有效的研究孔级配的方法,广泛应用于测量水泥基复合材料孔结构的研究,如硬化水泥浆和水泥砂浆的孔结构参数(如孔隙率、孔径尺寸和孔径分布)等,并已取得了很多成果。下面简要介绍汞压力测孔的原理。

当把一液体滴在固体表面上时,就形成固—液—气系统。平衡时,当液体表面张力和固—液界面张力之间的夹角θ即润湿角(或称接触角)小于90°时,表示固体能被液体浸湿;当接触

角 $\theta>90°$时，表示液体不能浸入固体，而只有在外界压力的作用下，才能使液体浸入固体中。根据有关研究得知，汞和固体之间的接触角 $\theta>90°$，除非施加一定的压力，才能使汞压入多孔固体中微小的孔内，否则固体不会被汞润湿。因此，可以根据所施加的压力、水银压入量及孔径尺寸之间的不同，建立相应的函数关系，从而得出被测材料的孔结构情况。

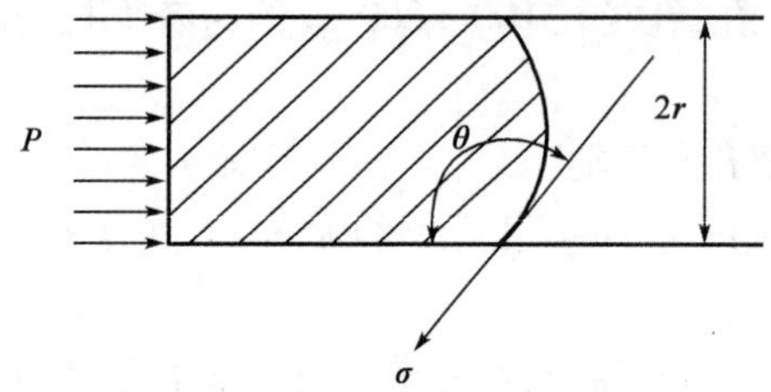

图 3.3　毛细孔中汞的受力情况

假定一定体积的水银浸入毛细孔，如图 3.3 所示，r 为孔隙半径，θ 为汞和硬化水泥浆体内毛细孔孔壁之间的接触角，σ 为水银表面张力（25℃时为 48.42Pa）。若欲使毛细孔中的汞保持一平衡位置，必须使外界所施加的总压力 P 同毛细孔中水银的表面张力产生的阻力 P' 相等，根据平衡条件，有：

$$P=\pi r^2 p=-P'=-2\pi r\sigma\cos\theta \tag{3.1}$$

式中：P ——外界施加给汞的总压力（N）；

p——给汞施加的压力（MPa）；

σ ——汞的表面张力（MPa）；

P'——由于汞表面张力而引起的毛细孔壁对汞的压力（N）；

r——毛细孔半径。

只有当施加的外力 $P\geqslant P'$时，水银才可进入毛细孔，从而得到施加压力和孔径之间的关系式，即为经典的 Washburn 方程：

$$p=-\frac{2\sigma\cdot\cos\theta}{r} \tag{3.2}$$

$(d,d+\delta d)$的孔隙体积是对应压力$(p,p+\delta p)$浸入的水银体积，根据上式，结合通过试验得到的压力 P 和汞浸入体积 V 的基本数据，建立水银浸入体积和孔径之间的数学关系式，即：

$$v=f(r) \tag{3.3}$$

根据试验资料，对于一定的材料有一定的 σ、θ 值，这样就直接建立了压力 P 和毛细孔径 r 的数值关系式，即：

$$p=\frac{c}{r} \tag{3.4}$$

其中 c 是常数，根据材料具体的性质而定。一般测孔仪器能提供的最大压力范围是 0.004 ~400MPa，对应可测定孔的尺寸从几百微米（低压）到几个纳米（高压）的范围。

在实际试验过程中，得到的直接试验结果是压力 P，以及在此压力下半径大于 r 的所有孔隙的体积 V。直径在$(d,\ d+\delta d)$占据的孔隙部分等于水银在压力$(p,\ p+\delta p)$下浸入的体积 δV。这样以压力 P 为中介，就可以得到 v 和 r 的关系式，即：

$$v=f(r) \tag{3.5}$$

上式表示各种孔径分布的积分曲线。通常对半径 r 采用对数坐标，则变为：

$$v=f_1(\lg r) \tag{3.6}$$

对式(3.5)取微分，就有孔径分布的微分曲线，即：

$$\frac{dV}{dr}=f_2(r) \tag{3.7}$$

对式(3.6)取微分,得:

$$\frac{\mathrm{d}V}{\mathrm{dlg}r} = f_3(\lg r) \tag{3.8}$$

式(3.7)和式(3.8)所示的两条曲线表达了 V、$\frac{\mathrm{d}V}{\mathrm{d}r}$与 $\lg r$ 之间的关系,显示了所测试件的孔尺寸分布情况,是压汞法中最常用的两条试验曲线。

临界孔径,又称阀值孔径,英文为 Threshold Pore Diameter,其定义为压入汞的体积明显增加时所对应的最大孔径。在压力与压入汞体积的曲线上,临界孔径对应于汞体积屈服的末端点压力。其理论基础为,材料由不同尺寸的孔隙组成,较大的孔隙之间由较小的孔隙连通,临界孔是能将较大的孔隙连通起来的各孔的最大孔级。若用式(3.6)作样品试件的孔径分布积分曲线图,曲线上斜率突变点的切线和横坐标 $\lg r$ 轴的交点处孔径则为阀值孔径;若是汇成直方图,则由开始大量增加孔体积处所对应的孔径值来判断。

若根据式(3.8)作样品试件的孔径分布微分曲线,在微分曲线上的峰值所对应的孔径叫作最可几孔径(Most Probable Pore Diameter),即出现概率最大的孔径。最可几孔径的大小可反应孔径分布的情况,即最可几孔径越大,阀值孔径越大,平均孔径也越大。

平均孔径 $\bar{r}$可用式(3.9)计算:

$$\ln r = \frac{\int_{\lg r_0}^{\lg r_e} V \mathrm{dlg}r}{V_{max}} + \lg r_0 \qquad \bar{r} = 10 r_0 \frac{\int_{\lg r_0}^{\lg r_e} V \mathrm{dlg}r}{V_{max}} \tag{3.9}$$

式中:r_0——所测的最小孔径,与其相应的大于 r_0 的所有孔的体积为 V_{max};

r_e——孔体积为 0 时的最大孔径。

表征混凝土孔结构形态的参数通常有比孔容积、比表面积、孔径分布、孔隙率、平均孔径、孔形状、孔密度、孔长度、孔径比、孔曲率等,其中前 4 项是描述孔结构形态的主要参数。压汞试验得到的比较直接的结果是不同孔径范围所对应的孔隙量,进一步计算得到总孔隙率、临界孔径、平均孔径、最可几孔径等孔结构参数。

(2)孔结构特征与混凝土材料性质的关系

除金属及大多数塑料外,目前所用建筑材料很多都含有孔隙。材料的孔对材料的许多性质有重要的影响,如强度、变形行为、质量、导热性、吸水性、渗透性以及耐久性等。因此,对水泥石内部孔隙结构特征进行定量的研究是揭示混凝土材料宏观性能的重要前提条件,如图 3.4 和图 3.5 所示。

人们很早就发现,材料的孔和固相体积的比例对材料的强度等性质有直接的影响。对于任何均质材料,其强度 R 和孔隙率 p_0 有下列关系:

$$R = R_0(1 - p_0)^n \tag{3.10}$$

式中:R_0——孔隙率为 0 时材料的强度;

n——系数。

脆性材料的强度 R 和弹性模量 E 与孔隙率 p 之间有如下关系:

$$X = X_0 \mathrm{e}^{-bp} \tag{3.11}$$

式中:X——材料的强度或弹性模量;

X_0——孔隙率为 0 时材料的强度或弹性模量；

b——系数。

孔隙对水泥混凝土的影响早已被人们所重视，被认为是影响混凝土宏观行为的重要因素之一。其中最直接最明显算是对强度的影响。早在 1896 年法国 Feret R 提出下列关系：

$$R = K\left(\frac{c}{c + e + a}\right)^2 \tag{3.12}$$

式中：R——混凝土强度；

c、e、a——水泥、水和空气的绝对体积；

K——常数。

1818 年，美国 Abrams D A 提出混凝土强度和水灰比的关系：

$$R = \frac{K_1}{K_2 A} \tag{3.13}$$

式中：R——混凝土强度；

K_1、K_2——经验常数；

A——水灰比，即 A 与 W/C。

水泥浆体在水化过程中的孔隙率取决于水灰比，故 Abrams 公式实际是 Feret 公式的一个特例。

20 世纪 60 年代 Powers T C，提出胶空比理论，其关系式如下：

$$R = A \cdot X^n \tag{3.14}$$

式中：A——凝胶固有强度；

X——胶空比，即 x = 凝胶体积/(凝胶体积 + 毛细孔体积)；

n——常数。

式(3.10) ~ 式(3.14)都证明了，随着孔隙率的增加，材料强度或弹性模量降低。

随着科研活动的开展，人们发现相同组成的材料孔隙率相同时，其性质也会有差异。即材料性质不仅与孔隙率有关，而且和孔的形状、大小的级配及孔在空间的位置分布等有关。这也是材料强度和孔隙率之间的关系非线性的一个原因。在第七届国际水泥化学会议上，Wittman F H 提出孔隙学的概念，孔隙学即研究孔特征或孔结构的理论。

孔结构的主要内容包括：孔隙率(Porosity)、孔径分布(Pore Size Distribution)或称孔级配(Pore Size Gradation)和孔几何学(Pore Geometry)，即孔的形貌(Morphology)和不同尺寸的孔在空间的排列(Arrangement)。

孔级配，即不同孔径大小的孔互相搭配的情况。当孔隙率相同时，平均孔径小的材料强度高、渗透性低；不同尺寸孔径的孔对材料强度的影响不同；孔径尺寸差别小，即分布均匀时，强度高。因此可通过孔级配的改善来优化材料的某些性质。而小于某尺度的孔则可对强度及渗透性无影响。

孔几何学包括孔的形貌和排列。孔的形貌包括孔的形状如长形、圆形、管形等；孔的状态如是否开放、是否连通；孔的排列，即大小不同的孔在空间位置的排列，密集的还是稀疏的，均匀的还是不均匀的，集中的还是分散的。当孔隙率相同时，有规则形状的、光滑表面的，也有不规则形状，表面粗糙的孔。在空间排列均匀的孔的材料可有较高的强度；封闭、孤立的孔可使材料有较低的渗透性。

因此，在混凝土孔结构与性能关系研究方面，主要侧重于混凝土材料强度与孔结构的关系研究，对于混凝土材料的耐久性与孔结构的关系研究尚不充分，需要不断的探讨。

(3)混凝土材料孔结构特征的影响因素

①原材料的影响

a. 集料。混凝土与水泥石结构的区别在于混凝土中还有集料的存在。在混凝土中，集料体积占总体积的3/4左右。集料对混凝土的孔结构有一定的影响，特别是粗集料的影响更大。粗集料本身对引气没有很大的影响，但粗集料会影响混凝土拌和物的干硬性，从而间接影响气泡的形成。通常如果粗集料量大，拌和物水泥石量就较少，其混凝土的含气量一般就较低。细集料对引气较为重要的影响是细集料的颗粒尺寸，随着细集料细度提高，含气量有下降的趋势。

b. 水泥细度的影响。水泥对引气物理方面的影响主要与水泥的细度有关，较细的水泥由于比表面积大，需水量也就较大，则相对可用于气泡形成的水量减少，使气泡形成变得较为困难，同时水泥石黏度的增大也使气泡更难以形成。

c. 矿物掺和料的影响。在混凝土中掺加活性矿物质掺和料，其对混凝土含气量有很大的影响，如粉煤灰和硅灰中的碳吸附引气剂，从而对气泡的形成与稳定性有一定的影响。

②配合比的影响

水灰比对引气有一定影响，水灰比越大，相对可用于气泡形成的水量多，使气泡的形成变得较为容易，同时水泥石黏度较小也使气泡更易形成；反之，则难引入气体。其次，砂率选取适当，对于混凝土的品质有着很大的影响，砂率大，则比表面积大，水泥用量多，不易引入气体；砂率小，砂量不足以填充石子的空隙，拌和物会发生离析、泌水现象，对引气不利。因此，理想的砂率与合适的引气量关系密切。

③施工工艺的影响

混凝土搅拌越强烈，引气量越大。延长搅拌时间，引气量增大，但如果搅拌时间过长，含气量则下降；而正常的振动只会消除大的夹杂气泡，而不会减少引入的小气泡，所以适当增加振捣时间对气泡结构有利；采用水中养护或潮湿养护的混凝土，水泥水化处于良好条件，水泥石的毛细孔空间被吸入的水填满，大毛细孔减少，总的孔隙率下降，而随着养护龄期的增加，混凝土的总孔隙率和毛细孔还会逐渐减小。

④优化孔结构的途径

a. 改变孔隙率

改变孔隙率对改变孔结构有最明显的效果。实际上，孔隙率改变也会引起孔级配的改变。但孔隙率较易于测定，因此人们一般注意孔隙率的研究。对于水泥浆体，改变孔隙率的方法有：

a)改变水灰比。水泥完全水化所需要的水量加上提供继续水化的毛细孔所需要的水量，水泥完全水化所需总水量的水灰比约为0.38。多余水量越大，硬化后在浆体中留下的孔隙越多。实际上由于水泥的水化是由表及里与水接触而进行的，在可使用的W/C范围内，水泥不可能完全水化。因此即使掺入最低的水量(水灰比约为0.38)，硬化浆体中也会留下多余的孔隙。因此，当水灰比低于0.38时，随水灰比大小的不同，硬化浆体也会有不同的孔隙率。

b)掺入引气剂或微泡沫剂等外加剂都可明显增加浆体的孔隙率,同时可引入细小圆形孔,即也可改变孔的形状。

b. 改变孔的级配

a)改变 W/C 时,除改变总孔隙率外,对孔级配也有影响。当水灰比降低到 0.4 以下时,几乎就消除了大于 150nm 以上的大孔。

b)改变成型工艺,如改变水泥制品的养护方式或养护制度。对水泥浆体来说,养护方式不同时,硬化后孔结构会有不同程度的差别。

c. 掺入矿物掺和料或改变原材料

活性矿物掺和料和惰性矿物掺和料都能改变水泥浆体的孔结构,而活性矿物掺和料由于不断产生水化物,还能随养护龄期的增长而不断填充孔隙而优化孔的级配。

d. 优化孔的几何特征

混凝土渗水的过程首先是混凝土中毛细孔的毛细现象,毛细孔吸水饱和后,才是压力水的透过。当在混凝土中引入若干直径大于毛细孔直径的细微球形孔,切断毛细孔渗水的通路时,可在一定程度上提高混凝土的抗渗性。

⑤优化掺和料混凝土孔结构与耐久性关系的研究

尽管目前对水泥石中孔的大小分类还没有一个统一的模式,但综合大量相关资料,选择吴中伟教授对孔的分类,详见 3.1 节。描述孔结构形态时,常用总空隙率、孔比表面积、临界孔径、最可几孔径、平均孔径及各类孔的分布等参数。其中临界孔径是指能将较大的孔隙连通起来的各孔的最大孔级,反映混凝土中孔隙的连通性,对混凝土的抗渗性有很大影响。混凝土最可几孔径是指出现概率最大的孔径。

a. 优化掺和料对 Z 型(桩基)混凝土水泥石孔结构影响的试验及分析

a)试验结果

水胶比为 0.38 的 Z 型基准混凝土(ZJC)与优化掺和料混凝土(ZYC)水泥石孔,试验样本和孔结构测定仪分别如图 3.4 和图 3.5 所示,结构试验结果如表 3.7 和表 3.8 所示。

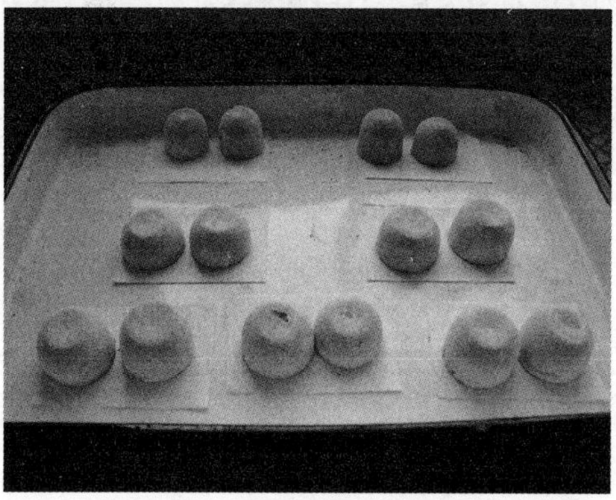

图 3.4 水泥石孔结构试验样本

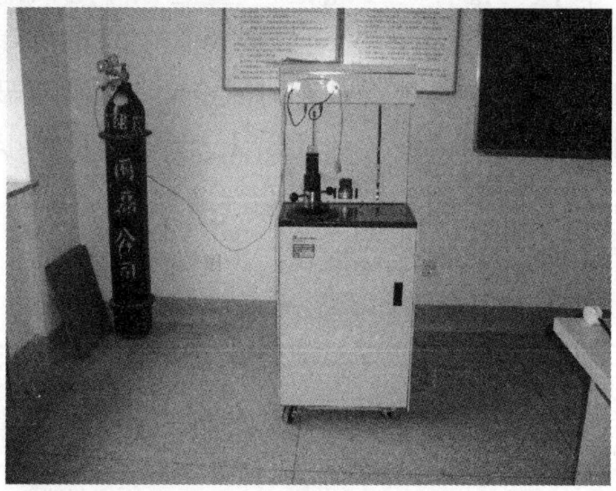

图 3.5 孔结构测定仪(美国进口)

b)结果分析

水胶比为 0.38 的 Z 型优化掺和料混凝土水泥石与基准的混凝土水泥石相比,其总孔隙率降低 20%,孔的比表面积增加 0.28%,平均孔径减小 0.17%,临界孔径减小 0.23%,最可几孔径减小 0.25%,即孔径细化,平均孔径向小孔方向移动;优化掺和料 Z 型混凝土水泥石少害孔

(20～50nm)占主导位置,而基准混凝土有害孔(50～200nm)占主导位置。这也是抗冻性、抗渗性、抗腐蚀性提高的主要原因。

表 3.7 优化掺和料对 Z 型混凝土水泥石的孔隙结构特征参数的影响

编　号	不同孔级的孔占总孔比例(%)			
	<20nm	20～50nm	50～200nm	>200nm
ZJC	0.14	11.54	79.26	7.20
ZYC	0.37	73.83	18.25	6.72

表 3.8 优化掺和料对 Z 型混凝土水泥石孔隙结构特征参数的影响

编　号	ZJC	ZYC	编　号	ZJC	ZYC
水胶比	0.38	0.38	比表面积(m^2/ml)	54.65	69.83
总孔隙率(%)	19.32	15.48	最可几孔径(nm)	52.76	39.72
总孔体积(ml/g)	0.117 8	0.103 2	临界孔径(nm)	50.37	38.59
总孔面积(m^2/g)	5.32	7.76	平均孔径(nm)	60.54	50.28

b. 优化掺和料对 D 型(桥墩)混凝土水泥石孔结构影响的试验及分析

a)试验结果

水胶比为0.34 的 D 型基准混凝土(DJC)与优化掺和料混凝土(DYC)水泥石孔结构,试验结果如表 3.9 和表 3.10 所示。

表 3.9 优化掺和料对 D 型混凝土水泥石的孔隙结构特征参数的影响

编　号	不同孔级的孔占总孔比例(%)			
	<20nm	20～50nm	50～200nm	>200nm
DJC	0.38	46.83	43.59	8.14
DYC	1.23	87.46	5.65	4.01

表 3.10 优化掺和料对 D 型混凝土水泥石孔隙结构特征参数的影响

编　号	DJC	DYC	编　号	DJC	DYC
水胶比	0.34	0.34	比表面积(m^2/ml)	90.13	126.94
总孔隙率(%)	14.98	13.19	最可几孔径(nm)	34.56	20.42
总孔体积(ml/g)	0.099 9	0.096 2	临界孔径(nm)	27.74	20.11
总孔面积(m^2/g)	7.68	12.12	平均孔径(nm)	40.76	24.95

b)结果分析

水胶比为0.34 的 D 型混凝土优化掺和料水泥石与基准的混凝土水泥石相比,其总孔隙率降低 12%,孔的比表面积增加 0.41%,平均孔径减小 0.39%,临界孔径减小 0.28%,最可几孔径减小 0.41%,即孔径细化,平均孔径向小孔方向移动。优化掺和料 Z 型混凝土水泥石少害孔(20～50nm)占主导位置,而基准混凝土少害孔(20～50nm)、有害孔(50～200nm)都占有较大比例,这也是抗冻性、抗渗性、抗腐蚀性提高的主要原因,但由于孔隙率降低少于水胶比为 0.38 的 Z 型混凝土,各性能提高幅度小。

c. 优化掺和料对 L 型(梁体)混凝土水泥石孔结构影响的试验及分析

a)试验结果

水胶比为 0.30 的 L 型基准混凝土(LJC)与优化掺和料混凝土(LYC)水泥石的孔结构,试验结果如表 3.11 和表 3.12 所示。

表 3.11 优化掺和料对 L 型混凝土水泥石孔隙结构特征参数的影响

编号	不同孔级的孔占总孔比例(%)			
	<20nm	20~50nm	50~200nm	>200nm
LJC	61.33	32.42	2.54	1.78
LYC	72.66	17.75	2.18	4.23

表 3.12 优化掺和料对 L 型混凝土水泥石孔隙结构特征参数的影响

编号	LJC	LYC	编号	LJC	LYC
水胶比	0.30	0.30	比表面积(m^2/ml)	180.14	215.14
总孔隙率(%)	10.11	9.42	最可几孔径(nm)	17.94	11.18
总孔体积(ml/g)	0.073 4	0.067 5	临界孔径(nm)	12.96	11.83
总孔面积(m^2/g)	13.93	19.74	平均孔径(nm)	17.23	14.38

b)结果分析

水胶比为 0.30L 型优化掺和料混凝土水泥石与基准的混凝土水泥石相比,其总孔隙率降低 7%,孔的比表面积增加 0.41%,平均孔径减小 0.17%,临界孔径减小 0.13%,最可几孔径减小 0.37%,即孔径细化,平均孔径向小孔方向移动。由于水胶比小,混凝土水泥石中孔径小于 50nm 的少害及无害孔占总孔比例都较大(均为 90% 左右)。相比较而言,优化掺和料 L 型混凝土水泥石少害孔(20~50nm)比基准混凝土少害孔(20~50nm)多,其他孔少,这也是抗冻性、抗渗性、抗腐蚀性提高的主要原因。但由于孔隙率降低少于水胶比为 0.38Z 型混凝土、水胶比为 0.34D 型混凝土,各性能提高幅度更小。

3.1.3 粉煤灰、矿渣粉掺和料优化试验

试验设计如下:

1)试验目的

高性能混凝土通过掺入大量粉煤灰、磨细矿渣粉、硅灰等活性细粉材料,这些掺和料中较粗的颗粒可代替水泥填充细集料空隙,更细的颗粒,如 10μm 以下的,可以填充水泥中毛细孔和凝胶孔的空隙,改善混凝土内部孔结构,使混凝土内部更加密实。但不同矿物掺和料在混凝土中的作用有着各自的特点,将不同种类矿物掺和料以合适的复合比例和总掺量掺入混凝土,则可使其取长补短,不仅可调节需水量,还可使胶凝材料空隙率达到最小,从而使整个混凝土形成紧密的堆聚结构体系。

通过调整矿物掺和料掺入比例和掺入品种,测试不同混凝土的物理力学性能、致密性、耐腐蚀性和抗裂性能,分析矿物掺和料对高性能混凝土工作性、强度、耐久性和抗裂性的影响,达到优化矿物掺和料的作用效果。

2)试验方案

以兰新高速铁路第二双线(新疆段)为例,其混凝土结构主体采用的高性能混凝土强度等级为C30~C55,其中梁体多用C50、C55,墩台多用C35、C40,桩基多用C30、C35。从强度等级分析,混凝土最小水胶比应为0.30左右,且水胶比一般应小于0.40,因此兰新铁路第二双线(新疆段)混凝土结构采用的水胶比一般在0.30~0.40,试验确定了3个水胶比,即0.30、0.34、0.38,来配制混凝土,针对每一水胶比,又通过改变胶凝材料组分及比例,分别配制了以粉煤灰为主掺矿物掺和料的混凝土,以矿渣粉为主掺矿物掺和料的混凝土和掺优化矿物掺和料的优化混凝土。

(1)L型混凝土矿物掺和料优化方案(主要针对梁体混凝土)

水胶比为0.30的混凝土,因水胶比较小,强度较高,所以矿物掺和料的掺量较大,进行了3组试验研究,分别配制了以粉煤灰为主掺矿物掺和料的混凝土,矿物掺和料掺入总量为胶凝材料的30%,其中粉煤灰为20%,矿粉为10%;以矿渣粉为主掺矿物掺和料的混凝土,矿物掺和料掺入总量为胶凝材料的50%,其中粉煤灰为10%,矿粉为40%;掺以粉煤灰为10%、矿粉为30%的优化混凝土。

(2)D型混凝土矿物掺和料优化方案(主要针对桥墩、台混凝土)

水胶比为0.34的混凝土,进行了3组试验研究,分别配制了以粉煤灰为主掺矿物掺和料的混凝土,矿物掺和料掺入总量为胶凝材料的30%,其中粉煤灰为20%,矿粉为10%;以矿渣粉为主掺矿物掺和料的混凝土,矿物掺和料掺入总量为胶凝材料的45%,其中粉煤灰为15%,矿粉为30%;掺以粉煤灰为15%、矿粉为20%的优化混凝土。

(3)Z型混凝土矿物掺和料优化方案(主要针对桩基混凝土)

水胶比为0.38的混凝土,进行了三组试验研究,分别配制了以粉煤灰为主掺矿物掺和料的混凝土,矿物掺和料掺入总量为胶凝材料的30%,其中粉煤灰为20%,矿粉为10%;以矿渣粉为主掺矿物掺和料的混凝土,矿物掺和料掺入总量为胶凝材料的40%,其中粉煤灰为10%,矿粉为30%;掺以粉煤灰为15%、矿粉为15%的优化混凝土。

试验共配制了12个配合比的混凝土。其配合比如表3.13~表3.15所示。

表3.13 水胶比为0.30混凝土的配合比参数(L型混凝土)

项 目	JC	LFC	LKC	LYC
水胶比	0.30	0.30	0.30	0.30
单位用水量(kg/m^3)	145	145	145	145
砂率(%)	40	40	40	40
砂子用量(kg)	717	717	717	717
石子用量(kg)	1 075	1 075	1 075	1 075
高效减水剂掺量(%)	1.6	1.4	1.2	1.3

3)试验方法

混凝土的工作性能测定如下:

(1)坍落度和坍落扩展度测定方法

依据《普通混凝土物性能试验方法标准》(GBJ 50080—2002),采用坍落度筒来测定混凝土拌和物的坍落度(图3.6),凭经验观察拌和物的黏聚性和保水性是否合格。

表3.14　水胶比为0.34混凝土的配合比参数(D型混凝土)

项　　目	JC	DFC	DKC	DYC
水胶比	0.34	0.34	0.34	0.34
单位用水量(kg/m³)	145	145	145	145
砂率(%)	42	42	42	42
砂子用量(kg)	768	768	768	768
石子用量(kg)	1 061	1 061	1 061	1 061
高效减水剂掺量(%)	1.7	1.5	1.4	1.4

表3.15　水胶比为0.38混凝土的配合比参数(Z型混凝土)

项　　目	JC	ZFC	ZKC	ZYC
水胶比	0.38	0.38	0.38	0.38
单位用水量(kg/m³)	145	145	145	145
砂率(%)	44	44	44	44
砂子用量(kg)	815	815	815	815
石子用量(kg)	1 038	1 038	1 038	1 038
高效减水剂掺量(%)	1.8	1.5	1.4	1.4

注:JC代表基准混凝土;FC代表以粉煤灰为主要掺和料的混凝土;KC代表以矿粉为主要掺和料的混凝土;YC代表掺粉煤灰、矿粉优化后的混凝土,L代表梁体混凝土,D代表墩台混凝土,Z代表桩基混凝土。

(2)含气量测定

采用含气量测定仪(图3.7),依据压强法(ASTMC 231)来测定混凝土拌和物的含气量。

图3.6　混凝土坍落度和坍落扩展度测定

图3.7　混凝土含气量测定仪

(3)混凝土的强度测定

制作尺寸为100mm×100mm×100mm的立方体试件,标准养护至规定的龄期测试,结果乘以0.95的换算系数,抗压强度采用压力试验机(图3.8)测试,操作方法及结果处理参照《普通混凝土力学性能试验方法标准》(GB/T 50081—2002)。

(4)混凝土的抗氯离子渗透试验

用岩石切割机(图3.9)将试块切成100mm×100mm×50mm的试件,采用美国电通量测定仪、真空饱水装置(图3.10)，依据标准ASTM C1202-2012和AASHTO T277-831，测定混凝土56d电通量来评价混凝土的抗氯离子渗透性，如图3.11所示。

图3.8 YE-2000液压式压力试验机

图3.9 岩石切割机

图3.10 真空饱水装置

图3.11 快速氯离子测定仪

(5)混凝土耐腐蚀性试验

依据《铁路混凝土工程施工质量验收补充标准》(铁建设[2005]160号)中附录K胶凝材料抗硫酸盐侵蚀性能快速试验方法中的规定，测定同龄期的水泥胶砂试体分别在侵蚀溶液中浸泡和在20℃饮用水中养护的抗折强度之比，作为水泥胶砂的抗蚀系数，用以比较胶凝材料的抗硫酸盐侵蚀性能，如图3.12所示。

(6)混凝土抗裂性试验

用受约束的混凝土圆环试件在规定的养护条件下的开裂趋势来评价混凝土的抗裂性能。采用的养护条件为：室内(温度20℃左右、湿度50%左右)养护7d，室外覆盖养护7d，如图3.13所示。用40倍放大镜观察混凝土的开裂情况、裂缝长度和宽度。

4)试验结果与分析

(1)混凝土的工作性和强度试验结果与分析

①L型混凝土的工作性和强度试验结果

表3.16为掺不同掺和料的L型混凝土的工作性和强度测试结果，图3.14为不同掺和料的L型混凝土各龄期强度。

图 3.12　混凝土耐腐蚀试件

图 3.13　混凝土抗裂试件

表 3.16　掺不同掺和料的 L 型混凝土工作性和强度测试值

项　　目	JC	LFC	LKC	LYC
坍落度(mm)	160	170	180	175
扩展度(mm)	300	450	350	400
坍落度与扩展度比值	0.53	0.38	0.51	0.44
黏聚性	黏稠	一般	较为黏稠	好
含气量(%)	3.5	2.5	3.0	2.8
7d 强度(MPa)	49.4	23.7	45.9	37.2
28d 强度(MPa)	60.3	44.1	59.3	57.5
56d 强度(MPa)	63.7	58.6	66.5	64.2

注:JC 代表基准混凝土;FC 代表以粉煤灰为主要掺和料的混凝土;KC 代表以矿粉为主要掺和料的混凝土;YC 代表掺粉煤灰、矿粉优化后的混凝土。

②D 型混凝土的工作性和强度试验结果

表 3.17 为掺不同掺和料的 D 型混凝土的工作性和强度测试结果,图 3.15 为不同掺和料的 D 型混凝土各龄期强度。

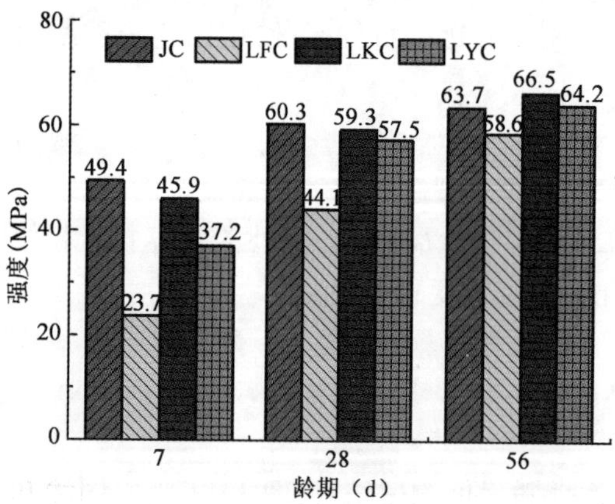

图 3.14　掺不同掺和料的 L 型混凝土各龄期强度

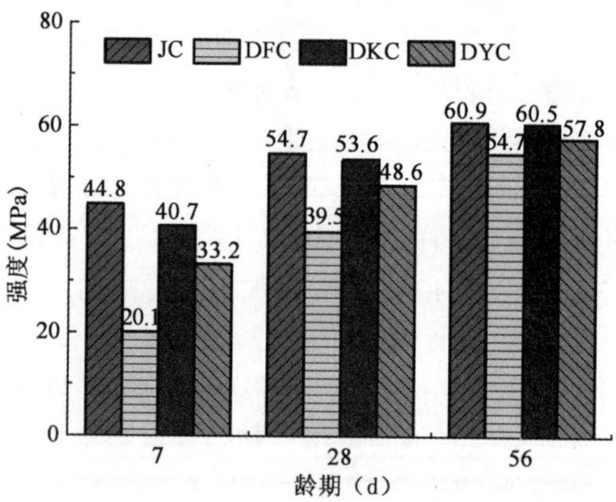

图 3.15　掺不同掺和料的 D 型混凝土各龄期强度

表 3.17 掺不同掺和料的 D 型混凝土工作性和强度测试值

项　　目	JC	DFC	DKC	DYC
坍落度(mm)	180	200	205	210
扩展度(mm)	350	500	410	460
坍落度与扩展度比值	0.51	0.40	0.50	0.46
黏聚性	黏稠	好	黏稠	较好
含气量(%)	4.1	3.6	3.2	3.5
7d 强度(MPa)	44.8	20.1	40.7	33.2
28d 强度(MPa)	54.7	39.5	53.6	48.6
56d 强度(MPa)	60.9	54.7	60.5	57.8

注:JC 代表基准混凝土;DFC 代表以粉煤灰为主要掺和料的 D 型混凝土;DKC 代表以矿粉为主要掺和料的 D 型混凝土;DYC 代表掺粉煤灰、矿粉优化后的 D 型混凝土。

③Z 型混凝土的工作性和强度试验结果

表 3.18 为掺不同掺和料的 Z 型混凝土的工作性和强度测试结果,图 3.16 为不同掺和料的 Z 型混凝土各龄期强度。

表 3.18 掺不同掺和料的 Z 型混凝土工作性和强度测试值

项　　目	JC	ZFC	ZKC	ZYC
坍落度(mm)	220	230	225	220
扩展度(mm)	460	540	480	520
坍落度与扩展度比值	0.48	0.43	0.47	0.42
黏聚性	较为黏稠	好	较好	好
含气量(%)	4.7	4.0	3.9	3.6
7d 强度(MPa)	40.5	17.2	37.9	30.1
28d 强度(MPa)	50.0	34.1	49.3	44.0
56d 强度(MPa)	52.8	46.7	53.4	50.1

注:JC 代表基准混凝土;ZFC 代表以粉煤灰为主要掺和料的 Z 型混凝土;ZKC 代表以矿粉为主要掺和料的 Z 型混凝土;ZYC 代表掺粉煤灰、矿粉优化后的 Z 型混凝土。

④混凝土的工作性和强度试验结果分析

由表 3.16 ~表 3.18 和图 3.9 ~图 3.11 可知:三种混凝土的基准混凝土(JC)坍落度与扩展度的比值为 0.53、0.51 和 0.48,均略偏高,混凝土较为黏稠;而以粉煤灰为主掺矿物掺和料的混凝土,虽然粉煤灰相对掺量较低,但由于粉煤灰的玻璃微珠的外观形态,其具有较好的增塑效应,三种以掺粉煤灰为主的混凝土的坍落度与扩展度的比值分别为 0.38、0.40 和 0.43,其混凝土拌和物的黏聚性较好;而以矿粉主拌制的混凝土拌和物的坍落度与扩展度的比值为 0.51、0.50、0.47,混凝土较为黏稠,是因为矿粉不具有形态效应,增塑效应不明显,黏聚性提高;掺粉煤灰、矿粉复合优化后的混凝土坍落度与扩展度的比值为 0.44、0.46、0.42,因为不同矿物掺和料复合,粉煤灰提高流动性,而矿粉提高黏聚性,因此配制出的混凝土拌和物流动性、黏聚性均良好。

LFC 混凝土 7d 强度仅是基准混凝土的 48.0%,而 28d 强度是基准混凝土的 73.1%,其

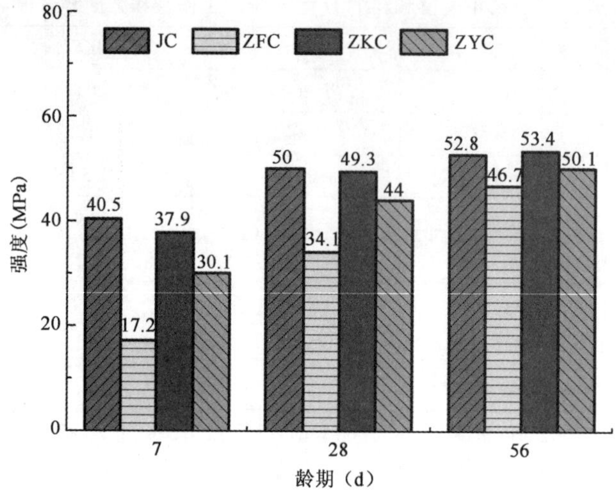

图3.16　掺不同掺和料的Z型混凝土各龄期强度

56d强度基本与基准混凝土持平,为基准混凝土的92.0%。DFC混凝土7d强度仅是基准混凝土的44.9%,而28d强度是基准混凝土的72.2%,其56d强度基本与基准混凝土持平,为基准混凝土的89.8%。ZFC混凝土7d强度仅是基准混凝土的42.5%,而28d强度是基准混凝土的68.2%,其56d强度基本与基准混凝土持平,为基准混凝土的88.4%。掺以粉煤灰为主的混凝土由于主要掺入了对早期强度发展不利的粉煤灰,使其7d和28d前的早期强度低,因此有早期受冻要求的混凝土其粉煤灰掺量不宜过多,易发生早期冻坏。

LKC混凝土7d强度就达到基准混凝土的92.9%,而28d强度是基准混凝土的98.3%,基本与基准混凝土持平,其56d强度已经超过基准混凝土,为基准混凝土的104.4%。DKC混凝土7d强度就达到基准混凝土的90.8%,而28d强度是基准混凝土的98.0%,基本与基准混凝土持平,其56d强度达到基准混凝土的99.3%。ZKC混凝土7d强度为基准混凝土的93.6%,而28d强度是基准混凝土的98.6%,与基准混凝土持平,其56d强度已超过基准混凝土,为基准混凝土的101.1%。掺以矿粉为主的混凝土,由于矿粉的活性很高,7d前水化速度过快,早期强度提高很快,7d的强度基本上就与基准混凝土强度持平,在早期会产生很大的化学收缩和自收缩,很容易产生裂缝。

LYC混凝土7d强度仅为基准混凝土的75.3%,而28d强度是基准混凝土的95.4%,基本与基准混凝土持平,其56d强度已经超过基准混凝土,为基准混凝土的100.8%。DYC混凝土7d强度为基准混凝土的74.1%,而28d强度是基准混凝土的88.8%,其56d强度达到基准混凝土的94.9%。ZYC混凝土7d强度为基准混凝土的74.3%,而28d强度是基准混凝土的88.0%,其56d强度为基准混凝土的94.9%。优化了粉煤灰、矿粉掺量的混凝土,由于粉煤灰的作用,7d早期强度相对较低,由于矿粉的高活性和三种材料之间的颗粒填充效应,混凝土的密实性提高。因此后期强度发展不受影响,56d强度与JC强度基本持平,这样可以有效防止早期裂缝的产生,起到抗裂的作用,还可以满足结构对混凝土强度的要求。

从混凝土的工作和力学性能来分析,要配制抗裂性能优良的混凝土,不能追求过高的早期强度,但后期强度要满足要求。而采用粉煤灰、矿粉优化复掺的混凝土,其拌和物的和易性可以得到改善;同时,可以得到较低的早期强度和较高的后期强度,减少早期裂缝的产生,起到抗裂作用。

(2)混凝土的抗氯离子渗透试验结果与分析

①L型混凝土抗氯离子渗透试验结果

表3.19为掺不同掺和料的L型混凝土不同龄期的抗氯离子渗透试验测试结果,图3.17为不同掺和料的L型混凝土不同龄期时6h内通过的电通量。

表3.19 掺不同掺和料的L型混凝土各龄期电通量测试值

测试项目	JC	LFC	LKC	LYC
28d电通量(C)	1 893	1 410	1 150	1 096
56d电通量(C)	1 560	941	879	694

②D型混凝土抗氯离子渗透试验结果

表3.20为掺不同掺和料的D型混凝土不同龄期的抗氯离子渗透试验测试结果,图3.18为不同掺和料的D型混凝土不同龄期时6h内通过的电通量。

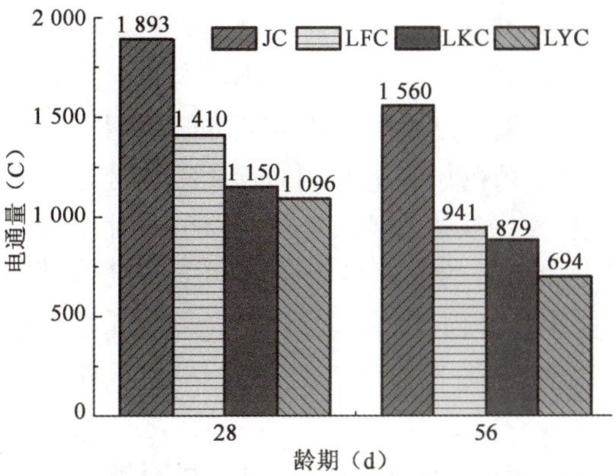

图3.17 掺不同掺和料的L型混凝土各龄期电通量

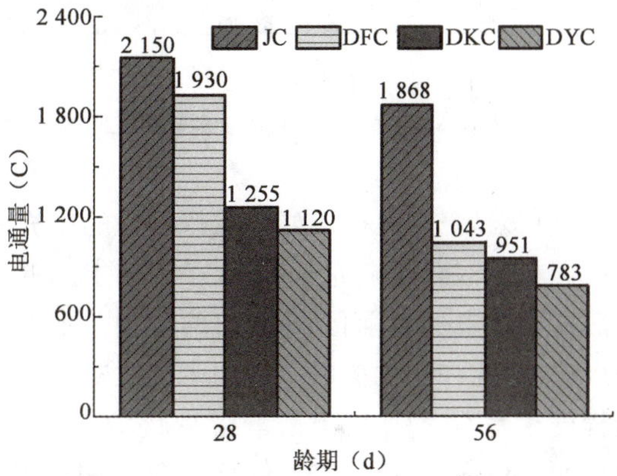

图3.18 掺不同掺和料的D型混凝土各龄期电通量

表3.20 掺不同掺和料的D型混凝土各龄期电通量测试值

测试项目	JC	DFC	DKC	DYC
28d电通量(C)	2 150	1 930	1 255	1 120
56d电通量(C)	1 868	1 043	951	783

③Z型混凝土抗氯离子渗透试验结果

表3.21为掺不同掺和料的Z型混凝土不同龄期的抗氯离子渗透试验测试结果,图3.19为不同掺和料的Z型混凝土不同龄期时6h内通过的电通量。

表3.21 掺不同掺和料的Z型混凝土各龄期电通量测试值

测试项目	JC	ZFC	ZKC	ZYC
28d电通量(C)	3 050	2 430	1 632	1 230
56d电通量(C)	2 901	1 359	1 043	820

④抗氯离子渗透试验结果分析

由表3.19~表3.21和图3.17~图3.19可知:基准混凝土的电通量较高,L型混凝土28d

电通量为1 893C,56d 电通量为1 560C;D 型混凝土 28d 电通量为2 150C,56d 电通量为1 868C;Z 型混凝土 28d 电通量为3 050C,56d 电通量为2 901C。这是因为基准混凝土 JC 仅采用水泥作为胶凝材料,砂浆之间的空隙只能依靠单一的水泥颗粒来填充,其填充能力一般,使混凝土的密实性差,混凝土内部孔隙较多,抗渗性较差,而且随着水胶比的增大其电通量有明显增大的趋势。

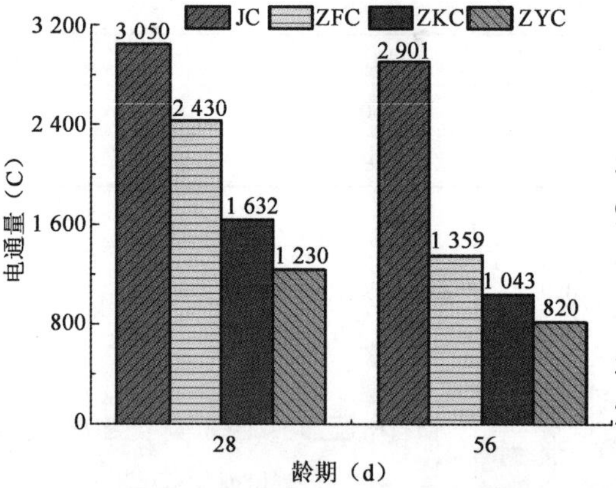

图3.19 掺不同掺和料的Z型混凝土各龄期电通量

掺以粉煤灰为主和以矿粉为主的矿物掺和料的混凝土电通量有明显的降低,对于以掺粉煤灰为主的混凝土,L 型混凝土 28d 电通量为1 410C,56d 电通量为941C;D 型混凝土 28d 电通量为1 930C,56d 电通量为1 043C;Z 型混凝土 28d 电通量为2 430C,56d 电通量为1 359C;而以掺矿粉为主的混凝土,L 型混凝土 28d 电通量为1 150C,56d 电通量为879C;D 型混凝土 28d 电通量为1 255C,56d 电通量为951C;Z 型混凝土 28d 电通量为1 632C,56d 电通量为1 043C,均低于基准混凝土的电通量。这是因为在水泥的基础上,又添加了一种细颗粒尺寸的材料,使砂浆之间的空隙靠两种颗粒来填充,可以较好地发挥颗粒的填充效应,使密实度较高,电通量较小。对比两种矿物掺和料的混凝土电通量,掺以矿粉为主的混凝土 28d 时的电通量明显要小于掺以粉煤灰为主混凝土的电通量,而到 56d 时两者相差不大。这主要是粉煤灰早期反应速度慢,而矿粉反应速度快,因此在早期掺以矿粉为主的混凝土比较致密,而随着粉煤灰的不断水化,后期两者致密程度相差不大,所以电通量相差不大。

而将粉煤灰、矿粉进行优化复合后,掺入混凝土中,由于不同粒度分布的材料填充密实效应明显,可显著提高混凝土结构的密实度,改善混凝土内部孔隙结构,电通量降低。即 L 型混凝土 28d 电通量为1 096C,56d 电通量为694C;D 型混凝土 28d 电通量为1 120C,56d 电通量为783C;Z 型混凝土 28d 电通量为1 230C,56d 电通量为820C,明显低于其他三种混凝土的电通量。

从混凝土的密实性方面分析,要配制抗渗性能优良的混凝土,也就是要配制密实性很高的混凝土。从颗粒细粉材料的填充密实效应来分析,采用不同粒度分布的粉煤灰、矿粉复合掺入混凝土中,就可以提高混凝土的密实度,配制出高密实性的混凝土。

(3)混凝土耐腐蚀性试验结果与分析

①L 型混凝土耐腐蚀性试验结果

a. 胶凝材料耐腐蚀性试验结果

表3.22 为掺不同掺和料的 L 型混凝土胶凝材料抗蚀系数测试值。

表3.22 掺不同掺和料的L型混凝土胶凝材料抗蚀系数测试值

项　目	JC	LFC	LKC	LYC
抗蚀系数	0.77	0.98	0.95	1.03

b. 混凝土耐腐蚀性试验结果

a) 优化掺和料对 L 型混凝土抗腐蚀性能影响的试验结果

掺加优化掺和料 L 型混凝土的抗压及抗折抗蚀系数如表 3.23 和表 3.24 所示。

表 3.23 优化掺和料对 L 型混凝土抗压抗蚀系数的影响

胶结材料类型	水中养护 50d 抗压强度(MPa)	溶液腐蚀 50d 抗压强度(MPa)	抗蚀系数 K_C (%)	水中养护 100d 抗压强度(MPa)	溶液腐蚀 100d 抗压强度(MPa)	抗蚀系数 K_C (%)
LJC	57.0	62.1	109	58.9	68.3	116
LYC	63.8	70.8	111	66.2	75.5	114

表 3.24 优化掺和料对 L 型混凝土抗折抗蚀系数的影响

胶结材料类型	水中养护 50d 抗折强度(MPa)	溶液腐蚀 50d 抗折强度(MPa)	抗蚀系数 K_C (%)	水中养护 100d 抗折强度(MPa)	溶液腐蚀 100d 抗折强度(MPa)	抗蚀系数 K_C (%)
LJC	9.7	11.0	113	9.9	10.4	105
LYC	10.9	12.0	110	11.4	13.1	115

b) 结果分析

有无掺和料的 L 混凝土在干湿循环方式腐蚀的条件下，腐蚀 100 次时其抗压抗蚀系数、抗折抗蚀系数均大于 1，主要由于 L 混凝土水胶比小，混凝土较为致密，说明各类混凝土抗腐蚀性很强。

②D 型混凝土耐腐蚀性试验结果

表 3.25 为掺不同掺和料的 D 型混凝土胶凝材料抗蚀系数测试值。

表 3.25 掺不同掺和料的 D 型混凝土胶凝材料抗蚀系数测试值

项　目	JC	DFC	DKC	DYC
抗蚀系数	0.77	0.87	0.90	1.00

③Z 型混凝土耐腐蚀性试验结果

a. 胶凝材料耐腐蚀性试验结果

表 3.26 为掺不同掺和料的 Z 型混凝土胶凝材料抗蚀系数测试值。

表 3.26 掺不同掺和料的 Z 型混凝土胶凝材料抗蚀系数测试值

项　目	JC	ZFC	ZKC	ZYC
抗蚀系数	0.77	0.80	0.96	0.98

b. 混凝土耐腐蚀性试验结果

a) 优化掺和料对 Z 型混凝土抗腐蚀性影响的试验结果

掺加优化掺和料 Z 型混凝土的抗压及抗折抗蚀系数如表 3.27 和表 3.28 所示。

表 3.27 优化掺和料对 Z 型混凝土抗压抗蚀系数的影响

胶结材料类型	水中养护 50d 抗压强度(MPa)	溶液腐蚀 50d 抗压强度(MPa)	抗蚀系数 K_C (%)	水中养护 100d 抗压强度(MPa)	溶液腐蚀 100d 抗压强度(MPa)	抗蚀系数 K_C (%)
ZJC	46.2	51.7	112	47.9	45.0	94
ZYC	58.8	63.5	108	59.2	65.7	111

表 3.28 优化掺和料对 Z 型混凝土抗折抗蚀系数的影响

胶结材料类型	水中养护 50d 抗折强度(MPa)	溶液腐蚀 50d 抗折强度(MPa)	抗蚀系数 K_C (%)	水中养护 100d 抗折强度(MPa)	溶液腐蚀 100d 抗折强度(MPa)	抗蚀系数 K_C (%)
ZJC	9.5	8.9	94	9.7	7.9	81
ZYC	10.3	12.5	112	10.5	12.4	118

b)结果分析

无掺和料的 Z 混凝土在干湿循环方式腐蚀的条件下,腐蚀 100 次时其抗压抗蚀系数、抗折抗蚀系数小于 1,说明混凝土抗腐蚀性较弱。有掺和料的 Z 混凝土在干湿循环方式腐蚀的条件下,腐蚀 100 次时其抗压抗蚀系数、抗折抗蚀系数大于 1,说明混凝土抗腐蚀性较强。

④混凝土耐腐蚀性试验结论

基准混凝土的胶凝材料为水泥,其抗蚀系数为 0.77,小于 0.8,说明其胶砂耐腐蚀性较差。采用以粉煤灰或矿粉为主的胶凝材料配制的胶砂,其抗蚀系数均小于 1,但大于 0.8,说明其胶砂耐腐蚀,并且,抗蚀系数较水泥的大。这是因为矿物掺和料的掺入,降低混凝土中水泥的用量,减少易受腐蚀的氢氧化钙和水化铝酸三钙的生成量,因此可以提高混凝土的耐腐蚀性能;又因为掺以矿粉为掺和料的混凝土矿粉掺量较多,因此其抗腐蚀系数要大于掺粉煤灰为主的混凝土。而用粉煤灰、矿粉矿物掺和料优化的胶砂,其抗蚀系数约等于 1,说明这种复合胶凝材料的耐硫酸盐侵蚀性能良好,将其掺入混凝土中可以提高混凝土的耐腐蚀性能。这主要是由于这类复合胶凝材料所起的颗粒填充效应提高了混凝土的密实性,使混凝土更加密实,腐蚀性介质进不到混凝土内部而发生腐蚀反应。

就混凝土的耐硫酸盐腐蚀性能来看,采用粉煤灰、矿粉优化复合后,掺入混凝土中可以更好地提高混凝土的耐腐蚀性能。

ZJC 型混凝土在干湿循环方式腐蚀的条件下,腐蚀 100 次其抗压抗蚀系数、抗折抗蚀系数均小于 1,混凝土遭到腐蚀。LJC 型混凝土在干湿循环方式腐蚀的条件下,无论腐蚀 50 次还是 100 次,其抗压抗蚀系数、抗折抗蚀系数均大于 1,抗腐蚀性能较强,说明降低水胶比对提高耐腐蚀有一定作用。

LYC、ZYC 混凝土在干湿循环方式腐蚀的条件下,无论腐蚀 50 次还是 100 次,其抗压抗蚀系数、抗折抗蚀系数均大于 1,说明其抗腐蚀性能较强。这说明掺和料对改善混凝土抗腐蚀性的效果明显。

(4)混凝土抗冻性试验结果与分析

①优化掺和料对 Z 型混凝土抗冻性影响的试验及分析

Z 型混凝土冻融循环试验结果如表 3.29 所示。

表 3.29 优化掺和料对 Z 型混凝土抗冻性影响试验结果

冻融循环次数(次)	试件编号			
	JC		ZYC	
	Pn	W	Pn	W
25	95.83	-0.21	97.51	-0.04
50	92.32	0.00	97.16	-0.05
75	95.07	-0.05	97.51	-0.05
100	92.65	-0.05	96.46	-0.05
125	95.58	-0.10	96.2	-0.08
150	95.07	-0.15	95.85	-0.05
175	94.23	-0.10	96.51	-0.01
200	92.07	-0.05	96.11	-0.05
225	92.98	-0.10	96.11	-0.05
250	94.48	-0.15	96.03	0.030
275	94.15	-0.10	95.85	-0.06
300	93.07	-0.15	95.33	-0.07
抗冻融指数 k_b(%)	93.07		95.33	

②优化掺和料对 L 型混凝土抗冻性能影响的试验及分析

L 型混凝土冻融循环试验结果如表 3.30 所示。

表 3.30 优化掺和料对 L 型混凝土抗冻性影响试验结果

冻融循环次数(次)	试件编号			
	JC		LYC	
	Pn	W	Pn	W
25	97.35	-0.1	97.85	0
50	97.24	-0.1	97.80	0.1
75	97.10	-0.1	97.52	0.1
100	97.24	-0.1	97.48	0.1
125	97.05	-0.2	97.35	0.1
150	96.82	-0.1	97.35	0.2
175	96.26	0.1	96.74	0.2
200	95.83	0.0	96.65	0.2
225	95.60	-0.2	97.32	0.2
250	96.23	-0.1	97.05	0.2
275	95.98	-0.1	97.52	0.2
300	96.29	-0.2	97.51	0.2
抗冻融指数 k_b(%)	96.29		97.51	

结果分析:由于 Z 型及 L 型混凝土的水胶比均小于 0.40,且混凝土中都有一定含气量。因此,有无掺和料 Z 型及 L 型混凝土的抗冻性均较好。

(5)混凝土抗裂性试验结果与分析

①L 型混凝土抗裂性试验结果

表 3.31 为掺不同掺和料的 L 型混凝土裂缝开展情况。图 3.20 为抗裂试件室外养护,图 3.21 为采用放大镜对混凝土试件进行裂缝测试,图 3.22 为开裂的贯通裂缝。

表 3.31 掺不同掺和料的 L 型混凝土裂缝开展情况

混凝土 \ 裂缝情况	裂缝编号	裂缝长度(mm)	裂缝宽度(mm)	备注
JC	1	160	10.0	贯通
	2	160	8.0	贯通
	3	160	5.0	贯通
	4	51	0.2	
	5	30	0.1	
LFC	1	160	9.0	贯通
	2	160	6.0	贯通
	3	50	0.2	
	4	46	0.1	
LKC	1	160	9.5	贯通
	2	43	0.3	
	3	37	0.1	
LYC	1	160	5.0	贯通
	2	32	0.1	

图 3.20 抗裂试件室外养护

图 3.21 混凝土裂缝测试

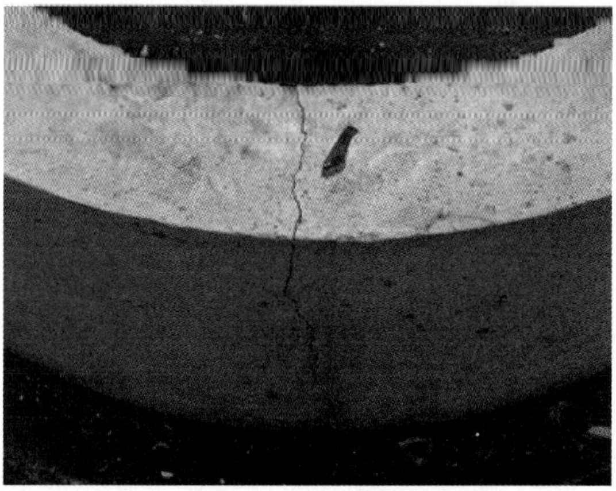

图 3.22 开裂的贯通裂缝

②D 型混凝土抗裂性试验结果

表 3.32 为掺不同掺和料的 D 型混凝土裂缝开展情况。

表 3.32 掺不同掺和料的 D 型混凝土裂缝开展情况

混凝土＼裂缝情况	裂缝编号	裂缝长度(mm)	裂缝宽度(mm)	备注
JC	1	160	8	贯通
	2	160	6	贯通
	3	160	4	贯通
	4	42	0.15	
	5	26	0.1	
DFC	1	160	7	贯通
	2	160	3	贯通
	3	43	0.15	
	4	30	0.1	
DKC	1	160	8.5	贯通
	2	38	0.2	
	3	27	0.1	
DYC	1	160	3	贯通
	2	30	0.1	

③Z 型混凝土抗裂性试验结果

表 3.33 为掺不同掺和料的 Z 型混凝土裂缝开展情况。

表 3.33　掺不同掺和料的 Z 型混凝土裂缝开展情况

混凝土 \ 裂缝情况	裂缝编号	裂缝长度(mm)	裂缝宽度(mm)	备　注
JC	1	160	6	贯通
	2	160	3	贯通
	3	35	0.1	
	4	20	0.1	
ZFC	1	160	7	贯通
	2	32	0.1	
	3	21	0.1	
ZFC	1	160	5	贯通
	2	30	0.15	
	3	22	0.1	
ZYC	1	160	3	贯通
	2	23	0.1	

④混凝土抗裂性试验结果分析

由表 3.31 ~ 表 3.33 可知：基准混凝土由于早期水化速度快，早期裂缝开展快，混凝土易产生裂缝，且裂缝多贯通，裂缝宽度较大。L 型基准混凝土共产生 3 条贯通裂缝，裂缝宽度最大达到 10mm；D 型基准混凝土也产生 3 条贯通裂缝，裂缝宽度最大为 8mm；Z 型基准混凝土产生 2 条贯通裂缝，裂缝宽度最大为 6mm。

掺粉煤灰为主和掺矿粉为主的混凝土也会产生贯通裂缝，但裂缝宽度较基准混凝土的小，且裂缝数量少；掺入粉煤灰、矿粉优化后的矿物掺和料，由于材料之间相互取长补短，混凝土的需水量不大，还发挥了掺和料的活性作用和密实填充效应，从而减少混凝土的收缩及开裂，所以贯通裂缝仅有 1 条，而且宽度较小，另外 1 条非贯通裂缝宽度很小。

⑤试验结论

当混凝土掺加矿物掺和料且以粉煤灰为主时，由于兰新铁路第二双线(新疆段)所用粉煤灰的活性指数较低，与水反应速度较慢，早期强度较低，在兰新铁路第二双线(新疆段)沿线大温差、冬季低温的条件下，易发生冻胀开裂。另外，由试验数据可知掺以粉煤灰为主的矿物掺和料的混凝土黏聚性较好，坍落扩展度较大，电通量较大，致密性较差。

当混凝土掺加矿物掺和料以矿粉为主时，兰新铁路第二双线(新疆段)所用矿粉颗粒较细，活性指数较高，因此水化反应速度快，在兰新铁路第二双线(新疆段)沿线夏季高温条件下，由于混凝土内部水化过快，加之外部干燥、大风环境会导致混凝土内部水分不断向外散失，混凝土自收缩、化学收缩和干燥收缩过大，从而导致混凝土开裂。

当采用适当比例粉煤灰和矿粉作为掺和料，混凝土内部密实程度较高，粉煤灰的掺入将降低混凝土的反应速度，矿粉的掺入又使混凝土后期强度不会过低，将明显提高混凝土的早期抗裂性和后期耐久性。

通过大量的试验研究表明：当配制 L 型混凝土，矿物掺和料的最优掺量是粉煤灰为 10%，矿粉为30%；当配制D型混凝土，矿物掺和料的最优掺量是粉煤灰为15%，矿粉为20%；当配制Z型混凝土，矿物掺和料的最优掺量是粉煤灰为15%，矿粉为15%。

3.1.4 结果分析及结论

当混凝土掺加矿物掺和料以粉煤灰为主时，由于兰新铁路第二双线（新疆段）所用粉煤灰活性指数较低，与水反应速度较慢，早期强度较低；在兰新铁路第二双线（新疆段）沿线大温差、冬季低温条件下，易发生冻胀开裂。另外，由试验数据可知掺以粉煤灰为主的矿物掺和料的混凝土黏聚性较好，坍落扩展度较大，电通量较大，致密性较差。

当混凝土掺加矿物掺和料以矿粉为主时，兰新铁路第二双线（新疆段）所用矿粉颗粒较细，活性指数较高，因此水化反应速度快；在兰新铁路第二双线（新疆段）沿线夏季高温条件下，由于混凝土内部水化过快，加之外部干燥、大风环境会导致混凝土内部水分不断向外散失，混凝土自收缩、化学收缩和干燥收缩过大，从而导致混凝土开裂。

当采用适当比例粉煤灰和矿粉作为掺和料，混凝土内部密实程度较高，粉煤灰的掺入将降低混凝土的反应速度，矿粉的掺入又使混凝土后期强度不会过低，将明显提高混凝土的早期抗裂性和后期耐久性。

通过大量的试验研究表明：当配制L型混凝土，矿物掺和料的最优掺量是粉煤灰为10%，矿粉为30%；当配制D型混凝土，矿物掺和料的最优掺量是粉煤灰为15%，矿粉为20%；当配制Z型混凝土，矿物掺和料的最优掺量是粉煤灰为15%，矿粉为15%。

掺不同掺和料的混凝土，在达到相同坍落度时所消耗的高效减水剂用量不同，由于矿渣粉较粉煤灰更细且掺量较多，掺入矿渣粉的混凝土消耗的高效减水剂最多；而掺入粉煤灰的混凝土次之；复合后的优化掺和料KZ-3采用不同颗粒粒度分布的掺和料，充分发挥了矿物细粉材料的填充效应，结构更加密实，单位体积用水量减少，也即降低了高效减水剂的用量。

单掺矿渣粉的混凝土与掺优化掺和料KZ-3的混凝土，其28d强度均高于单掺粉煤灰的强度。但是单掺矿渣粉的混凝土，其56d电通量高于掺优化掺和料的混凝土。这是因为优化掺和料KZ-3采用多种矿物掺和料复合，不同粒度分布的材料填充密实效应明显，可显著提高混凝土结构的密实度。

就混凝土的抗腐蚀系数而言，单掺矿渣的耐腐蚀系数最低，这主要是因为矿渣粉的活性高，但是耐腐蚀系数仍大于0.80，说明其胶砂耐腐蚀；单掺粉煤灰混凝土的耐腐蚀系数次之；掺优化掺和料KZ-3的混凝土，由于其密实性高，耐磨蚀性能也最好。

综上所述，混凝土中掺入的优化掺和料KZ-3，可以满足兰新线桩体对混凝土材料的各项性能要求。

3.2 卵石、碎石、碎卵石破碎及应用

3.2.1 碎卵石破碎现场实地调研

考虑对环境的保护和实际工程中粗集料缺少碎石，同时，西北地区为戈壁地区，卵石较为丰富的特点，为了尽可能与实际结合，进行实际卵石破碎研究，如图3.23～图3.36所示。

图 3.23　破碎前的卵石(1)

图 3.24　破碎前的卵石(2)

图 3.25　现场破碎过第一道筛

图 3.26　破碎卵石输送

图 3.27　现场 20 ~ 30.5mm 碎卵石(1)

图 3.28　现场 20 ~ 30.5mm 碎卵石(2)

图 3.29　现场 10 ~ 20mm 碎卵石(1)

图 3.30　现场 10 ~ 20mm 碎卵石(2)

图 3.31　现场 5 ~ 10mm 碎卵石(1)

图 3.32　现场 5 ~ 10mm 碎卵石(2)

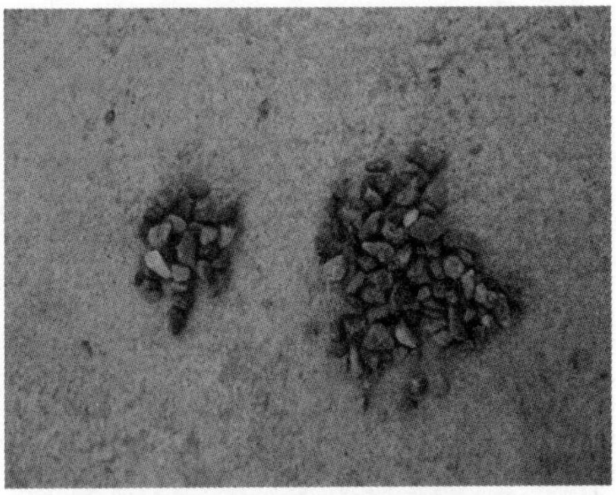

图 3.33　5 ~ 10mm 碎卵石

图 3.34　10 ~ 20mm 碎卵石

图 3.35　20 ~ 30.5mm 碎卵石(1)

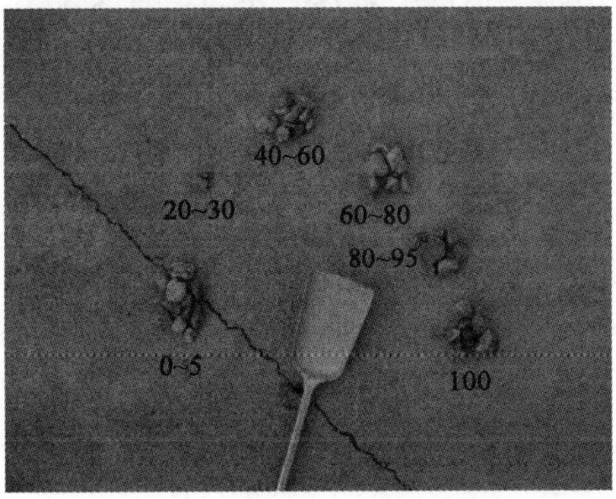

图 3.36　20 ~ 30.5mm 碎卵石(2)

通过现场卵石破碎图及现场破碎调研分析可知：

①通常情况破碎厂家在破碎前卵石未过筛，破碎前的卵石中包括 5 ~ 30.5mm 的卵石，并掺杂有泥沙；

②破碎后 5 ~ 10mm 粒径的碎卵石中，约有 30% 的碎卵石未经过破碎；

③破碎后 10 ~ 20mm 粒径的碎卵石中，约有 25% ~ 30% 的卵石未经过破碎，约有 30% ~ 35% 的卵石中新破碎面占总破碎面不足 50%；

④破碎后 20 ~ 30.5mm 粒径的碎卵石中，约有 20% ~ 25% 的卵石未经过破碎，约有 20% 的卵石中新破碎面占总破碎面不足 50%，约有 18% ~ 20% 的卵石中新破碎面占总破碎面 50% ~ 70%，约有 5% ~ 20% 的卵石中新破碎面占总破碎面 70% ~ 80%，约有 18% ~ 22% 的卵

石中新破碎面占总破碎面80%～100%。

3.2.2 破碎面机理分析

针对目前原材料——碎石供应与来源不同的问题，为了保证碎卵石满足规范要求，进而保证施工质量，借助大型绘图及分析软件，分析河流中卵石粒径不同对破碎面的影响。通过分析达到以下目的：

①确定出不同粒径卵石，在不同破碎次数中，破碎面表面积占总面积的比例；

②不同粒径石料在破碎次数中，各粒径石料混合后的平均破碎面值；

③多大粒径的卵石可以满足施工要求。

河卵石破碎前需满足以下条件：

应采用级配合理、粒形良好、质地均匀坚固、线胀系数小的碎卵石或卵石。卵石宜采用二级配石，其松散堆积密度应大于1 500kg/m^3。卵石破碎体的最大公称粒径不大于31.5mm，且不宜超过钢筋保护层厚度的2/3，不得超过钢筋最小间距的3/4，并分两级[5～10mm和10～20(25)mm]储存、运输、计量。使用时粒径5～10mm碎石与粒径10～20(25)mm质量之比为40(±5)%：60(±5)%；含泥量不应大于0.5%，针片状颗粒含量不应大于5%，其余技术要求应符合《铁路混凝土与砌体工程施工规范》(TB 10210—2001)的规定。配制强度等级C50及以上预应力结构用混凝土时，卵石破碎后破碎卵石体最大公称粒径应不大于25mm。卵石的品质应满足表3.34的要求，卵石(以铁路工程为例)中的有害物质含量应符合表3.35的规定；同时为了保证石子的空隙不大于40%，推荐最大粒径为31.5mm时，5～10mm粒级部分不宜少于25%，当最大粒径为25mm时，5～10mm粒级部分不宜少于30%。

表3.34 粗集料品质指标

序号	项目	指标	
		C25～C45	≥C50
1	含泥量(按质量计)，(%)	≤1.0	≤0.5
2	泥块含量(按质量计)，(%)	≤0.25	≤0.10
3	吸水率(按质量计)，(%)	≤2.0(用于干湿交替或冻融破坏环境条件下的混凝土应<1%)	
4	空隙率(%)	≤40	
5	针片状颗粒含量(按质量计)，(%)	≤8	≤5
6	硫化物及硫酸盐含量(折算成SO_3，按质量计)，(%)	≤0.50	
7	卵石中有机物含量	合格	
8	坚固性(%)	≤8	≤5
9	压碎指标(%)	≤12	≤10

续上表

序号	项目	指标	
		C25 ~ C45	≥C50
10	岩石抗压强度(MPa)	深成岩	≥80
		变质岩	≥60
		沉积岩	≥45
11	岩石抗压强度与混凝土抗压强度比	≥1.5	≥2.0
12	碱活性(碱—硅酸反应膨胀率或碱—碳酸盐反应膨胀率),(%)	<0.10	

注:选用的卵石应在试生产前应进行碱活性试验。不得使用碱—碳酸盐反应的活性卵石和膨胀率大于0.20%的碱—硅酸盐反应的活性卵石。因条件所限不得不采用碱—硅酸反应砂浆棒膨胀率在0.10% ~0.20%的活性卵石时,由各种原材料带入混凝土中的总碱量不应超过3.0kg/m^3,并符合《铁路混凝土工程预防碱—骨料反应技术条件》(TB/T 3054—2002)的要求。

表3.35 粗集料的有害物质含量限值

项目 \ 强度等级	<C30	C30 ~ C45	≥C50
含泥量(%)	≤1.0	≤1.0	≤0.5
泥块含量(%)	≤0.25		
针、片状颗粒总含量(%)	≤10	≤10	≤8
硫化物及硫酸盐含量(折算成SO_3),(%)	≤0.5		
氯化物(以氯化钠计),(%)	<0.03		
卵石中有机物含量(用比色法试验)	颜色不应深于标准色;当深于标准色时,应配制成混凝土进行强度对比试验;抗压强度比不应小于0.95		

不同粒径的卵石计算模拟及典型卵石现场破碎分析如下:

1)10mm粒径的卵石

从表3.36可以看出:10mm粒径的卵石破碎1次后,新产生的面积78.79mm^2,破碎后破碎体中累计新面积约占破碎体表面积43.95% ~55.70%。破碎1次后粒径在5 ~10mm范围内(具体依破碎角度不同,破碎体的粒径也各不相同,这里仅给出范围,以下研究的各粒径在不同破碎次数后所言的粒径范围均与此相同,以下将不再赘述)。

表3.36 10mm粒径的卵石破碎1次后表面积变化值

粒径(mm)	卵石表面积(mm^2)	破碎次数	破碎体编号	总面积(mm^2)	新产生面积(mm^2)	累计新产生面积(mm^2)	累计新面积与破碎体表面积比(%)
10	160.37	1	1	129.04	39.40	78.79	43.95
			2	110.12	39.40		55.70

从表 3.47 可以看出:10mm 粒径的卵石破碎 2 次后,新产生的面积为 107.08mm^2,破碎后破碎体中累计新面积约占破碎体表面积 38.61% ~41.75%。破碎 2 次后粒径在 2.5 ~5mm。

从图 3.37 ~图 3.40 及表 3.37 ~表 3.43 分析可知:粒径为 10mm 的卵石自身的大小已经满足粒径要求,但经过两次破碎后粒级已不满足要求,而且新产生的面积所占原面积的比例较小,无法满足规范及施工质量要求。

图 3.37　实际中的卵石

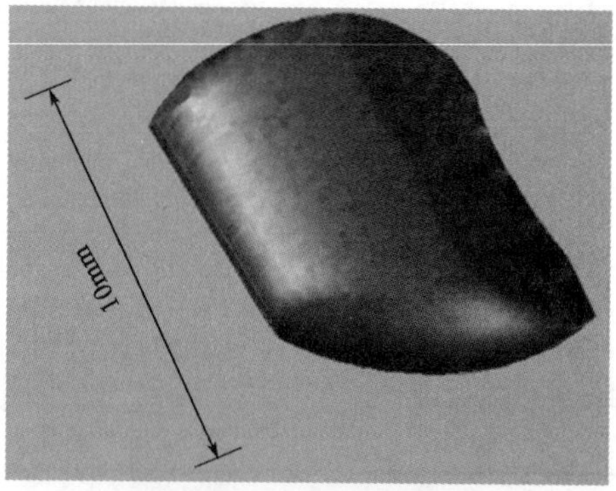

图 3.38　10mm 粒径的卵石

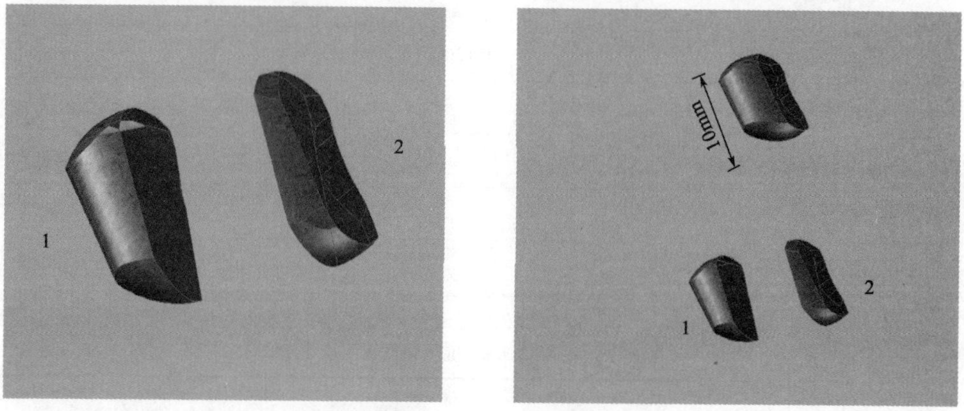

图 3.39　10mm 粒径的卵石破碎 1 次

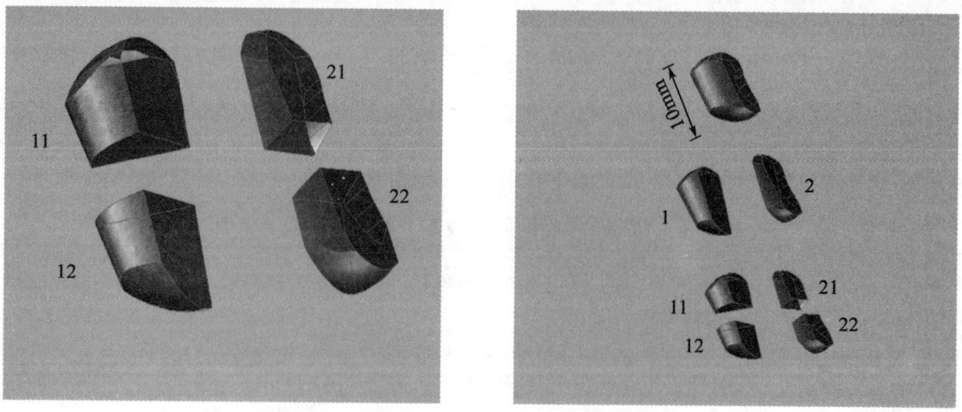

图 3.40　10mm 粒径的卵石破碎 2 次

表 3.37 10mm 粒径的卵石破碎 2 次后表面积变化值

粒径(mm)	卵石表面积(mm^2)	破碎次数	破碎体编号	总面积(mm^2)	新产生面积(mm^2)	累计新产生面积(mm^2)	累计新面积与破碎体表面积比(%)
10	129.04	2	11	80.78	8.50	107.08	38.61
			12	65.25	8.50		38.61
	110.12		21	61.53	5.65		41.75
			22	59.89	5.65		41.75

2)20mm 粒径的卵石

从表 3.38 可以看出:20mm 粒径的卵石破碎 1 次后,新产生的面积为 102.91mm^2,破碎后破碎体中累计新面积约占破碎体表面积 13.28% ~14.43%。破碎 1 次后粒径在 10 ~20mm 范围内。

表 3.38 20mm 粒径的卵石破碎 1 次后表面积变化值

粒径(mm)	卵石表面积(mm^2)	破碎次数	破碎体编号	总面积(mm^2)	新产生面积(mm^2)	累计新产生面积(mm^2)	累计新面积与破碎体表面积比(%)
20	641.09	1	1	387.34	51.46	102.91	13.28
			2	356.66	51.46		14.43

从表 3.39 可以看出:20mm 粒径的卵石破碎 2 次后,新产生的面积为 285.09mm^2,破碎后破碎体中累计新面积约占破碎体表面积 30.87% ~30.68%。破碎 2 次后粒径在 5 ~10mm 范围内。

表 3.39 20mm 粒径的卵石破碎 2 次后表面积变化值

粒径(mm)	卵石表面积(mm^2)	破碎次数	破碎体编号	总面积(mm^2)	新产生面积(mm^2)	累计新产生面积(mm^2)	累计新面积与破碎体表面积比(%)
20	387.34	2	11	247.73	49.28	285.09	30.87
			12	238.16	49.28		30.87
	356.66		21	212.33	41.82		30.68
			22	227.96	41.82		30.68

从表 3.40 可以看出:20mm 粒径的卵石破碎 3 次后,新产生的面积为 601.76mm^2,破碎后破碎体中累计新面积约占破碎体表面积 43.57% ~52.87%。破碎 3 次后粒径在 2.5 ~5mm 范围内(具体依破碎角度情况而定)。

表 3.40 20mm 粒径的卵石破碎 3 次后表面积变化值

粒径(mm)	卵石表面积(mm^2)	破碎次数	破碎体编号	总面积(mm^2)	新产生面积(mm^2)	累计新产生面积(mm^2)	累计新面积与破碎体表面积比(%)
20	247.73	3	111	178.67	31.45	601.76	43.57
			112	131.95	31.45		43.57
	238.16		121	174.43	23.23		43.57
			122	110.18	23.23		43.57
	212.33		211	148.01	58.50		52.87
			212	181.32	58.50		52.87
	227.96		221	142.93	45.17		52.87
			222	175.36	45.17		52.87

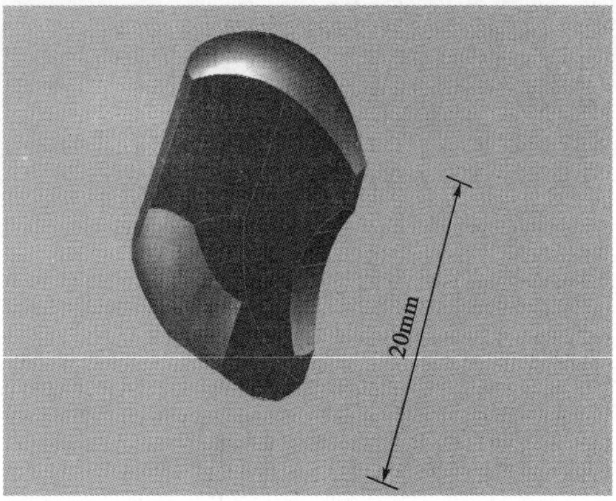

图 3.41　20mm 粒径的卵石

从图 3.41 ~ 图 3.44 及表 3.38 ~ 表 3.40 分析可知：粒径为 20mm 的卵石经过第 1 次和第 2 次的破碎虽然粒径能够满足要求，但破碎体新产生的破碎面所占比例很小，分别仅为 13.28% ~ 14.43% 和 30.87% ~ 30.68%；经过第 3 次破碎虽然破碎体新产生的面积在 43.57% ~ 52.87%，仍然不能满足新破碎体新产生的面积与新产生破碎体表面积比大于 70% 的要求，而且有些破碎体的粒径小于 5mm 的要求。20mm 粒径的卵石自身的粒径已经满足粒径要求，但经过破碎其新破碎体从破碎面及破碎体粒径两个方面分析其不能满足规范及施工质量要求。

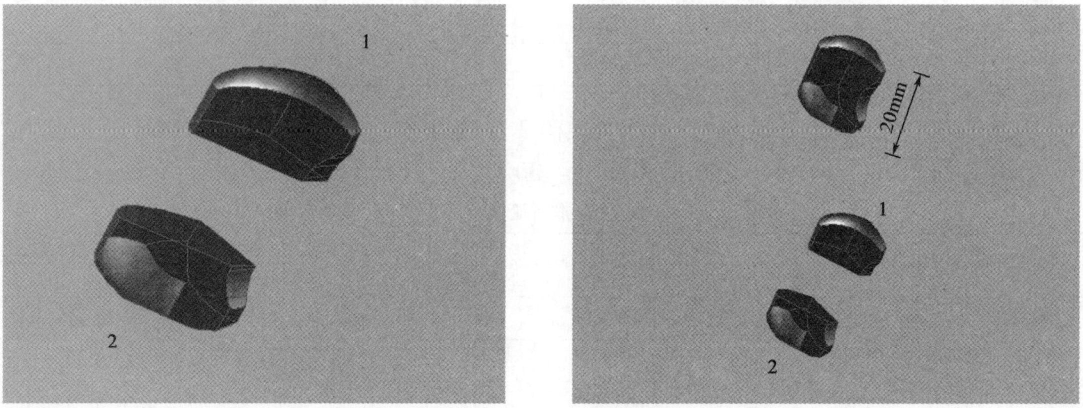

图 3.42　20mm 粒径的卵石破碎 1 次

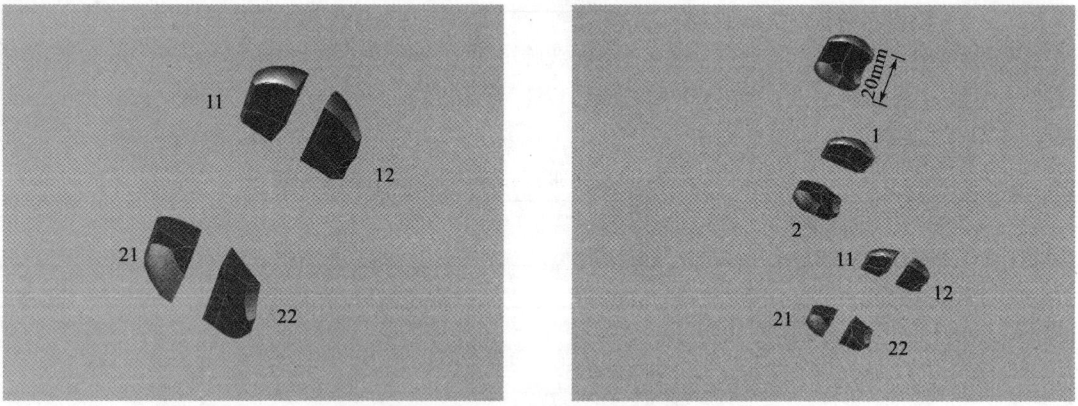

图 3.43　20mm 粒径的卵石破碎 2 次

采用相同的研究方式，以粒径 10mm 递增梯度，对 30 ~ 320mm 的卵石破碎面进行了研究，结果表明。

判别卵石是否可以应用的条件为：

(1) 破碎体新产生的面积与新产生破碎体表面积比 ≥70% 为一个必须条件。

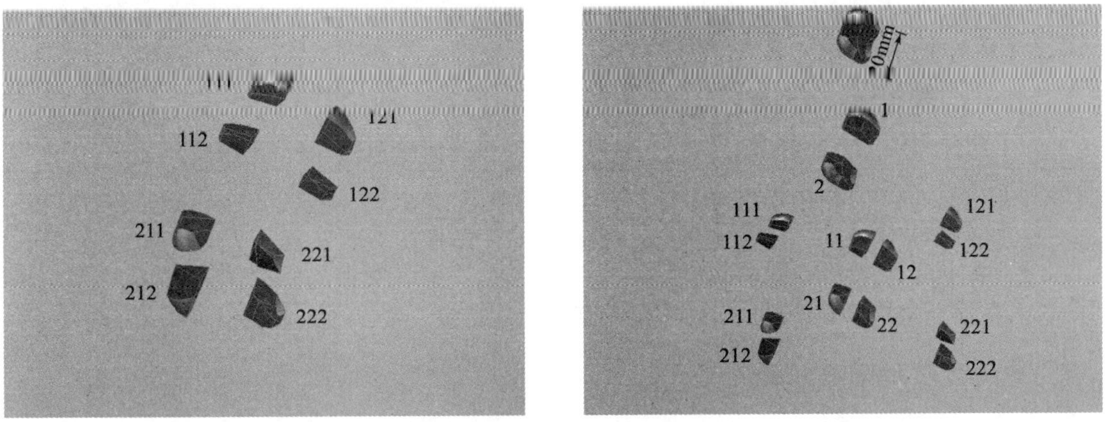

图 3.44　20mm 粒径的卵石破碎 3 次

(2)破碎体的粒径为 5 ~ 31.5mm 为另一个必须条件。

根据以上两个条件为依据,破碎的卵石必须满足以上两个条件,方可将卵石应用到实际工程中,通过实际对典型的卵石进行现场破碎及借助技术软件对卵石的模拟破碎的分析,应用数理统计的方法对卵石的应用情况进行分析,可以得出如下结论:

①对于粒径为 90mm 以下(不含 90mm)的卵石,无论经过几次破碎均不能同时满意满足条件(1)和(2),故 90mm 以下的卵石不可应用的实际工程中。

②对于粒径为 90mm、100mm、110mm、120mm、130mm、140mm、150mm 的卵石,只能破碎 5 次(破碎少于 5 次难以保证破碎体新产生的面积与新产生破碎体保留的原面积比≥70%;若超过 5 次,则难以满足破碎体的粒径在 5 ~ 31.5mm)。分别对上述粒径单一破碎 5 次后,分别有 24.89%、41.86%、55.83%、67.53%、77.48%、86.03%、93.47% 的破碎体可以同时满足条件(1)和(2)。

③对于粒径为 160mm 的卵石,破碎 5 次后可以同时满足条件(1)和(2),可以破碎 6 次,但是单一对 160mm 的卵石经过 6 次破碎仅有 3.85% 的破碎体可以同时满足以上的条件(1)和(2)。

④对于粒径为 170mm、180mm、190mm、200mm、210mm、220mm、230mm、240mm、250mm、260mm、270mm、280mm、290mm、300mm、310mm 的卵石,破碎 5 次均可以同时满足条件(1)和(2);也可以破碎 6 次,分别对上述粒径单一破碎 6 次后,分别有 7.69%、24.14%、30.30%、40.63%、47.06%、54.29%、59.46%、66.56%、72.5%、76.19%、81.40%、84.44%、89.13%、91.67%、95.92% 的破碎体可以同时满足条件(1)和(2)。

⑤对于粒径为 320mm 的卵石,破碎 5 次及 6 次后可以同时满足条件(1)和(2)。

综上所述:破碎 5 次为最佳破碎次数;粒径在 90mm 以下(不含 90mm)的卵石不可应用的实际工程中;粒径在 160mm 以上(含 160mm)的卵石破碎 5 次的粒径为最佳粒径。如果卵石中掺杂有粒径为 90 ~ 160mm(包括大于 160mm 的卵石)的卵石时,90mm 粒径的卵石含量不得超过 4.55%;100mm 粒径的卵石含量不得超过 7.82%;110mm 粒径的卵石含量不得超过 10.43%;120mm 粒径的卵石含量不得超过 12.61%;130mm 粒径的卵石含量不得超过 14.47%;140mm 粒径的卵石含量不得超过 16.07%;150mm 粒径的卵石含量不得超过 17.46%;160mm 粒径以上(含 160mm)的卵石含量不得少于 18.69%。

3.2.3 试验设计

1)试验目的

为了充分利用地方资源,选择卵石、碎卵石及碎石为研究对象,分别采用卵石、碎卵石及碎石配制混凝土,测试各龄期抗压强度及28d、56d电通量,分析粗集料对混凝土性能的影响。

2)试验方案

分别采用卵石、碎卵石及碎石配制L型混凝土和Z型混凝土,成型强度试件及氯离子渗透试件,在标准条件下养护至规定龄期测其强度及电通量。

3.2.4 试验用原材料

1)碎石

按照《普通混凝土用砂、石质量及检验方法标准》(JGJ 52—2006),《关于印发〈铁路混凝土工程施工质量验收补充标准〉混凝土分项工程原材料标准局部修订条文》(铁建设[2009]152号),测试碎石1和碎石2的性能指标,如表3.41和表3.42所示。

(1)碎石1

碎石1取自鄯善至乌鲁木齐段一砂石料场,该碎石符合公称粒级5~31.5mm的级配要求,紧密堆积状态差,空隙率大(紧堆空隙率45%),针片状颗粒含量较多(6.0%),压碎指标值偏大(6.6%),如表3.41所示。

表3.41 碎石1的主要性能指标

试验项目	标准规定值			试验结果
	Ⅰ ≥C50	Ⅱ C30~C45	Ⅲ <C30	
表观密度ρ(kg/m^3)	>2 500			2 880
堆积密度ρ_L(kg/m^3)	>1 500			1 500
紧密密度ρ_C(kg/m^3)	>1 500			1 590
堆积空隙率υ_L(%)	<47			48
紧密空隙率υ_L(%)	<40			45
含泥量ω_c(%)	≤0.5	≤1.0	≤1.0	0.1
泥块含量$\omega_{c,L}$(%)		≤0.2		0.1
针片状颗粒含量(%)	≤5	≤8	≤10	6.0
坚固性指标δ_j(%)	≤5(预应力混凝土结构);≤8(混凝土结构)			3.5
吸水率$\omega_{\omega a}$(%)	<2(普通环境);<1(干湿交替或冻融环境)			0.35
三氧化硫含量ω_{so_3}(%)	≤0.5			0.17
氯化物含量ω_{cL}(%)	≤0.02			0.01
有机物含量判定(%)	浅于标准色			合格
碱活性(%)	<0.10			0.05
压碎指标值δ_{sa}(%)	C60~C40		≤C35	6.6
	≤10		≤16	

续上表

试验项目		标准规定值											试验结果
		Ⅰ ≥C50			Ⅱ C30~C45			Ⅲ <C30					
颗粒级配	筛孔尺寸(mm)	90.0	75.0	63.0	53.0	37.5	31.5	26.5	19.0	16.0	9.50	4.75	2.36
	标准规定累计筛余(%)					0	0~5		15~45		70~90	90~100	95~100
	实际累计筛余(%)					0	0		39		75	92	98
	符合公称粒级	5~31.5			最大粒径(mm)			31.5					

(2)碎石2

碎石2取自哈密市一碎石场,该碎石符合公称粒级5~31.5mm的级配要求,空隙率较小(紧密空隙率39%),其堆积紧密,针片状颗粒含量较少(3.0%),压碎指标值小(3.4%),如表3.42所示。

表3.42 碎石2的主要性能指标

试验项目	标准规定值			试验结果
	Ⅰ ≥C50	Ⅱ C30~C45	Ⅲ <C30	
表观密度 ρ(kg/m^3)	>2 500			2 620
堆积密度 ρ_L(kg/m^3)	>1 500			1 520
紧密密度 ρ_C(kg/m^3)	>1 500			1 600
堆积空隙率 υ_L(%)	<47			42
紧密空隙率 υ_C(%)	<40			39
含泥量 ω_c(%)	≤0.5	≤1.0	≤1.0	0.4
泥块含量 $\omega_{c,L}$(%)		≤0.2		0.2
针片状颗粒含量(%)	≤5	≤8	≤10	3.0
坚固性指标 δ_j(%)	≤5(预应力混凝土结构);≤8(混凝土结构)			3.0
吸水率 $\omega_{\omega a}$(%)	<2(普通环境);<1(干湿交替或冻融环境)			0.56
三氧化硫含量 ω_{so_3}(%)	≤0.5			0.32
氯化物含量 ω_{cL}(%)	≤0.02			0.01
有机物含量判定(%)	浅于标准色			合格
碱活性(%)	<0.10			0.06

续上表

<table>
<tr><td colspan="3" rowspan="2">试验项目</td><td colspan="9">标准规定值</td><td colspan="2" rowspan="2">试验结果</td></tr>
<tr><td colspan="3">Ⅰ ≥C50</td><td colspan="3">Ⅱ C30～C45</td><td colspan="3">Ⅲ <C30</td></tr>
<tr><td colspan="3" rowspan="2">压碎指标值 δ_{sa}(%)</td><td colspan="4">C60～C40</td><td colspan="5">≤C35</td><td colspan="2" rowspan="2">3.4</td></tr>
<tr><td colspan="4">≤10</td><td colspan="5">≤16</td></tr>
<tr><td rowspan="4">颗粒级配</td><td>筛孔尺寸(mm)</td><td>90.0</td><td>75.0</td><td>63.0</td><td>53.0</td><td>37.5</td><td>31.5</td><td>26.5</td><td>19.0</td><td>16.0</td><td>9.50</td><td>4.75</td><td>2.36</td></tr>
<tr><td>标准规定累计筛余(%)</td><td></td><td></td><td></td><td></td><td>0</td><td>0～5</td><td></td><td>15～45</td><td></td><td>70～90</td><td>90～100</td><td>95～100</td></tr>
<tr><td>实际累计筛余(%)</td><td></td><td></td><td></td><td></td><td>0</td><td>3</td><td></td><td>33</td><td></td><td>82</td><td>97</td><td>100</td></tr>
<tr><td>符合公称粒级</td><td colspan="4">5～31.5</td><td colspan="4">最大粒径(mm)</td><td colspan="4">31.5</td></tr>
</table>

2)碎卵石

按照《普通混凝土用砂、石质量及检验方法标准》(JGJ 52—2006),《关于印发〈铁路混凝土工程施工质量验收补充标准〉混凝土分项工程原材料标准局部修订条文》(铁建设[2009]152号)测试碎卵石1和碎卵石2的性能指标,如表3.43和表3.44所示。

(1)碎卵石1

碎卵石1取自鄯善至乌鲁木齐段一石场,该碎卵石符合公称粒级5～31.5mm的级配要求,空隙率大(紧密空隙率42%),紧密堆积状态差,针片状颗粒含量很多(10%),压碎指标(5.6%),该碎卵石的破碎面比例较小,约为55%,如表3.43所示。

表3.43 碎卵石1的主要性能指标

<table>
<tr><td rowspan="2">试验项目</td><td colspan="3">标准规定值</td><td rowspan="2">试验结果</td></tr>
<tr><td>Ⅰ ≥C50</td><td>Ⅱ C30～C45</td><td>Ⅲ <C30</td></tr>
<tr><td>表观密度 ρ(kg/m^3)</td><td colspan="3">>2 500</td><td>2 750</td></tr>
<tr><td>堆积密度 ρ_L(kg/m^3)</td><td colspan="3">>1 500</td><td>1 510</td></tr>
<tr><td>紧密密度 ρ_C(kg/m^3)</td><td colspan="3">>1 500</td><td>1 580</td></tr>
<tr><td>堆积空隙率 υ_L(%)</td><td colspan="3"><47</td><td>45</td></tr>
<tr><td>紧密空隙率 υ_C(%)</td><td colspan="3"><40</td><td>42</td></tr>
<tr><td>含泥量 ω_c(%)</td><td>≤0.5</td><td>≤1.0</td><td>≤1.0</td><td>0.5</td></tr>
<tr><td>泥块含量 $\omega_{c,L}$(%)</td><td></td><td>≤0.2</td><td></td><td>0.15</td></tr>
<tr><td>针片状颗粒含量(%)</td><td>≤5</td><td>≤8</td><td>≤10</td><td>10</td></tr>
<tr><td>坚固性指标 δ_j(%)</td><td colspan="3">≤5(预应力混凝土结构);≤8(混凝土结构)</td><td>2</td></tr>
<tr><td>吸水率 $\omega_{\omega a}$(%)</td><td colspan="3"><2(普通环境);<1(干湿交替或冻融环境)</td><td>1.0</td></tr>
<tr><td>三氧化硫含量 ω_{so_3}(%)</td><td colspan="3">≤0.5</td><td>0.32</td></tr>
</table>

续上表

<table>
<tr><td colspan="2" rowspan="2">试验项目</td><td colspan="10">标准规定值</td><td colspan="2" rowspan="2">试验结果</td></tr>
<tr><td colspan="4">Ⅰ ≥C50</td><td colspan="3">Ⅱ C30~C45</td><td colspan="3">Ⅲ <C30</td></tr>
<tr><td colspan="2">氯化物含量 ω_{cL}(%)</td><td colspan="10">≤0.02</td><td colspan="2">0.002</td></tr>
<tr><td colspan="2">有机物含量判定(%)</td><td colspan="10">浅于标准色</td><td colspan="2">合格</td></tr>
<tr><td colspan="2">碱活性(%)</td><td colspan="10"><0.10</td><td colspan="2">0.11</td></tr>
<tr><td colspan="2" rowspan="2">压碎指标值 δ_{sa}(%)</td><td colspan="5">C60~ C40</td><td colspan="5">≤C35</td><td colspan="2" rowspan="2">5.6</td></tr>
<tr><td colspan="5">≤10</td><td colspan="5">≤16</td></tr>
<tr><td rowspan="4">颗粒级配</td><td>筛孔尺寸(mm)</td><td>90.0</td><td>75.0</td><td>63.0</td><td>53.0</td><td>37.5</td><td>31.5</td><td>26.5</td><td>19.0</td><td>16.0</td><td>9.50</td><td>4.75</td><td>2.36</td></tr>
<tr><td>标准规定累计筛余(%)</td><td></td><td></td><td></td><td></td><td>0</td><td>0~5</td><td></td><td>15~45</td><td></td><td>70~90</td><td>90~100</td><td>95~100</td></tr>
<tr><td>实际累计筛余(%)</td><td></td><td></td><td></td><td></td><td>0</td><td>0</td><td></td><td>31</td><td></td><td>65</td><td>96</td><td>99</td></tr>
<tr><td>符合公称粒级</td><td colspan="4">5~31.5</td><td colspan="4">最大粒径(mm)</td><td colspan="4">31.5</td></tr>
</table>

(2)碎卵石2

碎卵石2取自哈密一桥梁厂,该碎卵石符合公称粒级5~31.5mm的级配要求,空隙率小(紧密空隙率35%),紧密堆积状态好,针片状颗粒含量少(3.5%),压碎指标(5.4%),该碎卵石的破碎面比例较大,为80%左右,如表3.44所示。

表3.44 碎卵石2的主要性能指标

<table>
<tr><td rowspan="2">试验项目</td><td colspan="3">标准规定值</td><td rowspan="2">试验结果</td></tr>
<tr><td>Ⅰ ≥C50</td><td>Ⅱ C30~C45</td><td>Ⅲ <C30</td></tr>
<tr><td>表观密度 ρ(kg/m^3)</td><td colspan="3">>2 500</td><td>2 710</td></tr>
<tr><td>堆积密度 ρ_L(kg/m^3)</td><td colspan="3">>1 500</td><td>1 600</td></tr>
<tr><td>紧密密度 ρ_C(kg/m^3)</td><td colspan="3">>1 500</td><td>1 770</td></tr>
<tr><td>堆积空隙率 v_L(%)</td><td colspan="3"><47</td><td>41</td></tr>
<tr><td>紧密空隙率 v_C(%)</td><td colspan="3"><40</td><td>35</td></tr>
<tr><td>含泥量 ω_c(%)</td><td>≤0.5</td><td>≤1.0</td><td>≤1.0</td><td>0.2</td></tr>
<tr><td>泥块含量 $\omega_{c,L}$(%)</td><td></td><td>≤0.2</td><td></td><td>0</td></tr>
<tr><td>针片状颗粒含量(%)</td><td>≤5</td><td>≤8</td><td>≤10</td><td>3.5</td></tr>
<tr><td>坚固性指标 δ_j(%)</td><td colspan="3">≤5(预应力混凝土结构);≤8(混凝土结构)</td><td>2.8</td></tr>
<tr><td>吸水率 ω_{wa}(%)</td><td colspan="3"><2(普通环境);<1(干湿交替或冻融环境)</td><td>1.1</td></tr>
<tr><td>三氧化硫含量 ω_{so_3}(%)</td><td colspan="3">≤0.5</td><td>0.28</td></tr>
<tr><td>氯化物含量 ω_{cL}(%)</td><td colspan="3">≤0.02</td><td>0.002</td></tr>
<tr><td>有机物含量判定(%)</td><td colspan="3">浅于标准色</td><td>合格</td></tr>
</table>

续上表

<table>
<tr><td colspan="3" rowspan="2">试验项目</td><td colspan="9">标准规定值</td><td colspan="2" rowspan="2">试验结果</td></tr>
<tr><td colspan="3">Ⅰ ≥C50</td><td colspan="3">Ⅱ C30 ~ C45</td><td colspan="3">Ⅲ <C30</td></tr>
<tr><td colspan="3">碱活性(%)</td><td colspan="9"><0.10</td><td colspan="2">0.10</td></tr>
<tr><td colspan="3" rowspan="2">压碎指标值 δ_{sa}(%)</td><td colspan="4">C60 ~ C40</td><td colspan="5">≤C35</td><td colspan="2" rowspan="2">5.4</td></tr>
<tr><td colspan="4">≤10</td><td colspan="5">≤16</td></tr>
<tr><td rowspan="4">颗粒级配</td><td>筛孔尺寸(mm)</td><td>90.0</td><td>75.0</td><td>63.0</td><td>53.0</td><td>37.5</td><td>31.5</td><td>26.5</td><td>19.0</td><td>16.0</td><td>9.50</td><td>4.75</td><td>2.36</td></tr>
<tr><td>标准规定累计筛余(%)</td><td></td><td></td><td></td><td></td><td>0</td><td>0 ~ 5</td><td></td><td>15 ~ 45</td><td></td><td>70 ~ 90</td><td>90 ~ 100</td><td>95 ~ 100</td></tr>
<tr><td>实际累计筛余(%)</td><td></td><td></td><td></td><td></td><td>0</td><td>3</td><td></td><td>40</td><td></td><td>82</td><td>99</td><td>100</td></tr>
<tr><td colspan="2">符合公称粒级</td><td colspan="4">5 ~ 31.5</td><td colspan="4">最大粒径(mm)</td><td colspan="3">31.5</td></tr>
</table>

3)卵石

按照《普通混凝土用砂、石质量及检验方法标准》(JGJ 52—2006),《关于印发〈铁路混凝土工程施工质量验收补充标准〉混凝土分项工程原材料标准局部修订条文》(铁建设[2009]152 号)测试卵石 1 和卵石 2 的性能指标,如表 3.45 和表 3.46 所示。

(1)卵石 1

卵石 1 取自鄯善至乌鲁木齐段一砂石料场，该碎卵石符合公称粒级 5 ~ 31.5mm 的级配要求,空隙率大(紧密空隙率 42%),针片状颗粒含量极多(14%),如表 3.45 所示。

表 3.45 卵石 1 的主要性能指标

<table>
<tr><td rowspan="2">试验项目</td><td colspan="3">标准规定值</td><td rowspan="2">试验结果</td></tr>
<tr><td>Ⅰ ≥C50</td><td>Ⅱ C30 ~ C45</td><td>Ⅲ <C30</td></tr>
<tr><td>表观密度 ρ(kg/m^3)</td><td colspan="3">>2 500</td><td>2 720</td></tr>
<tr><td>堆积密度 ρ_L(kg/m^3)</td><td colspan="3">>1 500</td><td>1 510</td></tr>
<tr><td>紧密密度 ρ_C(kg/m^3)</td><td colspan="3">>1 500</td><td>1 570</td></tr>
<tr><td>堆积空隙率 v_L(%)</td><td colspan="3"><47</td><td>44</td></tr>
<tr><td>紧密空隙率 v_C(%)</td><td colspan="3"><40</td><td>42</td></tr>
<tr><td>含泥量 ω_c(%)</td><td>≤0.5</td><td>≤1.0</td><td>≤1.0</td><td>0.5</td></tr>
<tr><td>泥块含量 $\omega_{c,L}$(%)</td><td></td><td>≤0.2</td><td></td><td>0.1</td></tr>
<tr><td>针片状颗粒含量(%)</td><td>≤5</td><td>≤8</td><td>≤10</td><td>14</td></tr>
<tr><td>坚固性指标 δ_j(%)</td><td colspan="3">≤5(预应力混凝土结构);≤8(混凝土结构)</td><td>2</td></tr>
<tr><td>吸水率 $\omega_{\omega a}$(%)</td><td colspan="3"><2(普通环境);<1(干湿交替或冻融环境)</td><td>0.5</td></tr>
<tr><td>三氧化硫含量 ω_{so_3}(%)</td><td colspan="3">≤0.5</td><td>0.35</td></tr>
<tr><td>氯化物含量 ω_{cL}(%)</td><td colspan="3">≤0.02</td><td>0.002</td></tr>
<tr><td>有机物含量判定(%)</td><td colspan="3">浅于标准色</td><td>合格</td></tr>
</table>

续上表

<table>
<tr><td colspan="2" rowspan="2">试验项目</td><td colspan="10">标准规定值</td><td colspan="2" rowspan="2">试验结果</td></tr>
<tr><td colspan="4">Ⅰ ≥C50</td><td colspan="3">Ⅱ C30～C45</td><td colspan="3">Ⅲ ＜C30</td></tr>
<tr><td colspan="2">碱活性(%)</td><td colspan="10">＜0.10</td><td colspan="2">0.006</td></tr>
<tr><td colspan="2" rowspan="2">压碎指标值δ_{sa}(%)</td><td colspan="5">C60～C40</td><td colspan="5">≤C35</td><td colspan="2" rowspan="2">3.6</td></tr>
<tr><td colspan="5">≤12</td><td colspan="5">≤16</td></tr>
<tr><td rowspan="3">颗粒级配</td><td>筛孔尺寸(mm)</td><td>90.0</td><td>75.0</td><td>63.0</td><td>53.0</td><td>37.5</td><td>31.5</td><td>26.5</td><td>19.0</td><td>16.0</td><td>9.50</td><td>4.75</td><td>2.36</td></tr>
<tr><td>标准规定累计筛余(%)</td><td></td><td></td><td></td><td></td><td>0</td><td>0～5</td><td></td><td>15～45</td><td></td><td>70～90</td><td>90～100</td><td>95～100</td></tr>
<tr><td>实际累计筛余(%)</td><td></td><td></td><td></td><td></td><td>0</td><td>1</td><td></td><td>27</td><td></td><td>85</td><td>99.3</td><td>100</td></tr>
<tr><td></td><td colspan="3">符合公称粒级</td><td colspan="4">16～31.5</td><td colspan="4">最大粒径(mm)</td><td colspan="2">31.5</td></tr>
</table>

(2)卵石2

卵石2取自新疆一砂场，该卵石符合公称粒级5～31.5mm的级配要求，空隙率较小(紧密空隙率37%)，其堆积紧密，针片状颗粒含量很少(1.3%)，压碎指标值小(3.3%)，如表3.46所示。

表3.46 卵石2的主要性能指标

<table>
<tr><td rowspan="2">试验项目</td><td colspan="6">标准规定值</td><td rowspan="2">试验结果</td></tr>
<tr><td colspan="2">Ⅰ ≥C50</td><td colspan="2">Ⅱ C30～C45</td><td colspan="2">Ⅲ ＜C30</td></tr>
<tr><td>表观密度ρ(kg/m^3)</td><td colspan="6">＞2 500</td><td>2 710</td></tr>
<tr><td>堆积密度ρ_L(kg/m^3)</td><td colspan="6">＞1 500</td><td>1 640</td></tr>
<tr><td>紧密密度ρ_C(kg/m^3)</td><td colspan="6">＞1 500</td><td>1 700</td></tr>
<tr><td>堆积空隙率υ_L(%)</td><td colspan="6">＜47</td><td>39</td></tr>
<tr><td>紧密空隙率υ_C(%)</td><td colspan="6">＜40</td><td>37</td></tr>
<tr><td>含泥量ω_c(%)</td><td colspan="2">≤0.5</td><td colspan="2">≤1.0</td><td colspan="2">≤1.0</td><td>0.2</td></tr>
<tr><td>泥块含量$\omega_{c,L}$(%)</td><td colspan="2"></td><td colspan="2">≤0.2</td><td colspan="2"></td><td>0.1</td></tr>
<tr><td>针片状颗粒含量(%)</td><td colspan="2">≤5</td><td colspan="2">≤10</td><td colspan="2">≤10</td><td>0.3</td></tr>
<tr><td>坚固性指标δ_j(%)</td><td colspan="6">≤5(预应力混凝土结构)；≤8(混凝土结构)</td><td>3.5</td></tr>
<tr><td>吸水率$\omega_{\omega a}$(%)</td><td colspan="6">＜2(普通环境)；＜1(干湿交替或冻融环境)</td><td>1.5</td></tr>
<tr><td>三氧化硫含量ω_{so_3}(%)</td><td colspan="6">≤0.5</td><td>0.4</td></tr>
<tr><td>氯化物含量ω_{cL}(%)</td><td colspan="6">≤0.02</td><td>0.01</td></tr>
<tr><td>有机物含量判定(%)</td><td colspan="6">浅于标准色</td><td>合格</td></tr>
<tr><td>碱活性(%)</td><td colspan="6">＜0.10</td><td>0.11</td></tr>
<tr><td rowspan="2">压碎指标值δ_{sa}(%)</td><td colspan="3">C60～C40</td><td colspan="3">≤C35</td><td rowspan="2">3.3</td></tr>
<tr><td colspan="3">≤12</td><td colspan="3">≤16</td></tr>
</table>

续上表

试验项目		标准规定值									试验结果		
		Ⅰ ≥C50			Ⅱ C30~C45			Ⅲ <C30					
颗粒级配	筛孔尺寸(mm)	90.0	75.0	63.0	53.0	37.5	31.5	26.5	19.0	16.0	9.50	4.75	2.36
	标准规定累计筛余(%)					0	0~10		85~100			95~100	
	实际累计筛余(%)					0	0		86			99.3	
	符合公称粒级	16~31.5				最大粒径(mm)				31.5			

4)河砂

河砂取自新疆乌鲁木齐,按照《普通混凝土用砂、石质量及检验方法标准》(JGJ 52—2006)、《关于印发〈铁路混凝土工程施工质量验收补充标准〉混凝土分项工程原材料标准局部修订条文》(铁建设[2009]152 号)测试砂的性能指标,如表 3.47 所示。

表 3.47 河砂的主要性能指标

试验项目	标准规定值			试验结果
	≥C50	C30~C45	<C30	
表观密度 ρ(kg/m^3)		>2 500		2 660
堆积密度 ρ_L(kg/m^3)		>1 350		1 640
堆积空隙率 υ_L(%)		<47		38
含泥量 ω_c(%)	≤2.0	≤2.5	≤3.0	1.5
泥块含量 $\omega_{c,L}$(%)		≤0.5		0.2
云母含量 ω_m(%)		≤0.5		0.3
坚固性指标 δ_j(%)		≤8		2.9
氯化物含量 ω_{cL}(%)		≤0.02		0.003
吸水率 $\omega_{\omega a}$(%)		≤2.0		1.0
硫化物含量 ω_{so_3}(%)		≤0.5		0.35
有机物含量判定(%)		颜色不应深于标准色		合格
轻物质含量 ω_L(%)		≤0.5		0.40
碱活性(%)		<0.10		0.11

续上表

试验项目	标准规定值			试验结果
	≥C50	C30 ~ C45	<C30	

	筛孔尺寸（mm）	标准规定累计筛余值（%）	试验结果			
			累计筛余（%）	级配区属	细度模数	粗细程度
颗粒级配	9.5	0	0			
	4.75	10 ~ 0	6.7			
	2.36	25 ~ 0	21.9	Ⅱ区	2.8	中砂
	1.18	50 ~ 10	30.3			
	0.60	70 ~ 41	42.3			
	0.30	92 ~ 70	78.9			
	0.15	100 ~ 90	97.2			
	底筛		99.7	级配合格		

3.2.5 卵石、碎石、碎卵石配制混凝土的性能对比

1）采用不同粗集料配制 Z 型混凝土的性能对比

本试验混凝土中掺 30% 优化掺和料。

卵石 1 配制的混凝土，记为 LC1；卵石 2 配制的混凝土，记为 LC2；碎石 1 配制的混凝土，记为 SC1；碎石 2 配制的混凝土，记为 SC2；碎卵石 1 配制的混凝土，记为 SLC1；碎卵石 2 配制的混凝土，记为 SLC2。

控制各组混凝土拌和物的坍落度为 200 ~ 220mm，黏聚性和保水性良好。各组混凝土均采用标准养护。

（1）各组混凝土的配合比

各组混凝土的主要配合比参数如表 3.48 所示。

表 3.48　不同粗集料 Z 型混凝土的配合比参数

项目		卵石		碎卵石		碎石	
		LC1	LC2	SLC1	SLC2	SC1	SC2
水胶比		0.38	0.38	0.38	0.38	0.38	0.38
单位用水量（kg/m^3）		145	145	145	145	145	145
砂率（%）		40	40	42	42	44	44
粗集料（kg/m^3）	碎石					1 038	1 038
	碎卵石			1 038	1 038		
	卵石	1 112	1 112				
高效减水剂掺量（%）		1.2	1.1	1.2	1.2	1.3	1.3

(2)试验结果

不同粗集料混凝土的强度和电通量试验结果如表3.49所示。

表3.49 不同粗集料Z型混凝土的性能

项目	卵石		碎卵石		碎石	
	LC1	LC2	SLC1	SLC2	SC1	SC2
7d强度(MPa)	23.7	26.7	26.3	34.8	27.5	30.1
28d强度(MPa)	37.9	40.6	40.1	48.7	42.8	44.0

(3)结果分析及结论

从目前测出的强度数据来看,对于较低强度的混凝土,各类石子针、片状颗粒含量、压碎指标对混凝土强度影响较大,尤其是碎卵石的影响明显,需要严格控制。总体而言,卵石混凝土强度较低,针、片状颗粒含量、压碎指标低的,破碎面积80%以上的碎卵石与碎石混凝土强度相差不大。

2)采用不同粗集料配制D型混凝土的性能对比

本试验混凝土中掺40%优化掺和料。卵石1配制的混凝土,记为LC1;卵石2配制的混凝土,记为LC2;碎石1配制的混凝土,记为SC1;碎石2配制的混凝土,记为SC2;碎卵石1配制的混凝土,记为SLC1;碎卵石2配制的混凝土,记为SLC2。

控制各组混凝土拌和物的坍落度为180~200mm,黏聚性和保水性良好。各组混凝土均采用标准养护。

(1)各组混凝土的配合比

各组混凝土的主要配合比参数如表3.50所示。

表3.50 不同粗集料D型混凝土的配合比参数

项目		卵石		碎卵石		碎石	
		LC1	LC2	SLC1	SLC2	SC1	SC2
水胶比		0.30	0.30	0.30	0.30	0.30	0.30
单位用水量(kg/m^3)		145	145	145	145	145	145
砂率(%)		36	36	38	38	40	40
粗集料(kg/m^3)	碎石					1 075	1 075
	碎卵石			1 111	1 111		
	卵石	1 147	1 147				
高效减水剂掺量(%)		1.1	1.0	1.2	1.2	1.3	1.4

(2)试验结果

不同粗集料混凝土的强度和电通量试验结果如表3.51所示。

表 3.51　不同粗集料混凝土的性能

项　　目	卵　　石		碎　卵　石		碎　　石	
	LC1	LC2	SLC1	SLC2	SC1	SC2
7d 强度(MPa)	29.4	33.0	32.0	40.9	34.9	37.2
28d 强度(MPa)	45.6	51.5	48.3	58.4	52.3	57.5

(3)试验结论

从测出的强度数据来看,对于强度较高混凝土,各类石子针、片状颗粒含量、压碎指标对混凝土强度影响比高强度混凝土更大,尤其是碎卵石的影响明显。总体而言,卵石混凝土不适宜配制高强混凝土,针、片状颗粒含量小,破碎面积 80% 以上的碎卵石与碎石混凝土相差不大,但考虑抗裂性、耐磨性,C50 及以上混凝土仍然用碎石作集料,C50 以下混凝土可用碎卵石做集料。

3.2.6　碎卵石的破碎面对混凝土性能的影响

粗集料的颗粒形貌会引起混凝土和易性的变化,碎石的表面粗糙,其表面积较大;卵石的表面光滑,其表面积较小;而将卵石破碎成碎卵石后,碎卵石的表面积比光滑卵石大,表面也粗糙,所以要润湿碎卵石表面的需水量也就相应增加,从而使拌和物黏度变大,而且粗糙的表面,易在浆体流动时造成相互之间的胶结力增大,使摩擦力增大,流动性变差。可见,破碎卵石配制的混凝土,其和易性虽然比光滑卵石稍差,但强度比光滑卵石的要高很多。

另外,碎卵石的破碎面对混凝土性能的影响非常大,因此,该节中特别对碎卵石破碎面与混凝土性能之间的关系做了试验研究,一般来说,破碎面所占总表面积的比例越大,其与胶凝材料表面的黏结就越好,所配制混凝土的强度越高。

本次试验采用的碎卵石,其破碎面比例为 80%;卵石破碎面为 0;50% 卵石和 50% 碎卵石混合的粗集料,其破碎面为 40%,记为 H1;25% 卵石和 75% 碎卵石混合的粗集料,其破碎面为 60%,记为 H2。

采用不同破碎面比例的粗集料分别配制混凝土,研究粗集料的破碎面比例对混凝土性能的影响规律。

1)碎卵石破碎面对 Z 型混凝土性能的影响

(1)混凝土配合比

本试验所用水泥、水、粉煤灰、矿粉、减水剂等原材料的主要性能指标见第 2 章,混凝土中掺 30% 优化掺和料。

卵石 2 配制的混凝土,记为 LC;碎卵石 2 配制的混凝土,记为 SLC;50% 卵石 2 和 50% 碎卵石 2 配制的混凝土,记为 H1C;25% 卵石 2 和 75% 碎卵石 2 配制的混凝土,记为 H2C。

控制各组混凝土拌和物的坍落度为 200 ~ 220mm,黏聚性和保水性良好。各组混凝土均采用标准养护。

各组混凝土的主要配合比参数如表 3.52 所示。

表 3.52　混凝土的配合比参数

项　目		LC	H1C	H2C	SLC
水胶比		0.38	0.38	0.38	0.38
单位用水量(kg/m^3)		145	145	145	145
砂率(%)		40	42	42	42
粗集料(kg/m^3)	碎卵石		538	806	1 075
	卵石	1 112	538	269	
高效减水剂掺量(%)		1.0	1.0	1.1	1.1

(2)试验结果

采用破碎面比例不同的粗集料配制的混凝土,其性能如表 3.53 所示。

表 3.53　碎卵石破碎面对 Z 型混凝土性能的影响

项　目	LC	H1C	H2C	SLC
7d 强度(MPa)	26.7	29.2	32.6	34.8
28d 强度(MPa)	40.6	42.8	45.1	48.7

(3)结果分析

对 Z 型混凝土来说,7d 强度受破碎面比例的影响较为显著,破碎面比例每提高 20% 左右,其强度提高为 10% 左右;而 28d 强度受破碎面比例的影响已不太明显,破碎面比例每提高 20% 左右,强度约提高 5%。

对 Z 型混凝土来说,卵石混凝土的强度可以满足要求。

2)粗集料破碎面对 D 型混凝土性能的影响

(1)混凝土配合比

本试验所用水泥、水、粉煤灰、矿粉、减水剂等原材料的主要性能指标见第 2 章,混凝土中掺 40% 优化掺和料。

卵石 2 配制的混凝土,记为 LC;碎卵石 2 配制的混凝土,记为 SLC;50% 卵石 2 和 50% 碎卵石 2 配制的混凝土,记为 H1C;25% 卵石 2 和 75% 碎卵石 2 配制的混凝土,记为 H2C。

控制各组混凝土拌和物的坍落度为 180～200mm,黏聚性和保水性良好。各组混凝土均采用标准养护。

各组混凝土的主要配合比参数如表 3.54 所示。

表 3.54　混凝土的配合比参数

项　目		LC	H1C	H2C	SLC
水胶比		0.30	0.30	0.30	0.30
单位用水量(kg/m^3)		145	145	145	145
砂率(%)		36	38	38	38
粗集料(kg/m^3)	碎卵石		556	833	1 111
	卵石	1 147	556	278	
高效减水剂掺量(%)		0.9	1.0	1.0	1.0

(2)试验结果

采用破碎面比例不同的粗集料配制的混凝土,其性能如表3.55所示。

表3.55 碎卵石破碎面对D型混凝土性能的影响

项　　目	LC	H1C	H2C	SLC
7d强度(MPa)	33.0	36.4	37.3	40.9
28d强度(MPa)	51.5	53.9	56.0	58.4

(3)结果分析

对D型混凝土来说,碎卵石破碎面对强度的影响规律类似于Z型混凝土。但是,由于D型混凝土的水胶比较小,胶凝材料用量大,强度受碎卵石破碎面的影响程度较Z型混凝土低。

3)试验结论

随破碎面所占颗粒总表面积比例的提高,碎卵石粗糙的表面积增多,与胶凝材料的黏结得到加强,因为仍有部分光滑面积,所以所配制混凝土的和易性仍然良好,而强度有所提高。随破碎面比例的提高,粗集料与胶凝材料之间的接触面增大,胶凝材料与集料之间的黏结面积亦增大,混凝土强度增加较多。

采用碎卵石配制混凝土时,应增大其破碎面的比例;采用天然卵石加工碎石时,宜采用大卵石,以增大卵石的破碎面。实践表明,其天然卵石粒径应在碎卵石最大粒径的3倍以上。用小卵石作粗集料,黏附力、胶合力均小,应有充分的技术经济论证。

可以采用碎卵石配制Z型混凝土,而不建议将碎卵石用于配制L型混凝土。

3.2.7 粗集料对混凝土抗裂性能的影响

采用圆环试件测试混凝土的抗裂性能,对比两种养护方式下混凝土的裂缝开展情况。本次试验混凝土采用的养护方式1(记为CT)为试件拆模后包裹塑料膜,如图3.45所示;养护方式2(记为WS)为试件拆模后包裹保温保湿膜;采用室内养护7d、室外养护7d后,观察并测量裂缝情况,如图3.46所示。

图3.45 卵石抗裂性观测试件

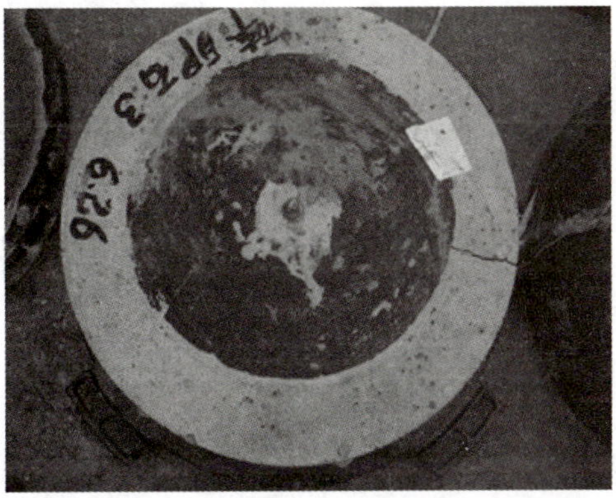

图3.46 碎卵石抗裂性观测试件

1)试验配合比

卵石2配制的混凝土,记为LC;碎卵石2配制的混凝土,记为SLC;碎石2配制的混凝土,记为SC。各组混凝土的主要配合比参数如表3.56所示。

表 3.56 混凝土的配合比参数

项目		LC	SLC	SC
水胶比		0.38	0.38	0.38
单位用水量(kg/m^3)		145	145	145
砂率(%)		40	42	44
粗集料(kg/m^3)	碎卵石		1 075	
	卵石	1 111		
	碎石			1 038
粉煤灰掺量(%)		15	15	15
矿粉掺量(%)		15	15	15
高效减水剂掺量(%)		1.0	1.0	1.0

2)CT 养护方式下,不同粗集料混凝土的抗裂性能

CT 养护方式下,采用不同粗集料配制出混凝土的裂缝开展情况如表 3.57 所示。

表 3.57 CT 养护下各组混凝土的裂缝开展情况

混凝土 \ 裂缝情况	裂缝编号	裂缝长度(mm)	裂缝宽度(mm)	备注
LC	1	160	2.5	贯通
	2	60	0.1	
	3	50	0.1	
	4	50	0.1	
	5	50	0.1	
SLC	1	160	2.5	贯通
	2	45	0.1	
	3	40	0.1	
SC	1	160	2.0	贯通
	2	40	0.1	

3)WS 养护方式下不同粗集料混凝土的抗裂性能

试件拆模后,立即包裹保温保湿膜对混凝土进行养护,在这种养护方式下采用各种粗集料配制的混凝土,在 14d 后均没有开裂。

4)试验结果分析及结论

在使用传统塑料膜养护混凝土的条件下,各种粗集料混凝土在养护 14d 后均产生裂缝,其规律为:三种粗集料混凝土均产生了 1 条贯通裂缝,而除此之外,碎石混凝土仅出现 1 条非贯通裂缝;碎卵石混凝土产生 2 条非贯通裂缝,且裂缝长度总体要大于碎石混凝土;卵石混凝土出现 3 条非贯通裂缝,且裂缝长度是其中较长的。

因此得出以下结论:从抗裂性角度分析,在选择粗集料时,尽量选用碎石,而不用卵石,可以选用碎卵石配制混凝土。

3.3 机制砂对高性能混凝土性能的影响

3.3.1 细集料的选用与技术要求

(1)细集料应选用级配合理、质地均匀坚固、吸水率低、空隙率小的洁净天然河砂,也可选用采用专门磨机机组生产的人工砂;不宜使用山砂。在不具备可靠冲洗条件的情况下,不得使用海砂。

(2)细集料的颗粒级配(累计筛余百分率)应满足表3.58的规定。

表3.58 细集料的累计筛余百分率(%)

筛孔尺寸(mm) \ 级配区	Ⅰ区	Ⅱ区	Ⅲ区
10.0	0	0	0
5.00	10~0	10~0	10~0
2.50	35~5	25~0	15~0
1.25	65~35	50~10	25~0
0.63	85~71	70~41	40~16
0.315	95~80	92~70	85~55
0.160	100~90	100~90	100~90

除5.00mm和0.63mm筛挡外,细集料的实际颗粒级配与表3.58中所列的累计筛余百分率相比允许稍有超出分界线,但其总量不应大于5%。

(3)细集料的粗细程度按细度模数分为粗、中、细3种规格,其细度模数分别为:

①粗砂:3.7~3.1;

②中砂:3.0~2.3;

③细砂:2.2~1.6。

配制混凝土时宜优先选用中砂。当采用粗砂时,应提高砂率,并保持足够的水泥用量,以满足混凝土的和易性;当采用细砂时,宜适当降低砂率。

当所用细集料的颗粒级配不符合表3.58的要求时,应采取经试验证明能确保工程质量的技术措施后,方允许使用。

(4)细集料的吸水率应不大于2%,细集料的坚固性用硫酸钠溶液循环浸泡法检验,经5次循环后试样的质量损失率应不超过8%。

(5)采用天然砂配制混凝土时,砂的有害物质的含量应符合表3.59的规定。

如发现砂中含有颗粒状的硫酸盐或硫化物杂质时,应进行专门检验,确认其能满足混凝土的耐久性要求时方能采用。

表 3.59 砂中有害物质含量限值

项目	质量指标		
	< C30	C30 ~ C45	≥C50
含泥量(%)	≤3.0	≤2.5	≤2.0
泥块含量(%)	≤0.5		
云母含量(%)	≤0.5		
轻物质含量(%)	≤0.5		
Cl^- 含量(%)	≤0.02		
硫化物及硫酸盐含量(折算成 SO_3),(%)	≤0.5		
有机物含量(用比色法试验)	颜色不应深于标准色,如深于标准色,则应按水泥胶砂强度试验方法,进行强度对比试验;抗压强度比不应低于 0.95		

(6)细集料应采用砂浆棒法检验其碱活性,且砂浆棒的膨胀率应小于 0.10%,否则应按要求采取抑制碱—集料反应的技术措施。

(7)人工砂或混合砂的压碎指标值应小于 25%。经亚甲蓝试验判定后,人工砂或混合砂的石粉含量应符合表 3.60 的规定。

表 3.60 人工砂或混合砂中石粉含量限值

混凝土强度等级		< C30	C30 ~ C45	≥C50
石粉含量(%)	MB < 1.40	≤10	≤7	≤5
	MB≥1.40	≤5.0	≤3.0	≤2.0

注:MB 为亚甲蓝测定值。

(8)采用山砂拌制强度等级低于 C30 的混凝土时,其压碎指标值不得大于 35%,级配应控制在Ⅰ、Ⅱ区内。

(9)不应采用砂岩轧制机制砂。当采用机制砂、混合砂拌制强度等级低于 C30 的混凝土时,其颗粒级配在Ⅰ、Ⅱ区中 150μm 筛孔的累计筛余可酌情放宽 5% ~10%,有害物质含量应符合表 3.61 的规定。

表 3.61 机制砂或混合砂有害物质含量

项目 \ 混凝土强度等级		< C30
石粉含量(小于 5μm 颗粒,按质量计),(%)	MB < 1.40	≤10
	MB≥1.40	≤5.0
泥块含量(按质量计),(%)		≤0.5
硫化物和硫酸盐含量(折算为 SO_3,按质量计),(%)		≤1.0
云母含量(按质量计),(%)		≤1.0
坚固性指标(用硫酸钠饱和溶液法检验,经 5 次循环后质量损失率),(%)		≤8
压碎指标值(按质量计),(%)		<25

续上表

项目 \ 混凝土强度等级	< C30
有机物含量(用比色法试验)	颜色不应深于标准色,当深于标准色时,则应按水泥胶砂强度检验方法进行强度对比试验,抗压强度比不应小于0.95

注:1. 本表适应于白云石、石灰岩、花岗岩和玄武岩经爆破、机械轧制的机制砂。

2. 当混凝土强度等级等于或大于C30需使用机制砂时,应经过试验,确认符合质量要求时方可使用。

3. 混合砂系指由机制砂和天然砂混合制成的砂。

(10)砂浆用砂含泥量不宜大于5%。

(11)泵送混凝土施工用细集料宜采用中砂,通过0.315 mm筛孔的砂应不小于15%。

(12)抗渗混凝土施工用细集料宜采用中砂,其含泥量不应大于3%。

(13)喷射混凝土所用细集料应符合下列规定:

①细度模数应大于2.5。

②含泥量不应大于3%。

(14)特细砂混凝土用特细砂不得含有泥块,含泥量不应大于5%。

3.3.2 性能不良的砂对混凝土性能的影响

从颗粒组成分析,砂中若大于2.36mm的颗粒和小于0.15mm的颗粒偏多,而中间颗粒偏少(尤其是0.30~1.18mm颗粒),有时缺少某一粒级,这样的颗粒搭配只能基本符合天然砂Ⅰ区或Ⅱ区砂的技术要求。

从颗粒形貌来分析,若砂的颗粒表面粗糙、尖锐多棱角,细度模数大,级配不良,堆积空隙率高,这决定了配制出的混凝土会出现需水量大、强度低、外观质量不好等一系列问题,从而使配制的混凝土和易性差,易离析泌水,成型的构造物表观质量不好。

从杂质来分析,若砂中含有较多的石粉,由于石粉不同于活性矿物掺和料,虽然具有微弱的化学活性,但其在混凝土中更多地体现了作为一种惰性填充料的作用。所以当石粉大量存在于混凝土中时,将会对混凝土的长期耐久性造成负面影响。

3.3.3 试验设计

(1)试验目的

针对一些砂的综合技术性能较差,因此有必要对其所配制混凝土的性能进行试验研究,对比不同砂配制混凝土的强度、电通量等技术指标,采用变换砂率和调整级配的方法研究砂技术性质对混凝土性能的影响。

(2)试验方案

保持砂率不变,对比不同砂对混凝土强度和电通量等性能的影响;比较不同砂率条件下品质较差的砂对混凝土强度和电通量等性能的影响;通过调整砂颗粒级配,分析混凝土强度、电通量及抗裂性等性能。

3.3.4 试验用原材料

(1)砂1

该砂取自鄯善至乌鲁木齐段一砂场，该砂的细度模数3.7，级配合格，但粒径为2.36～4.75mm颗粒偏多，石粉含量高。在使用时需要调整级配，级配调整良好后方可用来配制混凝土。

按照《普通混凝土用砂、石质量及检验方法标准》(JGJ 52—2006)、《关于印发〈铁路混凝土工程施工质量验收补充标准〉混凝土分项工程原材料标准局部修订条文》(铁建设[2009]152号)测试该砂的性能指标，如表3.62所示。

表3.62 砂1的主要性能指标

试验项目	标准规定值			试验结果
	≥C50	C30～C45	<C30	
表观密度ρ(kg/m^3)	>2 500			2 750
堆积密度ρ_L(kg/m^3)	>1 350			1 640
堆积空隙率υ_L(%)	<47			40
含泥量ω_c(%)	≤2.0	≤2.5	≤3.0	1.6
泥块含量$\omega_{c,L}$(%)	≤0.5			0.2
云母含量ω_m(%)	≤0.5			0.3
坚固性指标δ_j(%)	≤8			2.9
氯化物含量ω_{cL}(%)	≤0.02			0.003
吸水率$\omega_{\omega a}$(%)	≤2.0			1.0
硫化物含量ω_{so_3}(%)	≤0.5			0.35
有机物含量判定(%)	颜色不应深于标准色			合格
轻物质含量ω_L(%)	≤0.5			0.40
碱活性(%)	<0.10			0.11

	筛孔尺寸(mm)	标准规定累计筛余值(%)	试验结果			
			累计筛余(%)	级配区属	细度模数	粗细程度
颗粒级配	9.5	0	0	Ⅰ区	3.7	粗砂
	4.75	10～0	0.9			
	2.36	35～5	36.8			
	1.18	65～35	59.7			
	0.60	85～71	78.0			
	0.30	95～80	94.4			
	0.15	100～90	99.4			
	筛底		99.7			
		级配合格				

(2)砂2

该砂取自新疆一砂场，该砂的空隙率较小（紧密空隙率38%），细度模数2.9，级配合格，可直接用来配制混凝土。

按照《普通混凝土用砂、石质量及检验方法标准》（JGJ 52—2006）、《关于印发〈铁路混凝土工程施工质量验收补充标准〉混凝土分项工程原材料标准局部修订条义》（铁建设[2009]152号）测试该砂的性能指标，如表3.63所示。

表3.63 砂2的主要性能指标

试验项目	标准规定值			试验结果
	≥C50	C30～C45	<C30	
表观密度ρ（kg/m^3）	>2 500			2 730
堆积密度ρ_L（kg/m^3）	>1 350			1 570
紧密密度ρ_o（kg/m^3）	>1 350			1 690
堆积空隙率v_L（%）	<47			43
紧密空隙率v_c（%）	<40			38
含泥量ω_c（%）	≤2.0	≤2.5	≤3.0	1.7
泥块含量$\omega_{c,L}$（%）	≤0.1			0.0
云母含量ω_m（%）	≤0.5			0.12
坚固性指标δ_j（%）	≤8.0			3.4
氯离子含量ω_{cL}（%）	≤0.02			0.001 3
含水率$\omega_{\omega c}$（%）				2.8
吸水率$\omega_{\omega a}$（%）	≤2.0			1.0
硫化物及硫酸盐含量ω_{so_3}（%）	≤0.5			0.39
有机物含量判定（%）	颜色不深于标准色			合格
轻物质含量ω_L（%）	≤0.5			0.28
压碎指标值δ_{sa}（%）				
碱活性（%）	<0.10			0.09

	筛孔尺寸（mm）	标准规定累计筛余值（%）	试验结果			
			累计筛余（%）	级配区属	细度模数	粗细程度
颗粒级配	9.5	0	0			
	4.75	10～0	5			
	2.36	25～0	25			
	1.18	50～10	43	Ⅱ区	2.9	中砂
	0.6	70～41	57			
	0.3	92～70	80			
	0.15	100～90	93			

3.3.5 砂的特性对混凝土性能的影响

本次试验所配制混凝土中掺入30%的优化掺和料，保持砂率不变，分别采用砂1和砂2，研究砂的特性对混凝土拌和物性能和硬化混凝土性能的影响。

(1)混凝土配合比

采用砂1的混凝土,记为C1;采用砂2的混凝土,记为C2;调整各组混凝土的坍落度为200～220mm;各组混凝土均采用标准养护。

混凝土的主要配合比参数如表3.64所示。

表3.64　混凝土的配合比参数

项　目	C1	C2	项　目	C1	C2
水胶比	0.38	0.38	砂率(%)	45	45
单位用水量(kg/m^3)	145	145	高效减水剂掺量(%)	1.5	1.4

(2)试验结果

混凝土的性能如表3.65所示。

表3.65　混凝土的性能

项目	C1	C2	项目	C1	C2
坍落度(mm)	200	240	28d强度(MPa)	34.5	42.1
黏聚性	差	好	56d电通量(C)	1 679	912
含气量(%)	5.0	4.5			

(3)结果分析及结论

配合比相同条件下,砂1由于粗颗粒多,砂级配较差,表面粗糙,配制的混凝土流动性差、黏聚性差,混凝土内部容易产生较多的连通孔隙,混凝土28d强度降低18%左右,电通量增加84%。

因此,砂率相同条件下,级配优良的砂配制的混凝土与级配较差砂配制的混凝土相比较,后者的各项性能较差。因此在配制混凝土的过程中,选择级配优良的细集料是非常重要的。

3.3.6　砂率变化对混凝土性能的影响

本次试验所配制的混凝土中掺入30%的优化掺和料,通过改变级配较差砂(即1)的砂率,研究砂的砂率变化对混凝土拌和物性能及硬化混凝土性能的影响。

(1)混凝土配合比

采用砂率为42%的混凝土,记为C1;采用砂率为44%的混凝土,记为C2;采用砂率为50%的混凝土,记为C3;调整各组混凝土的坍落度为180～200mm;各组混凝土均采用标准养护。

混凝土的主要配合比参数如表3.66所示。

表3.66　混凝土的配合比参数

项　目	C1	C2	C3
水胶比	0.38	0.38	0.38
单位用水量(kg/m^3)	145	145	145
砂率(%)	45	49	55
高效减水剂掺量(%)	1.5	1.6	1.6

(2)试验结果

混凝土的性能如表3.67所示。

表3.67 混凝土的性能

项目	C1	C2	C3
坍落度(mm)	150	185	220
黏聚性	差	差	一般
28d强度(MPa)	45.3	46.2	50.2
56d电通量(C)	1 679	1 463	1 284

(3)结果分析及结论

增大砂率,在一定程度上可以改善混凝土的黏聚性,但是由于该砂本身的级配差,颗粒粒形差,所以在将砂率增大至55%时,其混凝土的黏聚性仍然一般。

虽然增大砂率可在一定程度上提高混凝土的强度,降低混凝土的电通量,但是,砂率增大的另一个结果是增大减水剂的用量,但是黏聚性仍然不尽理想;和易性差的结果也导致了该砂配制的混凝土,砂率再高,其混凝土的强度和抗渗性仍然很低。

所以,用增大砂率的方法调整混凝土拌和物的和易性,其效果微乎其微,说明试图用增大砂率的方法改变给砂的使用效果是不可行的。

通过分析,可以看出采用增大砂率的方法无法使混凝土拌和物的和易性达到良好,这主要是由于该砂的级配较差,因此,考虑通过调整砂的颗粒级配,使其级配良好后再用来配制混凝土。

3.3.7 调整砂的级配

本次试验配制的混凝土中掺入30%的优化掺和料,对比砂级配调整前后对混凝土拌和物性能及硬化混凝土性能的影响规律。

(1)混凝土配合比

采用级配调整前的砂配制的混凝土,记为QC;将粒径为2.36~4.75mm的颗粒筛掉20%(调整级配后机制砂的粗细程度及颗粒级配如表3.68所示)后配制的混凝土,记为TC;调整各组混凝土的坍落度为200~220mm;各组混凝土均采用标准养护。

表3.68 调整级配后砂的粗细程度与颗粒级配

筛孔尺寸(mm)	筛余量(g)	分计筛余(%)	累计筛余(%)	级配区要求
4.75	36	1.5	1.5	10~0
2.36	451.2	18.8	20.3	35~5
1.18	712.8	29.7	50.0	65~35
0.60	727.2	30.3	80.3	85~71
0.30	199.2	8.3	88.6	95~80
0.15	261.6	10.9	99.5	100~90
<0.15	12			
细度模数	3.4			
级配合格				

混凝土的主要配合比参数如表3.69所示。

表3.69　混凝土的配合比参数

项　　目	QC	TC	项　　目	QC	TC
水胶比	0.38	0.38	砂率(%)	45	45
单位用水量(kg/m^3)	145	145	高效减水剂掺量(%)	1.5	1.5

(2)试验结果

混凝土的性能如表3.70所示。

表3.70　混凝土的性能

项　　目	QC	TC	项　　目	QC	TC
坍落度(mm)	190	210	28d强度(MPa)	34.5	41.4
黏聚性	差	较好	56d电通量(C)	1 679	915

(3)结果分析及结论

将砂级配调整良好后,再用来配制混凝土,在相同条件下,可获得较高的流动性和较好的黏聚性。

由于调整前砂的级配较差,粒径在2.36～4.75mm的颗粒偏多,而中等颗粒偏少,这样,颗粒之间的搭配不合理,使得集料的空隙率较高,要达到一定流动性其需水量大;反之,其混凝土的强度较低、电通量较高。

调整后的砂,尽管中等颗粒仍然偏少,但是相对减少粒径大于2.36mm的颗粒含量,使级配接近理想状态,因此用来配制的混凝土,其集料的空隙率有所降低,强度得到一定提高,电通量有所降低。

综上所述,因为这种砂较差的颗粒粒形和不良的颗粒级配,所以不能通过提高砂率满足需求,只能通过重新调整砂的颗粒级配,使其级配良好后再用来配制混凝土。

3.3.8　试验结论

若由于现场原材料的条件所限,必须采用级配较差的砂配制混凝土时,此时必须通过调整砂的级配以及调整砂率,使之所配制混凝土的性能满足要求;试验还说明采用级配调整后的砂,并采用合理的砂率配制的混凝土,其性能可以满足要求;另外,试验还说明,采用调整后的砂配制的混凝土若采用保温保湿膜的养护方法,可以保证抗裂性能。

3.4　复配外加剂对高性能混凝土性能的影响

3.4.1　试验方法及相应的混凝土配合比

根据当地的原材料进行高性能混凝土配合比设计,通过大量调配,实际中配制出强度为C55的高性能混凝土。以调试的配合比为基准,试验主要进行不同的外加剂:膨胀剂、减水剂、引气剂等掺量的改变进行高性能混凝土收缩试验研究。膨胀剂掺量分别为6%、7%、8%、9%、10%;减水剂掺量分别为1.2%、1.4%、1.5%、1.6%、1.8%；引气剂掺量分别为0.2%、0.3%、0.4%、0.5%、0.6%。按照《混凝土外加剂应用技术规范》(GBT 50100—2013)进行试验。通过不同外加剂掺量的改变，分别研究其对高性能混凝土收缩性能的影响程度，同时对各外加剂进行交叉对比，确定各外加剂对高性能混凝土收缩性能的综合影响程度。混凝土各组成材料的配合比及对应材料占胶凝材料比例详见表3.71。试验典型过程如图3.47～图3.50所示。

图3.47　试验试件

图3.48　PZ3水中养护3d收缩测试

图3.49　JS1水中养护14d收缩测试

图3.50　YQ2空气中养护14d收缩测试

3.4.2 试验结果分析

1)不同外加剂对高性能混凝土基本性能的影响

以下主要通过膨胀剂、减水剂、引气剂等外加剂的不同掺量(具体掺量如表3.71所示)对高性能混凝土抗压强度、弹性模量等的影响进行综合分析。

表3.71　不同外加剂时高性能混凝土配合比设计

原材料	PZ配合比					PZ占胶凝材料比例(%)					JS配合比				JS占胶凝材料比例(%)				YQ配合比				YQ占胶凝材料比例(%)			
	PZ1	PZ2	PJY	PZ3	PZ4	PZ1	PZ2	PZ3	PZ4	PZ5	JS1	JS2	JS3	JS4	JS1	JS2	JS3	JS4	YQ1	YQ2	YQ3	YQ4	YQ1	YQ2	YQ3	YQ4
水泥	368										368								368							
粉煤灰	73					15					73				15				73				15			
矿粉	49					10					49				10				49				10			
细集料	740										740								740							

续上表

原材料	PZ 配合比					PZ 占胶凝材料比例(%)					JS 配合比				JS 占胶凝材料比例(%)				YQ 配合比				YQ 占胶凝材料比例(%)			
	PZ1	PZ2	PJY	PZ3	PZ4	PZ1	PZ2	PZ3	PZ4	PZ5	JS1	JS2	JS3	JS4	JS1	JS2	JS3	JS4	YQ1	YQ2	YQ3	YQ4	YQ1	YQ2	YQ3	YQ4
粗集料	1 023										1 023								1 023							
水	147										158								147							
减水剂	7.35					1.5					5.88	6.86	7.84	8.82	1.2	1.4	1.6	1.8	7.35				1.5			
引气剂	1.96					0.4					1.96				0.4				0.98	1.47	2.45	2.94	0.2	0.3	0.5	0.6
膨胀剂	29.4	34.3	39.2	44.1	49.0	6	7	8	9	10	39.2				8				39.2				8			

注:PZ1 ~ PZ5 是指膨胀掺量不同的 5 组配合比;JS1 ~ JS5 是指减水剂掺量不同的 4 组配合比;JS1 ~ JS5 是指减水剂掺量不同的 4 组配合比。

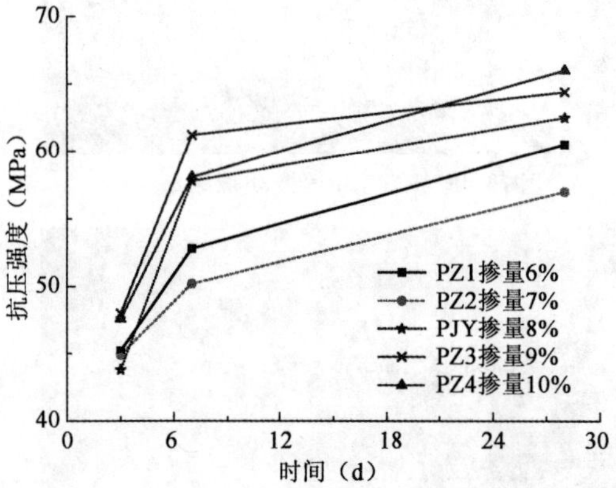

图 3.51　膨胀剂掺量不同时抗压强度变化曲线

图 3.51 ~ 图 3.53 分别列出不同外加剂对高性能混凝土抗压强度的影响。由图 3.51 中可以得出:膨胀剂掺量为 6%、7% 时抗压强度较低;掺量为 8% 的高性能混凝土早期 3d 强度较低,但后期 7d、28d 强度增长较快;掺量为 9% 的高性能混凝土早期 3d 强度最高,后期增长较为均匀;掺量为 10% 的高性能混凝土后期 28d 强度最高。总体上,强度随着膨胀剂掺量的增加而增加。从图 3.52 中可以得出:减水剂掺量为 1.2% 时,后期强度最高,早期强度仅次于 1.5%;减水剂掺量为 1.5% 时,早期强度最高;减水剂掺量为 1.6% 时,强度增长最小。总体而言,减水剂掺量对高性能混凝土强度影响具有不可确定性,规律性不强,主要由于减水剂与其他外加剂及材料相容性存在较大差异。从图 3.53 可以明显得出:引气剂有最佳掺量 1.5%,在这一掺量下,无论是早期强度还是后期强度均较高,而其他掺量 1.2/%、1.4%、1.6%、1.8% 强度均明显低于掺量为 1.5%。

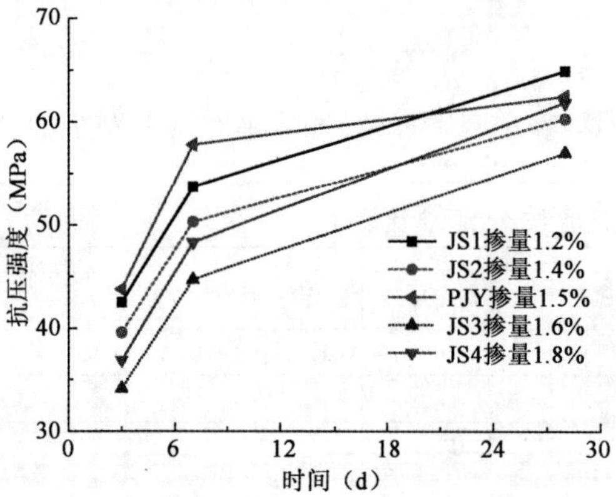

图 3.52　减水剂掺量不同时抗压强度变化曲线

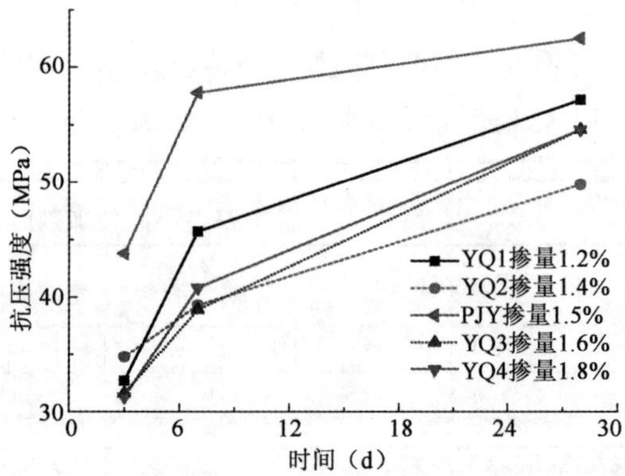

图 3.53　引气剂掺量不同时抗压强度变化曲线

通过以上对不同外加剂掺量下对高性能混凝土抗压强度影响分析可知：膨胀剂和减水剂没有明显的合适掺量，其具体掺量根据实际结构中的材料以及实际需要进行确定，根据不同结构对不同龄期强度的要求，选择最佳的掺量；同时需要在一定批次后，再进行相关性能试验，以确定先前确定的最优掺量在地材发生微小变化时，掺量是否最优，有必要的情况下对掺量进行微调。引气剂掺量在具体结构中容易确定最优掺量，而且其对高性能混凝土强度影响相对较为稳定。

表3.72列出不同外加剂掺量对高性能混凝土弹性模量的影响程度，图3.54为不同的临时混凝土的弹性模量。从表3.72和图3.54可以得出：膨胀剂对弹性模量影响最大，而减水剂、引气剂对高性能混凝土在28d时弹性模量较小，与之对应的抗压强度中，膨胀剂对应的抗压强度明显高于减水剂及引气剂对应的抗压强度。

表3.72 不同外加剂掺量时高性能混凝土弹性模量

外加剂	PZ					JS				YQ			
掺量(%)	6	7	8	9	10	1.2	1.4	1.6	1.8	0.2	0.3	0.5	0.6
弹性模型模量(GPa)	46.0	45.4	43.8	43.4	42.8	37.0	34.5	37.2	37.1	36.9	35.7	41.0	41.5

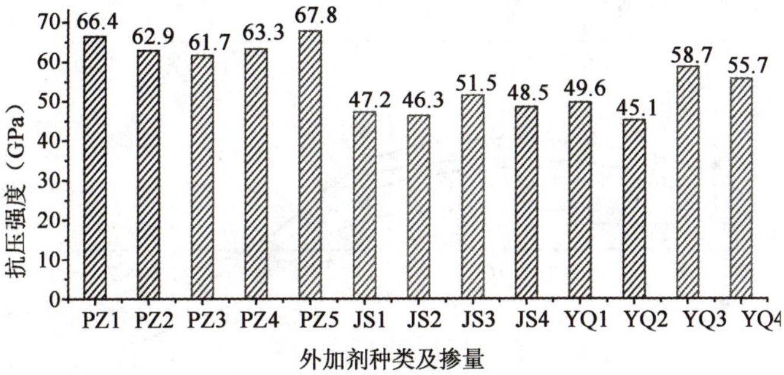

图3.54 不同外加剂掺量时混凝土弹性模量

2）不同膨胀剂掺量对高性能混凝土收缩性能的影响

膨胀剂掺量分别为6%、7%、8%、9%、10%时，分别将试验试件放在水中3d、7d、14d，其中3d、7d、14d进行养护测试收缩性能，试验结果如图3.55所示。

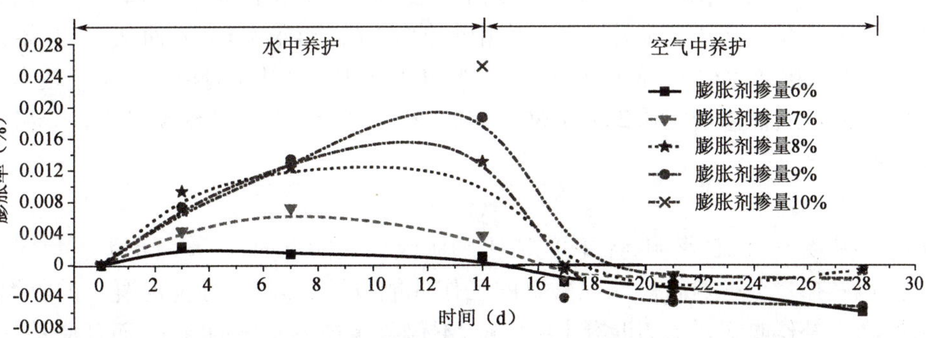

图3.55 膨胀剂掺量不同时收缩变化曲线

由图3.55可知，膨胀剂在有水分补给的情况下，膨胀率随着膨胀剂的掺量增加而增大；但是不同掺量时，其膨胀速率不同，8%掺量时，膨胀剂在前期膨胀率增长较快，而掺量9%、10%时，前期膨胀率增长速度相对8%增长速率较慢，但后期，即7d以后，增长速率随膨胀剂掺量的增加而明显增加；在空气中均表现出收缩的特性，膨胀剂掺量较少时，收缩率较大，但并不是掺量越多收缩越小。从图3.55又可得出，膨胀剂掺量为9%、10%时，收缩值尽管与掺量8%相差很小，但是其比8%收缩率要大。从这一点可以说明，膨胀剂在有合适的掺量及充足的水分补给下，当膨胀剂反应最充分的时候，其收缩值最小，对于混凝土补偿收缩是有好处的，但也并不是掺量越多越好，特别是当混凝土终凝后，如果混凝土结构还有剩余膨胀剂；但有水分补给时，生成次钙钒石，反而会导致混凝土结构开裂。

3）不同减水剂掺量对高性能混凝土收缩性能的影响

由图3.56可以得出：减水剂掺量不同时，其对混凝土收缩影响变化规律与膨胀剂不同，当掺量为1.4%、1.5%、1.6%时，无论是膨胀，还是收缩，均优于掺量1.2%、1.8%，掺量1.5%又优于1.4%、1.6%；特别是在空气中养护14d后，收缩值几乎接近为0。这说明减水剂掺量并不是越多越好，而是要确定一个最优掺量。在实际试验的过程中，减水剂厂家不同，要达到最优的掺量不同，有时不同批次减水剂，同一掺量会对混凝土收缩产生不同影响，因此，建议在具体工程中，减水剂生产厂家在现场进行试配，不仅要满足混凝土工作性能，而且要考虑其他因素如缓凝，离析、收缩等的影响。

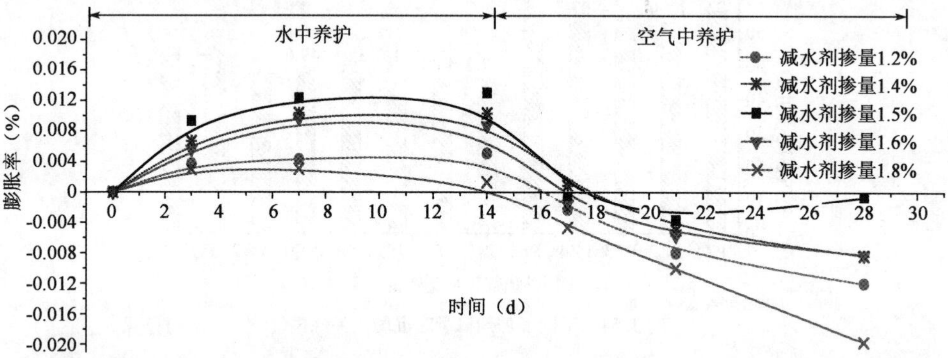

图3.56　减水剂掺量不同时收缩变化曲线

4）不同引气剂掺量对高性能混凝土收缩性能的影响

由图3.57可知：引气剂掺量为0.5%时，混凝土前期（在水中养护时）膨胀率较高，后期收缩值相对较小；掺量为0.4%的引气剂在水中养护7d内，膨胀率较小，而从7d开始，持续到14d时，膨胀率与掺量为0.5%使膨胀率相近；掺量为0.4%的引气剂相对膨胀率较大，主要特点是后期收缩较小；而掺量为0.2%、0.6%，前期膨胀率较小，后期收缩率较大，容易造成混凝土结构开裂。

5）结论及建议

（1）从以上分析知：在影响高性能混凝土膨胀收缩性能方面，尽管减水剂、引气剂不具备膨胀性能，但其掺量会影响高性能混凝土的工作性能，进而影响高性能混凝土的收缩膨胀性能。因此，在有补偿收缩要求的混凝土结构中，不仅要重视膨胀剂的掺量，而且应重视其他外加剂及不同地材之间的相容性和匹配性，确定出各自的最优掺量。

（2）在对高性能混凝土 强度及弹性模量等基本性能的影响因素中，膨胀剂最为明显，引气

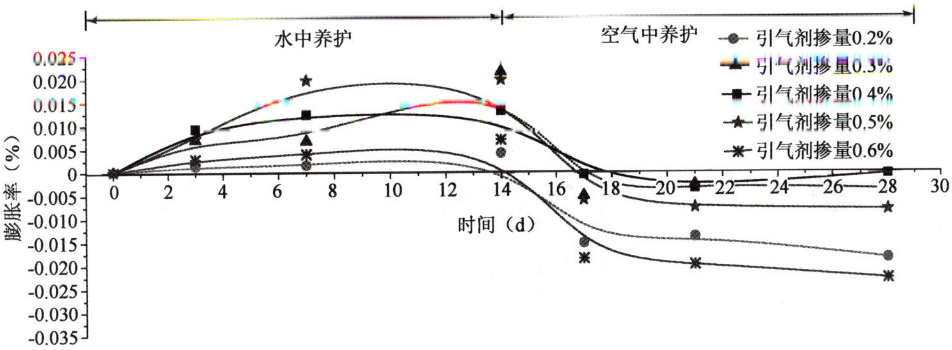

图3.57 引气剂掺量不同时抗压强度变化曲线

剂次之，减水剂最弱。

(3)膨胀剂掺量并非越多越好，根据结构部位对补偿收缩要求程度的不同，确定最佳掺量，根据膨胀收缩试验建议最优掺量为8%。膨胀剂在实际使用中，要严格控制掺量，若掺量不足，则起不到补偿收缩的作用；若掺量过大，则在混凝土硬化前难以充分反应，后期进行二次反应会使结构开裂。减水剂对高性能混凝土工作性能影响较大，同时也与其组分比例有关，减水剂掺量亦非越多越好在实际应用中，应结合地材及其他外加剂进行现场调试，确定最优掺量，建议掺量为1.4%，具体应调试。随着泵送混凝土的广泛应用，引气剂逐渐成为一种常用外加剂，其掺量可通过试验确定，建议最佳产量为0.5%。

(4)在影响高性能混凝土收缩性能方面，膨胀剂最为明显，引气剂次之，减水剂再次之。

第4章　低温条件下混凝土性能及强度增长机理研究

4.1　主要技术指标及试验方法

4.1.1　低温早强耐久混凝土研究的必要性

对于混凝土冻害的研究，多年来国内外学者按照混凝土遭受冻害的时间阶段将其分成早期冻害和后期冻害两大类型。混凝土的早期冻害是指混凝土浇筑后，在凝结硬化期间受到一次冻结或反复冻融而引起混凝土内部产生无数累积裂缝所引发的性能劣化；后期冻害是指充分硬化、强度达到设计要求的混凝土，在其使用过程中，因周围介质的温度在正负间反复变化而发生破坏所引起的冻害。前者是由于负温施工引起的，后者是因为混凝土遭受冻融循环作用引起的，二者对混凝土的耐久性都会造成不同程度的影响。在这两类冻害中，相对于混凝土的后期冻害，早期冻害对性能的劣化更为严重，因为如果混凝土在早期遭受冻害，由于此时水泥尚未充分水化，起缓冲调节作用的凝胶孔未完全形成，并且此时混凝土内部的抗压强度和抗拉强度不足以抵抗混凝土中毛细孔水结冰所引起的膨胀应力，水分结冰所产生的膨胀将使混凝土内部结构产生严重破坏，造成不可恢复的强度损失。这种早期冻害对混凝土及钢筋混凝土结构工程危害最大，严重劣化混凝土的物理—力学性能，尤其是对于冬季路面、冻土灌注桩、海洋平台和高层建筑物，它们受早期冻害破坏的影响更为严重，因此研究低温混凝土早期冻害的机理和预防成为北方寒冷地区混凝土研究的重点。

随着青藏铁路、青藏公路的建设，我国进一步开始对冻土灌注桩进行深入系统的研究。冻土是在温度下降到0℃或以下时，含有水分的土壤呈冻结状态的一种现象。冻土是一种对温度极为敏感的土体介质。西北地区地处中纬度地带，是我国冻土的主要分布区。青藏高原、阿尔泰山、天山、祁连山地区等为年平均气温≤－3℃的高寒山区。青藏高原冻土区最低气温达到－45℃，极端日气温差可达到35℃。由于冻土自身对温度的敏感性，及其冻胀、融沉对结构带来不利影响，研究者在冻土方面开展了大量的研究，其大多聚焦在结构物如何修建在冻土区，围绕结构物对冻土的影响，从各自的理论出发，或根据研究工程对象的不同而各抒己见，取得了大量宝贵的成果。但是由于缺少冻土对结构物性能的影响研究，许多研究成果具有局限性。实际上，由于桥涵下部结构混凝土的施工、水化反应等影响，多年冻土区物理场和冻土上限发生变化，这会直接影响桥涵结构的稳定与安全。更为严重的是灌注桩混凝土浇筑的入模温度、水化热，致使桩周冻土层温度场发生变化，冻土出现冰—水—冰相变时吸收混凝土灌注桩的热量,又会反过来影响灌注桩混凝土水化反应。如果对多年冻土中灌注桩混凝土早期强度与微观结构变化规律等情况研究不足,冻土层中混凝土结构物会留下永久缺陷。这在既有线运营维护中,已经表现出结构沉降、晃车等危及安全的病害,在投入大量人力、物力的情况下,仍然难以根治解决。这主要是由于混凝土结构在多年冻土中早期强度增长及微观结构变化不同于普通混凝土受冻融时的变化。其主要特点是多年冻土持续多年负温,混凝土在施工过程中,必须保持低入模温度(2～10℃),防止对多年冻土扰动过大;同时混凝土在持续低温环境下,水化反应不充分,强度不足,微观孔结构变化不同于冬季施工的普通混凝土,持续低温的水化环境以及冻土发生的冰—水—冰相变现象造成多年冻土区的混凝土微观孔结构粗化,使混凝土结构变得高渗透性和低抗化学侵蚀,从而混凝土耐久性大大降低。

直到目前为止,多年冻土层中灌注桩混凝土在持续低温环境下水化程度、早期强度增长规律及微观结构变化机理等有待深入研究,特别是在定量方面的研究更是如此。冻土层中灌注桩混凝土,由于灌注桩混凝土埋设在冻土中,属于隐蔽性结构,微结构的缺陷会给结构留下永久难以去除的病害,而且会危及安全运营。

我国北方冬季寒冷,由寒冷区混凝土面临的气候、环境、结构特点可知,有各种因素影响混凝土的施工及性能,如高寒低温、冻融循环、钢筋锈蚀、硫酸盐腐蚀、风蚀等因素,而且这些因素还存在着叠加交互作用。在上述因素叠加作用下混凝土如何通过方便的施工就达到低温环境下早强、抗冻、耐腐、抗风蚀、阻锈的特性,配制一般普通混凝土、高性能混凝土的技术措施难于全面解决上述问题。这就需要对寒冷区低温早强耐久混凝土从所用材料、配制工艺、性能发展、叠加机理、施工技术等方面进行深入研究,才能科学地指导施工。

配制低温早强耐久混凝土适用、经济的方法,仍然是添加外加材料。为得到上述复杂因素交互作用下低温早强耐久的混凝土,该外加材料需要采用多组分体系,达到叠加效应。同时考虑青藏线混凝土用量很大,水泥品种较多,高原缺氧所带来的施工难度等问题,该外加材料还需满足使用要求,即具有配制简单、使用方便、效果明显、适用性强、价格便宜的特点。这些性能及使用要求,都决定了该外加材料绝非简单组合就能满足要求,必须进行精心组合、科学设计、系统试验方能确定。

模拟现场条件,对掺有复合外加剂的混凝土在规定温度的正负变温、恒定低温条件下进行不同水泥用量、不同和易性、不同强度等级、不同预养制度的物理力学性能进行试验,找到适宜不同和易性、不同强度等级要求的经济配合比,有其实际意义。

多种因素叠加作用下混凝土的耐久性与单因素作用下有较大区别。科学化模拟现场的交互作用,进行相关试验,分析复合外加剂对耐久性改善的程度,是很有必要的。

开发复合外加剂,研究低温耐久混凝土性能发展规律,制定青藏线低温早强耐久混凝土技术规范,可以科学化指导混凝土配料、拌和、浇筑、养护和拆模;对节约水泥用量、减少施工费用、加快施工速度、保证混凝土质量都有显著意义。

4.1.2 研究内容及主要技术指标

1)拟订方案

先后确定了室内模拟现场条件的方案、外加剂试验方案、强度试验方案、耐久性试验方案。

2)复合外加剂的研制

开发研制出适宜不同低温环境使用的QW型系列复合外加剂。将水泥用量10%左右的复合外加剂掺入相应低温环境的混凝土中,在混凝土拌和物坍落度达80(±10)mm、含气量5%左右的条件下,对混凝土各项性能进行试验。

3)混凝土物理力学性能研究

在-5~20℃、-10~20℃的正负变温条件下,受检负温混凝土(掺外加剂)最终强度要明显优于基准标养混凝土(不掺外加剂)强度;受检负温混凝土最终强度与自身标养强度相比,损失要小。在不低于-2℃的负温条件下,受检负温混凝土各龄期强度要超过相应龄期基准混凝土标养强度。在不低于-5℃的负温条件下,受检负温混凝土各龄期强度要达到相应龄期基准混凝土标养强度。

4)混凝土耐久性研究

在拟定的交互作用下,混凝土抗冻性达中等或高抗冻性混凝土,具体指标为经受300次冻融循环后相对耐久性指数DF≥60%;耐腐蚀性能达到能抵抗中等及强硫酸盐腐蚀;抗渗性为抗渗标号达S40以上,氯离子渗透系数小于1 000C;抗风蚀性是掺外加剂混凝土明显优于基准混凝土。外加剂对钢筋无锈蚀性。

4.1.3 试验方法及情况介绍

1)方案确定

在调查研究国内外高性能混凝土、低温混凝土及冬季施工方面最新科研成果的基础上,有关部门到青藏线现场、周边地区调研后,确定了水泥、砂、石、外加材料,经过反复讨论确定了试验的各种方案。

2)开发复合外加剂方面

以具有代表性的祁连山42.5级普通硅酸盐水泥为主,采用各种综合措施组合和正交设计方法,在实验室调配出坍落度80(±10)mm、含气量的5%的混凝土若干组,参照掺防冻剂混凝土的技术要求测定有关指标,通过对试验结果的综合分析,确定了青藏铁路低温早强耐久混凝土所用QW型系列复合外加剂,并按掺防冻剂混凝土规定温度下性能要求对QW型外加剂进行了检验,最后对青藏线所用5种水泥与外加剂的适应性进行了分析。

3)低温早强耐久混凝土力学性能试验

调整水泥品种、水泥用量、砂率、复合外加剂掺量及品种等参数;调配出含气量4.5%~5.5%、不同坍落度、不同预养制度的混凝土若干组,分别测定不同龄期混凝土的强度,以进一步确定满足不同温度、不同物理力学性能的混凝土配比。

4)混凝土耐久性试验

根据抗压强度试验结果,挑选出早期强度高、规定龄期强度满足设计要求的混凝土进行抗冻、抗渗试验,结合建筑材料耐久性试验方法进行硫酸盐腐蚀、钢筋锈蚀、风蚀试验。所有试验均模拟现场条件设计了交互作用对耐久性的影响。主要考虑以下叠加作用:

(1)正负变温或负温+冻融循环。

(2)正负变温或负温+渗透作用。

(3)正负变温或负温+腐蚀作用。

(4)正负变温或负温+钢筋锈蚀。

(5)正负变温或负温+风蚀作用。

(6)正负变温或负温+腐蚀作用+干湿循环。

(7)正负变温或负温+腐蚀作用+渗透作用。

4.1.4 技术路线

技术路线为:

调研、搜集资料——→低温耐久混凝土复合外加剂品种、掺量初选——→正交试验确定低温耐久混凝土复合外加剂合理品种及用量——→复合外加剂与青藏铁路所用水泥适应性探讨——→掺有复合外加剂不同类型混凝土和易性、强度试验——→掺有复合外加剂不同类型混凝土耐久性试验——→低温耐久混凝土配合比设计参数确定——→生产、施工分析——→现场测试——→复合外加剂对低温耐久混凝土的作用机理分析。

4.2 试验用原材料情况

4.2.1 水泥

以青藏线工程所用永登水泥厂祁连山牌水泥、窑街水泥厂大通河牌水泥作为试验用水泥品种,并选用了32.5、42.5、52.5强度等级进行比较试验。对所选水泥首先按国家标准对其主要性能进行测定。各项性能指标如表4.1所示。

表4.1 水泥性能试验

水泥品种	$f_3^{折}$ (MPa)	$f_3^{压}$ (MPa)	$f_{28}^{折}$ (MPa)	$f_{28}^{压}$ (MPa)	标准稠度用水量(mL)	凝结时间	
						初凝	终凝
永-42.5-普	6.4	32.4	9.4	49.4	123	1h52min	2h32min
永-32.5-普	5.8	31.6	8.6	48.7	127	2h1min	2h13min
永-42.5-硅	6.5	32.4	9.6	55.9	127	1h44min	2h29min
窑-42.5-普	4.3	17.8	6.5	34.4	126	1h43min	2h32min
窑-32.5-普	4.5	19.6	7.7	38.4	126	2h3min	3h01min

注:1. 水泥细度、安定性等性能经检验均合格。
2. 永-42.5-普表示永登水泥厂祁连山牌42.5级普通硅酸盐水泥。
3. 永-32.5-普表示永登水泥厂祁连山牌32.5级普通硅酸盐水泥。
4. 永-42.5-硅表示永登水泥厂祁连山牌42.5级硅酸盐水泥。
5. 窑-42.5-普表示窑街水泥厂大通河牌42.5级普通硅酸盐水泥。
6. 窑-32.5-普表示窑街水泥厂大通河牌32.5级普通硅酸盐水泥。

结合有关混凝土试验可知,水泥的强度等级,尤其是水泥早期强度对低温混凝土早期强度的影响比一般混凝土更为显著。另外,水泥的需水量、凝结时间等与低温混凝土的性能也密切相关,拌制混凝土、预养混凝土都需要考虑。

4.2.2 集料

粗细集料的粒径、级配、空隙率、含泥量、针片状颗粒含量等对低温混凝土性能的影响比普通混凝土更为显著。本次试验中,对两种来源的砂、石材料进行试验比较。从表4.2及表4.3试验结果可看出第1种砂为中砂,含泥量低,石子级配良好,针片状颗粒含量低,拌制的混凝土用水量少,和易性好,低温强度及早期强度较高;第2种砂偏粗,含泥量高,石子级配差,针片状颗粒多,拌制的混凝土用水量每方混凝土比第1种多10~20kg,容易分层、离析、泌水,低温早期强度及后期强度明显低于第1种集料拌制的混凝土,混凝土结构损伤较大(第1种砂、石材料取自某立交桥C50混凝土所用原材料,第2种砂、石材料取自某建筑工地C30混凝土所用原材料)。因此,低温耐久混凝土选用砂石材料更要注意有关指标。具体试验中以第1种集料为主。砂石性能如表4.2和表4.3所示。混凝土性能对照如表4.4所示。

表4.2 砂子性能

品种	含泥量(%)	细度模数 u_f	级配	表观密度(g/cm^3)	堆积密度(kg/m^3)	空隙率(%)
甲砂	2.6	2.7(中砂)	良好	2.61	1 663	36
乙砂	8.5	3.3(粗砂)	良好	2.65	1 521	43

表4.3 石子性能

品种	含泥量(%)	最大粒径 D_m(mm)	表观密度(g/cm^3)	堆积密度(kg/m^3)	空隙率(%)	针片状颗粒含量(%)	压碎指标(%)
甲碎石	0.5	31.5	2.65	1 563	41	2.76	11.5
乙碎石	1.0	31.5	2.70	1 450	46	24.8	20.6

表4.4 混凝土性能对照

集料品种	水泥用量(kg/m^3)	用水量(kg/m^3)	坍落度(mm)	f_{-7d}^{AT}(MPa)	f_{-7+28d}^{AT}(MPa)	f_{28d}^{CA}(MPa)	f_{28d}^{C}(MPa)
甲	400	152	140	14.4	45.9	48.5	34.2
乙	400	169	140	6.9	36.1	39.7	28.0

注:水泥采用窑-32.5-普,混凝土掺占水泥用量10%的QW2型复合外加剂,负温条件为-10℃冰箱,正温条件为标养,其他符号见2.3节中的说明。

4.3 低温下复合外加剂的研制

4.3.1 低温早强耐久混凝土复合外加剂配制设想

低温早强耐久混凝土复合外加剂应具有如下效果:显著改善混凝土和易性,形成合理的孔结构,显著改善浆—集界面结构,实现低温早强但不影响后期强度,显著改善混凝土耐久性。

4.3.2 正交设计确定低温早强耐久混凝土系列复合外加剂

1)原材料及配合比简介

(1)水泥。采用永登水泥厂祁连山牌42.5级普通硅酸盐水泥,性能符合标准要求。水泥用量采用300kg/m^3。

(2)砂子。庄浪河砂,细度模数2.7的中砂,含泥量2.0%,表观密度2.61g/cm^3,堆积密度1 663kg/m^3。基准混凝土砂率40%,掺外加剂混凝土38%。

(3)石子。碎石,粒径5~31.5mm,含泥量0.5%,表观密度2.65g/cm^3,堆积密度1 563kg/m^3。用水量按照配合比设计确定,级配按规范配制。

(4)外加剂。按照正交设计确定的9种方案进行。掺量占水泥用量10%。

(5)水。自来水,用水量应使混凝土的坍落度达80(±10)mm,如图所4.1所示。

2)试验简介

首先对拟采用的外加材料进行全面分析,初步组合,并借助相关试验将次要成分的品种、掺量固定,将主要的4种材料按照L9(3^4)组成四因素三水平正交设计方案进行混凝土试验。按照《混凝土抗硫酸盐类侵蚀防腐剂》(JC/T 1011—2006)的要求配料、拌和、浇筑、振捣混凝土。控制混凝土入模温度在10℃左右,坍落度80(±10mm)[规范要求为30(±10)mm,根据耐久混凝土的需要调整为80(±10)mm]。成型好的混凝土在20℃条件下预养4h,-10℃冰箱养护7d,然后标养至规定龄期进行有关试验,如图4.2~图4.4所示。

图4.1 坍落度80mm

图4.2 含气量测定

图4.3 凝结时间测定

图4.4 抗渗性测定

3)因素与水平

因素与水平如表4.5所示。

表 4.5 因素与水平

水平	因素			
	A 减水剂(%)	B 抗冻阻锈剂(%)	C 引气剂品种	D 复合外加剂品种
1	0.6	1	1	1
2	0.7	2	2	2
3	0.8	3	3	3

4) 试验方案与结果

试验方案与结果如表 4.6、表 4.7 和图 4.5 所示。

表 4.6 外加材料正交试验结果及总功效系数(d)极差计算结果

编号	A	B	C	D	f_{-7d}^{AT} (MPa)	f_{-7+28d}^{AT} (MPa)	f_{-7+56d}^{AT} (MPa)	f_{28d}^{CA} (MPa)	d
1	1	1	1	1	9.4	39.6	43.2	49.6	0.60
2	1	2	2	2	11.0	43.9	49.5	51.3	0.73
3	1	3	3	3	12.5	47.9	52.2	52.3	0.85
4	2	1	2	3	11.1	43.2	46.0	56.9	0.75
5	2	2	3	1	13.0	46.2	52.2	55.0	0.87
6	2	3	1	2	10.5	42.5	48.7	52.4	0.71
7	3	1	3	2	14.8	49.7	52.5	58.3	1.00
8	3	2	1	3	12.0	48.7	51.8	55.4	0.86
9	3	3	2	1	11.3	44.5	50.5	51.2	0.76
k1	2.18	2.36	2.17	2.23	总 7.14				
k2	2.34	2.46	2.25	2.44					
k3	2.62	2.32	2.72	2.47					
R	0.44	0.04	0.55	0.24					

表 4.7 单指标极差分析结果

指标		A	B	C	D
f_{-7d}^{AT}(MPa)	k1	32.9	35.3	31.9	33.7
	k2	34.6	36.0	33.4	36.3
	k3	38.1	34.3	40.3	35.6
	R	5.2	1.7	8.4	2.6
f_{-7+28d}^{AT}(MPa)	k1	131.4	132.5	130.8	130.3
	k2	131.9	138.8	131.6	136.1
	k3	142.9	134.9	143.8	139.8
	R	11.5	6.3	13.0	9.5

续上表

指 标		A	B	C	D
f^{AT}_{-7+56d}(MPa)	k1	144.9	141.7	143.7	145.9
	k2	146.9	153.5	146.0	150.7
	k3	154.8	151.4	156.9	150.0
	R	9.9	11.8	13.2	4.8
f^{CA}_{28d}(MPa)	k1	153.2	164.8	157.4	155.8
	k2	164.3	161.7	159.4	162.0
	k3	164.9	155.9	165.6	164.6
	R	11.7	8.9	8.2	8.8

注:1. 基准混凝土(C)是指不掺外加材料标准养护的混凝土;受检标养混凝土(CA)是指掺外加材料标准养护的混凝土;受检负温混凝土(AT)是指掺外加材料在规定温度条件下养护的混凝土。

2. 基准混凝土用水量为185kg/m^3,含气量为2.1%,标养28d强度为42.3MPa;受检混凝土含气量控制在4.5%~5.5%。

3. f^{AT}_{-7d}表示受检混凝土在规定负温条件下养护至7d后从冰箱取出放入标养室融化4h后实测抗压强度;f^{AT}_{-7+28d}、f^{AT}_{-7+56d}分别表示受检负温混凝土在规定的负温条件下养护7d后转标养条件养护至28d、56d后实测抗压强度;f^{CA}_{28d}表示受检标养混凝土28d时的抗压强度。

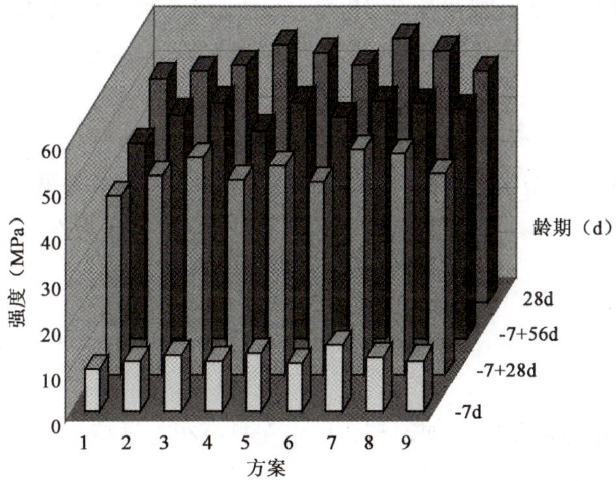

图4.5 方案、龄期、强度的关系

从表4.6和表4.74的试验结果可以看出:

(1)影响f^{AT}_{-7d}强度的主要因素是引气剂的品种和减水剂的用量,其次是复合外加剂品种,抗冻阻锈剂用量影响较小。由极差分析知C3A3D2B2的方案较优,由直观分析结果得出的较优组合条件为C3A3D3B1。

(2)影响f^{AT}_{-7+28d}强度的主要因素是引气剂的品种和减水剂的用量,其次是复合外加剂品种,抗冻阻锈剂用量影响较小。由极差分析知C3A3D3B2的方案较优,由直观分析结果得出的较优组合条件为C3A3D2B1。

(3)影响f^{AT}_{-7+56d}强度的因素依次是引气剂的品种、抗冻阻锈剂用量、减水剂的用量、复合外加剂品种。由极差分析知C3A3D2B2的方案较优,由直观分析结果得出的较优组合条件为C3A3D2B1。

(4)影响f_{28d}^{CA}强度的主要因素是减水剂的用量,复合外加剂品种、引气剂的品种、抗冻阻锈剂用量影响主次不明显。由极差分析知 A3B1D3C3 的方案较优,由直观分析结果得出的较优组合条件为 A3B1D2C3。

(5)由强度的总功效系数可知,影响综合强度的主要因素是引气剂的品种和减水剂的用量,其次是复合外加剂品种,抗冻阻锈剂用量影响较小。由极差分析知 C3A3D3B2 的方案较优,由直观分析结果得出的较优组合条件为 C3A3D2B1。将结果结合其他因素进行优化处理,组成 3 种复合外加剂,简称为 QW1、QW2、QW3,分别适用于环境最低温度 -5℃、-10℃、-15℃左右的混凝土使用,其他情况可通过增减外加剂掺量使用。

(6)负温各龄期的强度均与引气剂的品种有较大关系,可以看出:要提高负温混凝土的强度,选择能引入细小、闭口、稳定的引气剂较为重要;影响负温强度和标养强度的因素不一样。从试验结果来看,优化和设计的复合外加剂主要从改善混凝土的结构方面来提高抗冻能力,但少量的抗冻剂对早期混凝土免遭冻害也有作用。

4.3.3 低温早强耐久混凝土复合外加剂特点介绍

(1)减水率大

对于祁连山牌水泥,混凝土减水率为 18% ~22%;对于大通河牌水泥,减水率为 22% ~26%,远超过一般防冻剂减水率,达到高效减水剂的减水率,并随坍落度的增大,减水率增大。

(2)泌水小

掺有 QW 型外加剂的混凝土,对于水泥用量小、坍落度大的大流动性混凝土,有少量泌水;对于水泥用量小、坍落度小的塑性混凝土,基本不泌水;对于水泥用量大于 360kg/m^3 的混凝土,即使大流动性,也不泌水。而基准混凝土,当水泥用量少,坍落度不大时,就有较多水泌出,即使水泥用量多,坍落度稍大,就严重泌水。

(3)流动性经时损失小

祁连山水泥 1h 内损失最大在 15% 以内,窑街水泥 1h 内损失最大在 10% 以内。

(4)适应性强

从前述试验可看出,QW 系列外加剂与 5 种水泥具有很好适应性。

(5)对负温早强有利

从防冻混凝土性能试验方法检验外加剂质量的结果可看出,掺外加剂混凝土在坍落度达 80mm 左右、含气量 5% 左右情况下,各龄期强度,尤其早期强度明显高于技术指标的要求。

(6)改善混凝土耐久性

从外加剂性能检验的结果可看出,掺入 QW 型外加剂后,混凝土的耐久性能得到很大提高。

将胶结材用量 10% 左右的耐久混凝土复合外加剂掺入相应负温环境的混凝土中,在混凝土拌和物坍落度达 80(±10)mm、含气量 5% 左右的条件下,对混凝土各项性能进行试验。

①混凝土物理力学性能研究。在 -5 ~20℃、-10 ~20℃、-15 ~20℃的正负变温条件下,受检负温混凝土(掺复合外加剂)最终强度明显优于基准标养混凝土(不掺复合外加剂)强度;受检负温混凝土最终强度与自身标养强度相比,损失很小。在不低于 -2℃的负温条件下,受检负温混凝土各龄期强度均超过相应龄期基准混凝土标养强度。在不低于 -5℃的负温条件

下，受检负温混凝土各龄期强度均达到相应龄期基准混凝土标养强度。在 -10℃左右负温条件下，受检负温混凝土也呈现较好的强度增长趋势。

②混凝土耐久性研究：在拟定的试验条件下，混凝土抗冻性达中等或高抗冻性，具体指标为经受300次冻融循环后相对耐久性指数 DF≥60%；耐腐蚀性能达到能抵抗中等及强硫酸盐腐蚀；抗渗性为抗渗标号达 S20 以上，氯离子渗透系数小于1 000C；抗风蚀性是掺复合外加剂混凝土明显优于基准混凝土。掺复合外加剂混凝土对钢筋无锈蚀性。

4.4 低负温下水泥水化机理

试验采用直接法测定 -3℃、3℃、20℃恒温养护条件下水泥水化热值，从而计算水泥水化程度，测试结果如表4.8～表4.10和图4.6～图4.8所示。

(1)D-1 配合比水化程度测试结果，如表4.8和图4.6所示。

表4.8 D-1 配合比水化程度

龄期(d)	20℃养护	3℃养护	-3℃养护
1	0.14	0.07	0.05
3	0.31	0.18	0.12
7	0.47	0.30	0.24
14	0.57	0.42	0.33
28	0.70	0.50	0.40
56	0.72	0.54	0.43

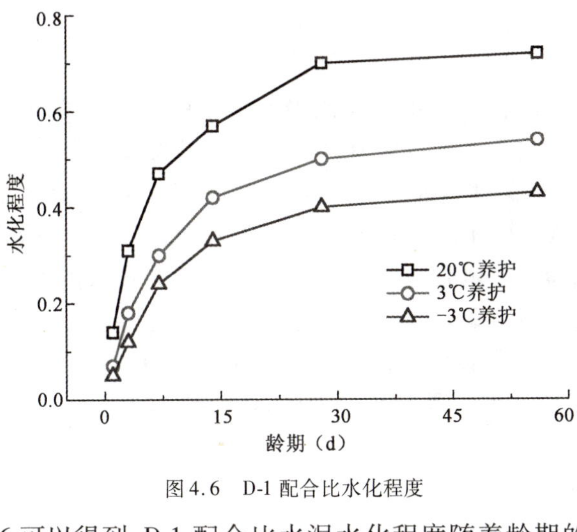

图4.6 D-1 配合比水化程度

从表4.8和图4.6可以得到，D-1 配合比水泥水化程度随着龄期的增长而增大。20℃恒温养护下，0～7d 龄期内，水泥水化程度有较为剧烈的增长，28d 龄期后水泥水化程度逐渐变弱；3℃恒温养护下，0～7d 龄期内，水泥水化程度增长较快，14d 后逐渐变缓，1d、3d、7d、28d 水化程度达到20℃养护同龄期水化程度的54%、58%、63%、72%。-3℃恒温养护下，0～7d 龄期内，水泥水化程度增长较快，14d 后逐渐变缓，1d、3d、7d、28d 水化程度达到20℃养护同龄期水化程度的33%、40%、51%、57%。

(2)E-1 配合比水化程度测试结果,如表4.9 和图4.7 所示。

表4.9　E-1 配合比水化程度

龄期(d)	20℃养护	3℃养护	-3℃养护
1	0.14	0.09	0.05
3	0.37	0.20	0.09
7	0.50	0.33	0.26
14	0.60	0.46	0.38
28	0.74	0.56	0.44
56	0.76	0.59	0.48

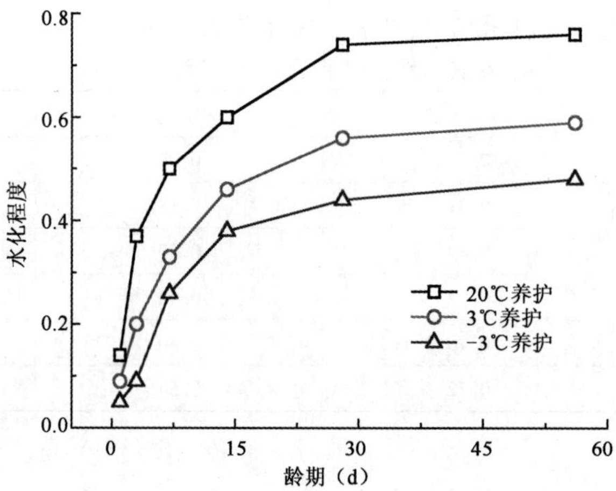

图4.7　E-1 配合比水化程度

从表4.9 和图4.7 可以看出:E-1 配合比水泥水化程度随着龄期的增长而增大。20℃恒温养护下,0～7d 龄期内,水泥水化程度有较为剧烈的增长,28d 龄期后水泥水化程度逐渐变弱。3℃恒温养护下,0～7d 龄期内水泥水化程度增长较快,14d 后逐渐变缓,1d、3d、7d、28d 水化程度达到20℃养护同龄期水化程度的66%、54%、65%、75%。-3℃恒温养护下,0～7d 龄期内,水泥水化程度增长较快,14d 后逐渐变缓,1d、3d、7d、28d 水化程度达到20℃养护同龄期水化程度的34%、25%、51%、59%。

(3)F-1 配合比水化程度测试结果,如表4.10 和图4.8 所示。

表4.10　F-1 配合比水化程度

龄期(d)	20℃养护	3℃养护	-3℃养护
1	0.17	0.12	0.05
3	0.41	0.24	0.14
7	0.56	0.36	0.26
14	0.67	0.49	0.33
28	0.82	0.60	0.38
56	0.83	0.64	0.39

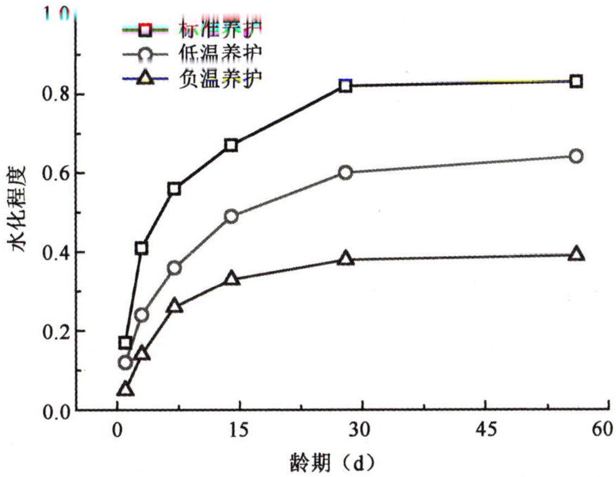

图4.8 F-1 配合比水化程度

从表4.10和图4.8可以看出：E-1配合比水泥水化程度随着龄期的增长而增大。20℃恒温养护下，0～7d龄期内水泥水化程度有较为剧烈的增长，28d龄期后水泥水化程度逐渐变弱。3℃恒温养护下，0～7d龄期内，水泥水化程度增长较快，14d后逐渐变缓，1d、3d、7d、28d水化程度达到20℃养护同龄期水化程度的70%、58%、65%、73%。－3℃恒温养护下，0～7d龄期内水泥水化程度增长较快，14d后逐渐变缓，1d、3d、7d、28d水化程度达到20℃养护同龄期水化程度的29%、34%、46%、46%。

4.5 正负变温情况下高性能混凝土配合比设计

混凝土拌和物的配合比与混凝土施工的难易程度、施工速度、混凝土的强度、耐久性、经济性等密切相关。在恶劣的气候条件下，要使正、负变温耐久混凝土达到设计要求的各项性能，需要特别重视混凝土的配合比设计。

4.5.1 正负变温情况下耐久混凝土配合比设计步骤

在开始配合比设计之前，应对工程概况、环境条件进行了解，对混凝土所用材料进行试验比较，取得基本数据，并明确混凝土要达到的配制强度、和易性、耐久性指标。设计步骤如下：

(1)根据强度、耐久性选择 W/C。

(2)根据结构条件、施工方法选择和易性。

(3)根据结构类型、断面尺寸、钢筋间距、施工方法、含气量要求选择最大粒径。

(4)根据环境最低温度选择外加剂品种。

(5)根据最大粒径、坍落度、外加剂选择用水量。

(6)计算水泥用量。

(7)确定砂率。

(8)按适宜方法计算砂、石用量。

(9)确定初步配合比。

(10)试拌检查混凝土拌和物和易性,确定基准配合比。

(11)成型几组试件,检验强度、耐久性是否符合要求,确定实验室配合比。

4.5.2 正负变温情况下耐久混凝土初步配合比的确定

1)确定水胶比

(1)配制强度的确定。

在正、负变温作用下,混凝土强度发展较慢,两个月后强度趋于稳定,根据设计强度、标准差、保证率初步确定配制强度时,该配制强度可作为正、负变温混凝土两个月后应达到的强度进行设计。考虑青藏线混凝土的特殊性,可将保证率提高到98%。按下式计算配制强度:

$$f_{cu,o} \geqslant f_{cu,k} + 1.96\sigma \tag{4.1}$$

式中:$f_{cu,o}$——混凝土配制强度(MPa);

$f_{cu,k}$——混凝土立方体抗压强度标准值(MPa);

σ——混凝土强度标准差(MPa)。

(2)按照配制强度选择水胶比。

(3)按照耐久性选择水胶比。

水胶比对混凝土的耐久性有决定性影响,通过对青藏线桥涵用混凝土的环境、结构等因素分析可知,抗冻性是关键。大量室内试验也表明,抗冻性是最主要的性能。满足抗冻性的水胶比,其他性能也较为理想。因此,以抗冻性作为选择最大水胶比的限值(表4.11),指标以快速冻融法为依据。

表4.11 混凝土强度标准差取值

混凝土强度等级	C10 ~ C20	C25 ~ C30	C35 ~ C60
σ(MPa)	4.0	5.0	6.0

(4)水胶比的确定。在(2)和(3)两步确定的水胶比中取较小的值作为混凝土的水胶比,如表4.12所示。

表4.12 青藏线耐久混凝土水胶比最大限值

抗冻标号		F50	F100	F150	F200	F250	F300
水泥强度等级	32.5	0.43	0.41	0.39	0.37	0.35	0.33
	42.5	0.45	0.43	0.41	0.39	0.37	0.35

2)用水量的选择

根据施工条件、结构与构件情况,选择相应粒径、流动性的混凝土后,对掺有QW2型高效外加剂的混凝土可按表4.13初步选定用水量,然后试拌调整。

表4.13 混凝土用水量(kg/m^3)

坍落度(mm)	80	140	180	220	250
用水量	145 ~ 150	150 ~ 155	155 ~ 160	160 ~ 165	165 ~ 170

注:本表适用于最大粒径40mm的碎石及中砂,其他情况可通过试拌调整取得合适用水量。

3)胶结材料的计算

(1)按强度计算胶结材料用量:

$$m_{C+QW}=\frac{\text{用水量}}{\text{水胶比}} \tag{4.2}$$

式中:QW——复合外加剂。

(2)按耐久性校核胶结材料用量。以抗冻性决定最小胶结材料用量,参照表4.14。

表4.14 青藏线耐久混凝土最小水泥用量限制(kg/m^3)

抗冻标号		F50	F100	F150	F200	F250	F300
水泥强度等级	32.5	380	400	420	440	460	480
	42.5	340	360	380	400	420	440

(3)将(1)和(2)确定的胶结材料用量取较大值作为混凝土中胶结材料用量的取值。

(4)水泥用量、外加剂用量的计算公式为:

$$m_{QW}=m_{C+QW}\times 10\% \tag{4.3}$$

$$m_C=m_{C+QW}-m_{QW} \tag{4.4}$$

4)砂率β_s的确定

对于最大粒径40mm左右的碎石及中砂,不同坍落度、水泥用量的砂率可按表4.15范围取值,混凝土表观密度假定值见表4.16,其他情况可参照此表通过试拌调整确定。

表4.15 砂率取值范围(%)

胶结材料用量(kg) 坍落度(mm)	360	380	400	420	440	460	480
80	38~42	37~41	36~40	35~39	34~38	33~37	32~36
140	38~44	39~43	38~42	37~41	36~40	35~39	34~38
180	42~46	41~45	40~44	39~43	38~42	37~41	36~40
220	44~48	43~47	42~46	41~45	40~44	39~43	38~42

表4.16 混凝土湿表观密度假定值(kg/m^3)

坍落度(mm)	胶结材料用量(kg)						
	360	380	400	420	440	460	480
80	2 290	2 300	2 310	2 320	2 330	2 340	2 350
140	2 280	2 290	2 300	2 310	2 320	2 330	2 340
180	2 270	2 280	2 290	2 300	2 310	2 320	2 330
220	2 260	2 270	2 280	2 290	2 300	2 310	2 320

5)计算砂石用量

(1)当使用重量法时,应按下列公式计算砂石用量:

$$m_{co+qw} + m_{go} + m_{so} + m_{wo} = m_{cp} \tag{4.5}$$

$$\beta_s = \frac{m_{so}}{m_{go} + m_{so}} \tag{4.6}$$

式中：m_{co+qw}——每立方米混凝土胶结材料用量(kg)；

m_{go}——每立方米混凝土的粗集料用量(kg)；

m_{so}——每立方米混凝土的细集料用量(kg)；

m_{wo}——每立方米混凝土的用水量(kg)；

β_s——砂率(%)；

m_{cp}——每立方米混凝土拌和物假定表观密度(kg/m^3)，可按表4. 16取值。

(2)采用体积法时，按下列公式计算砂石用量：

$$\frac{m_{co+QW}}{\rho_{co+QW}} + \frac{m_{go}}{\rho_g} + \frac{m_{so}}{\rho_s} + \frac{m_{wo}}{\rho_w} + 0.01a = 1 \tag{4.7}$$

$$\beta_s = \frac{m_{so}}{m_{go} + m_{so}} \tag{4.8}$$

式中：ρ_{co+QW}——胶结材料密度(kg/m^3)，可取3 000kg/m^3；

ρ_g——粗集料表观密度(kg/m^3)；

ρ_s——细集料表观密度(kg/m^3)；

ρ_w——水的密度(kg/m^3)，可取1 000kg/m^3；

a——混凝土含气量百分数，使用QW型外加剂时，可取5。

4.6 正负变温情况下耐久混凝土物理力学性能试验

混凝土在凝结、硬化过程中面临正负变温的考验，在低温条件下，混凝土强度正常发展对保证施工质量、混凝土耐久性较为重要。为此，本节对掺有QW型复合外加剂的混凝土进行强度试验，分析 -5 ~20℃、-10 ~20℃正负变温条件下，水胶比、坍落度、水泥强度等因素与正负变温混凝土强度的关系，其结论对混凝土的配合比设计及施工质量控制有指导作用。

4.6.1 -5 ~20℃正负变温情况下耐久混凝土物理力学性能试验

1)固定坍落度，变动水泥用量的试验

(1)原材料及配合比简介

采用了两种水泥(永-32.5-普、窑-32.5-普)：前一种水泥用量按320kg、360kg、400kg变化；后一种水泥用量按360kg、400kg、440kg变化，如图4.9所示；砂率按34% ~40%，针对水泥用量、水泥品种稍作调整；基准混凝土表观密度假定为2 400kg/m^3，受检混凝土表观密度假定为2 350kg/m^3；掺用外加剂时采用QW1型，用量占水泥用量10%，含气量控制在4.5% ~5.5%；用水量按坍落度80mm调整，如图4.9 ~图4.12所示；受检负温混凝土(图4.13)、受检标养混凝土(图4.14)控制入模温度10℃左右，混凝土预养6h后进入 -5℃冰箱养护。

(2)试验结果

试验结果如表4.17、表4.18和图4.15、图4.16所示。

表 4.17 基准混凝土试验情况

水泥品种	水泥用量(kg/m³)	用水量(kg/m³)	水灰比	砂率(%)	f^{C}_{28d}(MPa)
祁-32.5-普	320	187	0.57	40	40.2
	360	195	0.51	38	46.7
	400	192	0.48	36	48.9
窑-32.5-普	360	193	0.54	38	32.1
	400	205	0.51	36	38.4
	440	210	0.48	34	42.7

表 4.18 受检混凝土试验情况

水泥品种	水泥用量(kg/m³)	用水量(kg/m³)	砂率(%)	水胶比	f^{AT}_{-7d}(MPa)	f^{AT}_{-7+56d}(MPa)	f^{CA}_{28d}(MPa)	R_{-7d}	R^{AT}_{-7+56d}
永-32.5-普	320	146	40	0.42	20.4	45.3	42.8	0.51	1.12
	360	148	38	0.37	35.9	54.2	51.9	0.78	1.11
	400	150	36	0.34	40.8	64.7	63.7	0.83	1.30
窑-32.5-普	360	148	38	0.37	16.0	43.9	40.6	0.50	1.26
	400	150	36	0.34	32.8	55.5	54.8	0.90	1.44
	440	152	34	0.31	37.6	62.4	59.3	0.95	1.46

图 4.9 水泥凝结时间测定

图 4.10 坍落度 140mm

图 4.11 坍落度 180mm

图 4.12 坍落度 80mm

图 4.13　负温养护

图 4.14　标养

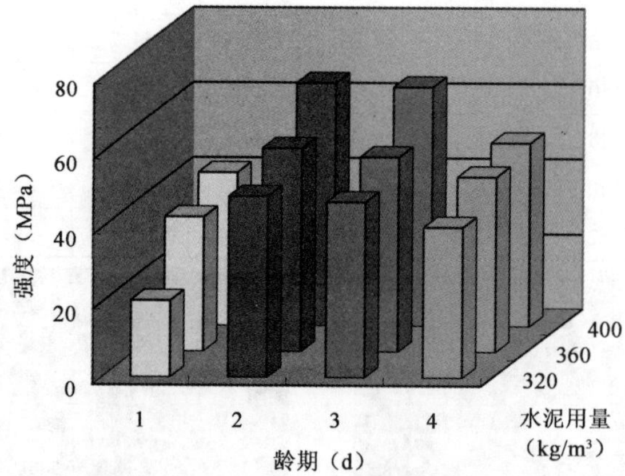

图 4.15　水泥用量、龄期、强度的关系（祁，-5℃）

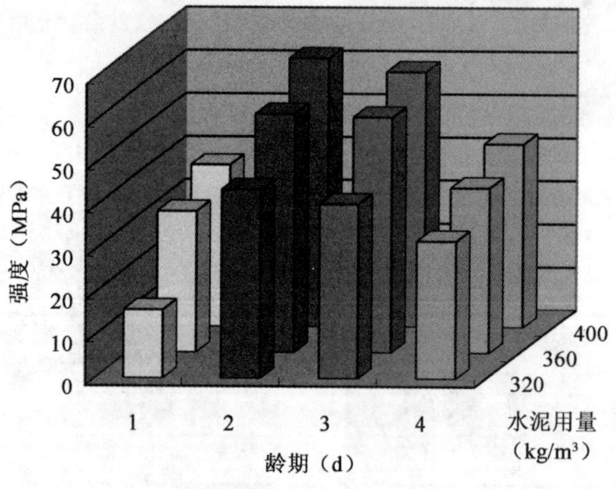

图 4.16　水泥用量、龄期、强度的关系（窑，-5℃）

注：x 轴 1 表示受检混凝土负温养护 7d 的强度；2 表示受检混凝土 -7+56d 的强度；3 表示受检混凝土标养 28d 的强度；4 表示基准混凝土 28d 强度。

(3)结论

①外掺法受检混凝土负温养护7d强度能达基准混凝土标养28d强度的50%～95%；内掺法受检混凝土负温养护7d强度能达基准混凝土标养28d强度的44%～77%。随水泥用量增大，所占比例增加。

②外掺法的受检混凝土负温养护7d，标养56d后强度能达基准混凝土标养28d强度的111%～146%；内掺法的受检混凝土负温养护7d，标养56d后强度能达到基准混凝土标养28d的强度，尤其对于强度较低水泥，掺加外加剂后，对混凝土负温早期强度、最终强度改善明显。

2)固定水泥用量，改变坍落度的试验

(1)试验简介

含气量控制在4.5%～5.5%；用水量、砂率作适当变化；受检混凝土掺10%左右QW1型外加剂；混凝土预养6h。

(2)试验结果

试验结果如表4.19、表4.20和图4.17、图4.18所示。

表4.19 基准混凝土试验情况

水泥品种	水泥用量(kg/m^3)	用水量(kg/m^3)	坍落度(mm)	砂率(%)	f_{28d}^{C}(MPa)
祁-32.5-普	360	195	80	38	46.7
		205	140	42	39.5
		215	180	44	32.0
窑-32.5-普	400	205	80	36	38.4
		215	140	40	34.2
		220	180	42	26.0

表4.20 受检混凝土试验情况

水泥品种	水泥用量(kg/m^3)	坍落度(mm)	用水量(kg/m^3)	砂率(%)	f_{-7d}^{AT}(MPa)	f_{-7+56d}^{AT}(MPa)	f_{28d}^{CA}(MPa)	R_{-7d}	R_{-7+56d}
祁-32.5-普	360	80	148	36	35.9	54.2	51.9	0.78	1.11
		140	152	40	30.8	50.2	49.8	0.78	1.27
		180	156	42	20.7	46.2	44.3	0.65	1.44
窑-32.5-普	400	80	150	34	32.8	55.5	54.8	0.90	1.52
		140	154	38	27.6	53.3	50.9	0.81	1.56
		180	158	40	15.3	47.9	45.4	0.59	1.84

(3)结论

①外掺法的受检混凝土负温养护7d时，强度能达基准混凝土标养28d的59%～90%，随坍落度增大，所占比例减小。

②随坍落度增大,受检混凝土正负变温养护最终强度与基准混凝土标养28d强度的比值越大,由此可看出掺外加剂后,对大坍落度混凝土显示出优越性。

③比较f^{AT}_{-7+56d}与f^{CA}_{28d}可看出,即使配制大坍落度混凝土早期负温养护对混凝土结构损伤较少。

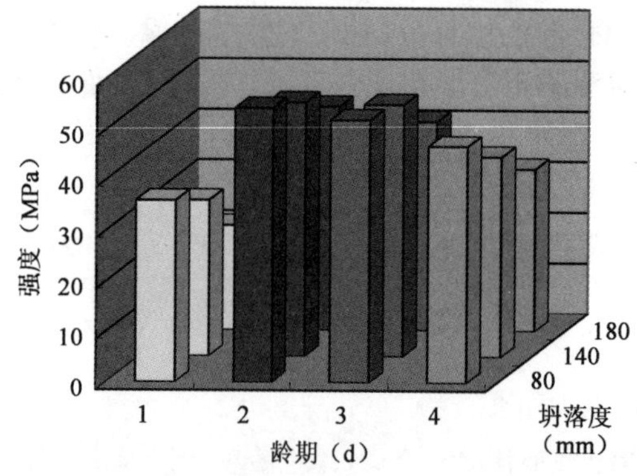

图4.17 坍落度、龄期、强度的关系(祁,-5℃)

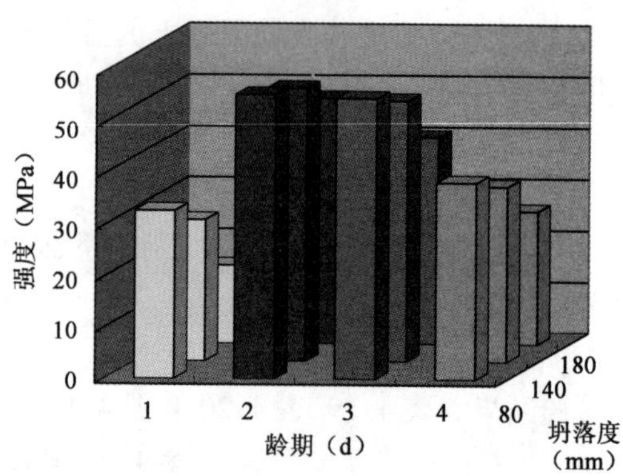

图4.18 坍落度、龄期、强度的关系(窑,-5℃)

注:x轴1表示受检混凝土负温养护7d的强度;2表示受检混凝土-7+56d的强度;3表示受检混凝土标养28d的强度;4表示基准混凝土28d强度。

4.6.2 -10~20℃正负变温情况下耐久混凝土物理力学性能试验

1)固定坍落度,改变水泥用量

(1)试验简介

含气量控制在4.5%~5.5%;用水量按坍落度80mm决定;水泥用量、砂率作适当变化;受检混凝土掺10%左右QW2型外加剂;混凝土预养4h。

(2)试验结果

试验结果如表4.21和图4.19、图4.20所示;基准混凝土如表4.17所示。

表4.21 受检混凝土试验情况

水泥品种	水泥用量(kg/m³)	用水量(kg/m²)	砂率(%)	水胶比	f^{AT}_{-7d}(MPa)	f^{AT}_{-7+56d}(MPa)	f^{CA}_{28d}(MPa)	R_{-7d}	R_{-7+56d}
永-32.5-普	320	144	40	0.41	14.6	47.8	48.3	0.36	1.19
	360	146	38	0.37	21.8	56.7	58.5	0.47	1.21
	400	148	36	0.34	24.8	66.1	66.3	0.51	1.35
窑-32.5-普	360	146	38	0.37	11.5	44.7	46.7	0.36	1.39
	400	148	36	0.34	18.2	57.2	58.9	0.47	1.50
	440	150	34	0.31	23.7	64.8	63.7	0.56	1.52

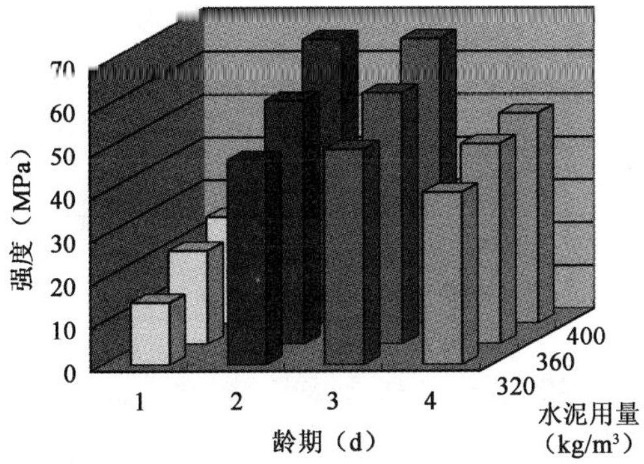

图4.19 水泥用量与龄期强度关系（祁，-10℃）

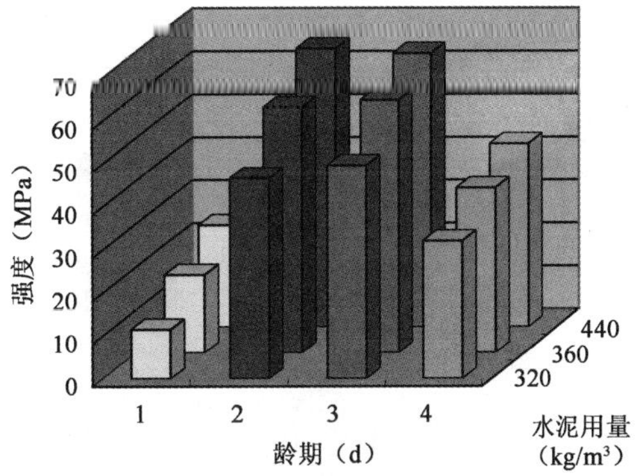

图4.20 水泥用量、龄期、强度关系（窑，-10℃）

注：x 轴 1 表示受检混凝土负温养护 7d 的强度；2 表示受检混凝土 -7 +56d 的强度；3 表示受检混凝土标养 28d 的强度；4 表示基准混凝土 28d 强度。

（3）结论

①外掺法受检混凝土负温养护 7d 强度能达基准混凝土标养 28d 强度的 36% ~56%；内掺法受检混凝土负温养护 7d 强度能达基准混凝土标养 28d 强度的 30% ~44%。随水泥用量增大，所占比例增加。这说明水泥用量增加对混凝土负温下早期强度的提高比基准混凝土更加明显。

②外掺法的受检混凝土负温养护 7d，标养 56 后强度能达基准混凝土标养 28d 强度的 119% ~152%；内掺法的受检混凝土负温养护 7d，标养 56d 后强度能达到基准混凝土 28d 的强度，强度较低水泥掺加外加剂后，负温强度、最终强度改善显著。

2）固定水泥用量，改变坍落度的试验

（1）试验简介

含气量控制在 4.5% ~5.5%；用水量、砂率作适当变化；受检混凝土掺 10% 左右 QW2 型外加剂；混凝土预养 4h。

（2）试验结果

试验结果如表 4.22 和图 4.21、图 4.22 图所示；基准混凝土如表 4.19 所示。

表 4.22 受检混凝土试验情况

水泥品种	水泥用量（kg/m³）	坍落度（mm）	用水量（kg/m³）	砂率（%）	f_{-7d}^{AT}（MPa）	f_{-7+56d}^{AT}（MPa）	f_{28d}^{CA}（MPa）	R_{-7d}	R_{-7+56d}
祁-32.5-普	360	80	146	36	21.8	56.7	58.5	0.47	1.21
		140	150	40	16.3	51.3	54.2	0.41	1.30
		180	155	42	12.6	49.5	52.2	0.39	1.25
窑-32.5-普	400	80	148	34	18.2	57.2	58.9	0.47	1.50
		140	152	38	14.4	51.9	53.5	0.42	1.51
		180	158	40	8.4	45.7	46.2	0.32	1.76

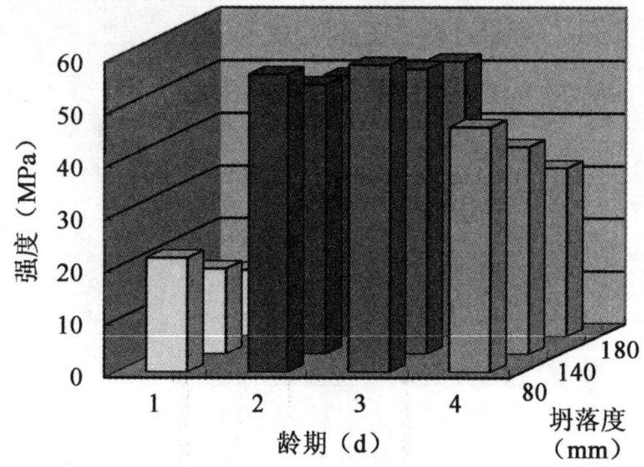

图4.21　坍落度、龄期、强度的关系(祁，-10℃)

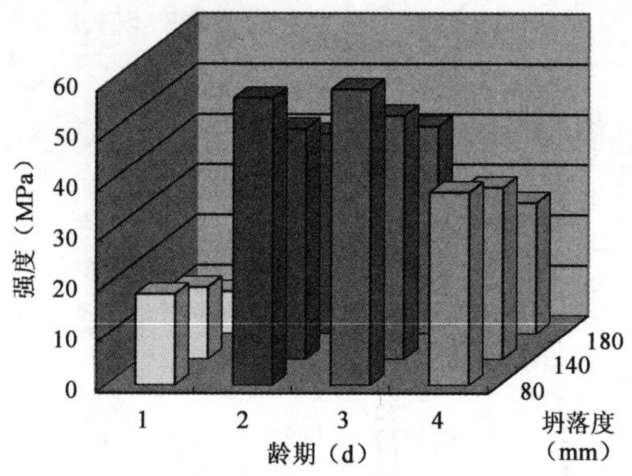

图4.22　坍落度、龄期、强度的关系(窑，-10℃)

注:x轴1表示受检混凝土负温养护7d的强度,2表示受检混凝土-7+56d的强度;3表示受检混凝土标养28d的强度;4表示基准混凝土28d强度。

(3)结论

①外掺法受检混凝土负温养护7d时,强度能达基准混凝土标养28d的32%~47%,随坍落度增大,所占比例减小。掺加高效外加剂后,尽管在用水量变化不大时就能获得大的坍落度,但对负温早期强度的影响较大。

②随坍落度增大,受检负温混凝土最终强度与基准混凝土强度的比值越大,由此可看出掺外加剂后,对大坍落度混凝土最终强度显示出优越性。

③比较f^{AT}_{-7+56d}与f^{CA}_{28d}可看出,即使配制大坍落度混凝土,早期负温养护对结构损伤小。

4.7　正负变温情况下混凝土耐久性试验

青藏铁路所用的混凝土在使用过程中,长期处于较为严酷的气候和环境下,有许多物理、化学因素的作用,若所配制的混凝土耐久性不能满足要求,会使混凝土受到不同程度的侵害,随着时间的推移,必将造成建筑物的劣化与失效。因此,研究青藏铁路混凝土的耐久性具有重要意义,它关系建筑物的质量、安全及使用年限。耐久性所包含的内容及影响耐久性的因素都较多。根据已有的实践知识和科研成果,混凝土抗冻性、抗渗性、氯离子渗透性、胶结材料抗硫酸盐侵蚀性等方面仍是主要问题。青藏铁路混凝土凝结硬化时就遇到正负变温的问题,在这样的条件下,混凝土的耐久性如何变化,需要相关混凝土试验说明。

4.7.1　混凝土抗冻融破坏性能

(1)技术指标

快冻法抗冻融循环次数达到300次以上。

(2)试验简介

按表5.1和表5.2所示配合比配料,受检负温混凝土掺加占胶结材料10%的QW2型复合外加剂。以标准规定方法搅拌、振捣后成型为100mm×100mm×400mm的标准试件后,基准混凝土标养28d后开始抗冻性试验,掺复合外加剂的受检混凝土在20℃条件下预养4h后放

入 -10℃冰箱养护 7d 后转入 20℃标养条件养护 56d 后，开始抗冻性试验。试验参照《混凝土长期性能和耐久性试验方法》(GB/T 50082—2009)"中快速冻融试验方法"进行，试验机采用美国 C 2003X 型自动冻融循环试验机，如图 4.23 和图 4.24 所示。1 号水泥品种为永登水泥厂祁连山牌 32.5 级早强型普通硅酸盐水泥，实测强度等级达 42.5 级，其他性能满足要求；2 号水泥品种为窑街水泥厂大通河牌 32.5 级普通硅酸盐水泥，性能符合标准要求。

图 4.23　冻融循环试验

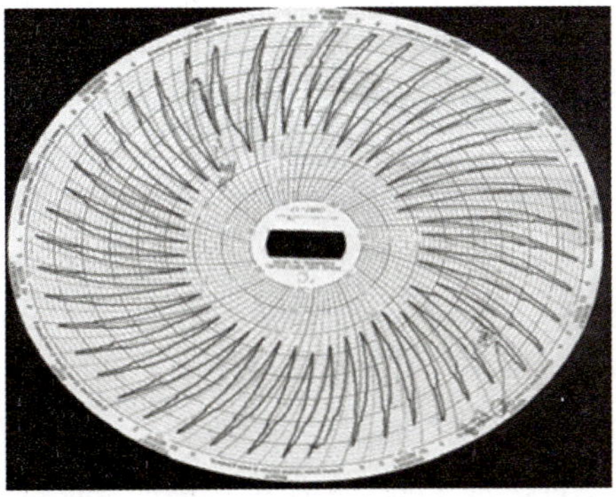

图 4.24　冻融循环记录

(3)试验结果

试验结果如表 4.23 和表 4.24 所示。

表 4.23　基准混凝土的抗冻性试验结果

水泥品种	水泥用量(kg/m^3)	用水量(kg/m^3)	砂率(%)	坍落度(mm)	含气量(%)	抗冻融循环次数	质量损失(%)	相对动弹性模量(%)
1	360	195	42	80	2.4	25	0.2	0
	400	200	40	90	2.3	25	0.4	76
2	400	205	38	70	2.1	25	1.13	0
	440	210	36	100	1.9	25	-0.1	65

表 4.24　-10～20℃变温条件下混凝土抗冻性试验结果

水泥品种	胶结材用量(kg/m^3)	用水量(kg/m^3)	砂率(%)	坍落度(mm)	含气量(%)	抗冻融循环次数	质量损失(%)	相对动弹性模量(%)
1	400	156	40	160	4.9	225	-0.10	51
	440	156	38	155	4.7	300	-0.15	95
2	440	170	42	230	4.6	150	-0.40	36
	480	158	40	160	5.0	300	-0.20	92

(4)试验结果分析

由试验结果可以看出，基准混凝土抗冻性较差，在标养条件下，抗冻融循环次数只有 25～50 次就破坏；掺有 QW2 型复合外加剂能大幅度提高混凝土抗冻性；通过合理的配合比设计及适当的预养时间,处于 -10 ~ -20℃正负变温条件下养护的混凝土在抗冻融循环次数达到300 次时,耐久性系数仍在 80 %以上,达到高抗冻性混凝土的要求。

4.7.2 混凝土耐硫酸盐腐蚀性

1)基本参数

(1)技术指标。要求混凝土能抵抗中等及强硫酸盐腐蚀。

(2)试验方法。参照《混凝土防冻剂》(JC 475—2004)、《混凝土外加剂》(GB 8076—2008)、《水泥抗硫酸盐浸蚀试验方法》(GB/T 749—2008)进行测试。

(3)试件尺寸。10mm×10mm×60mm 棱柱体试件。

(4)养护制度。预养 4h, -10℃冻 7d,标养 14d。

(5)配合比。采用 1:2.5 胶砂。

(6)用水量。用水量均以达标准稠度砂浆而定。

(7)腐蚀介质,如图 4.25 所示。

①腐蚀溶液 1:按《水泥抗硫酸盐浸蚀性试验方法》(GB/T 249—2008)标准所要求的腐蚀溶液。由无水硫酸钠化学纯人工配制的 3%(SO_4^{2-}20 250mg/L)的溶液;

②腐蚀溶液 2:由 SO_4^{2-}20 250mg/L,Mg^+含量为 2 000mg/L 及 Cl^-含量 1 000mg/L 等配制而成的溶液。

图 4.25 耐硫酸盐腐蚀试件

2)不同类型胶结材料的耐腐蚀试验

(1)胶结材料类型

①胶结材料 1:甘肃永登水泥厂生产的 32.5 普通硅酸盐水泥。

②胶结材料 2:甘肃窑街水泥厂生产的 32.5 普通硅酸盐水泥。

③胶结材料 3:90% 胶结材料 1 + 10% 高效外加剂 QW2。

④胶结材料 4:90% 胶结材料 1 + 10% 高效外加剂 QW2。

(2)试验过程

按照前述配比及(1)中胶结材料进行配料,按照相关试验方法搅拌、成型。养护按 -10℃组养护制度进行,养护好的试件 1 组九块放入 0℃洁净水中养护 1 个月,1 组 9 块放入 20℃洁净水中养护 1 个月,1 组 9 块放入 0℃腐蚀溶液 1 中浸泡 1 个月,1 组 9 块放入 20℃腐蚀溶液 1 中浸泡 1 个月,1 组 9 块放入 0℃洁净水中养护 2 个月,1 组 9 块放入 20℃洁净水中养护 2 个月,1 组 9 块放入 0℃腐蚀溶液 1 中浸泡 2 个月,1 组 9 块放入 20℃腐蚀溶液 1 中浸泡 2 个月,1 组 9 块按放入 0℃腐蚀溶液 1 中浸泡 2d,放入 20℃空气中干燥 1d 为循环进行 1 个月,1 组 9 块按放入 20℃腐蚀溶液 1 中浸泡 2d,放入 20℃空气中干燥 1d 为循环进行 1 个月。其他同前。

(3)试验结果

试验结果如表 4.25 ~ 表 4.27 所示。

表 4.25 始终浸泡 1 个月不同类型胶结材料的耐腐蚀试验结果

编号	胶结材料类型	0℃洁水养护 F(N)	0℃腐蚀溶液 1 浸泡 F(N)	0℃耐蚀系数 K	20℃洁水养护 F(N)	20℃腐蚀溶液浸泡 F(N)	20℃耐蚀系数 K
1	胶结材料 1	78.0	64.9	0.83	78.3	64.7	0.83
2	胶结材料 2	55.3	49.2	0.89	66.6	56.2	0.84
3	胶结材料 3	83.5	80.6	0.97	87.6	83.8	0.96
4	胶结材料 4	64.0	61.3	0.96	83.8	77.8	0.93

表 4.26 始终浸泡 2 个月不同类型胶结材料的耐腐蚀试验结果

编号	胶结材料类型	0℃洁水养护 F(N)	0℃腐蚀溶液 1 浸泡 F(N)	0℃耐蚀系数 K	0℃洁水养护 F(N)	20℃腐蚀溶液 1 浸泡 F(N)	20℃耐蚀系数 K
1	胶结材料 1	80.0	61.4	0.77	81.2	58.2	0.72
2	胶结材料 2	58.7	45.8	0.78	69.6	52.1	0.75
3	胶结材料 3	86.0	81.5	0.95	89.4	84.7	0.95
4	胶结材料 4	65.0	60.7	0.93	87.3	80.3	0.92

表 4.27 干湿循环 1 个月不同类型胶结材料的耐腐蚀试验结果

编号	胶结材料类型	0℃洁水养护 F(N)	0℃腐蚀溶液 1 浸泡 F(N)	0℃耐蚀系数 K	20℃洁水养护 F(N)	20℃腐蚀溶液 1 浸泡 F(N)	20℃耐蚀系数 K
1	胶结材料 1	77.3	66.7	0.86	81.3	57.0	0.70
2	胶结材料 2	60.3	52.8	0.88	70.8	51.2	0.72
3	胶结材料 3	85.3	82.0	0.96	87.6	83.4	0.95
4	胶结材料 4	64.8	61.2	0.94	88.9	81.2	0.91

从表中试验结果可以看出，掺入外加剂的胶结材料在 -10 ~ 20℃变温养护条件下显示出比基准胶结材料较强耐腐蚀性，无论 0℃腐蚀或 20℃腐蚀其性能都优于基准胶结材料。干湿循环作用下，掺入外加剂的胶结材料显示出比基准胶结材料较强耐腐蚀性。

4.7.3 混凝土钢筋阻锈性能

(1)技术指标。复合外加剂对钢筋应无锈蚀性。

(2)试验方法。参照《混凝土防冻剂》(JC 475—2004)、《混凝土外加剂》(GB 8076—2008)、《混凝土外加剂》(GB 8076—2008)中钢筋锈蚀快速试验方法“硬化砂浆法”进行测试。

(3)养护制度。养护制度为 -10℃组，1 组预养 4h，冻 1d，标养 6d，另 1 组标养 3d。

(4)配合比。配合比为胶结材∶砂 = 1∶2.5，用水量以砂浆稠度 5 ~ 7cm 定。

①胶结材料类型

a. 胶结材 1：永-32.5-普 + 10% 高效外加剂 QW2。

b. 胶结材 2：窑-32.5-普 + 10% 高效外加剂 QW2。

②试验过程

取1组3个埋有钢筋的硬化砂浆电极极化电位值的测量结果平均值作为测定值，以阳极极化电位为纵坐标，时间为横坐标，绘制阳极极化电位—时间曲线（图4.26），根据电位—时间曲线判断砂浆中的外加剂对钢筋锈蚀的影响。

a. 电极通电后，阳极钢筋电位迅速向正方向上升，并在1～5min内达到析氧电位值，经30min测试，电位值无明显降低，如图4.27所示，属于钝化曲线，表明阳极钢筋表面钝化膜完全无损，所测外加剂对钢筋是无害的。

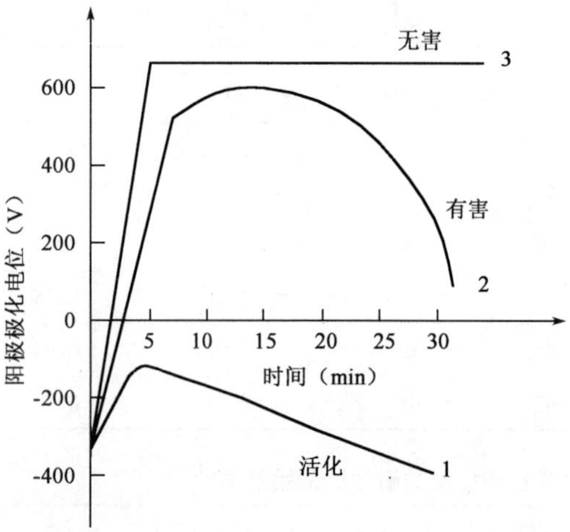

图4.26　恒电流、电位—时间曲线

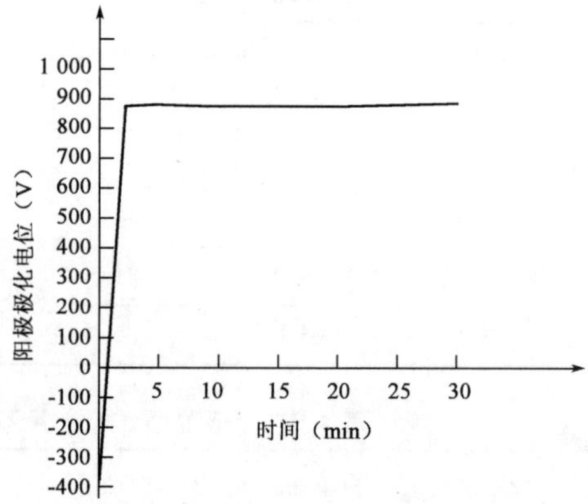

图4.27　阳极钢筋极化电位—时间曲线（胶结材1，标养）

b. 通电后，阳极钢筋电位先向正方向上升，随后又逐渐下降，如图4.28所示，说明钢筋表面钝化膜已部分受损，而图4.29说明钢筋表面钝化膜破坏严重，这两种情况均表明钢筋钝化膜已遭破坏，所测外加剂对钢筋有锈蚀危害。

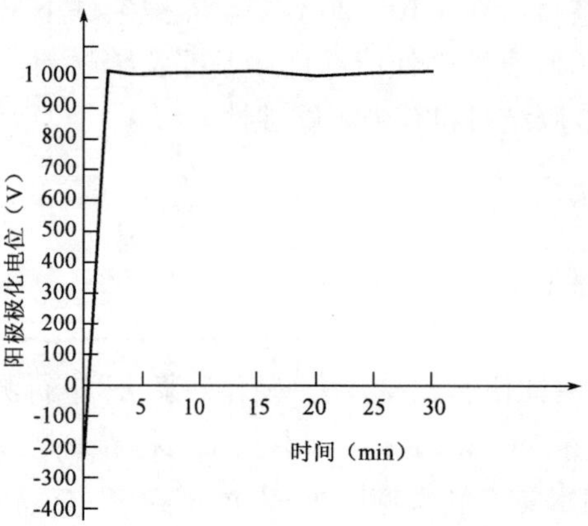

图4.28　阳极钢筋极化电位—时间曲线（胶结材1，变温）

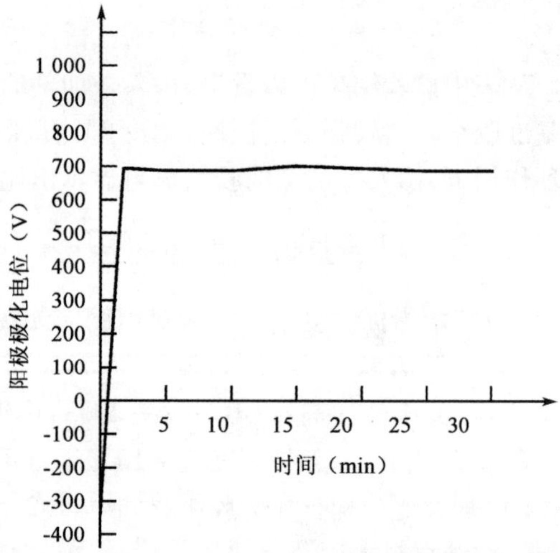

图4.29　阳极钢筋极化电位—时间曲线（胶结材2，标养）

c. 从图4.27～图4.30中的试验结果可以看出，在标养及−10～20℃变温条件下，所掺外加剂对钢筋无锈蚀性。

4.7.4 混凝土抗渗性

(1)技术指标。要求抗渗标号达 P40 以上。

(2)试验方法。参照《混凝土防冻剂》(JC 475—2004)、《混凝土外加剂》(GB 8076—2008)、《普通混凝土长期性能和耐久性能试验方法》(GB/T 50082—2009)进行混凝土抗渗性试验。

(3)抗渗试件。抗渗试件采用顶面直径 175mm、底面直径 185mm、高度 150mm 的圆台体。

(4)养护制度。基准组,标养 28d; -10℃组,预养 4h,冻 7d,标养 56d,图 4.31 所示。

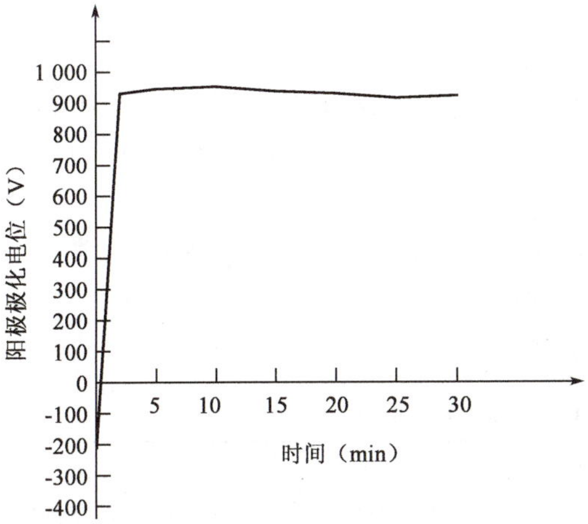

图 4.30 阳极钢筋极化电位—时间曲线(胶结材 2,变温)

图 4.31 抗渗试件负温养护试验

(5)试验结果,试验结果如表 4.28 和表 4.29 所示。

表 4.28 基准混凝土的混凝土抗渗性试验情况

水泥品种	水泥用量 (kg/m^3)	用水量 (kg/m^3)	砂率 (%)	坍落度 (mm)	含气量 (%)	抗渗等级 S	渗水高度 (mm)
1	360	185	40	90	2.3	12	150
	400	195	38	85	2.0	20	150
2	400	200	36	70	2.1	15	150
	440	205	34	87	1.8	25	150

表 4.29 -10~20℃变温条件下混凝土抗渗性试验情况

水泥品种	胶结材用量 (kg/m^3)	用水量 (kg/m^3)	砂率 (%)	坍落度 (mm)	含气量 (%)	抗渗等级 S	渗水高度 (mm)
1	400	146	36	120	4.9	>40	55
	440	148	34	145	5.0	>40	20
2	440	150	34	130	4.7	>40	30
	480	152	32	142	4.8	>40	15

(6)试验结果分析。由试验结果可以看出:基准混凝土抗渗性较差,在标养条件下,抗渗压力达到 1.3~2.6 MPa 时就出现渗水;在上述试验的情况下,掺有外加材料的混凝土在 4.0

MPa 的压力下，没有出现渗水；通过合理的配合比设计及适当的预养时间，处于 -10 ~ 20℃正负变温条件下养护的混凝土可以做到基本不渗水。

4.7.5 混凝土氯离子渗透性

氯离子的渗透性是低温耐久混凝土的一个综合指标，能够反映混凝土对水及有害离子的渗透性，更重要的是能评价混凝土抵抗环境中侵蚀介质侵入和腐蚀的能力，同时，也能间接预测钢筋是否会遭到锈蚀等问题，早期受冻混凝土的结构是否发生了影响氯离子渗透的变化，需要相关混凝土试验说明。

(1)技术指标。氯离子的渗透系数小于 1 000C。

(2)试验方法。参照《混凝土抗氯离子渗透性能的电动指示试验方法》(ASTMC1 202—2012 直流电量法试验)；《混凝土防冻剂》(JC 475—2004)；《混凝土外加剂》(GB 8076—2008)进行测试。

(3)养护制度。基准混凝土，标养 28d；-10℃组，预养 4h，冻 7d，标养 56d。

(4)试件尺寸。直径 100mm，高度 50mm 的圆柱体。

(5)试验结果。试验结果见表 4.30 ~ 表 4.32。

表 4.30 通过混凝土的电量与混凝土渗透性的关系

通过混凝土的电量(C)	混凝土的渗透性	混凝土类型
>4 000	高	$W/C \geq 0.6$ 的传统混凝土
2 000 ~ 4 000	中	$W/C = 0.4 \sim 0.6$ 的传统混凝土
1 000 ~ 2 000	低	$W/C < 0.4$ 的传统混凝土
100 ~ 1 000	极低	改性乳胶混凝土
<100	可忽略	聚合物混凝土

表 4.31 基准混凝土氯离子渗透试验情况一览

水泥品种	水泥用量(kg/m^3)	用水量(kg/m^3)	砂率(%)	坍落度(mm)	含气量(%)	通过混凝土电量(C)	混凝土渗透性评价
1	400	188	40	90	2.5	4 678	高
	440	208	38	87	2.2	3 437	中
2	400	215	36	96	2.4	5 327	高
	440	220	34	105	1.8	4 989	高

表 4.32 -10 ~ 20℃变温条件下混凝土氯离子渗透试验情况

水泥品种	胶结材用量(kg/m^3)	用水量(kg/m^3)	砂率(%)	坍落度(mm)	含气量(%)	通过混凝土电量(C)	混凝土渗透性评价
1	400	146	36	120	4.7	2 119	中
	440	148	34	135	5.0	427	极低
2	400	148	34	138	4.9	2 266	中
	440	150	32	140	5.1	543	极低

(6)试验结果分析。由试验结果可以看出:基准混凝土抗氯子渗透性较差,在标养条件下,根据通过混凝土的电通量可看出混凝土的渗透性较高;掺有外加材料的混凝土抗氯子渗透性较好,通过合理的配合比设计及适当的预养时间,处于 -10 ~20℃正负变温条件下养护的混凝土可以做到渗透性极低;水泥用量对混凝土抗渗性有较大影响,对水泥强度的影响不是很明显。

(7)正负变温耐久混凝土结论。

①-5 ~20℃与 -10 ~20℃变温条件下,强度的发展规律有较大区别,实际工程中要结合环境温度选定外加剂品种,并在试验的基础上确定配合比。

②在一定范围内,提高水泥用量可以较大程度地提高混凝土负温早期强度,实际使用时可结合耐久性、施工条件、环境温度等综合考虑而定。

③坍落度对负温早期强度的影响比后期强度和标养下的强度的影响要显著,因此,在施工条件允许的情况下要尽量降低混凝土坍落度。环境温度太低,坍落度要求大时,应考虑使用强度等级高的水泥,并加强预养。

④通过大量试验确定的耐久性混凝土复合外加剂,能显著改善混凝土的和易性,便于寒旱地区混凝土的施工,尤其适宜配制流动性、大流动性寒旱地区耐久混凝土。

⑤耐久混凝土复合外加剂通过组分的设计、优化能使混凝土形成合理的抗冻结构,实现了低温早强、但不影响混凝土后期强度。

⑥通过使用耐久混凝土复合外加剂,并辅以合理的混凝土配合比设计,可以配制高抗冻、抗渗、耐腐蚀的耐久混凝土。

⑦尽管耐久混凝土复合外加剂能使混凝土负温下强度正常增长,受冻后强度损失较小,但在 -10 ~20℃正负变温条件下,水胶比的变化对混凝土耐久性的影响比恒定 -5℃下更为显著。因此,需结合具体工程、环境特点,综合考虑来设计混凝土的性能。

4.8 负温情况下耐久性混凝土配合比设计

4.8.1 负温情况下耐久性混凝初步配合比的确定

1)确定水胶比

(1)确定配合剂强度

负温下,混凝土早期强度发展缓慢,温度越低,早强越低,但只要混凝土早期未受冻,56d 后强度基本趋于平稳,而且与标养 28d 强度较为接近。前面确定配制强度的方法仍然适用,因为负温混凝土 56d 后性能优于正负变温,可将保证率定为95%,则配制强度可按下式计算:

$$f_{cu,o} \geq f_{cu,k} + 1.645\sigma \quad (4.9)$$

(2)按照强度确定水胶比

(3)按照耐久性选择水胶比

以抗冻性决定最大水胶比,如表 4.33 所示。

表 4.33 恒定低温、负温耐久混凝土水胶比最大限值

抗冻标号		F50	F100	F150	F200	F250	F300
水泥强度等级	32.5	0.45	0.43	0.41	0.39	0.37	0.35
	42.5	0.47	0.45	0.43	0.41	0.39	0.37

(4)水胶比的确定

将(1)和(2)两步确定的水胶比中取较小的值作为混凝土的水胶比。

2)用水量的选择

根据施工条件、结构与构件情况,选择相应粒径、流动性的混凝土后,对掺有 QW1 型高效外加剂的混凝土可按表 4.34 初步选定用水量,然后试拌调整。

表 4.34 混凝土用水量(kg/m^3)

坍落度(mm)	80	140	180	220	250
用水量	147 ~ 152	152 ~ 157	156 ~ 162	162 ~ 167	167 ~ 172

注:本表适用于最大粒径为 40mm 的碎石及中砂,其他情况可通过试拌调整取得合适用水量。

3)胶结材料的计算

(1)按强度计算胶结材料用量,见式(4.2)。

(2)按耐久性校核胶结材料用量。以抗冻性决定最小胶结材料用量,参照表 4.35。

表 4.35 青藏线耐久混凝土最小水泥用量限制

抗冻标号		F50	F100	F150	F200	F250	F300
水泥强度等级	32.5	360	380	400	420	440	460
	42.5	320	340	360	380	400	420

(3)将(1)和(2)两步确定的胶结材料用量取较大值作为混凝土中胶结材料用量的取值。

(4)水泥用量、外加剂用量的计算见式(4.3)和式(4.4)。

4)确定砂率 β_s

5)计算砂石用量

4.8.2 负温情况下耐久混凝配合比的试配、调整与确定

按工程中实际使用的原材料试配,在上述水胶比的基础上,增减水胶比 0.02 ~ 0.03;拌制 3 组以上不同水胶比的混凝土,调整用水量、砂率,直到和易性符合要求;按一般方法计算基准配合比,实测湿表观密度、强度、耐久性等,确定实验室配合比。

(1)使用耐久混凝土复合外加剂,并经过合理的配合比设计,可以使新拌混凝土获得较大的流动性,且能保持良好的黏聚性、保水性,极大方便了在缺氧、高寒、多风的青藏高原混凝土的施工。

(2)耐久混凝土复合外加剂通过综合作用,显著改善了混凝土的结构。因此,实现了负温下强度的增长,并使混凝土的耐久性大幅度提高。

(3)各因素对负温下的强度、抗冻性、抗渗性的影响规律不完全一致,需结合具体工程、环境特点对混凝土的性能要求来决定混凝土各组成材料性能要求及混凝土配合比设计要求。

(4)使用耐久混凝土复合外加剂,对抗冻性、抗渗性的改善特别明显,与基准混凝土相比,性能指标相差几倍到十几倍。因此,对延长结构寿命、减少维修费用意义重大。

4.9 负温情况下耐久混凝土物理力学性能试验

混凝土在负温条件开始凝结、硬化,如望昆到唐古拉山段永久冻土层地面1m以下的混凝土长期处于 -3 ~ -0.5℃的温度中。当混凝土凝结、硬化之初就处于负温环境中,由于水化反应的活性急剧降低,水泥的水化、硬化速度缓慢,强度增长迟缓,而且有许多不利因素影响混凝土结构的完善。例如,水结冰体积膨胀,达到一定程度后产生的冰涨压力易使混凝土结构受损,加上水分的迁移,混凝土易产生各种缺陷,有时给强度和耐久性留下隐患。因此,研究解决长期处于负温条件的混凝土强度增长及硬化后混凝土耐久性,对青藏高原环境下混凝土的设计及施工有现实意义。

4.9.1 -2℃环境下耐久混凝土物理力学性能试验

(1)原材料及配合比简介

水泥采用3种水泥(永-42.5-硅、永-42.5-普、窑-32.5-普)。前两种水泥用量按320kg、360kg、400kg变化,后一种水泥用量按360kg、400kg、440kg变化;砂率按34% ~40%调整,针对水泥用量、水泥品种稍作调整;混凝土表观密度基准混凝土假定为2 400kg/m^3,受检混凝土假定为2 350kg/m^3。掺用外加剂时采用QW1型,用量占水泥用量10%,含气量控制在4.5% ~5.5%,用水量按坍落度120 ~ 140mm调整,受检负温混凝土、受检标养混凝土控制入模温度10℃左右,混凝土直接进入 -2℃冰箱养护。

(2)试验结果

试验结果如表4.36、表4.37和图4.32 ~图4.34所示。

表4.36 基准混凝土标养条件下强度发展

水泥品种	水泥用量(kg/m^3)	用水量(kg/m^3)	水胶比	f^{C}_{-3d}(MPa)	f^{c}_{-7d}(MPa)	f^{c}_{-14d}(MPa)	f^{c}_{-28d}(MPa)
永-42.5-硅	320	200	0.63	18.9	27.0	34.5	38.0
	360	205	0.57	21.6	32.2	39.3	43.2
	400	210	0.53	25.0	35.4	41.0	46.3
永-32.5-普	320	200	0.63	16.4	24.8	30.8	33.6
	360	205	0.57	19.0	26.2	36.1	39.5
	400	210	0.53	22.1	29.8	37.5	42.8
窑-32.5-普	360	210	0.58	10.3	21.2	27.3	30.5
	400	215	0.54	12.7	23.3	28.9	34.2
	440	220	0.50	16.5	27.0	33.2	38.8

表 4.37　掺高效外加剂高性能混凝土负温下强度发展

水泥品种	水泥用量(kg/m³)	用水量(kg/m³)	水胶比	f^{CA}_{-3d}(MPa)	f^{CA}_{-7d}(MPa)	f^{CA}_{-28d}(MPa)	f^{CA}_{-56d}(MPa)	F_{-3d}	F_{-7d}	F_{-28d}
祁-42.5-硅	320	150	0.43	13.2	18.1	33.6	48.5	0.69	0.67	0.88
	360	152	0.38	26.5	37.9	48.9	56.2	1.23	1.14	1.13
	400	154	0.35	28.8	39.8	52.1	62.2	1.15	1.12	1.12
祁-32.5^{早}-普	320	150	0.43	13.3	23.5	32.8	46.3	0.81	0.90	0.97
	360	152	0.38	24.9	32.9	45.0	55.1	1.31	1.26	1.14
	400	154	0.35	26.4	38.8	48.0	60.1	1.19	1.30	1.12
窑-32.5-普	360	152	0.42	11.6	19.3	25.6	48.3	1.12	0.91	0.84
	400	154	0.35	15.3	25.9	32.7	57.2	1.20	1.11	1.05
	440	156	0.32	18.3	28.8	39.8	64.1	1.11	1.06	1.03

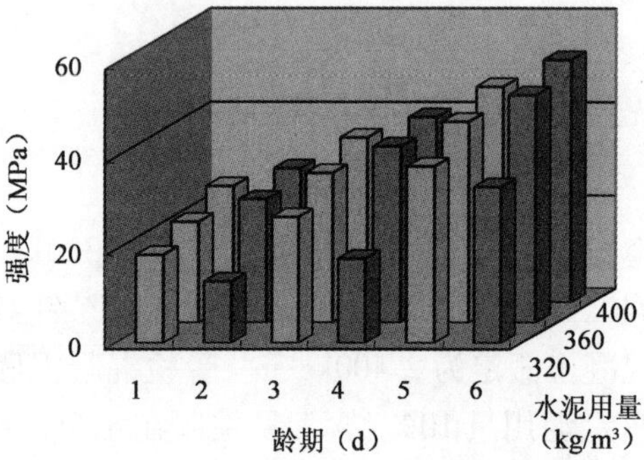

图 4.32　水泥用量、龄期、强度关系（祁-42.5-硅，-2℃）

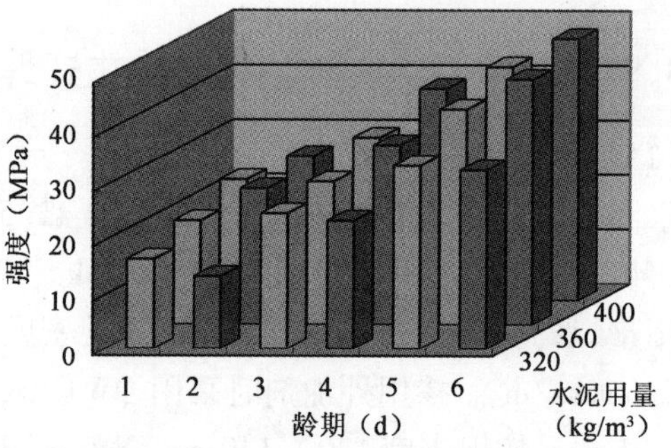

图 4.33　水泥用量、龄期、强度关系图（祁-32.5-普，-2℃）

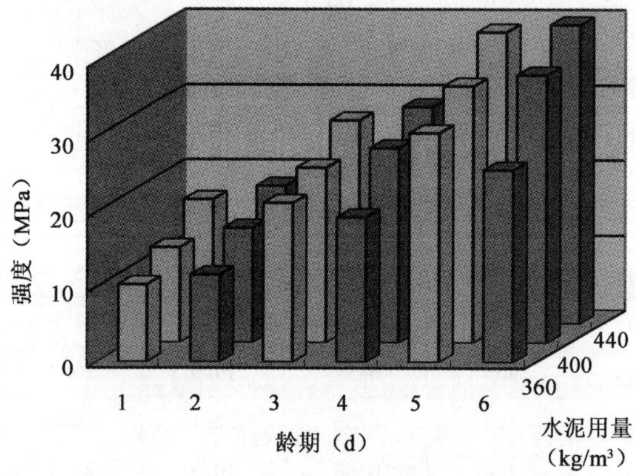

图 4.34　水泥用量、龄期、强度关系（窑-32.5-普，-2℃）

注：x 轴 1、3、5 表示基准混凝土 3d、7d、28d 强度；2、4、6 受检负温混凝土 3d、7d、28d 强度。

①对于实际强度达 52.5 级的祁-42.5-硅和实际强度达 42.5 级的祁-32.5-普水泥，当水泥用量达 360kg/m^3 以上时，在不经预养，恒为 -2℃的环境中，受检负温混凝土采用外掺法时，负温各龄期强度超过基准混凝土同龄期强度；采用内掺法时，受检混凝土负温各龄期强度基本达到基准混凝土同龄期强度。

②实际强度达 32.5 级的窑-32.5-普水泥，当水泥用量达 400kg/m^3 以上时，在不经预养，恒为 -2℃的环境中，受检负温混凝土采用外掺法时，负温各龄期强度超过基准混凝土同龄期强度；采用内掺法时，受检混凝土负温各龄期强度基本达到基准混凝土同龄期强度。

③在上述水泥用量下，恒定 -2℃环境中 3d 强度能达 28d 强度的 39% ~55%，7d 强度能达 28d 强度的 54% ~81%，实现了低温早强的目的。

④水泥用量、水泥的早期强度对低温混凝土早强的影响较大。对强度等级在 42.5 级以上的水泥从和易性、早期、后期强度、耐久性等方面综合考虑，水泥用量大于 360kg/m^3 较好；对于 32.5 级的水泥，水泥用量大于 400kg/m^3。

4.9.2 -5℃环境下耐久混凝土物理力学性能试验

(1)原材料及配合比情况

鉴于恒定 -2℃条件下，祁-32.5-普水泥不经预养负温 28d 强度即能达到 C30 配制强度，窑-32.5-普水泥能达到 C25 的配制强度，这一部分试验采用固定水泥用量、变化预养制度来分析强度增长情况。砂率以 36% ~38% 为准调整，用水量按坍落度 120 ~140mm 调整，外加剂使用 QW1 型，掺量占水泥用量 10%，入模温度控制在 10℃左右，含气量控制在 4.5% ~5.5%。

(2)试验结果

试验结果如表 4.38 和图 4.35、图 4.36 所示。

表 4.38 掺 QW1 型外加剂负温下强度发展

水泥品种	水泥用量(kg/m^3)	预养制度	用水量(kg/m^3)	f^{CA}_{-3d}(MPa)	f^{CA}_{-7d}(MPa)	f^{CA}_{-28d}(MPa)	f^{CA}_{-56d}(MPa)	F_{-3d}	F_{-7d}	F_{-28d}
祁-32.5-普	360	不预养	152	14.7	25.1	42.5	55.8	0.77	0.96	1.08
		预养 4h		20.7	28.6	44.3	54.0	1.09	1.09	1.12
		预养 6h		25.0	30.8	45.7	56.8	1.32	1.18	1.16
窑-32.5-普	400	不预养	154	8.5	16.3	37.2	53.2	0.67	0.92	1.09
		预养 4h		12.0	21.3	38.9	52.2	0.94	0.92	1.14
		预养 6h		23.7	27.6	39.6	54.3	1.44	1.18	1.16

①预养 4h 后，采用外掺法时，受检负温混凝土在上述情况下各龄期强度均超过基准混凝土；采用内掺法时，受检负温混凝土在上述水泥用量情况下各龄期强度基本达到基准混凝土对应强度。

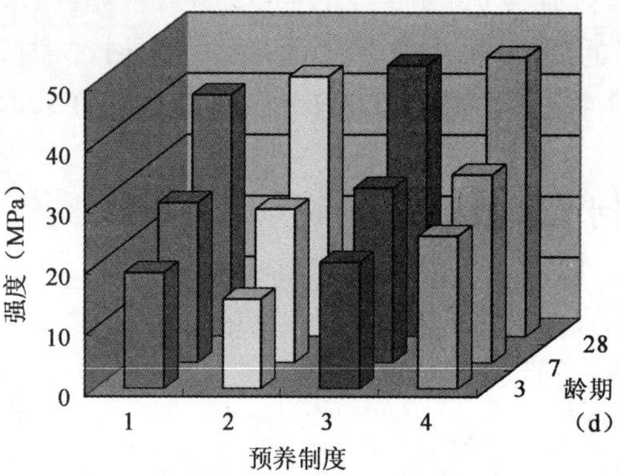

图4.35 预养制度、龄期强度关系图(祁-32.5-普，-5℃)

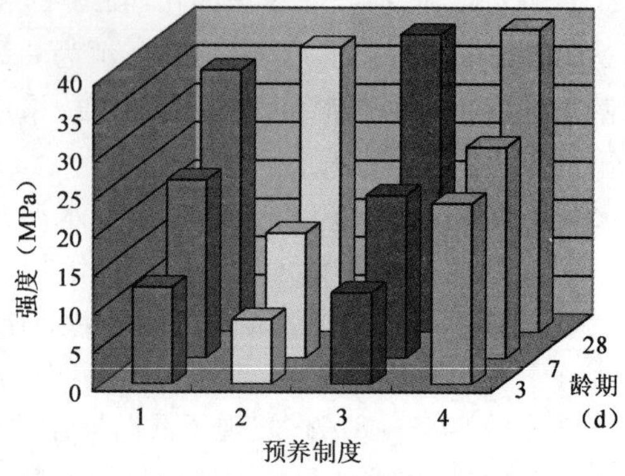

4.36 预养制度、龄期、强度关系图(窑-32.5-普，-5℃)

注：x 轴 1 表示基准混凝土标养强度；2、3、4 表示受检负温混凝土不预养、预养 4h、预养 6h 情况下的强度。

②恒定 -5℃养护条件下，3d 龄期强度达 28d 龄期强度 31% ~67%；7d 龄期强度达 28d 龄期强度 49% ~78%。预养时间愈长，所占比例愈大。

③预养时间延长，对负温早期强度增长较为有利，但 28d 以后强度主要与水胶比、水泥强度等有关，与预养时间关系不大。

④受检负温混凝土 28d 以后强度还在增长，56 d 后强度能达到标养 28d 的强度，说明冻结没有对混凝土结构造成损伤。

4.10 负温情况下混凝土耐久性试验

4.10.1 混凝土抗冻融破坏性能

(1)技术指标

快冻法抗冻性达到 300 次以上。

(2)试验简介

1 号采用永登水泥厂祁连山牌 32.5 级早强型普通硅酸盐水泥，实测强度等级达 42.5 级，其他性能满足要求；2 号采用窑街水泥厂大通河牌 32.5 级普通硅酸盐水泥，性能符合标准要求。以标准规定方法搅拌、振捣后成型为顶面直径 175mm、底面直径 185mm、高度 150mm 的圆台体试件。对基准混凝土标养 28d 后开始抗渗性试验，对掺复合外加剂的受检混凝土在 20℃条件下预养 6h 后放入 -5℃冰箱养护 56d 后开始抗渗性试验。试验参照《混凝土长期性能和耐久性试验》(GB/T 50082—2009)中抗渗性试验方法进行。

(3)试验结果

试验结果如表 4.39 和表 4.40 所示。

由试验结果(表 4.39 和表 4.40)可以看出：基准混凝土抗冻性较差，在标养条件下，抗冻融循环次数只有 25 ~50 次就破坏；掺有外加材料的混凝土显示较大优越性，通过合理的配合比设计及适当的预养时间，始终处于恒 -5℃温度条件下养护的混凝土抗冻融循环次数达到 300 次时，耐久性系数仍在 80% 以上，达到高抗冻性混凝土的要求。

表 4.39 基准混凝土抗冻性试验情况

水泥品种	水泥用量(kg/m³)	用水量(kg/m³)	砂率(%)	坍落度(mm)	含气量(%)	抗冻融循环次数	质量损失(%)	相对冻弹性模量(%)
1	360	195	42	80	2.4	25	0.2	0
	400	200	40	90	2.3	25	0.4	76
2	400	205	38	70	2.1	25	1.13	0
	440	210	36	100	1.9	25	-0.1	65

表 4.40 -5℃条件下受检混凝土抗冻性试验情况

水泥品种	胶结材料(kg/m³)	用水量(kg/m³)	砂率(%)	坍落度(mm)	含气量(%)	抗冻融循环次数	质量损失(%)	相对冻弹性模量(%)
1	400	158	40	160	5.3	250	0.25	67
	440	160	38	170	5.2	300	-0.15	94
2	440	164	38	150	5.0	250	-0.31	62
	480	168	36	200	4.8	300	-0.20	92

4.10.2 混凝土耐硫酸盐腐蚀性

(1)试验简介

除胶结材料、养护制度按下述进行外,其他与 4.7.2 节相同。

(2)养护制度

20℃预养 6h,-5℃冰箱养护 56d。

(3)胶结材料类型

①胶结材料 1:甘肃永登水泥厂生产的 32.5 普通硅酸盐水泥。

②胶结材料 2:甘肃窑街水泥厂生产的 32.5 普通硅酸盐水泥。

③胶结材料 3:90% 胶结材料 1 +10% 高效外加剂 QW1。

④胶结材料 4:90% 胶结材料 1 +10% 高效外加剂 QW1。

(4)试验结果

试验结果如表 4.41 ~ 表 4.43 所示。

表 4.41 始终浸泡 1 个月不同类型胶结材料的耐腐蚀试验结果

编号	胶结材料类型	0℃洁水养护 F(N)	0℃腐蚀溶液 1 浸泡 F(N)	0℃耐蚀系数 K	20℃洁水养护 F(N)	20℃腐蚀溶液 2 浸泡 F(N)	20℃耐蚀系数 K
1	胶结材料 1	70.0	56.4	0.81	100.4	86.3	0.86
2	胶结材料 2	47.5	40.5	0.85	68.4	51.3	0.75
3	胶结材料 3	109.0	98.0	0.90	122.1	111.0	0.91
4	胶结材料 4	67.6	62.5	0.92	90.1	89.6	0.99

表 4.42　始终浸泡 2 个月不同类型胶结材料的耐腐蚀试验结果

编号	胶结材料类型	0℃洁水养护 F(N)	0℃腐蚀溶液 1 浸泡 F(N)	0℃耐蚀系数 K	20℃洁水养护 F(N)	20℃腐蚀溶液 1 浸泡 F(N)	20℃耐蚀系数 K
1	胶结材料 1	79.8	66.5	0.83	108.0	88.6	0.82
2	胶结材料 2	63.5	50.5	0.80	78.8	56.7	0.72
3	胶结材料 3	110.0	100.2	0.91	133.7	133.7	0.90
4	胶结材料 4	75.0	70.5	0.94	101.0	96.3	0.95

表 4.43　干湿循环 1 个月不同类型胶结材料的耐腐蚀试验结果

编号	胶结材料类型	0℃洁水养护 F(N)	0℃腐蚀溶液 1 浸泡 F(N)	0℃耐蚀系 K	20℃洁水养护 F(N)	20℃腐蚀溶液 1 浸泡 F(N)	20℃耐蚀系数 K
1	胶结材料 1	73.0	58.9	0.81	102.5	82.3	0.80
2	胶结材料 2	58.2	49.1	0.84	70.8	52.4	0.74
3	胶结材料 3	110.3	101.7	0.92	126.3	113.5	0.90
4	胶结材料 4	69.5	68.3	0.98	95.2	93.7	0.98

(5)结论。从表中试验结果可看出:掺入外加剂的胶结材料在恒定 -5℃条件下显示出比基准胶结材料较强的耐腐蚀性,无论 0℃腐蚀或 20℃腐蚀其性能都优于基准胶结材料。干湿循环作用下,掺入外加剂的胶结材料显示出比基准胶结材料较强耐腐蚀性。

4.10.3　混凝土钢筋阻锈性能

(1)试验简介

除胶结材料、养护制度按下述进行外,其他与 4.7.3 节相同。

(2)养护制度

1 组预养 6h, -5℃冰箱养护 14d,另 1 组标养 3d。

(3)胶结材料类型

①胶结材 1:祁-32.5-土膏 +10% 高效外加剂 QW2。

②胶结材 2:窑-32.5-土膏 +10% 高效外加剂 QW2。

(4)试验结果

试验结果如图 4.37 ~ 图 4.40 所示,可以看出:标养及恒定 -5℃条件下,所掺外加剂对钢筋无锈蚀性。

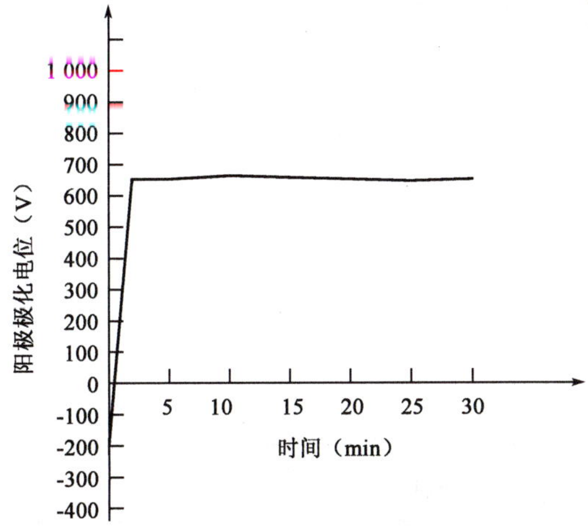

图 4.37 阳极钢筋极化电位—时间曲线(胶结材 1,标养)

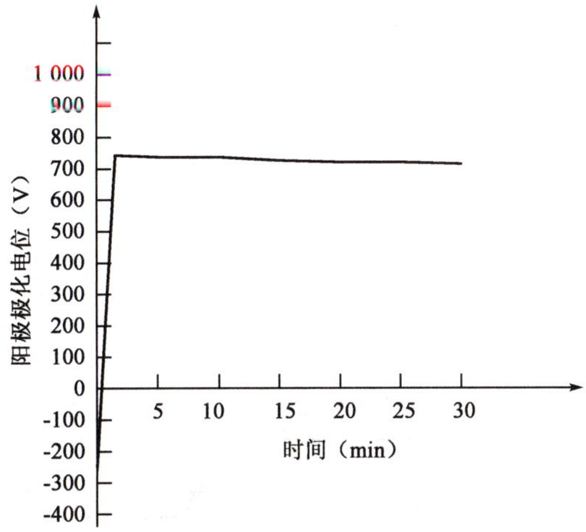

图 4.38 阳极钢筋极化电位—时间曲线(胶结材 1,变温)

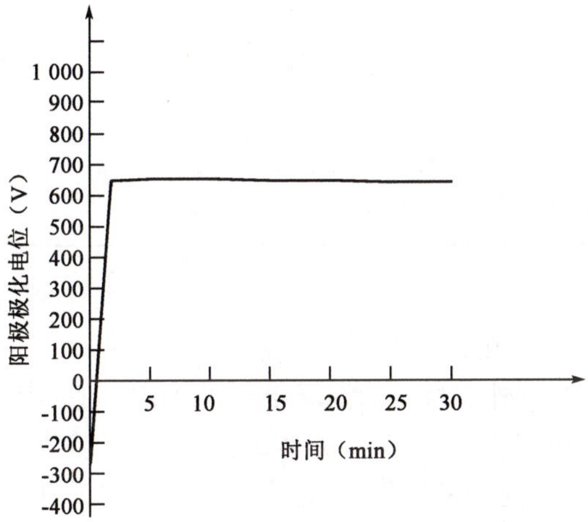

图 4.39 阳极钢筋极化电位—时间曲线(胶结材 2,标养)

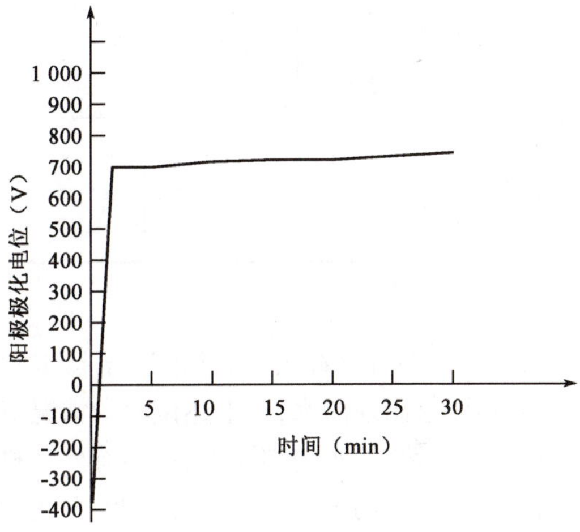

图 4.40 阳极钢筋极化电位—时间曲线(胶结材 2,变温)

4.10.4 混凝土抗渗性

(1)技术指标

混凝土抗渗性达 P20 以上。

(2)试验简介

按表 4.44 和表 4.45 所示配合比配料,以标准规定方法搅拌、振捣后成型为顶面直径 175mm、底面直径 185mm、高度 150mm 的圆台体试件。对基准混凝土标养 28d 后开始抗渗性试验,对掺复合外加剂的受检混凝土在 20℃条件下预养 6h 后放入 -5℃冰箱养护 56d 后开始抗渗性试验。试验参照《混凝土长期性能和耐久性试验》(GB/T 50082—2009)中“抗渗性试验方法”进行。

(3)试验结果

试验结果如表 4.44 和表 4.45 所示。

表 4.44　基准混凝土抗渗性试验情况

水泥品种	水泥用量(kg/m⁻³)	用水量(kg/m³)	砂率(%)	坍落度(mm)	含气量(%)	抗渗等级 P	渗水高度(mm)
1	360	185	40	90	2.3	12	150
	400	195	38	85	2.0	20	150
2	400	200	36	70	2.1	15	150
	440	205	34	87	1.8	25	150

表 4.45　受检混凝土抗渗性试验情况

水泥品种	胶结材用量(kg/m³)	用水量(kg/m³)	砂率(%)	坍落度(mm)	含气量(%)	抗渗等级 P	渗水高度(mm)
1	400	150	36	135	5.2	>40	32
	440	154	34	140	4.9	>40	12
2	440	150	34	125	4.8	>40	21
	480	154	32	135	4.6	>40	5

(4)结论

由试验结果可以看出:基准混凝土抗渗性较差,在标养条件下,抗渗压力达到 1.3 ~ 2.6MPa 时顶面就出现渗水;在上述试验的情况下,掺有外加材料的混凝土在 4.0MPa 的压力下,没有出现渗水;从渗水的端面来看,掺有外加材料的混凝土基本上从混凝土与试模的界面开始渗水,混凝土试块的中心渗水较边上低,上述渗水高度为平均值;通过合理的配合比设计及适当的预养时间,始终处于恒 -5℃温度条件下养护的混凝土可以做到基本不渗水。

4.10.5　混凝土氯离子渗透性

(1)技术指标

通过混凝土的电量 <1 000C。

(2)试验简介

按表 4.47 和表 4.48 所示的配合比配料,以标准规定方法搅拌、振捣后成型为直径 100mm、高度 50mm 的圆柱体试件后,对基准混凝土标养 28d 后开始抗氯离子渗透性试验,对掺复合外加剂的受检混凝土在 20℃条件下预养 6h 后放入 -5℃冰箱养护 56d 后开始抗氯离子渗透性试验。试验参照《混凝土抗氧离子渗透性能的电动指标试验方法》(ASTMC 1 202—2012)中“直流电量法”进行。

(3)试验结果

试验结果如表 4.46 ~ 表 4.48 所示。

表 4.46 通过混凝土的电量与混凝土渗透性的关系

通过混凝土的电量(C)	混凝土的渗透性	通过混凝土的电量(C)	混凝土的渗透性
>4 000	高	100 ~ 1 000	极低
2 000 ~ 4 000	中	<100	可忽略
1 000 ~ 2 000	低		

表 4.47 基准混凝土抗氯离子渗透性试验情况

水泥品种	水泥用量(kg/m^3)	用水量(kg/m^3)	砂率(%)	坍落度(mm)	含气量(%)	通过混凝土电量(C)	混凝土渗透性评价
1	400	188	40	90	2.5	4 678	高
	440	208	38	87	2.2	3 437	中
2	400	215	36	96	2.4	5 327	高
	440	220	34	105	1.8	4 989	高

表 4.48 受检混凝土抗氯离子渗透性试验情况

水泥品种	胶结材用量(kg/m^3)	用水量(kg/m^3)	砂率(%)	坍落度(mm)	含气量(%)	通过混凝土电量(C)	混凝土渗透性评价
1	400	150	36	140	4.9	992	低
	440	152	34	135	4.6	433	极低
2	400	152	34	135	4.8	1 078	低
	440	154	32	140	4.6	487	极低

由表4.46~表4.48可以看出:基准混凝土抗氯子渗透性较差,在标养条件下,根据通过混凝土的电量可看出混凝土的渗透性较高;掺有外加材料的混凝土抗氯子渗透性很好,通过合理的配合比设计及适当的预养时间,始终处于恒-5℃温度条件下养护的混凝土可以做到渗透性极低;水泥用量对混凝土抗渗性有较大影响;水泥强度的影响不是很明显。

4.11 复合外加剂在钢纤维混凝土中的应用

4.11.1 未掺复合外加剂的钢纤维混凝土的性能

由于钢纤维细而长的特殊形状,在掺入混凝土基材过程中,相互之间也易结团,因而混凝土拌和物的工作性显著降低,给输送、浇筑和振捣成型等施工工艺带来困难,同时,普通钢纤维混凝土拌和物本身的黏聚性较差,易造成组成材料不同颗粒的分层离析及泌水现象。更为甚者,钢纤维密度大,在振捣成型过程中造成钢纤维下沉,水分上浮,使硬化后混凝土不均匀。钢纤维不能均匀分布,泌水造成钢纤维与混凝土黏结性变差,因而需改善基材性质。发挥钢纤维在混凝土中的应用,是钢纤维混凝土性能改善的重要环节,为此,我们围绕复合外加剂对钢纤维混凝土性能的影响进行探讨。

4.11.2 复合外加剂对钢纤维混凝土性能的影响

复合外加剂能显著改善钢纤维混凝土拌和物的黏聚性,减弱不同颗粒物质的相对运动趋势,在既可以提高混凝土工作性的同时,又可保证钢纤维混凝土结构分布均匀性,增强钢纤维与基材之间的黏结特性。钢纤维混凝土材料中界面是一个薄弱环节,存在 W/C 大、孔隙率高、有害孔多、$Ca(OH)_2$ 数量多、取向程度高、晶粒粗大等不利因素。复合外加剂能显著降低界面 W/C、改善孔特征、使 $Ca(OH)_2$ 数量减少、细小的凝胶体增加、网络骨架结构得到加强,显著改善界面结构,提高钢纤维界面及基材的致密程度。

1)原材料性能及配合比

(1)水泥。采用永登水泥厂祁连山牌 32.5 级早强型普通硅酸盐水泥,实测强度等级达 42.5 级,其他性能满足要求。

(2)砂子。混凝土中用砂采用庄浪河砂,细度模数 2.7 的中砂,含泥量 2.0%,表观密度 2.61g/cm^3,堆积密度 1 663kg/m^3。

(3)石子。碎石,最大粒径 31.5mm,含泥量 0.5%,表观密度 2.65g/cm^3,堆积密度 1 563 kg/m^3,用量按照配合比设计确定。

(4)钢纤维。黑龙江省庆安钢铁厂生产的熔抽钢纤维。长度为 25mm,长径比为 60。

配合比如表 4.49 所示。

表 4.49 原材料配合比

类　别	水泥(kg)	砂子(kg)	碎石(kg)	水(kg)	QW2 型复合外加剂(kg)	钢纤维(kg)
普通 SFRC	400	935	935	180	0	1.5
掺 QW2 型复合外加剂 SFRC	360	935	935	180	10	1.5

2)复合外加剂对钢纤维混凝土拌和物和易性的影响

普通钢纤维混凝土的坍落度为 50mm,振捣成型过程中,钢纤维下沉,水泥浆上浮,降低钢纤维混凝土的均质性,使硬化后各项性能变差。加 QW2 型复合外加剂的钢纤维混凝土的坍落度为 140mm,在振捣成型过程中很容易致密成型,而且没有出现钢纤维下沉、水泥浆上浮的现象,因而复合外加剂解决了钢纤维混凝土工作性差,不宜用于小断面构件中的问题。

3)复合外加剂对钢纤维混凝土力学性能的影响

按《纤维混凝土试验方法标准》(CECS13—2009)的标准养护和测试,试验结果如表 4.50 所示。

表 4.50 钢纤维混凝土力学性能对比(MPa)

力学性能	普通 SFRC	QW2 型复合外加剂 SFRC	提高值(%)
抗压强度	49.5	62.6	26.5
抗折强度	7.63	9.58	25.6
劈拉强度	5.20	6.65	27.9
抗剪强度	9.42	11.20	18.9

由试验结果知,复合外加剂钢纤维混凝土比普通钢纤维混凝土抗压强度提高 26.5%,抗

折强度提高25.6%,劈拉强度提高27.9%,抗剪强度提高18.9%。复合外加剂能显著改善混凝土拌和物的黏聚性和保水性,减弱钢纤维下沉,水泥浆上浮现象,保证纤维均布于混凝土中。这就充分发挥了钢纤维的增强阻力作用,抗折强度的提高,可使公路路面、机场跑道或梁柱构件的厚度减薄,从而节约材料,降低工程造价。劈拉强度和抗剪强度的提高,使钢纤维混凝土在薄壁构件中发挥更大作用。

4)复合外加剂对钢纤维混凝土韧性的影响

采用美国分离《离心浇注预应力混凝土等级》(ASTM C1018—2009),即计算跨中挠度为1.9mm时荷载—挠度曲线下的面积来衡量材料的韧性,试验结果如表4.51所示。

表4.51 钢纤维混凝土抗弯韧性性能对比(N·m)

批次	Ⅰ	Ⅱ	Ⅲ	平均值	提高值
普通 SFRC	24.71	23.74	25.14	24.53	0
掺QW2型复合外加剂SFRC	29.65	29.43	30.12	29.36	19.7

复合外加剂提高了钢纤维与混凝土基材间的黏结强度,使混凝土出现裂缝后纤维拔出过程中消耗更多的能量,这对有抗震要求的结构是非常有意义的。

5)复合外加剂对钢纤维混凝土劈拉疲劳强度的影响

在MTS810－22疲劳试验机上进行劈拉疲劳试验,疲劳试验结果如表4.52所示。

表4.52 QW2型复合外加剂对疲劳性能的影响(万次)

应力水平 S_{max}	0.81	0.70	0.60
普通 SFRC	2.405 1	12.589 6	55.255 0
复合外加剂 SFRC	3.016 9	17.113 4	81.258 7
提高值(%)	25.4	35.9	47.1

根据试验结果,需回归分析得到普通钢纤维混凝土和复合外加剂钢纤维混凝土疲劳强度S与循环次数(万次)N的S-N关系表达式,如图4.41所示。

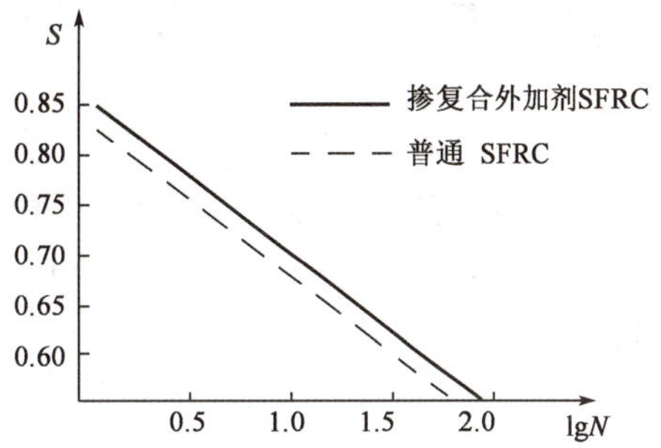

图4.41 复合外加剂对疲劳强度S-N的影响

普通钢纤维混凝土劈拉疲劳试验强度的S-N关系表达式为:

$$S_{max}=0.868\,6-0.154\,1\lg N \quad (4.10)$$

复合外加剂钢纤维混凝土劈拉疲劳试验强度的$S-N$关系表达式为:

$$S_{max}=0.880\,4-0.146\,8\lg N \quad (4.11)$$

疲劳试验时,复合外加剂钢纤维混凝土的裂缝扩展速度较慢,加载循环次数比普通钢纤维混凝土的提高百分率如表4.52所示。

从上述试验结果可看出复合外加剂能改善水泥浆体的流变性能,显著提高钢纤维混凝土拌和物的工作性,即使在坍落度为140mm时,也没有出现钢纤维下沉,水泥浆上浮现象,因而解决了钢纤维混凝土难在小断面构件中施工的问题。复合外加剂使钢纤维混凝土的抗压、抗折、劈拉和抗剪强度、抗弯韧性得到明显提高,特别是使耐疲劳性能有较大改善。

4.12 低温下高性能混凝土施工技术

4.12.1 一般规定

(1)当环境昼夜平均气温(最高和最低气温的平均值或当地时间6时、14时及21时室外气温的平均值)连续3d低于5℃或最低气温低于-3℃时,混凝土施工应符合本章有关规定。

(2)除非本章另有规定,冬期混凝土工程施工还应符合2.6节相关规定。

(3)冬期施工期间,当用硅酸盐水泥或普通硅酸盐水泥配制混凝土,且其抗压强度达到设计强度的30%前,混凝土均不得受冻。在混凝土抗压强度未达到5MPa前,也不得受冻。浸水冻融条件下的混凝土开始受冻时,其强度不得小于设计强度的75%。

(4)进入冬期施工前,应预先作好下列准备工作:

①根据年度计划和施工组织设计,确定冬期施工的工程项目。对于大跨径拱桥、高架桥、隧道洞口附近及零小分散工程,不宜安排在冬期施工。

②收集工地气象台(站)历年气象资料,设置工地气象观测点,建立观测制度,及时掌握气象变化情况。

③落实有关工程材料、防寒物资、能源和机具设备。

④编制冬期施工方案及技术措施,对有关人员进行技术交底或培训。

(5)冬期施工应根据工程类别、气象资料、材料来源和工期等要求,通过热工计算及经济分析,选择下列两类施工方法:

①在养护期间不需对混凝土加热的蓄热法、掺外加剂法和综合法。

②在养护期间需利用外部热源对混凝土加热的暖棚法、蒸汽加热法、电热法和热综合法。

4.12.2 混凝土的配制、搅拌和运输

(1)搅拌混凝土前,应先经过热工计算,并经试拌确定水和集料需要预热的最高温度,尽可能保证混凝土的入模温度不低于5℃。水泥、矿物掺和料、外加剂等可在使用前运入暖棚进行自然预热,但不得直接加热。

(2)混凝土宜选用较小的水胶比和较小的坍落度。

①当需要对水进行加热处理时,水的加热温度不宜高于80℃。当集料不加热时,水可加热至80℃以上,但搅拌时应先投入集料和已加热的水,拌匀后再投入水泥。

②当加热水尚不能满足要求时,可将集料均匀加热,其加热温度不应高于60℃。

③当拌制的混凝土出现坍落度减小或发生速凝现象时,应重新调整拌和料的加热温度。

④混凝土搅拌时间宜较常温施工延长50%左右。

(3)集料中不得混有冰雪、冻块及易被冻裂的矿物质。

(4)搅拌设备宜安装在气温不低于10℃的厂房或暖棚内。搅拌混凝土前及停止搅拌后,应用热水冲洗搅拌机鼓筒。

(5)混凝土的运输容器应有保温设施。运输时间应缩短,并尽量减少中间倒运环节。

4.12.3 混凝土的浇筑

(1)混凝土浇筑前,应清除模板及钢筋上的冰雪和污垢。当环境气温低于-10℃时,应将直径大于或等于25mm的钢筋和金属预埋件加热至正温。

(2)新、旧混凝土施工缝的清理工作应符合《铁路混凝土施工技术指南》的有关规定。

①当旧混凝土面和外露钢筋(预埋件)暴露在冷空气中时,应对距离新、旧混凝土施工缝1.5m范围内的旧混凝土和长度在1.0m范围内的外露钢筋(预埋件)进行防寒保温。

②当混凝土不需加热养护,且在规定的养护期内不致冻结时,对于非冻胀性地基或旧混凝土面,可直接浇筑混凝土。

③当混凝土需加热养护时,混凝土和地基接触面的温度不得低于2℃。

④当浇筑负温早强混凝土时,对于用冻结法开挖的地基,或在冻结线以上且气温低于-5℃的地基应作隔热层。

(3)混凝土浇筑应采用分层连续的方法浇筑,分层厚度不得小于20cm。

(4)采用加热养护的整体结构,当混凝土的养护温度高于40℃时,应预先安排混凝土的浇筑顺序和施工缝的位置。

(5)喷射混凝土作业区的环境气温和进入喷射机的材料温度不应低于5℃。已喷射混凝土的强度未达到5MPa前不得受冻。

(6)预应力混凝土的孔道灌浆应在正温下进行,其强度达到25MPa前,不得受冻。

4.12.4 混凝土的养护与拆模

(1)混凝土开始养护时的温度应按施工方案通过热工计算确定,但不得低于5℃,细薄截面结构不宜低于10℃。

(2)当室外最低气温高于-15℃时,地下工程或表面系数(冷却面积和体积的比值)不大于15m^{-1}的工程应优先采用蓄热法养护,并符合下列规定:

①所采用的保温措施应使混凝土的温度下降到0℃以前达到规定的强度。

②混凝土浇筑成型后,应立即防寒保温。保温材料应按施工方案设置,并保持干燥。应对结构的边棱隅角加强覆盖保温,迎风面应采取防风措施。

③位于基坑中的混凝土,当地下水位较高时,可待顶面混凝土初凝后,采用放水淹没的方法养护;但当基坑地下水位超出混凝土顶面的高度小于冰层厚度时,不得放水养护。

(3)当用蓄热法养护不能达到要求时,可采用外部热源加热法养护,养护制度应通过试验确定,并应符合下列规定:

①整体浇筑表面系数等于或大于6m^{-1}的结构,升温速度不得大于15℃/h;浇筑表面系数小于6m^{-1}的结构,升温速度不得大于10℃/h。

②用蒸汽加热法养护的混凝土,当采用快硬硅酸盐水泥、硅酸盐水泥和普通硅酸盐水泥时,养护温度不得高于60℃。

③采用电热法养护的混凝土,当结构的表面系数小于15m^{-1}时,养护温度不宜高于40℃;当结构的表面系数大于15m^{-1}时,养护温度不宜高于35℃。

④恒温养护结束后,表面系数等于或大于 $6m^{-1}$ 的结构,降温速度不得大于 15℃/h;表面系数小于 $6m^{-1}$ 的结构,降温速度不得大于 5℃/h。

(4)当采用电热法养护混凝土时,应符合下列规定:

①所有混凝土外露面覆盖后,方可通电加热。

②必须采用交流电源,电极的布置应保证混凝土的温度均匀。当达到设计强度的 50% 时,应停止通电加热。

③工作电压宜采用 50～110V。当每立方米混凝土内钢筋用量不大于 50kg 时,工作电压也可采用 120～220V,严禁采用工作电压大于 380V 的电源。

④养护过程中应观察混凝土表面的温度。当表面开始干燥时,应暂停通电,并以温水湿润混凝土表面。

⑤掺用减水剂的混凝土,应经试验确认电热法养护对其强度无影响后,方可采用。

(5)当采用暖棚法养护混凝土时,棚内底部温度不得低于 5℃,且混凝土表面应保持湿润;采用燃煤加热时,应将烟气排出棚外。

(6)拆除模板和保温层应符合下列规定:

①当混凝土已达到强度要求,并符合 4.7.1 节的抗冻强度规定后,方可拆除模板。

②混凝土与环境的温差不得大于 15℃。当温差在 10℃以上,但低于 15℃时,拆除模板后的混凝土表面宜采取临时覆盖措施。

③采用外部热源加热养护的混凝土,当养护完毕后的环境气温仍在 0℃以下时,应待混凝土冷却至 5℃以下且混凝土与环境之间的温差不大于 15℃后,方可拆除模板。

4.12.5 混凝土的质量检验

(1)定期检测水、外加剂及集料加入搅拌机时的温度,以及混凝土搅拌、浇筑时的环境温度,每一工作班至少检测 4 次。

(2)混凝土养护温度的检测次数,应符合下列规定:

①当采用蓄热法养护时,在养护期间至少每 6h 检测 1 次。

②当采用蒸汽或电热法养护时,在升、降温期间每 1h 检测 1 次,在恒温期间每 2h 检测 1 次。

③室外气温及施工环境温度应每昼夜定时、定点观测 4 次。

(3)混凝土养护温度的检测方法应符合下列规定:

①在结构偶角、突出、迎风和细薄部位应均匀留置测温孔,孔深可根据养护方法及结构尺寸确定。测温孔应编号并绘图。

②当采用蓄热法养护时,测温孔应设在易于散热的部位;当采用外部热源加热养护时,测温孔应在离热源不同的位置分别设置;大体积结构的测温孔应在表面及内部分别设置。

③检测混凝土温度时,测温计不应受外界气温的影响,并应在测温孔内至少留置 3min。根据工地条件,可采用热电偶、热敏电阻等预埋式温度计检测混凝土的温度。

(4)冬期施工的混凝土除应按《铁路混凝土施工技术指南》4.8.6 条的规定制作标准混凝土试件外,尚应根据养护、拆模和承受荷载的需要,增加与结构同条件养护的施工试件不少于两组。此种试件应在解冻后方可试压。

(5)以上检测均应作记录。

4.13 低温早强耐久混凝土有关耐久性管理的建议

由于耐久混凝土质量检测周期长,难以作为过程控制手段的特点,可将耐久混凝土施工过程类比隐藏工程质量控制模式进行控制管理,即用规范的施工工艺及检测控制制度保证耐久混凝土的质量。由于对原材料、和易性、强度等质量检验已有成熟的规范,现主要对耐久性的质量管理提出以下建议。

为了能科学、规范、公正地对混凝土耐久性进行管理,通过对涉及混凝土耐久性的有关规范、标准及相关知识进行分析、研讨,将耐久性指标进行细化分类,分为施工前准备阶段要检测的耐久性指标和施工阶段要检测的耐久性指标两大类。

1)施工前准备阶段要检测的耐久性指标

(1)护筋性。护筋性是指混凝土中所使用的复合外加剂应对钢筋无锈蚀作用。要求按相应规范测试复合外加剂对钢筋锈蚀的影响。

(2)耐腐蚀性。耐腐蚀性是指混凝土中所使用的胶结材料对环境水和岩土中的有害离子的侵蚀具有抵抗作用。要求按相应规范测试胶结材料的耐腐蚀系数,以此判定混凝土耐腐蚀性。要求耐腐蚀系数大于0.8。

(3)耐风蚀性。耐风蚀性是指暴露于大气中的混凝土,其砂浆抵抗风砂磨蚀的能力。要求按水泥胶砂耐磨性试验方法测出的磨耗率不大于0.5kg/m^2。

(4)抗碱—集料反应性能。抗碱—集料反应性能指混凝土中所用原材料引起碱—集料反应的因素必须减少到允许值。要求混凝土集料的砂浆棒膨胀率[按《建设用砂》(GB/T 14684—2011)检验]不得大于0.10%,岩石柱膨胀率[按《建设用砂》(GB/T 14684—2011)检验]不得大于0.1%。因条件所限集料的砂浆棒膨胀率或岩石柱膨胀率超过上述限值时,集料的砂浆棒膨胀率[按《建设用砂》(GB/T 14684—2001)检验]不得大于0.2%,且混凝土的总碱含量应满足有关规定。

2)施工阶段要检测的耐久性指标

(1)抗冻性。抗冻性是指混凝土抵抗水冻融循环的能力,要求用快冻法试验时,混凝土抗冻融循环次数大于300次。

(2)抗渗性。抗渗性是指混凝土抵抗压力水渗透的能力,要求混凝土抗渗等级大于S12。

(3)抗氯离子渗透性。抗氯离子的渗透性是耐久混凝土的一个综合指标,能够反映混凝土对水及有害离子的渗透性,更重要的是能评价混凝土抵抗环境中侵蚀介质侵入和腐蚀的能力,同时也能间接预测钢筋是否会遭到锈蚀等问题。要求混凝土的氯离子渗透值不得大于1 000C,即达到极低渗透性的标准。

(4)抗裂性。抗裂性是指混凝土表面抵抗由于温度、湿度等非荷载因素引起的变形的能力。要求裂缝的宽度不能超过0.20mm。

3)混凝土施工前准备阶段要检测的耐久性指标细化内容

此阶段所要求的4项指标是:护筋性、耐腐蚀性、耐风蚀性、抗碱—集料反应性,按标准要求的材料、配比、工艺、方法进行试验及评定。主要内容如下:

(1)护筋性

该项指标依据《混凝土外加剂》(GB 8076—2008)执行。需用硬化砂浆法来判定混凝土中所使用的复合外加剂对钢筋锈蚀的影响,保证复合外加剂对混凝土的护筋性。

该方法主要内容如下:首先按标准制备直径7mm、长度100mm的钢筋,然后将钢筋插入试模两端预留的凹孔中,将水泥、标准砂按1∶2.5配料,用水量按砂浆稠度5~7cm时的加水量定,复合外加剂采用推荐掺量,按规定方法搅拌、成型、养护处理后测试埋有钢筋的砂浆电极阳极极化电位值,并按照标准规定绘制阳极极化电位—时间曲线,参照标准图分析所掺复合外加剂对钢筋的锈蚀的影响。

当出现下列情况时,需进行此项检测:

①当更换复合外加剂品种时;

②当复合外加剂批号发生变化时。

(2)耐腐蚀性

该项指标依据《水泥抗硫酸盐侵蚀试验方法》(GB/T 749—2008)和《水泥抗硫酸盐侵蚀快速试验方法》(GB 2420—81)来检测混凝土中胶结材料的耐腐蚀性。

《水泥抗硫酸盐侵蚀试验方法》(GB/T 749—2008)主要内容如下:本方法采用1∶3.5胶砂,砂子采用粒度为0.40~0.50mm的平潭石英砂,按规定的标准稠度加水,拌和后加压成型为10mm×10mm×30mm长方体试件,养护规定龄期后进行试验,根据同龄期的水泥胶砂试件在侵蚀溶液中的抗折强度与在淡水中的抗折强度之比计算腐蚀系数,以此来评定胶结材料耐腐蚀性。当某种胶结材料制成的试体在天然环境水中或人工配制的侵蚀溶液中侵蚀6个月后,腐蚀系数$F_6 < 0.80$,则认为该胶结材料在该环境水或该浓度溶液中抗蚀性能较差。当采用复合外加剂或掺和料时,可按推荐掺量用内掺法代替部分水泥进行试验,结果评定同上,且使用复合外加剂或掺和料后,胶结材料耐腐蚀性应提高。

《水泥抗硫酸盐侵蚀快速试验方法》(GB 2420—81)中的主要内容如下:试验用1∶2.5胶砂,砂子采用粒度为0.25~0.65mm的标准砂,按规定的标准稠度加水,拌和后加压成型为10mm×10mm×60mm长方体试件,1d标养,7d50℃水中养护,28d常温侵蚀,根据水泥胶砂试件浸泡在侵蚀溶液中的抗折强度与淡水中的同龄期抗折强度之比(浸泡龄期为28d),计算抗蚀系数,来比较胶结材料抗蚀性。本方法可用来比较掺入复合外加剂或掺和料后胶结材料抗蚀性能的变化,要求使用复合外加剂或掺和料后,胶结材料耐腐蚀性应提高。

当出现下列情况时,需进行此项检测:

①更换复合外加剂或掺和料品种时;

②更换水泥品种时;

③当复合外加剂、掺和料或水泥批号发生变化时;

④当水泥储存期超过3个月,快硬硅酸盐水泥储存期超过1个月时。

(3)耐风蚀性

本指标采用《水泥胶砂耐磨性试验方法》(JC/T 421—2004)进行,主要内容如下:试验采用1∶2.5灰砂,水灰比按水泥品种根据标准定,按标准成型为150mm×150mm×30mm试件,养护后按要求磨损到规定的程度,计算单位面积上的磨损量,要求磨损量$< 0.5kg/m^2$。本方法适用于水泥耐磨性检验,但当混凝土所用胶结材料包括复合外加剂或掺和料时,也可用此方

法比较复合外加剂或掺和料对水泥胶砂性能的影响，评定同上，要求使用复合外加剂或掺和料后，胶结材料耐风蚀性应提高。

当出现下列情况时，需进行此项检测：

①更换复合外加剂或掺和料品种时；

②更换水泥品种时；

③当复合外加剂、掺和料或水泥批号发生变化时；

④当水泥储存期超过3个月，快硬硅酸盐水泥储存期超过1个月时。

(4)抗碱—集料反应性

本指标一般混凝土用《集料碱活性试验方法——砂浆棒法》[《建设用砂》(GB/T 14684—2001)]或《混凝土用集料碱活性试验方法——快速砂浆棒法》[《建设用砂》(GB/T 14684—2011)]检验。

快速砂浆棒法试验主要内容如下：按规定取样、制备试样等，筛分成150～300μm、300～600μm、600～1.18mm、1.18～2.36mm、2.36～4.75mm 5个粒级。按标准规定量取各粒级砂，与水泥按水泥：砂=1∶2.25、水灰比0.47配料，以标准方法成型、养护、测试初长，并测试试件在80℃高温、恒温的1mol/LNaOH溶液中养护3d、7d、10d、14d的长度，以14d的膨胀率来判定碱—硅酸活性。

当出现下列情况时，需进行此项检测：

①更换水泥品种时；

②更换集料品种时；

③当水泥和集料批号发生变化时。

从上述4项指标所依据的规范对原材料、工艺、配比来看，这4项指标所要检测的内容主要是水泥、复合外加剂、集料等原材料对混凝土耐久性的影响，不涉及现场混凝土的具体工艺及配比。因而没有太大必要在混凝土制作过程中进行检测，且制作过程中检测也不符合相应规范要求，得到的试验数据无法套用相应规范进行结果评定。因此，建议这4项指标分别采取按规范的要求进行必要的检测，保证混凝土的耐久性。

4)施工阶段要检测的耐久性指标细化内容

混凝土耐久性指标中的抗冻性、抗渗性、抗氯离子渗透性和抗裂性4项指标均与现场混凝土的配比、工艺有很大关系。因此，当出现下面几种情况时，应对这些指标进行检测：

①根据工程、环境特点，确定混凝土配合比或混凝土配合比发生变化时；

②原材料或生产工艺发生较大变化时；

③当混凝土的配合比相同、主要原材料和生产工艺未发生变化时，梁体混凝土每使用3 000m^3，其他混凝土每使用5 000m^3时。

上述4项指标检测的具体方法简述如下：

(1)抗冻性

本性能依据《普通混凝土长期性能和耐久性能试验方法标准》(GB/T 5008—2009)中《抗冻性试验——快冻法》进行。试验需用具体混凝土制作100mm×100mm×400mm的试件3块，在28d龄期开始抗冻试验。试件在水中浸泡4d后先测出横向基频的初始值及试件的质量，然后开始冻融循环，每隔25次作1次横向基频测量及试件质量测量，然后根据规范计算相对动弹性模量值及质量损失率。混凝土耐快速冻融循环次数应以同时满足相对动弹性模量值不小于60%和质量损失不超过5%时的最大循环次数来表示。

本方法可直接用现场拌制的混凝土试验,养护条件也可以按实际工程所处条件确定,能较为准确地反映混凝土的质量。另外,还可通过钻芯取样加工成同样尺寸的试件测定实体混凝土质量。

(2)抗渗性

本性能依据《普通混凝土长期性能和耐久性能试验方法标准》(GB/T 50082—2009)中"抗渗性试验"进行。试验需用混凝土制作顶面直径175mm、底面直径185mm、高度为150mm的圆台体或直径与高度均为150mm的圆柱体试件,6个为1组。按规定将试件装入抗渗仪后进行试验,试验时,水压从0.1MPa开始,每8h增加0.1MPa,并随时注意观察试件端面的渗水情况,当6个试件中有3个试件端面呈有渗水现象时,即可停止试验,计下当时的水压,抗渗等级$P=10H-1$。

本方法可直接用现场拌制的混凝土试验,养护条件也可以按实际工程所处条件确定,能较为准确地反映混凝土的质量。另外,还可通过钻芯取样加工成同样尺寸的试件,测定实体混凝土质量。

(3)抗氯离子渗透性

按照《混凝土耐氯离子渗透性能电动指示试验方法》(ASTM C1 202—2012)中的"直流电量法"进行氯离子渗透性试验,既将直径100mm、高度50mm的圆柱体混凝土试件在真空浸水饱和后,侧面密封安装到试验箱中,两端安置铜网电极,一端浸入0.3mol的NaOH溶液(正极),另一端浸入3%的NaCl溶液(负极),量测在60V电压下通过6h的电量,用以评价混凝土的渗透性。

本方法可直接用现场拌制的混凝土试验,养护条件也可以按实际工程所处条件确定,能较为准确地反映混凝土的质量。另外,还可通过钻芯取样加工成同样尺寸的试件,测定实体混凝土质量。

(4)抗裂性

按混凝土抗裂性试验方法进行,但建议根据不同工程部位,养护时采取更接近工程环境的温度和湿度。

4.14 低负温下高性能混凝土现场工程应用实例

4.14.1 青藏线昆仑山隧道模筑混凝土

在室内试验的基础上,2001年11月~2002年10月选择位于青藏高原多年冻土区的昆仑山隧道衬砌混凝土作为现场混凝土试验地点,如图4.42所示。昆仑山隧道位于海拔4 600m的高原冻土区,室外日平均气温在−15~−10℃,洞内气温−5~+5℃,混凝土采用集中拌和,泵送施工。针对具体的结构、施工、环境特点,首先利用当地材料进行了施工配合比设计,然后结合具体工程测试了有关施工工艺参数,并对混凝土质量进行强度、耐久性抽检。

图 4.42　青藏线昆仑山隧道衬砌混凝土

混凝土抗压强度的试验结果，对于强度等级相同、龄期相同以及工艺和配合比基本相同的一批混凝土，可按正态分布进行统计分析。主要计算强度的均值、标准差和不低于要求强度等级值的百分率。在统计周期内混凝土强度标准差和不低于要求强度等级值的百分率可按下列公式计算：

$$\sigma = \sqrt{\frac{\sum_{i=1}^{N} f_{\mathrm{cu},i}^{2} - N(uf_{\mathrm{cu},i})^{2}}{N-1}} \tag{4.12}$$

$$P = \frac{N_0}{N} \times 100$$

式中：$f_{\mathrm{cu},i}$——统计周期内第 i 组混凝土试件的立方体抗压强度值（MPa）；

N——统计周期内相同强度等级的混凝土试件组数；

$\mu f_{\mathrm{cu},i}$——统计周期内 N 组混凝土试件的立方体抗压强度的平均值（MPa）；

N_0——统计周期内试件强度不低于要求强度等级值的组数；

σ——混凝土强度标准差（MPa）；

P——试件强度不低于要求强度等级值的百分率（%）。

根据统计周期内混凝土强度标准差（σ）和不低于要求强度等级值的百分率（P）可按表 4.53 确定单位的混凝土生产质量水平。

表 4.53　混凝土生产质量水平

生产质量水平		优良		一般		差	
评定指标	混凝土强度等级	低于 C20	不低于 C20	低于 C20	不低于 C20	低于 C20	不低于 C20
σ	预拌混凝土厂和预制混凝土构件厂	≤3.0	≤3.5	≤4.0	≤4.0	>4.0	>5.0
	集中搅拌混凝土的施工现场	≤3.5	≤4.0	≤4.5	≤5.5	>4.5	>5.5
P	预拌混凝土厂和预制混凝土构件厂及集中搅拌混凝土的施工现场	≥95		>85		≤85	

1)原材料简介

(1)水泥。采用永登水泥厂祁连山牌32.5级早强型普通硅酸盐水泥,性能符合标准要求。

(2)砂子。山岔河砂,细度模数2.5的中砂,含泥量2.5%,表观密度2.66g/cm^3,堆积密度1 670kg/m^3。

(3)石子。乱石沟碎石,最大粒径40mm,含泥量0.3%,表观密度2.71g/cm^3,堆积密度1 780kg/m^3。针、片状颗粒含量5.3%,压碎指标8.2%,其他性能符合要求。

2)混凝土强度试验

(1)昆仑山隧道1号横洞模筑混凝土强度统计分析

横洞模筑混凝土强度等级为C25,坍落度为60~80mm,理论配合比C∶S∶G=1∶1.673∶3.25,水胶比为0.40,外加剂掺量占水泥用量4%,外加剂采用西宁有杰化工有限公司生产的UNF-A型高效防冻剂,试验结果分析如表4.54所示。

表4.54 昆仑山隧道1号横洞模筑混凝土强度统计分析

工程部位	强度等级	N	N_0	$\mu f_{cu,i}$(MPa)	σ(MPa)	P(%)
1号横洞	C25	38	36	27.9	2.6	95

以表4.54的试验结果对照表4.53可以看出,昆仑山隧道1号横洞模筑混凝土强度的质量控制达到优良水平。

(2)昆仑山隧道1次模筑混凝土强度统计分析

昆仑山隧道模筑混凝土强度等级为C25,坍落度为120~160mm,理论配合比C∶S∶G=1∶2.079∶2.54,水胶比为0.42,外加剂掺量占水泥用量10%,外加剂采用中国铁道科学院生产的DZ-1型复合外加剂,试验结果分析如表4.55所示。

表4.55 昆仑山隧道1次模筑混凝土强度统计分析

工程部位	强度等级	N	N_0	$\mu f_{cu,i}$(MPa)	σ(MPa)	P(%)
昆仑山隧道	C25	54	52	28.3	3.3	96

以表4.54和表4.55的试验结果对照表4.53可看出,昆仑山隧道1次模筑混凝土强度的质量控制达到优良水平。

(3)昆仑山隧道2次模筑混凝土强度统计分析

昆仑山隧道模筑混凝土强度等级为C30,坍落度为120~160mm,理论配合比C∶S∶G=1∶1.70∶2.16,水胶比为0.36,外加剂掺量占水泥用量10%,外加剂采用DZ-1型复合外加剂,试验结果分析如表4.56所示。

表4.56 昆仑山隧道2次模筑混凝土强度统计分析

工程部位	强度等级	N	N_0	$\mu f_{cu,i}$(MPa)	σ(MPa)	P(%)
昆仑山隧道	C30	32	30	32.5	2.9	94

以表4.56的试验结果对照表4.53可看出,昆仑山隧道两次模筑混凝土强度以标准差来表征,质量控制达到优良水平。以试件强度不低于要求强度等级值的百分率来看,质量控制达到一般水平。但与优良相差不远,由于所取数据较少,制件日期相差较大,需要进一步采集数

据分析。

(4)昆仑山隧道1号横洞模筑混凝土钻芯取样强度试验

2002年8月20日，对2002年2月17日灌注的K1+68.5~1+73里程的昆仑山隧道1号横洞模筑混凝土进行了钻芯取样(图4.43)，并于2002年8月22日在格尔木中铁五局工程试验中心测定芯样强度，经过加工以后的芯样试件尺寸为100mm×100mm的圆柱体，强度为27.2MPa，达到了设计强度要求，但略低于试件强度(29.4MPa)，如表4.57和表4.58所示。

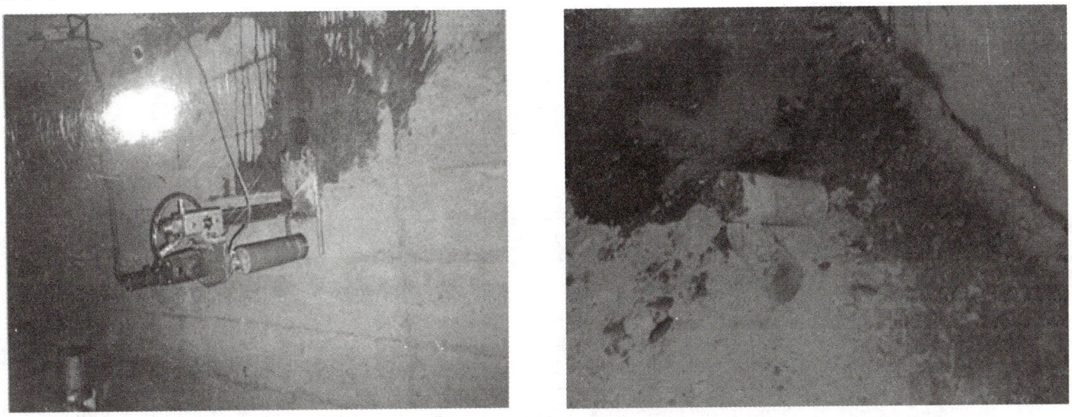

图4.43 混凝土钻芯取样

表4.57 昆仑山隧道1号横洞模筑混凝土强度试验

编号	里 程	制件日期(年.月.日)	试验日期(年.月.日)	坍落度(mm)	施工配合比	强度$f_{cu,i}$(MPa)
1	2+59~2+62	2001.10.14	2001.11.11	60	1:1.72:3.32	28.1
2	2+54.5~2+59	2001.10.21	2001.11.18	60	1:1.70:3.28	26.9
3	2+50~2+54.5	2001.10.26	2001.11.23	60	1:1.72:3.28	27
4	2+62~2+65	2001.10.7	2001.11.4	60	1:1.72:3.28	27
5	2+47~2+50	2001.11.1	2001.11.29	60	1:1.74:3.30	28.2
6	2+42.5~2+47	2001.11.13	2001.12.11	60	1:1.72:3.25	26.4
7	2+38~2+42.5	2001.11.17	2001.12.15	60	1:1.74:3.30	26
8	2+33.5~2+38	2001.11.22	2001.12.20	60	1:1.72:3.26	23.9
9	2+29~2+33.5	2001.11.25	2001.12.23	60	1:1.72:3.26	25.3
10	1+87.5~1+105.6	2001.12.25	2002.1.22	65	1:1.76:3.35	26.6
11	0+54.5~0+60.5	2002.1.23	2002.2.20	64	1:1.77:3.28	26.1
12	0+32~0+38	2002.1.23	2002.2.20	65	1:1.75:3.35	27.4
13	0+60.5~0+66.5	2002.1.24	2002.2.21	65	1:1.74:3.35	29.3
14	0+32~0+35	2002.1.26	2002.2.23	66	1:1.74:3.35	27.4
15	0+66.5~0+72.5	2002.1.26	2002.2.23	58	1:1.76:3.35	30.3
16	0+27.5~0+32	2002.1.27	2002.2.24	60	1:1.76:3.35	27.8

续上表

编号	里　程	制件日期（年.月.日）	试验日期（年.月.日）	坍落度(mm)	施工配合比	强度$f_{cu,i}$(MPa)
17	0+15.5~0+21.5	2002.2.10	2002.3.10	60	1:1.79:3.28	27.2
18	0+21~0+27.5	2002.2.14	2002.3.14	70	1:1.81:3.28	28
19	0+11~0+15.5	2002.2.14	2002.3.14	60	1:1.81:3.28	26
20	1+68.5~1+73	2002.2.19	2002.3.19	70	1:1.81:3.28	29.4
21	0+90.5~0+96.5	2002.2.2	2002.3.2	60	1:1.77:3.32	26.2
22	2+16.5~2+24.5	2002.2.20	2002.3.20	70	1:1.77:3.28	26.1
23	2+09~2+16.5	2002.2.21	2002.3.21	70	1:1.77:3.28	23.4
24	1+83.5~1+91	2002.2.22	2002.3.22	70	1:1.79:3.28	28.8
25	1+56.5~1+62.5	2002.2.24	2002.3.24	60	1:1.79:3.28	36.3
26	1+97~2+03	2002.2.24	2002.2.21	56	1:1.74:3.35	28
27	1+56.5~1+62.5	2002.2.24	2002.3.24	60	1:1.79:3.28	36.3
28	1+02.5~1+08.5	2002.2.24	2002.3.24	60	1:1.79:3.28	26.9
29	1+08.5~1+16	2002.2.24	2002.3.24	60	1:1.79:3.28	25.9
30	0+99.5~1+16	2002.2.24	2002.3.24	70	1:1.79:3.28	29.7
31	0+96.37~1+05.37	2002.2.27	2002.3.27	60	1:1.79:3.28	30.4
32	1+16~1+22	2002.2.27	2002.3.27	60	1:1.81:3.32	30.6
33	1+44.5~1+56.5	2002.2.28	2002.3.28	60	1:1.81:3.32	25.8
34	0+96.5~1+02.5	2002.2.3	2002.3.3	62	1:1.77:3.32	28.4
35	1+62.5~1+68.5	2002.2.32	2002.3.22	70	1:1.77:3.28	30.2
36	1+91~1+97	2002.2.6	2002.3.6	60	1:1.76:3.35	27.3
37	1+85~1+91	2002.2.7	2002.3.7	60	1:1.79:3.28	30.6
38	1+22~1+34	2002.3.1	2002.3.29	60	1:1.78:3.28	27.1

表4.58　昆仑山隧道1次模筑混凝土强度试验

编号	里　程	制件日期（年.月.日）	试验日期（年.月.日）	坍落度(mm)	施工配合比	强度$f_{cu,i}$(MPa)
1	DK976+266~+269	2001.9.26	2001.10.22	140	1:2.079:2.54	26.6
2	DK976+269~+273.5	2001.10.1	2001.10.29	150	1:2.14:2.55	23.4
3	DK976+273.5~+276.5	2001.10.4	2001.11.1	140	1:2.15:2.56	26.9
4	DK976+276.5~+279.5	2001.10.7	2001.11.4	120	1:2.16:2.56	31.7
5	DK976+279.5~285.5	2001.10.12	2001.11.9	150	1:2.15:2.55	26.2
6	DK976+266~+269	2001.10.15	2001.11.12	130	1:2.17:2.55	34.5
7	DK976+285.5~291.5	2001.10.16	2001.11.13	150	1:2.19:2.55	26
8	DK976+295~+299	2001.10.19	2001.11.16	120	1:2.19:2.55	38.8
9	DK976+266~+269	2001.10.22	2001.11.19	140	1:2.17:2.55	26.9

续上表

编号	里　　程	制件日期 （年，月，日）	试验日期 （年，月，日）	坍落度（mm）	施工配合比	强度 $f_{cu,i}$（MPa）
10	DK976 +272 ~ +275	2001.10.22	2001.11.19	140	1:2.17:2.55	30.4
11	DK976 +291.5 ~ +295	2001.10.22	2001.11.20	130	1:2.19:2.55	26.9
12	DK976 +284 ~ +288	2001.10.30	2001.11.27	140	1:2.21:2.56	27.6
13	DK976 +281 ~ +285	2001.10.30	2001.11.27	150	1:2.21:2.56	29.9
14	DK976 +271 ~ +275	2001.10.31	2001.11.28	150	1:2.19:2.55	26
15	DK976 +269 ~ +272	2001.10.31	2001.11.28	120	1:2.19:2.55	31
16	DK976 +299 ~ +308	2001.11.1	2001.11.29	140	1:2.189:2.55	29
17	DK976 +269 ~ +271	2001.11.6	2001.12.11	140	1:2.16:2.55	28.5
18	DK976 +275 ~ +281	2001.11.6	2001.12.4	130	1:2.16:2.55	27.4
19	DK976 +275 ~ +277	2001.11.6	2001.12.4	140	1:2.16:2.55	27.4
20	DK976 +275 ~ +277	2001.11.8	2001.12.13	120	1:2.189:2.55	27.8
21	DK976 +288 ~ +290	2001.11.8	2001.12.6	120	1:2.17:2.55	25.9
22	DK976 +285 ~ +287	2001.11.8	2001.12.6	120	12:2.17:2.55	26.5
23	DK976 +293.5 ~ +298	2001.11.19	2001.12.17	120	1:2.21:2.60	25.8
24	DK976 +351 ~ +357	2002.1.23	2002.2.27	140	1:2.143:2.55	26.4
25	DK976 +351 ~ +357	2002.1.23	2001.2.20	140	1:2.143:2.55	26
26	DK976 +327 ~ +333	2001.12.1	2001.12.29	140	1:2.25:2.55	28.7
27	DK976 +290 ~ +293.5	2001.11.29	2001.12.27	130	1:2.28:2.55	29.1
28	DK976 +287 ~ +293.5	2001.11.29	2001.12.27	130	1:2.28:2.55	25.4
29	DK976 +287 ~ +293.5	2001.11.29	2002.1.3	130	1:2.28:2.55	24.7
30	DK976 +379.5 ~ +388.5	2002.2.5	2001.3.5	140	1:2.14:2.55	25.6
31	DK976 +459.5 ~ +468.5	2002.2.7	2002.3.7	130	1:2.14:2.55	26.9
32	DK976 +268 ~ +272	2002.2.9	2002.3.9	140	1:2.079:2.54	26.9
33	DK976 +369 ~ +379.5	2002.2.10	2002.3.17	140	1:2.14:2.55	26.9
34	DK976 +337.5 ~ +339	2002.2.17	2002.3.17	150	1:2.14:2.55	26.1
35	DK976 + ~477.5 ~ +480.5	2002.2.25	2002.2.25	140	1:2.14:2.55	30
36	DK976 +276 ~ +280	2002.2.25	2002.3.5	140	1:2.14:2.55	30.8
37	DK976 +280 ~ +266.5	2002.3.1	2001.3.29	130	1:2.14:2.55	26.5
38	DK976 +455 ~ +459.5	2002.3.5	2002.4.2	130	1:2.14:2.55	29.3
39	DK976 +397.5 ~ +406.5	2002.1.25	2002.2.22	160	1:2.12:2.55	29.9
40	DK976 +415.5 ~ +422	2002.1.26	2002.2.23	130	1:2.12:2.55	27.7
41	DK976 +415.5 ~ +423.5	2002.1.17	2002.2.24	130	1:2.14:2.55	26.8
42	DK976 +357 ~ +363	2002.1.19	2002.2.26	130	1:2.14:2.55	26
43	DK976 +388.5 ~ +397.5	2002.2.2	2002.3.2	130	1:2.12:2.55	26

续上表

编号	里　程	制件日期（年.月.日）	试验日期（年.月.日）	坍落度(mm)	施工配合比	强度$f_{cu,i}$(MPa)
44	DK976+265~+268	2002.2.2	2002.3.2	130	1:2.12:2.55	26
45	DK976+363~+369	2002.2.4	2002.3.4	130	1:2.14:2.55	26.1
46	DK976+284~+288	2002.3.9	2002.4.6	140	1:2.14:2.55	36.7
47	DK976+480.5~+486	2002.3.14	2002.4.11	130	1:2.14:2.55	26.2
48	DK976+288~+292	2002.3.15	2002.4.12	140	1:2.14:2.55	26.6
49	DK976+292~+295	2002.3.18	2002.1.15	140	1:2.14:2.55	26.4
50	DK976+379~+383	2002.3.22	2002.4.19	140	1:2.14:2.55	26.5
51	DK976+486~+494	2002.3.24	2002.4.21	130	1:2.17:2.56	35.8
52	DK976+480.5~+486	2002.3.24	2002.4.21	140	1:2.17:2.56	33
53	DK976+295~+300	2002.3.24	2002.4.21	140	1:2.17:2.56	33.5
54	DK976+300~+324	2002.3.27	2002.4.24	140	1:2.19:2.56	36.1

3)混凝土抗冻性试验

2002年8月20日，对2002年2月24日灌注的K1+56.5~1+62.5里程的昆仑山隧道1号横洞模筑混凝土进行了钻芯取样，并于2002年9月~10月在兰州交通大学(原兰州铁道学院)进行了抗冻性试验，经过加工以后的芯样试件尺寸为100mm×100mm的圆柱体。对比组混凝土强度为31.4MPa，经过100次冻融循环后强度为25.7MPa，强度损失为18%；对比组混凝土试件质量为1.901kg，经过100次冻融循环后试件质量为1.880kg，质量损失为1%，如表4.59所示。

表4.59　昆仑山隧道二次模筑混凝土强度试验

编号	里　程	制件日期（年.月.日）	试验日期（年.月.日）	坍落度(mm)	施工配合比	强度$f_{cu,i}$(MPa)
1	DK976+265~+268	2002.2.3	2002.3.3	130	1:1.73:2.17	30.5
2	DK976+263~+268	2002.2.10	2002.3.17	150	1:1.73:2.17	31.3
3	DK976+263~+268	2002.2.3	2002.3.10	130	1:1.73:2.17	30.7
4	DK976+268~+272	2002.2.10	2002.3.10	130	1:1.73:2.17	30.8
5	DK976+268~+272	2002.2.13	2002.3.13	140	1:1.75:2.17	31.9
6	DK976+272~+276	2002.2.26	2002.3.26	120	1:1.76:2.18	29
7	DK976+272~+276	2002.2.26	2002.3.26	120	1:1.76:2.18	27.5
8	DK976+262~+266.5	2002.2.27	2002.3.27	140	1:1.79:2.18	31.6
9	DK976+280~+284	2002.3.4	2002.4.1	120	1:1.79:2.18	33.5
10	DK976+280~+284	2002.3.1	2002.3.29	120	1:1.79:2.18	32.6
11	DK976+266.5~+272.5	2002.3.11	2002.4.8	140	1:1.79:2.18	33
12	DK976+284~+288	2002.3.13	2002.4.10	130	1:1.79:2.18	30.1

续上表

编号	里　程	制件日期(年.月.日)	试验日期(年.月.日)	坍落度(mm)	施工配合比	强度$f_{cu,i}$(MPa)
13	DK976 +272.2 ~ +278.5	2002.3.16	2002.4.13	130	1:1.77:2.17	32.2
14	DK976 +284 ~ +287	2002.3.16	2002.4.13	130	1:1.77:2.17	32.1
15	DK976 +292 ~ +295	2002.3.19	2002.4.16	120	1:1.77:2.17	30.3
16	DK976 +295 ~ +300	2002.3.25	2002.4.22	130	1:1.77:2.17	32.2
17	DK976 +287 ~ +300	2002.3.27	2002.4.24	140	1:1.79:2.18	37
18	DK976 +300 ~ +304	2002.3.28	2002.4.25	130	1:1.79:2.18	39.5
19	DK976 +304 ~ +309	2002.3.31	2002.4.28	140	1:1.79:2.18	34.9
20	DK976 +278.5 ~ +284.5	2002.3.31	2002.4.28	140	1:1.79:2.18	34.7
21	DK976 +300 ~ +309	2002.4.1	2002.4.29	130	1:1.79:2.18	35.7
22	DK976 +250 ~ +258	2001.9.28	2001.10.26	160	1:1.77:2.18	33.3
23	DK976 +250 ~ +258	2001.9.28	2001.11.2	160	1:1.77:2.18	32.1
24	DK976 +250 ~ +257	2001.10.18	2001.11.15	120	1:1.79:2.17	41.6
25	DK976 +258 ~ +265	2001.11.9	2001.12.7	140	1:1.79:2.18	31.6
26	DK976 +257 ~ +263	2001.11.18	2001.12.16	130	1:1.81:2.21	30.7
27	DK976 +257 ~ +263	2001.11.18	2001.12.16	130	1:1.81:2.21	30.9
28	DK976 +250 ~ +256	2001.12.8	2001.1.5	130	1:1.83:2.17	34.2
29	DK976 +250 ~ +256	2001.12.8	2001.1.5	130	1:1.83:2.17	32.6
30	DK976 +250 ~ +256	2001.12.8	2001.1.12	130	1:1.83:2.17	30.6
31	DK976 +256 ~ +262	2001.12.27	2002.1.24	130	1:1.8:2.17	30.2
32	DK976 +256 ~ +262	2001.12.27	2002.1.24	130	1:1.8:2.17	31.4

4.14.2 玉树混凝土

1)原材料简介

混凝土是由水泥、水、细集料(砂)、粗集料(石子)、各种化学外加剂、矿物掺和料6种成分按适当比例混合配制而成,6种原材料对混凝土的性能都会产生较大影响。矿物掺和料作为耐久性混凝土的必要成分,在耐久性混凝土中掺入一定含量的矿物掺和料,不仅可有效降低混凝土的经济成本,而且可以明显改善混凝土内部的孔结构,提高混凝土的密实性,使混凝土抗渗、抗冻、耐腐蚀、抗碳化等耐久性能明显提高,另外优良的矿物掺和料也可以改善混凝土的和易性,降低混凝土的干缩性,保证混凝土不开裂,同时矿物掺和料的掺入,可以降低混凝土中水泥用量,减低混凝土中总碱含量,防止混凝土发生碱—集料反应。目前应用最多的矿物掺和料是粉煤灰和矿粉。砂石作为混凝土的主要骨架,其性能好坏对所配制混凝土的强度、和易性和耐久性均有影响。近些年来,随着优良的砂石减少,目前混凝土所用砂石会存在含泥量过高、碱活性含量过高、颗粒级配不合格等情况,另外石子的表观特征对配制混凝土的强度和耐久性也有影响,故石子宜采用碎石。

(1)水泥

本试验采用兰州地区产的祁连山牌普通硅酸盐水泥,水泥技术指标如表4.60所示。

表4.60　PO42.5普通硅酸盐水泥技术指标

检验项目指标	细度比表面积(m^2/kg)	凝结时间		安定性	力学性能(MPa)			
					抗折强度		抗压强度	
					3d	28d	3d	28d
国家标准	≥300	≥45min	≤6h 30mm	合格	≥4.5	≥6.5	≥22.0	≥42.5
实测值	360	1h 35min	2h 20min	合格	5.5	8.9	23.4	46.6

(2)矿物掺和料

①粉煤灰

粉煤灰是从烧煤的锅炉煤气中收集的粉状颗粒,属于人工火山灰质混合料,其本身没有或极少有凝胶性,但其粉末状态在有水存在时,能与$Ca(OH)_2$在常温下发生化学反应,生成具有凝胶性的组分。本试验采用兰州地区产Ⅱ级粉煤灰,各项技术指标如表4.61所示。

表4.61　粉煤灰的技术指标

细度(45μm方孔筛筛余,%)	需水量比(%)	烧失量(%)	含水量(%)
7.3	90	3.8	0.2

②矿粉

矿渣粉是炼铁高炉排除的熔渣,当其经磨细后具有很高的活性和极大的表面能,可以弥补硅粉资源的不足,满足配制不同性能混凝土的需求。矿粉掺入混凝土可以配制出高强和超高强的混凝土,改善新拌混凝土的和易性,也可配制出大流动性且不宜离析的泵送混凝土。本试验采用兰州地区产S95级矿粉,各项技术指标如表4.62所示。

表4.62　矿粉的技术指标

密度(g/cm^3)	比表面积(m^2/kg)	流动度比(%)	活性指数(%)	
			7d	28d
2.9	480	105	80	98

(3)集料

①粗集料

试验用粗集料选用5~25mm和5~31.5mm的连续级配,表面比较粗糙且质地坚硬的反击破硅质碎石。根据《建设用碎石、卵石》(GB/T 14685—2011)所测得的碎石的技术指标和级配,如表4.63~表4.66所示。

表4.63　5~25mm碎石的级配

筛孔尺寸(mm)	累计筛余(%)	规范要求(%)	筛孔尺寸(mm)	累计筛余(%)	规范要求(%)
26.50	0		4.75	95.50	90~100
16.00	54.60	30~70	2.36	98.18	95~100

表 4.64　5～25mm 碎石的性能指标

颗粒级配(mm)	含泥量(%)	泥块含量(%)	针片状含量(%)	表观密度(g/cm^3)
5～25mm	0.1%	0.2	5	2.74

表 4.63 和表 4.64 中的数据表明:选用的 5～25mm 碎石技术指标符合标准的规定,级配合理,质量优良,符合试验的要求。

表 4.65　5～31.5mm 碎石的级配

筛孔孔径(mm)	累计筛余(%)	累计筛余(%)	筛孔孔径(mm)	累计筛余(%)	累计筛余(%)
31.50	0.00	0～5	9.50	84.90	70～90
26.50	7.80		4.75	97.80	90～100
19.00	38.30	15～45	2.36	99.60	95～100
16.00	52.50				

表 4.66　5～31.5mm 碎石的性能指标

颗粒级配(mm)	含泥量(%)	泥块含量(%)	针片状含量(%)	表观密度(g/cm^3)
5～31.5mm	0.1%	0.4	5	2.77

表 4.65 和表 4.66 中的数据表明:选用的 5～31.5mm 碎石技术指标符合标准的规定,级配合理,质量优良,符合试验的要求。

②细集料

按照《建设用砂》(GB/T 14684—2011)测定试验所用细集料的级配指标,具体测试结果如表 4.67 和表 4.68 所示。

表 4.67　天然砂的级配

筛孔孔径(mm)	分类筛余(g)	累计筛余(%)	筛孔孔径(mm)	分类筛余(g)	累计筛余(%)
4.75	43.6	8.72	0.6	178.7	35.74
2.36	79.9	15.98	0.3	356.1	71.22
1.18	112.3	22.46	0.15	478.3	95.66

表 4.68　天然砂的技术指标

细度模数	含泥量(%)	表观密度(g/cm^3)	堆积密度(kg/m^3)	
			松散	紧密
2.2		2.62	1 514.9	1 764.4

测试结果表明,所用细集料满足Ⅲ区细砂的要求。

(4)外加剂

外加剂主要是用来调节水泥水化反应过程,改善新拌和硬化混凝土的性能。目前掺加化学外加剂已成为混凝土高性能化的重要技术途径和常规措施。

①减水剂

试验用缓凝性聚羧酸系高性能减水剂，减水率为26.5%，依据《混凝土外加剂》(GB 8076—2008)和《聚羧酸系高性能减水剂》(JG/T 223—2007)对减水剂的主要性能指标进行测试。

②引气剂

依据《混凝土外加剂》(GB 8076—2008)对引气剂的主要性能指标进行测试。

③水

试验用水采用饮用水。

《水泥水化热测定方法》(GB/T 12959—2008)中测定水化热的方法有直接法和溶解热法两种。直接法是在热量计周围温度不变的条件下，直接测定热量计内水泥胶砂温度的变化，计算热量计内积蓄和散失热量的总和，从而求得水泥水化热。本试验采用直接法测定恒定低温下水泥水化热。控温装置中的水泥浆体、冰水中和空气中分别布置一个测温元件，恒定低温通过加入冰块控制，外界环境恒定低温通过大气温度模拟箱控制，量程 -40 ~ 40℃，精度 ±1℃。水泥水化热通过控温装置内的冰水温升来计算。控温装置的散热常数严格按照《水泥水化热测定方法》(GB/T 12959—2008)中"热量计散热常数测定"的相关规定进行，均满足散热常数小于167.00J/(h·℃)的要求。具体试验原理如图4.44所示。

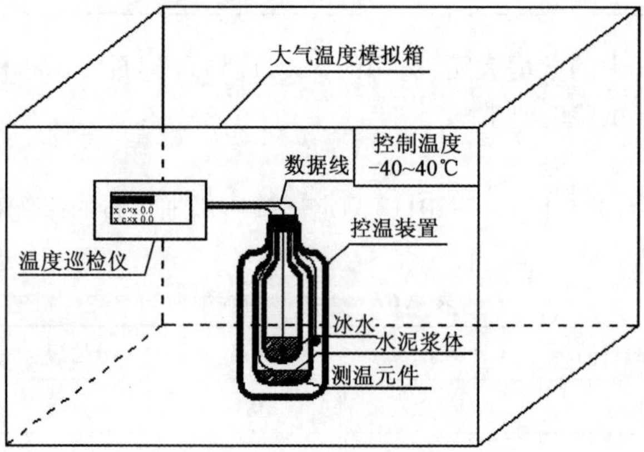

图4.44 试验原理示意图

2)试验方案

随着低温混凝土施工条件的改善及其技术的进步，影响混凝土各方面性能的因素随之增多，传统研究中所考虑的影响因素因局限于传统施工工艺和混凝土技术，其研究成果的滞后性越来越明显。为了适应现代低温混凝土技术发展的需求，本文进行了低温负温对混凝土宏观强度和微观结构、孔结构、抗渗性能及水化程度影响的研究，具体的影响因素设定和试验方案制定如下：

(1)试验配合比

试验选用0.24、0.31、0.38 3个水灰比，调整混凝土初始坍落度在200(±20)mm。基准配合比如表4.69所示。

表 4.69 混凝土配合比

水胶比	编号	水（kg/m³）	水泥（kg/m³）	矿粉（kg/m³）	粉煤灰（kg/m³）	砂率（%）	减水剂（%）	引气剂（%）
0.24	A-1	140	583			42	0.8	
	A-2	140	408	87.5	87.5	42	3.5	
	A-3	140	408	87.5	87.5	42	3.5	0.02
0.31	B-1	144	465			44	1.3	
	B-2	144	325	69.7	69.7	44	1.9	
	B-3	144	325	69.7	69.7	44	1.9	0.02
0.38	C-1	150	394			46	2.2	
	C-2	150	276	59	59	46	1.5	
	C-3	150	276	59	59	46	1.5	0.02

水化程度试验选用0.24、0.31、0.38 3个水灰比，如表4.70所示。

表 4.70 水化程度试验配合比

水 胶 比	编 号	水(g)	水泥(g)
0.24	D-1	240	1 000
0.31	E-1	310	1 000
0.38	F-1	380	1 000

(2)抗压强度试验方案

文中已经采用字母顺序来表达混凝土的配合比，抗压强度试验方案如下：

Ⅰ组：混凝土配合比 A-1、B-1、C-1 分别在 3℃和 -3℃条件下养护，测试不同龄期混凝土抗压强度，同时每一个配合比以标准养护条件下抗压强度为对照组混凝土。

Ⅱ组：混凝土配合比 A-1、A-2、A-3、B-1、B-2、B-3、C-1、C-2、C-3 分别在 -3℃条件下养护，测试不同龄期混凝土抗压强度，同时每一个配合比以标准养护条件下抗压强度为对照组混凝土。

(3)混凝土孔结构试验方案

Ⅰ组：混凝土配合比 A-1、B-1、C-1 分别在 3℃和 -3℃条件下养护，测试不同龄期混凝土孔结构参数。

Ⅱ组：混凝土配合比 A-1、A-2、A-3、B-1、B-2、B-3、C-1、C-2、C-3 分别在 -3℃条件下养护，测试不同龄期混凝土孔结构。

(4)混凝土抗氯离子扩散试验方案

混凝土配合比 A-1、A-2、A-3、B-1、B-2、B-3、C-1、C-2、C-3 分别在 -3℃条件下养护，测试不同龄期混凝土氯离子扩散系数。

(5)水化程度试验方案

配合比 D-1、E-1、F-1 分别在 -3℃、3℃、20℃下进行水化热实验。

3）初始含气量对强度的影响

配合比 A-3、B-3、C-3 分别是在配合比 A-2、B-2、C-2 的基础上加入 0.02% 的引气剂，各组混凝土初始含气量如表 4.71、表 4.73 和表 4.75 所示。

表 4.71　A 组混凝土初始含气量（%）

水灰比	A-1	A-2	A-3
0.24	2.3	0.8	2.3

（1）A-3 混凝土负温养护下强度增长规律，如表 4.72 和图 4.45 所示。

表 4.72　混凝土负温养护下强度增长规律

龄期（d）	A-2 混凝土		A-3 混凝土	
	标准养护（MPa）	负温养护（MPa）	标准养护（MPa）	负温养护（MPa）
7	50.64	25.65	50.49	7.85
14	57.57	35.59	54.53	18.3
21	59.47	36.67	55.29	19.95
28	60.99	39.93	56.43	24.83
84	75.81	44.65	62.42	37.53

表 4.73　B 组混凝土初始含气量（%）

水灰比	B-1	B-2	B-3
0.31	3.4	1.5	3

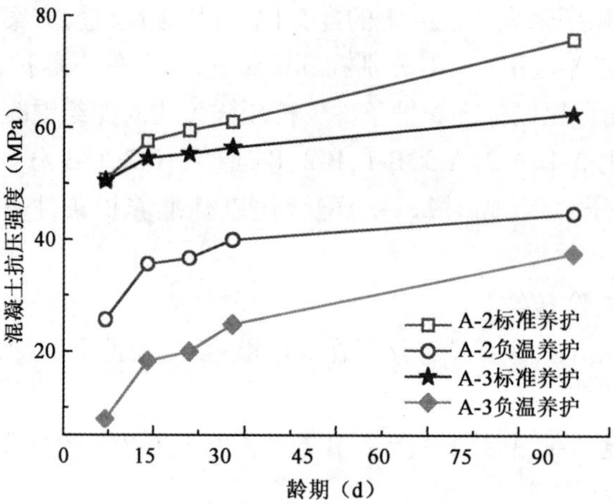

图 4.45　A 组混凝土强度值

从表 4.71、表 4.72 及图 4.45 可以得知：标养条件下，含气量为 0.8% 的 A-2 混凝土强度始终大于含气量为 2.3% 的 A-3 混凝土，且随着龄期的变化，两者之间的差距越来越大；在负温养护条件下，A-2 混凝土强度始终大于 A-3 混凝土，最大差距时，A-2 混凝土强度达到 A-3 混凝土强度的 1.95 倍。

（2）B-3 混凝土负温养护下强度增长规律，如表 4.74 和图 4.46 所示。

表 4.74 混凝土负温养护下强度增长规律

龄期(d)	B-2 混凝土		B-3 混凝土	
	标准养护(MPa)	负温养护(MPa)	标准养护(MPa)	负温养护(MPa)
7	43.89	25.87	45.41	25.75
14	50.73	37.15	49.21	32.36
21	50.92	39.14	52.44	33.82
28	55.01	45.89	52.92	41.9
84	65.74	50.54	58.71	48.07

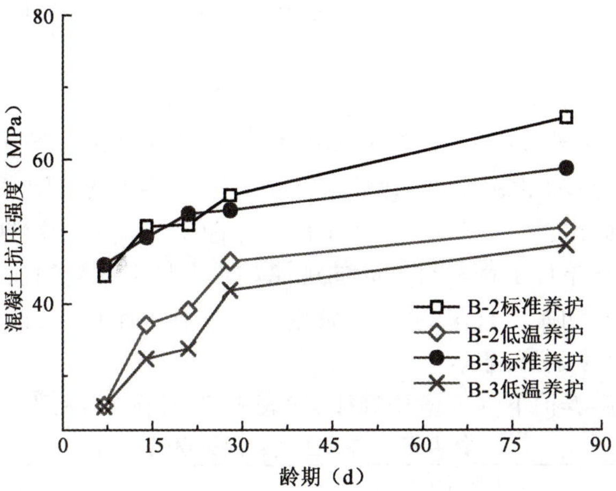

图 4.46 B 组混凝土强度值

从表 4.73、表 4.74 和图 4.46 可以得知：标养条件下，28d 龄期之前，含气量为 1.5% 的 B-2 混凝土和含气量为 3% 的混凝土强度之间相差不大，但从 28d 龄期开始，B-2 混凝土强度迅速增长，到 84d 龄期时已远远大于 B-3 混凝土；负温养护条件下，B-2 混凝土强度始终大于 B-3 混凝土。

（3）C 组混凝土初始含气量见表 4.75，C-3 混凝土负温养护下强度增长规律，如表 4.76 和图 4.47 所示。

表 4.75 C 组混凝土初始含气量（%）

水灰比	C-1	C-2	C-3
0.38	4	1.5	3.8

表 4.76 混凝土负温养护下强度增长规律

龄期(d)	C-2 混凝土		C-3 混凝土	
	标准养护(MPa)	负温养护(MPa)	标准养护(MPa)	负温养护(MPa)
7	36.67	24.64	31.83	22.07
14	40.47	28.75	37.24	27.9
21	42.56	34.2	39.33	30.78
28	47.03	35.66	41.71	32.14
84	52.35	42.21	50.73	40.09

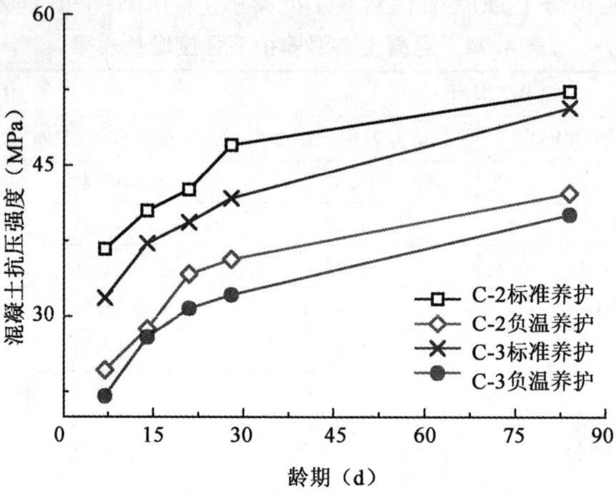

图4.47 C组混凝土强度值

从表4.75、表4.76及图4.47可以得知:标养条件下,含气量为1.5%的C-2混凝土强度值始终大于含气量为3.8%的C-3混凝土;在负温养护条件下,混凝土的强度变化和标养条件下类似。

从以上的实验数据分析可以得知:随着初始含气量的增加,各个龄期混凝土的强度有所降低,标准养护及负温养护条件下都具有相同的规律。原因是引气剂的加入,使初始状态的混凝土中就含有较小的气泡,初始含气量的增加,使混凝土中孔隙率增大,最终影响混凝土强度。

4)矿物掺和料对强度的影响

(1)A-2混凝土负温养护下强度增长规律,如表4.77和图4.48所示。

表4.77 混凝土各龄期强度值

龄期(d)	A-1混凝土		A-2混凝土	
	标准养护(MPa)	负温养护(MPa)	标准养护(MPa)	负温养护(MPa)
7	54.60	26.10	50.64	25.65
14	57.50	34.60	57.57	35.59
21	59.10	37.10	59.47	36.67
28	60.20	38.80	60.99	39.93
84	70.10	44.20	75.81	44.65

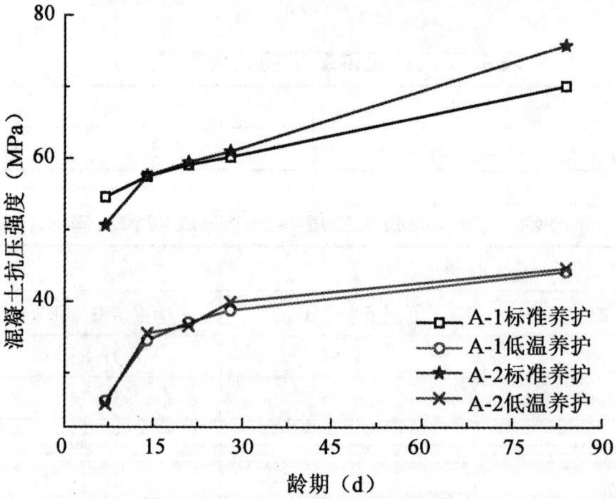

图4.48 A组混凝土强度值

由图4.48及表4.77可以得知：在标养环境下，A-1混凝土7d强度要大于A-2混凝土，到14d以后，A-2混凝土强度比A-1混凝土强度高，且随着龄期的变化，强度之间的差距越来越大；在负温条件下养护，A-1、A-2混凝土强度之间差距不是太大。

(2)B-2混凝土负温养护下强度增长规律，如表4.78和图4.49所示。

表4.78 混凝土各龄期强度值

龄期(d)	B-1混凝土		B-2混凝土	
	标准养护(MPa)	负温养护(MPa)	标准养护(MPa)	负温养护(MPa)
7	41.9	12.5	43.89	25.87
14	47.50	24.50	50.73	37.15
21	55.6	40.5	50.92	39.14
28	57.40	43.40	55.01	45.89
84	62.8	48.2	65.74	50.54

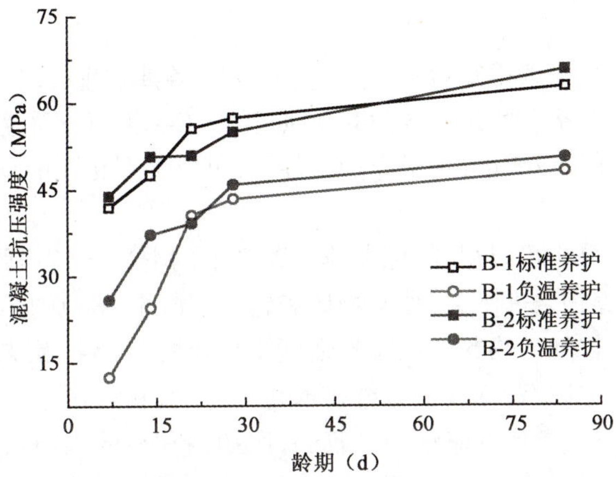

图4.49 B组混凝土强度值

由表4.78及图4.49可以得知：在标养环境下，B-1混凝土7d、14d强度要大于B-2混凝土，28d之后随着龄期的变化，B-2混凝土强度逐渐增加，到84d龄期时，B-2混凝土强度达到B-1混凝土强度的1.05倍；负温养护条件下，B-1混凝土前期强度增长较为迅速，但除28d龄期外，其余龄期强度都低于B-2混凝土。

(3)C-2混凝土负温养护下强度增长规律，如表4.79和图4.50所示。

表4.79 混凝土各龄期强度值

龄期(d)	C-1混凝土		C-2混凝土	
	标准养护(MPa)	负温养护(MPa)	标准养护(MPa)	负温养护(MPa)
7	34.8	20.1	36.67	24.64
14	40.3	28.6	40.47	28.75
21	43	32.6	42.56	34.20
28	44.5	34.7	47.03	35.66
84	49.1	40.6	52.35	42.21

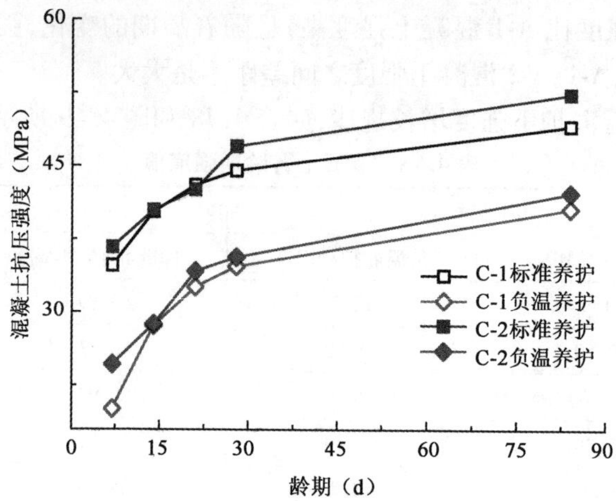

图4.50　C组混凝土强度值

由表4.79及图4.50可以得知：在标养环境下，14d龄期之前，C-1混凝土强度要低于C-2混凝土，14～28d龄期，两者差距不大，从28d龄期开始，C-2混凝土强度迅速增长，到84d时已经达到C-1混凝土强度的1.09倍；负温养护条件下，可以看到相同的规律，但C-1、C-2混凝土强度之间相差不大。

从以上的试验数据分析可以得知：标准养护条件下的混凝土抗压强度要高于负温养护条件下的混凝土；在标准养护条件下，掺加矿物掺和料的混凝土28d强度要略低于不掺矿物掺和料的，但是到56d以后，掺加矿物料的混凝土强度增长较快，到84d龄期时，远大于不掺加矿物掺和料的混凝土。分析原因有：①在胶凝材料水化的早期，粉煤灰水化活性低，且溶液中生成的有效的氢氧根离子较少，形成的碱性环境较弱，矿物掺和料的火山灰效应不明显，没有很好地发挥矿物掺和料的微集料填充效应；②矿物掺和料对水泥的水化有抑制作用，所以随着水泥的水化，掺加矿物掺和料的混凝土水化热比不掺加矿物掺和料的混凝土低，故而减慢水泥的水化速度。在负温养护条件下，矿物掺和料对混凝土早期强度的影响不是很明显，分析原因主要是：负温养护影响水泥的水化，进而影响矿物掺和料活性的激发；矿物掺和料混凝土后期强度比不掺加的要高，但后期随着水泥的水化，溶液中$Ca(OH)_2$富集，促使SiO_2、Al_2O_3溶蚀，提高矿物掺和料密实填充效应，混凝土中孔隙率减小，强度增加。

5)强度与水化热关系

对恒定低、负温养护下不同水灰比混凝土强度增长与水泥浆水化规律进行试验及分析研究，从而了解混凝土在低、负温下强度增长与水泥水化程度之间的关系。

(1)A-1混凝土低温养护抗压强度与水化程度相关性分析

由图4.51可以得知。随着龄期的变化，A-1混凝土在恒定低温条件下养护，其抗压强度增长规律同水泥水化程度增长之间变化规律相似。利用SPSS统计分析软件进行混凝土低温养护抗压强度与水化程度相关性分析，从表4.80所检测结果可以得知：混凝土强度与水化程度之间相关系数为0.976，Sig值为0.005，远小于0.10，所以两个变量之间显著相关。

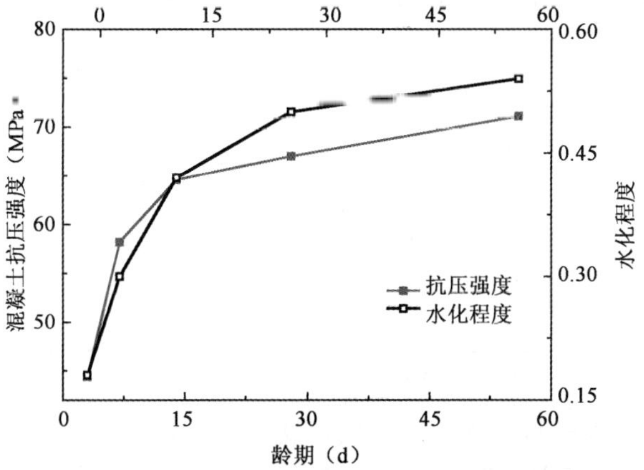

图4.51 A-1 混凝土低温养护抗压强度与水化程度相关性分析

表4.80 A-1 混凝土低温养护抗压强度与水化程度相关性检测结果

A-1 混凝土低温		混凝土强度	水 化 程 度
混凝土强度	Pearson 相关性	1	0.976**
	显著性（双尾）		0.005
	N	5	5
水化程度	Pearson 相关性	0.976**	1
	显著性（双尾）	0.005	
	N	5	5

注：**表示在置信度（双测）为 0.01 时，相关性是显著的。

(2) A-1 混凝土负温养护抗压强度与水化程度相关性分析

由图4.52可以得知：随着龄期的变化，A-1 混凝土在恒定负温条件下养护，其抗压强度增长规律同水泥水化程度增长之间变化规律相似。利用 SPSS 统计分析软件进行混凝土负温养护抗压强度与水化程度相关性分析，从表4.81检测结果可以得知：混凝土强度与水化程度之间相关系数为0.995，Sig 值为0.000，远小于0.10，所以两个变量之间显著相关。

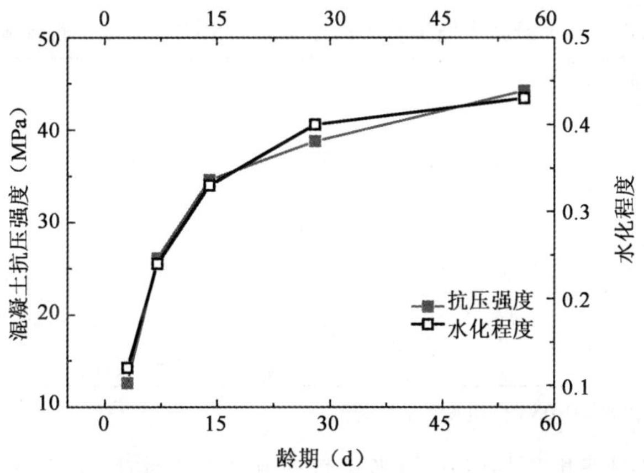

图4.52 A-1 混凝土负温养护抗压强度与水化程度相关性分析

表 4.81　A-1 混凝土负温养护抗压强度与水化程度相关性检测结果

A-1 混凝土负温		混凝土强度	水化程度
混凝土强度	Pearson 相关性	1	0.995**
	显著性（双尾）		0.000
	N	5	5
水化程度	Pearson 相关性	0.995**	1
	显著性（双尾）	0.000	
	N	5	5

注：**表示在置信度(双测)为 0.01 时，相关性是显著的。

(3)B-1 混凝土低温养护抗压强度与水化程度相关性分析

从图 4.53 可以得知：随着龄期的变化，B-1 混凝土在恒定低温条件下养护，其抗压强度增长规律同水泥水化程度增长之间变化规律相似。利用 SPSS 统计分析软件进行混凝土低温养护抗压强度与水化程度相关性分析，从表 4.82 检测结果可以得知：混凝土强度与水化程度之间相关系数为 0.910，Sig 值为 0.032，远小于 0.10，所以两个变量之间显著相关。

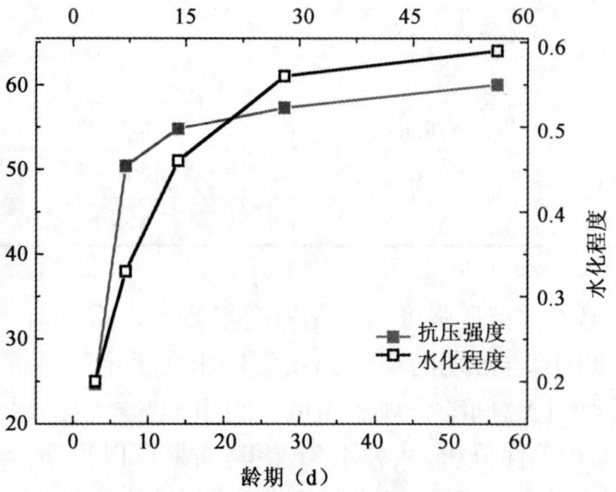

图 4.53　B-1 混凝土低温养护抗压强度与水化程度相关性分析

表 4.82　B-1 混凝土低温养护抗压强度与水化程度相关性检测结果

B-1 混凝土低温温		混凝土强度	水化程度
混凝土强度	Pearson 相关性	1	0.910*
	显著性（双尾）		0.032
	N	5	5
水化程度	Pearson 相关性	0.910*	1
	显著性（双尾）	0.032	
	N	5	5

注：*表示在置信度(双测)为 0.05 时，相关性是显著的。

(4)B-1 混凝土负温养护抗压强度与水化程度相关性分析

从图 4.54 可以得知：随着龄期的变化，C-1 混凝土在恒定负温条件下养护，其抗压强度增长规律同水泥水化程度增长之间变化规律相似。利用 SPSS 统计分析软件进行混凝土负温养护抗压强度与水化程度相关性分析，从表 4.83 检测结果可以得知：混凝土强度与水化程度之间相关系数为 0.992，Sig 值为 0.001，远小于 0.10，所以两个变量之间显著相关。

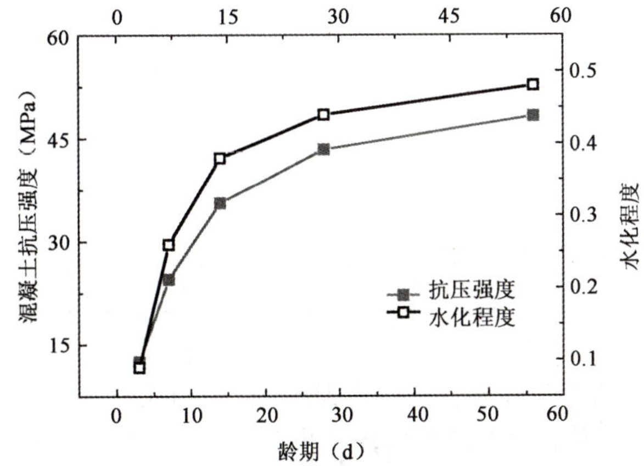

图 4.54 B-1 混凝土负温养护抗压强度与水化程度相关性分析

表 4.83 B-1 混凝土负温养护抗压强度与水化程度相关性检测结果

B-1 混凝土负温		混凝土强度	水 化 程 度
混凝土强度	Pearson 相关性	1	0.992**
	显著性（双尾）		0.001
	N	5	5
水化程度	Pearson 相关性	0.992**	1
	显著性（双尾）	0.001	
	N	5	5

注：**表示在置信度（双测）为 0.01 时，相关性是显著的。

(5) C-1 混凝土低温养护抗压强度与水化程度相关性分析

从图 4.55 可以得知：随着龄期的变化，C-1 混凝土在恒定低温条件下养护，其抗压强度增长规律同水泥水化程度增长之间变化规律相似。利用 SPSS 统计分析软件进行混凝土低温养

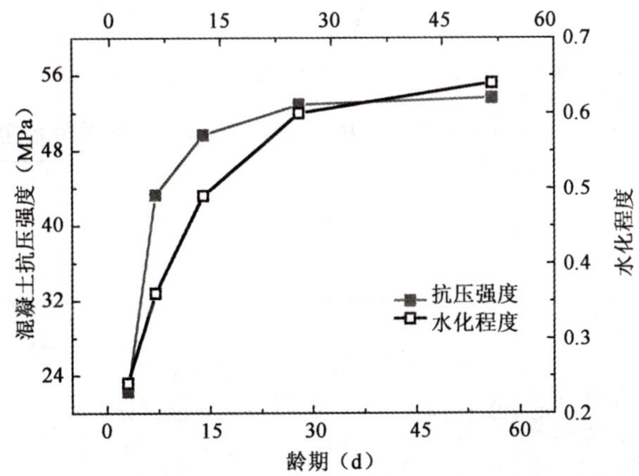

图 4.55 C-1 混凝土低温养护抗压强度与水化程度相关性分析

护抗压强度与水化程度相关性分析，从表4.84检测结果可以得知：混凝土强度与水化程度之间相关系数为0.921，Sig值为0.026，远小于0.10，所以两个变量之间显著相关。

表4.84 C-1混凝土低温养护抗压强度与水化程度相关性检测结果

C-1混凝土低温		混凝土强度	水化程度
混凝土强度	Pearson相关性	1	0.921*
	显著性（双尾）		0.026
	N	5	5
水化程度	Pearson相关性	0.921*	1
	显著性（双尾）	0.026	
	N	5	5

注：*表示在置信度（双测）为0.05时，相关性是显著的。

(6)C-1混凝土负温养护抗压强度与水化程度相关性分析

从图4.56可以得知：随着龄期的变化，C-1混凝土在恒定低温条件下养护，其抗压强度增长规律同水泥水化程度增长之间变化规律相似。利用SPSS统计分析软件进行混凝土低温养护抗压强度与水化程度相关性分析，从表4.85检测结果可以得知：混凝土强度与水化程度之间相关系数为0.984，Sig值为0.002，远小于0.10，所以两个变量之间显著相关。

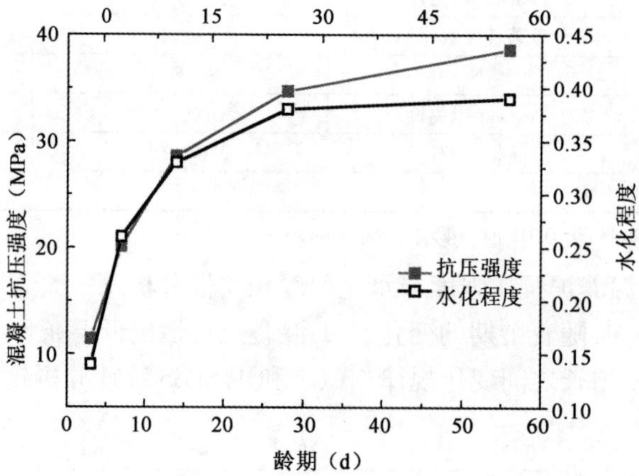

图4.56 C-1混凝土负温养护抗压强度与水化程度相关性分析

表4.85 C-1混凝土负温养护抗压强度与水化程度相关性检测结果

C-1混凝土负温		混凝土强度	水化程度
混凝土强度	Pearson相关性	1	0.984**
	显著性（双尾）		0.002
	N	5	5
水化程度	Pearson相关性	0.984**	1
	显著性（双尾）	0.002	
	N	5	5

注：**表示在置信度（双测）为0.01时，相关性是显著的。

综上所述,低、负温养护条件下 A-1、B-1、C-1 混凝土各龄期抗压强度与水泥水化程度之间显著相关,相关系数均在 0.9 以上。

6)低温下混凝土孔结构

在不同龄期测定低温、负温养护条件下混凝土试件的孔结构参数,硬化混凝土含气量、气泡间距系数、气泡弦长与频率和含气量的关系及弦长与规范化弦长频率对数正态分布。测试结果如下:

(1)A-1 混凝土硬化混凝土含气量及气泡间距测试结果,如表 4.86 和图 4.57 ~ 图 4.64 所示。

表 4.86 A-1 混凝土硬化混凝土含气量及气泡间距测试结果

编 号	龄期(d)	养护方式	硬化混凝土含气量(%)	气泡间距(μm)
A-1	28	低温	1.3	208
		负温	1.51	288
	56	低温	0.95	90
		负温	1.4	126

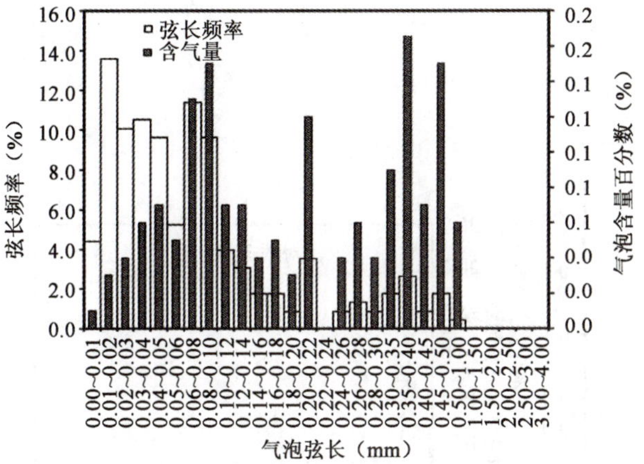

图 4.57 A-1 低温养护 28d 气泡弦长与频率和含气量关系

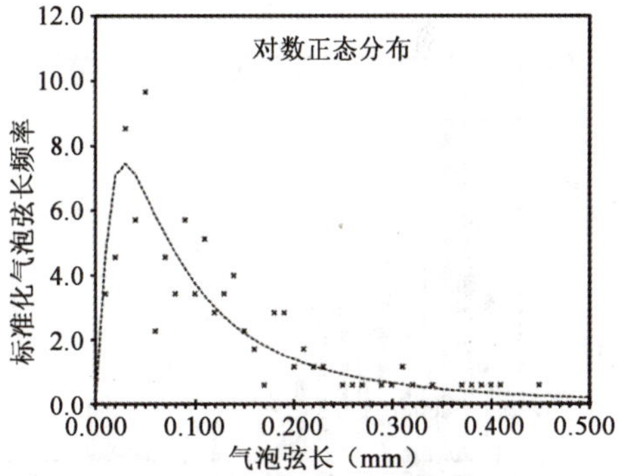

图 4.58 A-1 低温养护 28d 弦长与标准化弦长频率对数正态分布

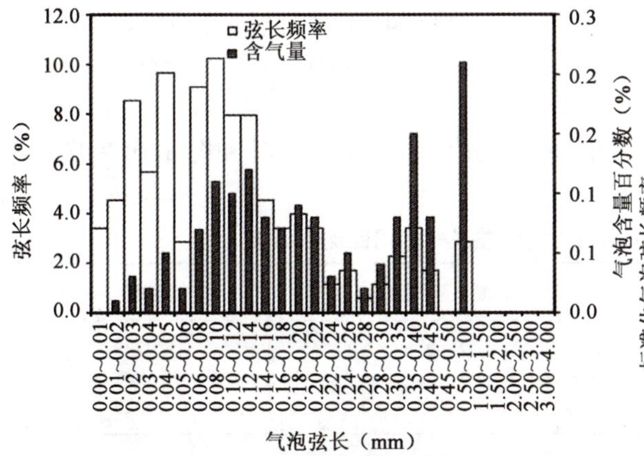

图 4.59 A-1 负温养护 28d 气泡弦长与频率和含气量关系

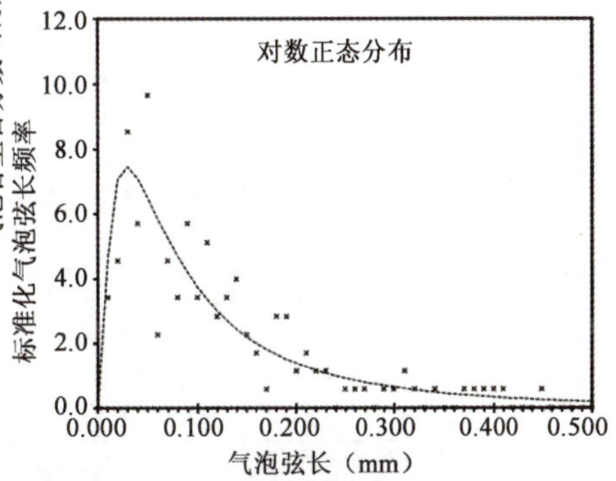

图 4.60 A-1 负温养护 28d 弦长与标准化弦长频率对数正态分布

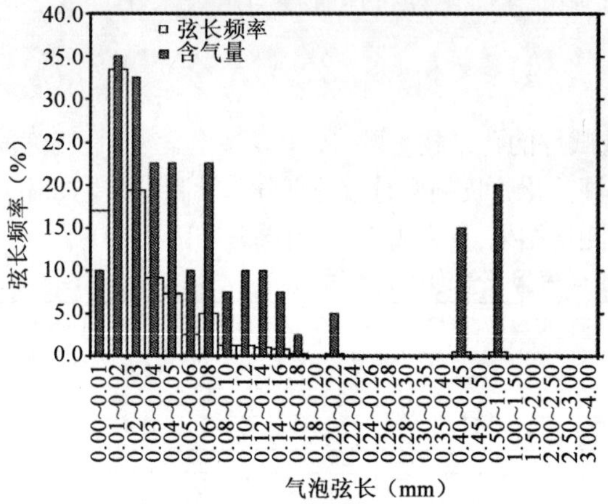

图 4.61 A-1 低温养护 56d 气泡弦长与频率和含气量关系

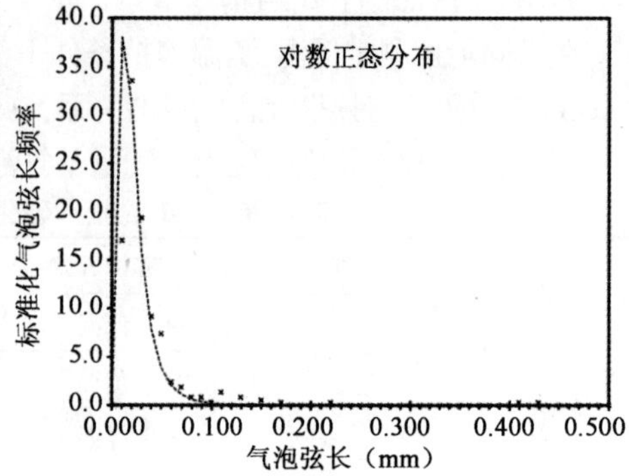

图 4.62 A-1 低温养护 56d 弦长与标准化弦长频率对数正态分布

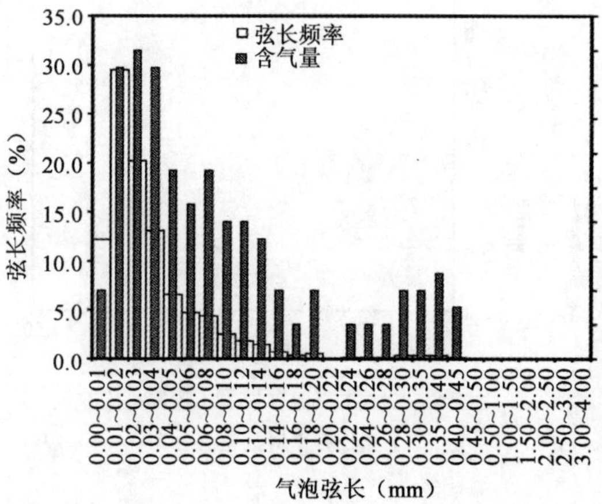

图 4.63 A-1 负温养护 56d 气泡弦长与频率和含气量关系

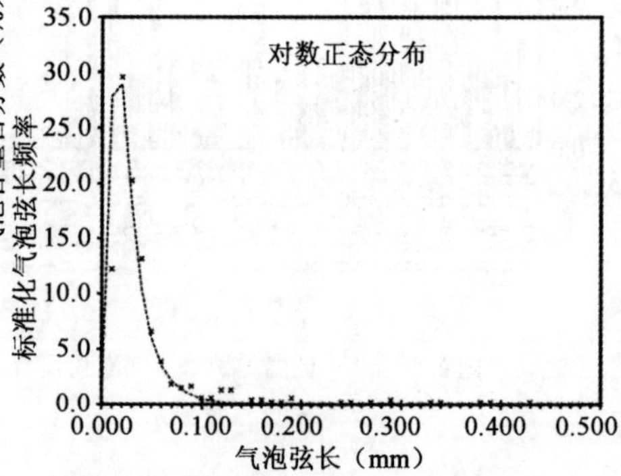

图 4.64 A-1 负温养护 56d 弦长与标准化弦长频率对数正态分布

(2) B-1 混凝土硬化混凝土含气量及气泡间距测试结果，如表 4.87 和图 4.65 ~ 图 4.72 所示。

表 4.87 B-1 混凝土硬化混凝土含气量及气泡间距测试结果

编号	龄期(d)	养护方式	硬化混凝土含气量(%)	气泡间距(μm)
B-1	28	低温	2.62	238
		负温	5	323
	56	低温	1.54	85
		负温	3.71	189

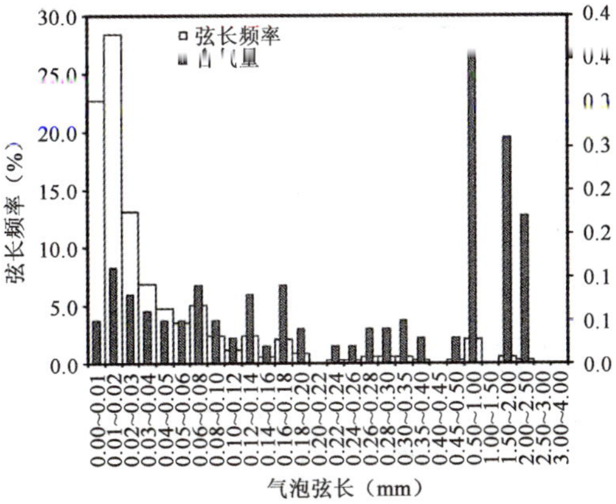

图4.65　B-1低温养护28d气泡弦长与频率和含气量关系

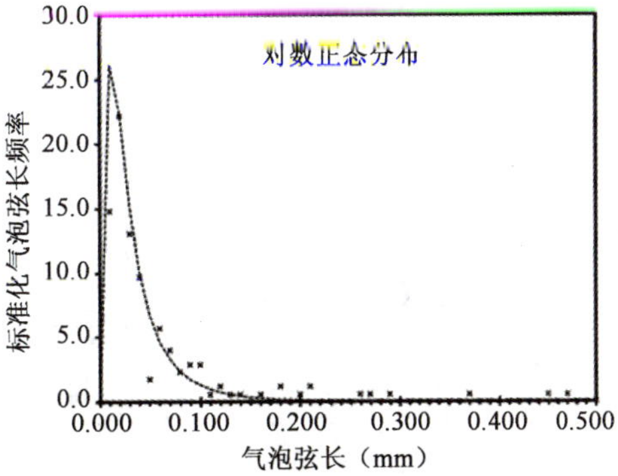

图4.66　B-1低温养护28d弦长与标准化弦长频率对数正态分布

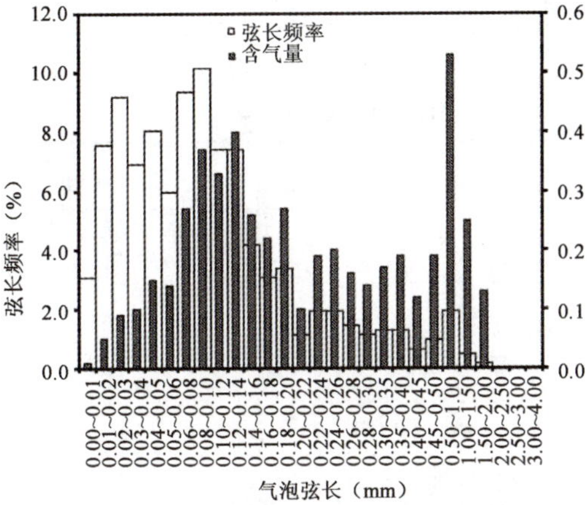

图4.67　B-1负温养护28d气泡弦长与频率和含气量关系

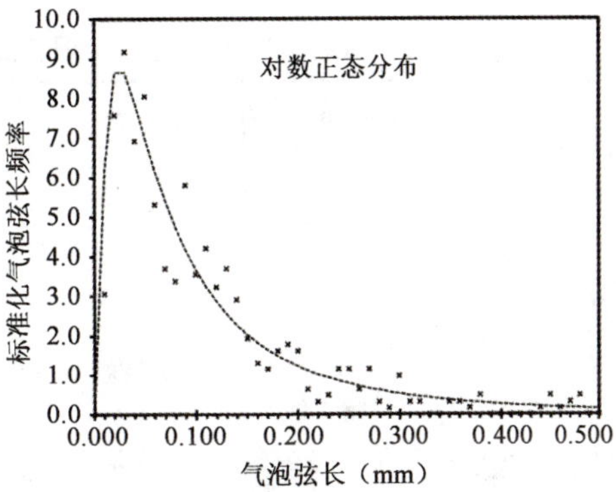

图4.68　B-1负温养护28d弦长与标准化弦长频率对数正态分布

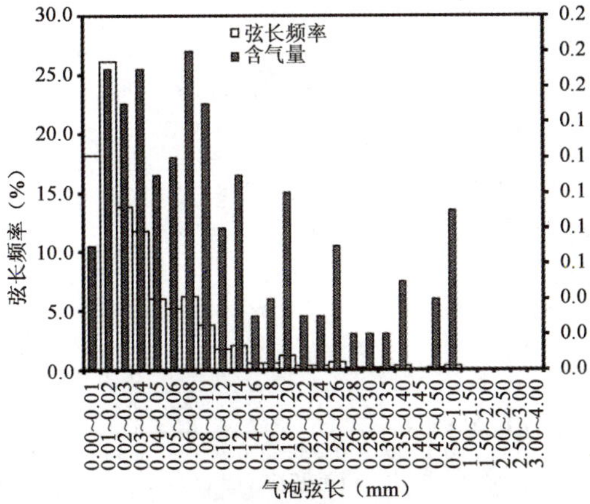

图4.69　B-1低温养护56d气泡弦长与频率和含气量关系

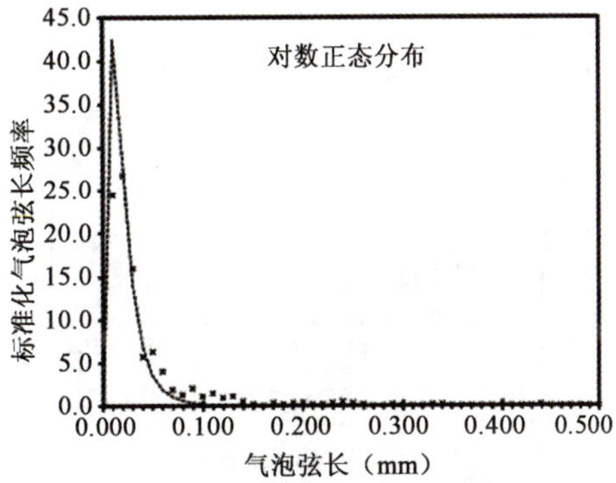

图4.70　B-1低温养护56d弦长与标准化弦长频率对数正态分布

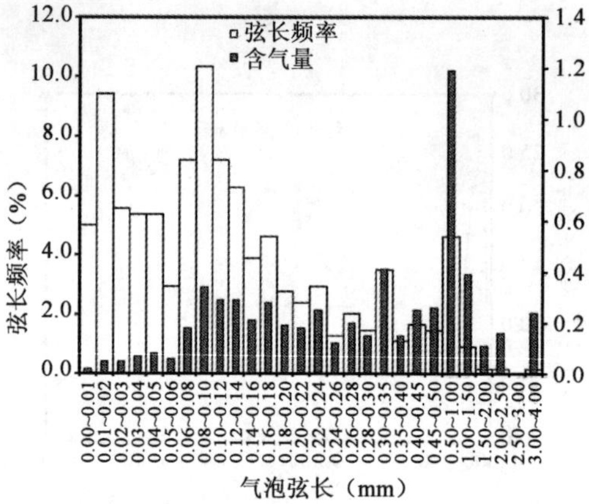

图4.71　B-1 负温养护 56d 气泡弦长与频率和含气量关系

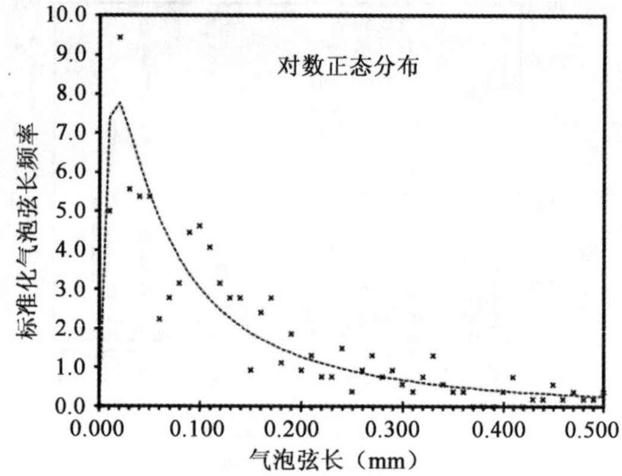

图4.72　B-1 负温养护 56d 弦长与标准化弦长频率对数正态分布

(3)C-1 混凝土硬化混凝土含气量及气泡间距测试结果，如表 4.88 和图 4.73 ~ 图 4.80 所示。

表 4.88　C-1 混凝土硬化混凝土含气量及气泡间距测试结果

编　号	龄期(d)	养护方式	硬化混凝土含气量(%)	气泡间距(μm)
C-1	28	低温	2.5	246
		负温	5.39	265
	56	低温	1.89	100
		负温	4.62	203

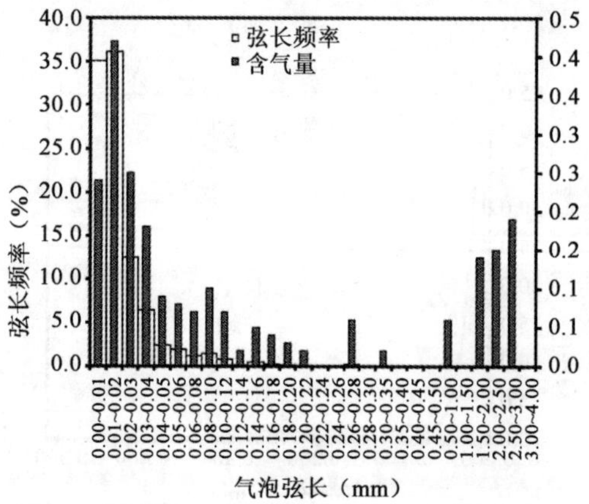

图4.73　C-1 低温养护 28d 气泡弦长与频率和含气量关系

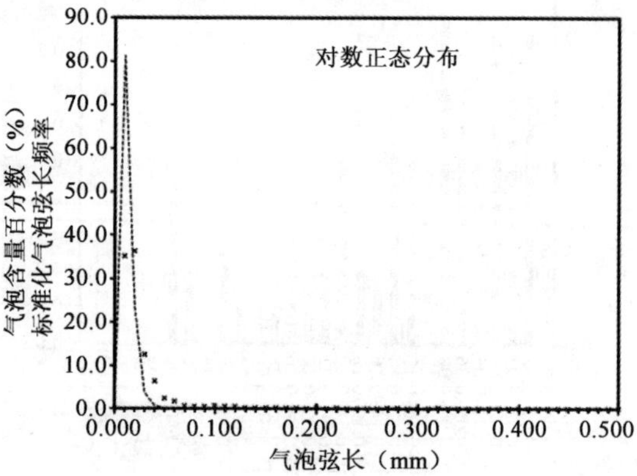

图4.74　C-1 低温养护 28d 弦长与标准化弦长频率对数正态分布

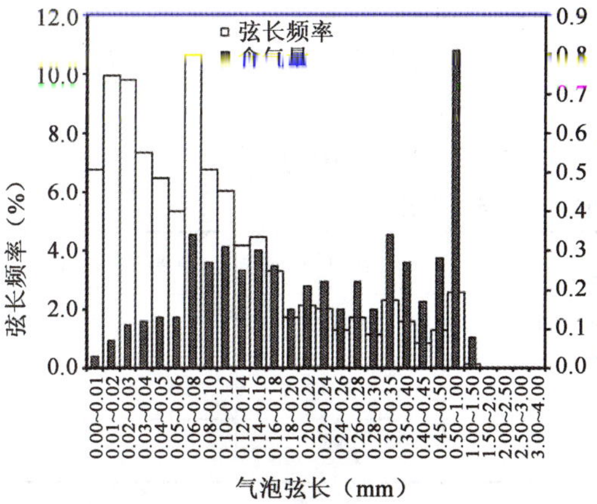

图 4.75　C-1 负温养护 28d 气泡弦长与频率和含气量关系

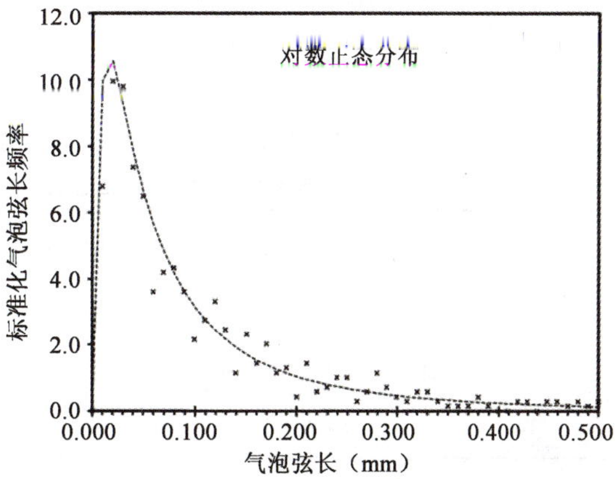

图 4.76　C-1 负温养护 28d 弦长与标准化弦长频率对数正态分布

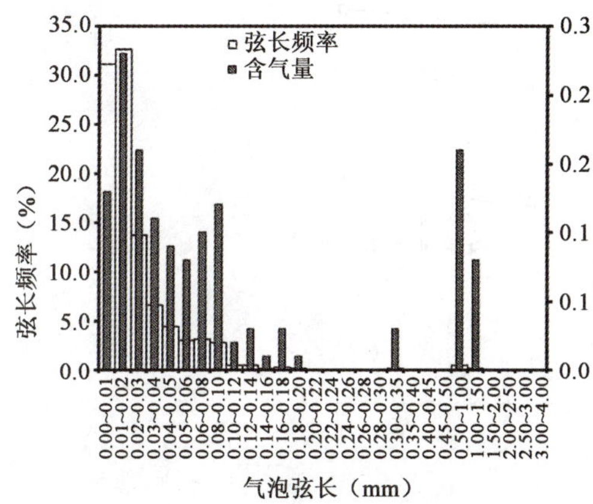

图 4.77　C-1 低温养护 56d 气泡弦长与频率和含气量关系

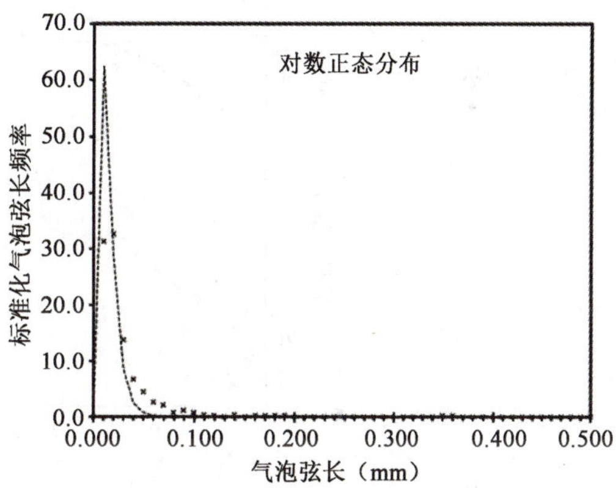

图 4.78　C-1 低温养护 56d 弦长与标准化弦长频率对数正态分布

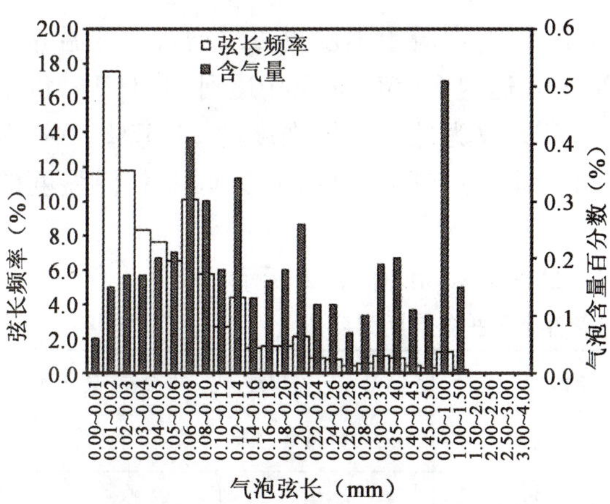

图 4.79　C-1 负温养护 56d 气泡弦长与频率和含气量关系

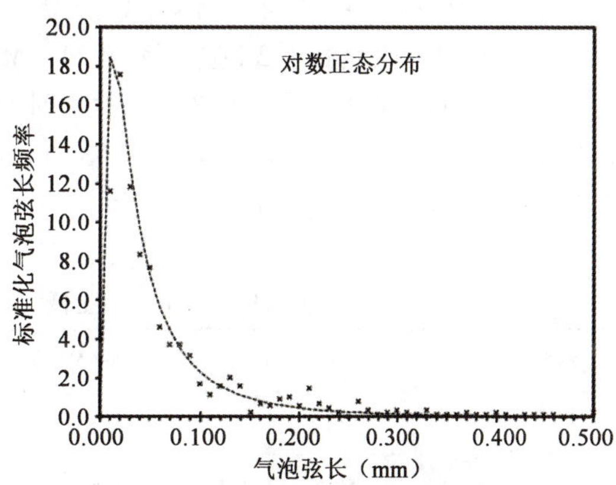

图 4.80　C-1 负温养护 56d 弦长与标准化弦长频率对数正态分布

7)低温下混凝土强度增长规律

以配合比 A-1、B-1、C-1 配制混凝土,分别在低、负温环境下恒温养护,测试不同龄期混凝土抗压强度。

(1)A-1 混凝土低、负温条件下强度增长规律,如表 4.89 和图 4.81 所示。

表 4.89 A-1 混凝土低、负温条件下养护各龄期强度值

龄期(d)	低温养护(MPa)	负温养护(MPa)	龄期(d)	低温养护(MPa)	负温养护(MPa)
3	44.4	12.6	28	67.0	38.8
7	58.2	26.1	56	71.1	44.2
14	64.6	34.6			

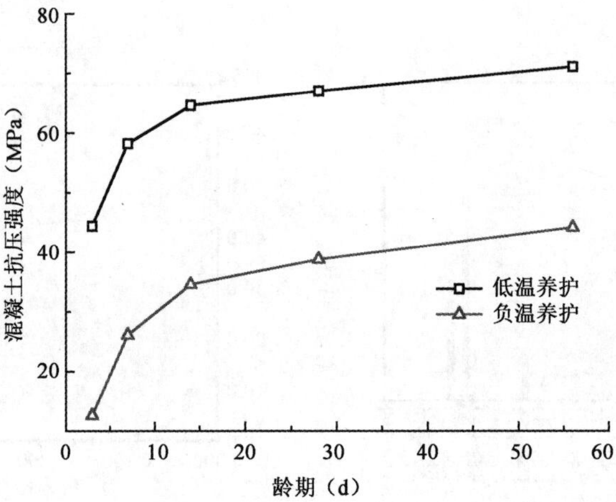

图 4.81 A-1 混凝土低、负温条件下养护强度增长示意图

从表 4.89 和图 4.81 可以得知:低、负温条件下养护,混凝土强度也可以增长。低温养护条件下,A-1 配合比混凝土 3d 强度达到 44.4MPa,14d 达到 64.6MPa,56d 达到 71.1MPa;负温养护条件下,A-1 配合比混凝土 3d 强度达到 12.6MPa,仅为低温养护强度的 28.37%,14d 强度达到 34.6MPa,为低温养护强度的 53.56%,56d 强度达到 44.2MPa,为低温养护强度的 62.16%,仅达到低温养护 3d 时的强度。

(2)B-1 混凝土低、负温条件下强度增长规律,如表 4.90 和图 4.82 所示。

表 4.90 B-1 混凝土低、负温条件下养护各龄期强度值

龄期(d)	低温养护(MPa)	负温养护(MPa)	龄期(d)	低温养护(MPa)	负温养护(MPa)
3	24.7	12.5	28	57.3	43.4
7	50.4	24.5	56	60.0	48.2
14	54.8	35.6			

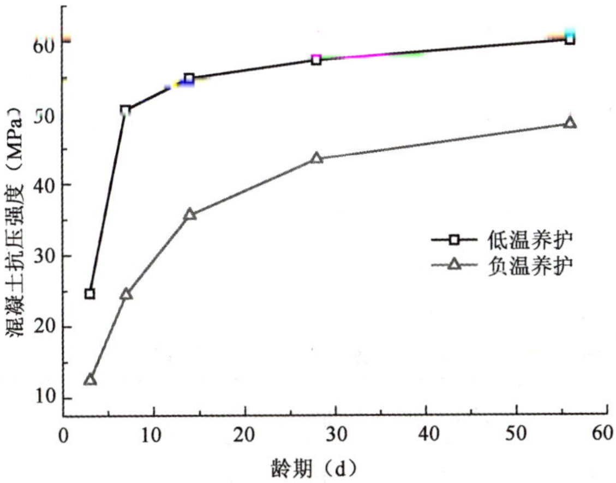

图 4.82 B-1 混凝土低、负温条件下养护强度增长示意图

从表 4.90 和图 4.82 可以得知：低、负温条件下养护，混凝土强度也可以增长。低温养护条件下，A-1 配合比混凝土 3d 强度达到 24.7MPa，14d 达到 54.8MPa，56d 达到 60MPa；负温养护条件下，A-1 配合比混凝土 3d 强度达到 12.5MPa，为低温养护强度的 50.60%，14d 强度达到 35.6MPa，为低温养护强度的 64.96%，56d 强度达到 48.2MPa，为低温养护强度的 80.3%，仅达到低温养护 7d 左右时的强度。

(3) C-1 混凝土低、负温条件下强度增长规律，如表 4.91 和图 4.83 所示。

表 4.91 C-1 混凝土低、负温条件下养护各龄期强度值

龄期(d)	低温养护(MPa)	负温养护(MPa)	龄期(d)	低温养护(MPa)	负温养护(MPa)
3	22.3	11.4	28	52.9	34.7
7	43.3	20.1	56	53.6	38.6
14	49.7	28.6			

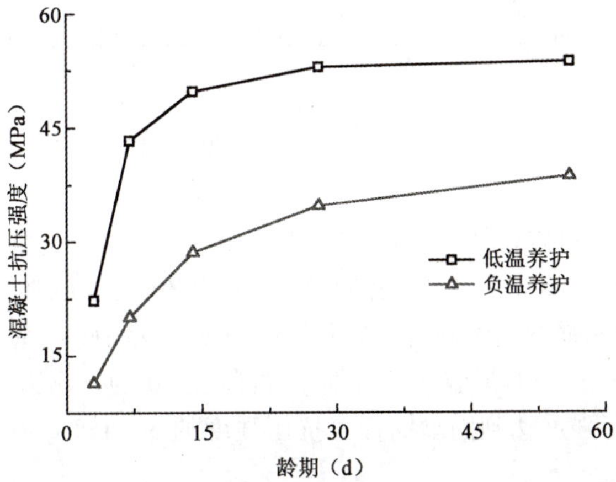

图 4.83 C-1 混凝土低、负温条件下养护强度增长示意图

从表4.91和图4.83可以得知：低、负温条件下养护，混凝土强度也可以增长。低温养护条件下，C-1配合比混凝土3d强度达到22.3MPa，14d达到49.7MPa，56d达到53.6MPa；负温养护条件下，C-1配合比混凝土3d强度达到11.4MPa，为低温养护强度的51.12%，14d强度达到28.6MPa，为低温养护强度的57.55%，56d强度达到38.6MPa，为低温养护强度的72.01%，仅达到低温养护5d左右时的强度。

8）混凝土强度达到同龄期标养强度百分比试验研究

各个测试龄期下，低、负温恒温养护条件下混凝土抗压强度达到同龄期标养强度的百分比的测试结果如表4.92～表4.94所示。

表4.92　A-1混凝土强度达到同龄期标养强度百分比

龄期(d)	低温养护(%)	负温养护(%)	龄期(d)	低温养护(%)	负温养护(%)
3	75.38	25.00	28	93.06	64.45
7	86.61	47.80	56	95.95	71.18
14	92.55	60.17			

（1）A-1混凝土强度达到同龄期标养强度百分比测试结果，如表4.92和图4.84所示。

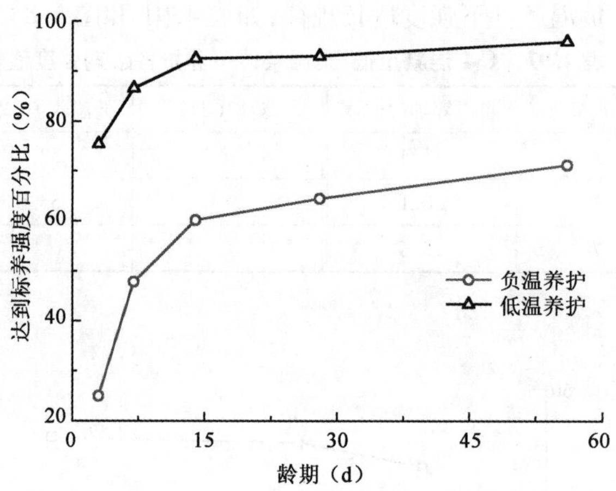

图4.84　A-1混凝土强度达到同龄期标养强度百分比

从表4.92和图4.84可以得知：随着龄期的增长，0.24水灰比的混凝土在3℃、-3℃条件下抗压强度仍然能够增长。3℃恒温养护条件下，混凝土3d的抗压强度达到同龄期标养抗压强度的75.38%，28d抗压强度达到同龄期标养抗压强度的93.06%，56d抗压强度达到同龄期标养抗压强度的95.95%；-3℃恒温养护条件下，混凝土3d的抗压强度仅达到同龄期标养抗压强度的25%，28d抗压强度达到同龄期标养抗压强度的64.45%，56d抗压强度达到同龄期标养抗压强度的71.18%。

（2）B-1混凝土强度达到同龄期标养强度百分比测试结果，如表4.93和图4.85所示。

表 4.93 B-1 混凝土强度达到同龄期标养强度百分比

龄期(d)	低温养护(%)	负温养护(%)	龄期(d)	低温养护(%)	负温养护(%)
3	60.39	29.83	28	94.24	75.61
7	88.11	51.58	56	93.17	79.28
14	93.84	67.68			

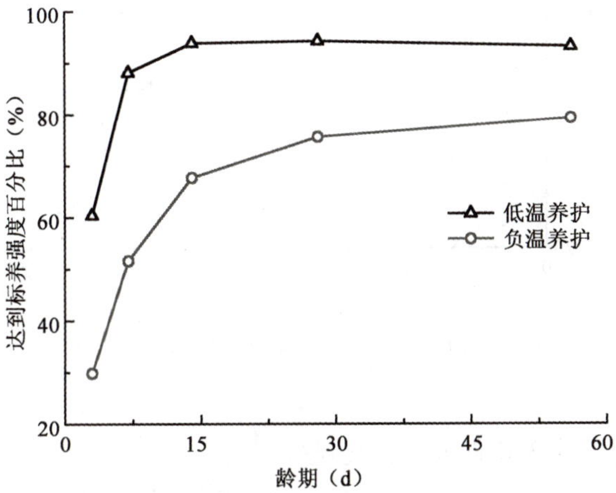

图 4.85 B-1 混凝土强度达到同龄期标养强度百分比

从表 4.93 和图 4.85 可以得知：随着龄期的增长，0.31 水灰比的混凝土在 3℃、-3℃条件下抗压强度仍然能够增长。3℃恒温养护条件下，混凝土 3d 的抗压强度达到同龄期标养抗压强度的 60.39%，28d 抗压强度达到同龄期标养抗压强度的 94.24%，56d 抗压强度达到同龄期标养抗压强度的 93.17%；-3℃恒温养护条件下，混凝土 3d 的抗压强度仅达到同龄期标养抗压强度的 29.83%，28d 抗压强度达到同龄期标养抗压强度的 75.61%，56d 抗压强度达到同龄期标养抗压强度的 79.28%。

(3) C-1 混凝土强度达到同龄期标养强度百分比测试结果，如表 4.94 和图 4.86 所示。

表 4.94 C-1 混凝土强度达到同龄期标养强度百分比

龄期(d)	低温养护(%)	负温养护(%)	龄期(d)	低温养护(%)	负温养护(%)
3	56.89	41.45	28	97.24	77.98
7	91.35	57.76	56	95.37	81.95
14	97.07	70.97			

从表 4.94 和图 4.86 可以得到，随着龄期的增长，0.38 水灰比的混凝土在 3℃、-3℃条件下抗压强度仍然能够增长。3℃恒温养护条件下，混凝土 3d 的抗压强度达到同龄期标养抗压强度的 56.89%，28d 抗压强度达到同龄期标养抗压强度的 97.27%，56d 抗压强度达到同龄期

标养抗压强度的 95.37%；-3℃恒温养护条件下，混凝土 3d 的抗压强度仅达到同龄期标养抗压强度的 41.45%，28d 抗压强度达到同龄期标养抗压强度的 77.98%，56d 抗压强度达到同龄期标养抗压强度的 81.95%。

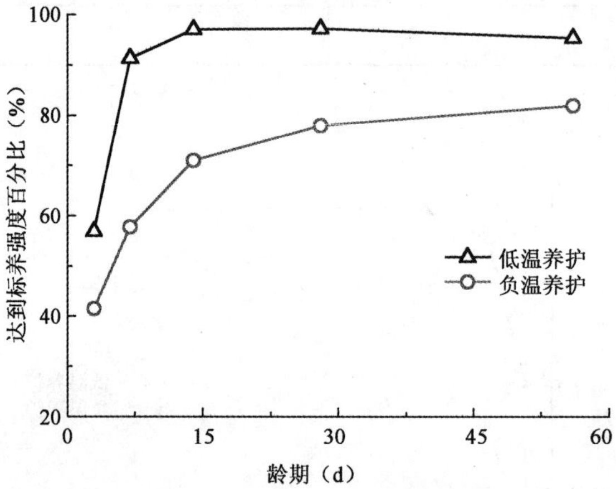

图 4.86　C-1 混凝土强度达到同龄期标养强度百分比

9）混凝土强度达到标养 28d 强度百分比试验研究

工程试验中评定混凝土强度一般以实验室标养 28d 的混凝土立方体抗压强度为准。各个测试龄期下，测试低、负温恒温养护条件下混凝土抗压强度达到标养 28d 抗压强度的百分比，测试结果如表 4.95～表 4.97 和图 4.87～图 4.89 所示。

（1）A-1 混凝土强度达到标养 28d 强度百分比测试结果，如表 4.95 和图 4.87 所示。

表 4.95　A-1 混凝土强度达到标养 28d 强度百分比

龄期(d)	标养(%)	低温养护(%)	负温养护(%)
3	81.81	61.67	20.93
7	93.33	80.83	43.36
14	96.94	89.72	57.48
28	100.00	93.06	64.45
56	102.92	98.75	73.42

从表 4.95 和图 4.87 可以得到，A-1 混凝土在标准养护、低温养护及负温养护条件下，立方体抗压强度随着龄期的增长均在增加。标养条件下，混凝土 3d、7d、56d 强度可以达到标养 28d 强度的 81.81%、93.33%、102.92%；低温养护下，3d、7d、28d、56d 强度可以达到标养 28d 强度的 61.67%、80.83%、93.06%、98.75%；负温养护下，3d、7d、28d、56d 强度可以达到标养 28d 强度的 20.93%、43.36%、64.45%、73.42%。要达到标养 28d 强度值，低温条件需要养护 56d 以上，而负温养护则需要更长的时间。

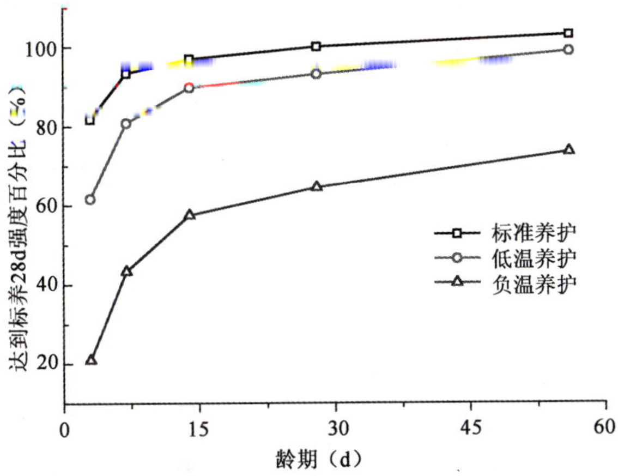

图 4.87　A-1 混凝土强度达到标养 28d 强度百分比

（2）B-1 混凝土强度达到标养 28d 强度百分比测试结果，如表 4.96 和图 4.88 所示。

表 4.96　B-1 混凝土强度达到标养 28d 强度百分比

龄期(d)	标养(%)	低温养护(%)	负温养护(%)
3	67.27	40.63	21.78
7	94.08	82.89	42.68
14	96.05	90.13	62.02
28	100.00	94.24	75.61
56	105.92	98.68	83.97

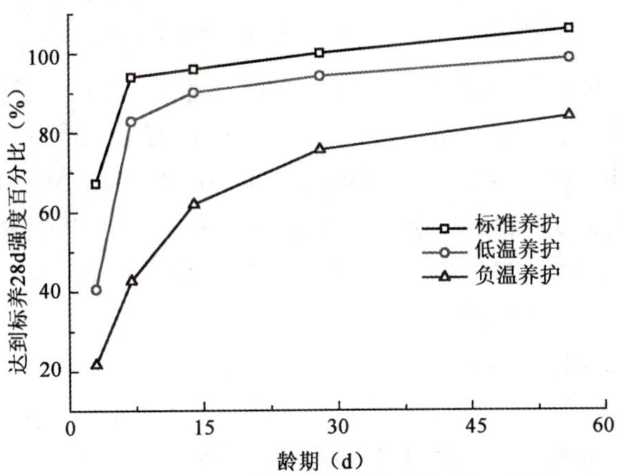

图 4.88　B-1 混凝土强度达到标养 28d 强度百分比

从表 4.96 和图 4.88 可以得知：B-1 混凝土在标准养护、低温养护及负温养护条件下，立方体抗压强度随着龄期的增长都在增加。标养条件下，混凝土 3d、7d、56d 强度可以达到标养 28d 强度的 67.27%、94.08%、105.92%；低温养护下，3d、7d、28d、56d 强度可以达到标养 28d 强度的 40.63%、82.89%、94.24%、98.68%；负温养护下，3d、7d、28d、56d 强度可以达到标养

28d 强度的 21.78%、42.68%、75.61%、83.97%。要达到标养 28d 强度值,低温条件需要养护 56d 以上,而负温养护则需要更长的时间。

(3)C-1 混凝土强度达到标养 28d 强度百分比测试结果,如表 4.97 和图 4.89 所示。

表 4.97　C-1 混凝土强度达到标养 28d 强度百分比

龄期(d)	标养(%)	低温养护(%)	负温养护(%)
3	72.06	40.99	25.62
7	87.13	79.60	45.17
14	94.12	91.36	64.27
28	100.00	97.24	77.98
56	103.31	98.53	86.74

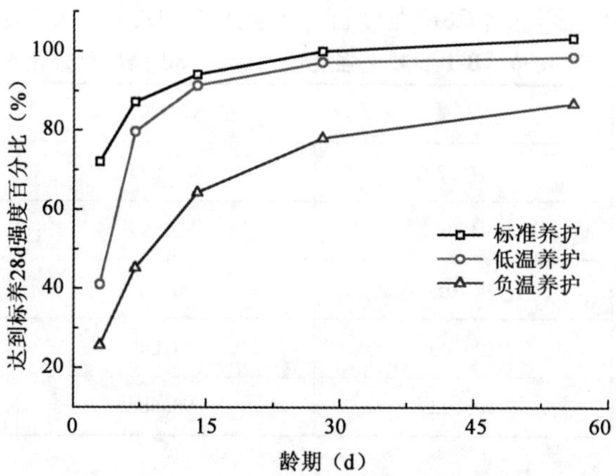

图 4.89　C-1 混凝土强度达到标养 28d 强度百分比

从表 4.97 和图 4.89 可以得知:C-1 混凝土在标准养护、低温养护及负温养护条件下,立方体抗压强度随着龄期的增长都在增加。标养条件下,混凝土 3d、7d、56d 强度可以达到标养 28d 强度的 67.27%、94.08%、105.92%;低温养护下,3d、7d、28d、56d 强度可以达到标养 28d 强度的 40.63%、82.89%、97.24、98.68%;负温养护下,3d、7d、28d、56d 强度可以达到标养 28d 强度的 21.78%、42.68%、77.98%、83.97%。要达到标养 28d 强度值,低温需要养护 56d 以上,而负温养护则需要更长的时间。

10)温度对氯化物扩散的影响

(1)A 组混凝土氯离子扩散系数,如表 4.98 和图 4.90 所示。

表 4.98　A 组混凝土氯离子扩散系数($\times 10^{-12}m^2/s$)

编　　号	28d 标准养护	84d 标准养护	28d 负温养护	84d 负温养护
A-1	8.19	6.16	20.3	10.57
A-2	2	1.8	19.7	5.1
A-3	2.1	1	17.9	11.8

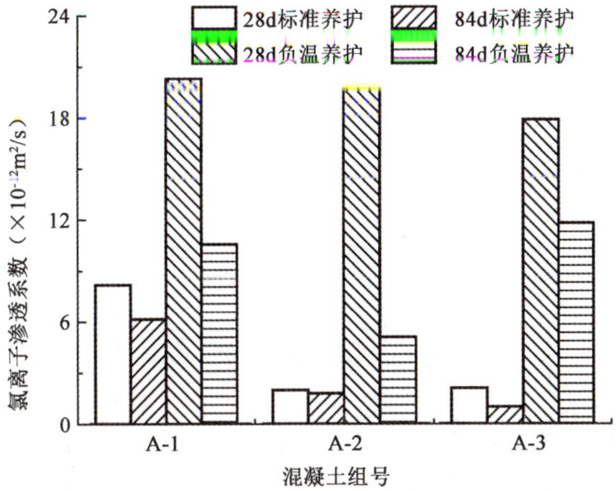

图 4.90 A 组混凝土氯离子扩散系数

从表 4.98 和图 4.90 中可以得知:28d 龄期时,负温养护条件下的混凝土氯离子扩散系数要远大于标养条件下的混凝土氯离子扩散系数,最大达到标养时的 9.85 倍;随着龄期的增长,氯离子扩散系数在不断变小,到 84d 龄期时,最大差距达到 11.8 倍。

(2)B 组混凝土氯离子扩散系数,如表 4.99 和图 4.91 所示。

表 4.99 B 组混凝土氯离子扩散系数（$\times10^{-12}m^2/s$）

编　　号	28d 标准养护	84d 标准养护	28d 负温养护	84d 负温养护
B-1	9.47	7.07	15.3	12.2
B-2	6.6	1.8	9.7	7.5
B-3	6.8	1.1	10.9	8.7

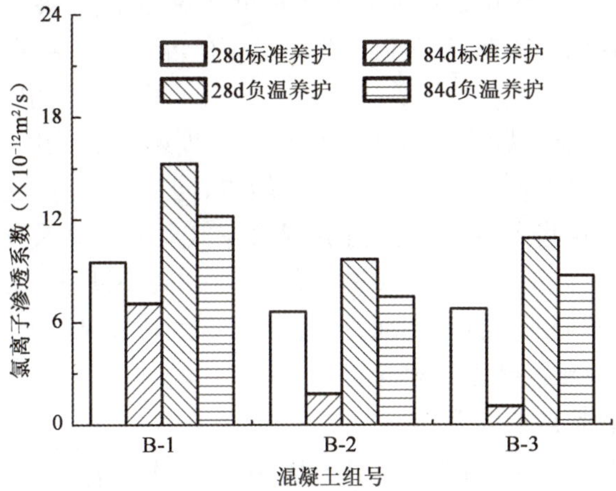

图 4.91 B 组混凝土氯离子扩散系数

从表 4.99 及图 4.91 可知:28d 龄期时,负温养护条件下的混凝土氯离子扩散系数要远大于标养条件下的混凝土氯离子扩散系数,最大达到标养时的 1.6 倍;随着龄期的增长,氯离子扩散系数在不断变小,到 84d 龄期时,最大差距达到 7.91 倍。

(3)C 组混凝土氯离子扩散系数,如表 4.100 和图 4.92 所示。

表 4.100 C 组混凝土氯离子扩散系数($\times10^{-12}m^2/s$)

编　　号	28d 标准养护	84d 标准养护	28d 负温养护	84d 负温养护
C-1	10.33	9.55	23.6	13.52
C-2	8.1	2.4	16.4	12.3
C-3	7.5	4.6	18.7	10.7

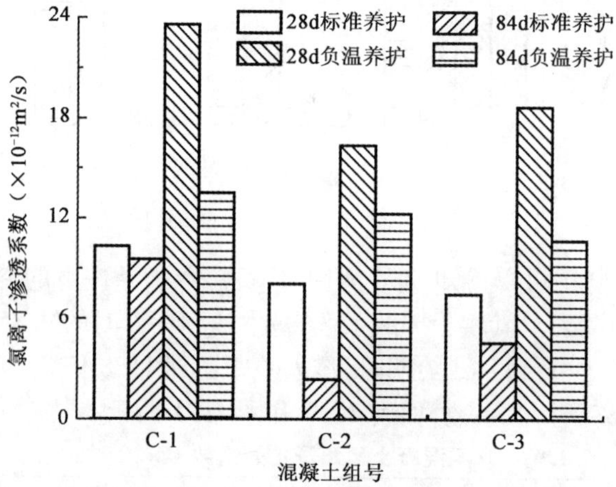

图 4.92　C 组混凝土氯离子扩散系数

从表 4.100 及图 4.92 可知:28d 龄期时,负温养护条件下混凝土氯离子扩散系数要远大于在标养条件下混凝土氯离子扩散系数,最大达到标养时的 2.5 倍;随着龄期的增长,氯离子扩散系数在不断变小,到 84d 龄期时,最大差距达到 5.13 倍。

从以上的数据分析可见,无论是标准养护还是负温养护,随着龄期的增加,混凝土氯离子扩散系数都在减小;但在同一龄期下,负温养护条件下的混凝土氯离子扩散系数要小于标准养护条件下的,且 84d 龄期时测试的负温养护混凝土氯离子扩散系数也大于 28d 标准养护条件下的测试值。温度对氯离子扩散系数的影响主要是:温度影响混凝土中水泥的水化速率,进而影响混凝土的孔结构;负温养护条件下,水泥水化缓慢,同一龄期时,混凝土中未水化颗粒多,未参与水化的水也多,而这些水会形成连通的孔隙,在氯离子扩散系数测试试验时,这些连通孔中的水起到传输离子的作用。随着龄期的变化,水泥水化不断进行,生成的水化产物不断填充到原来水泥颗粒或是水分所占据的空间,混凝土内部孔隙结构被进一步改善,孔隙率减小,连通孔、有害孔减少,混凝土渗透系数相应也会减小。

11)含气量对氯化物扩散的影响

(1)A 组混凝土氯离子扩散系数,如表 4.101 和图 4.93 所示。

表 4.101 A 组混凝土氯离子扩散系数($\times10^{-12}m^2/s$)

时间及养护条件	A-2(含气量 0.8%)	A-3(含气量 2.3%)
28d 标准养护	2	2.1
84d 标准养护	1.8	1

续上表

时间及养护条件	A-2(含气量0.8%)	A-3(含气量2.3%)
28d负温养护	19.7	17.9
84d负温养护	5.1	11.8

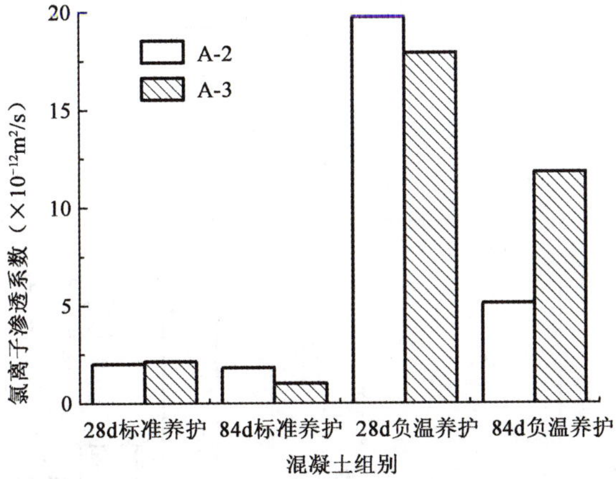

图4.93 A组混凝土氯离子扩散系数

从表4.101及图4.93可以得知:初始含气量对混凝土氯离子扩散系数影响较小,标养28d时氯离子扩散系数几乎没有太大变化;负温养护条件下,初始含气量对氯离子扩散的影响也不是很明显。

(2)B组混凝土氯离子扩散系数,如表4.102和图4.94所示。

表4.102 B组混凝土氯离子扩散系数($\times10^{-12}m^2/s$)

时间及养护条件	B-2(含气量1.5%)	B-3(含气量3.0%)
28d标准养护	6.6	6.8
84d标准养护	1.8	1.1
28d负温养护	9.7	10.9
84d负温养护	7.5	8.7

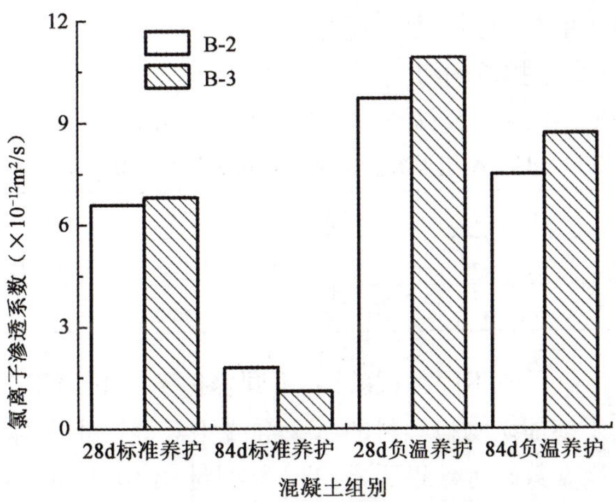

图4.94 B组混凝土氯离子扩散系数

从表4.102及图4.94可知：初始含气量对混凝土氯离子扩散系数影响不是很明显，标养条件下，氯离子扩散系数随着含气量的变化差距很小；负温条件下，虽有差距，但是影响较小。

(3)C组混凝土氯离子扩散系数，如表4.103和图4.95所示。

表4.103　C组混凝土氯离子扩散系数($\times10^{-12}m^2/s$)

时间及养护条件	C-2(含气量1.5%)	C-3(含气量3.8%)
28d标准养护	8.1	7.5
84d标准养护	2.4	4.6
28d负温养护	16.4	18.7
84d负温养护	12.3	10.7

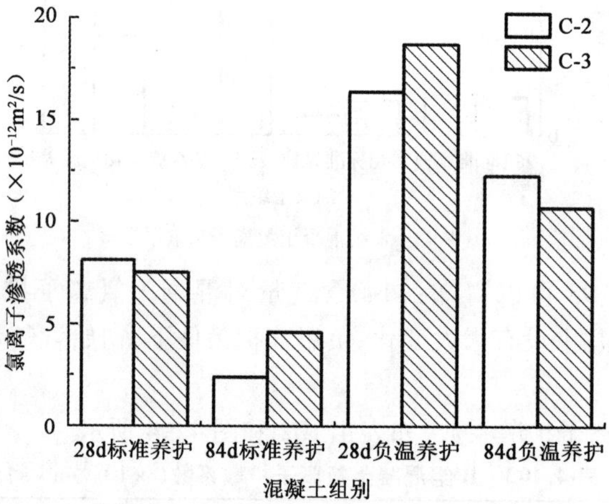

图4.95　C组混凝土氯离子扩散系数

从表4.103及图4.95可知：初始含气量对混凝土氯离子扩散系数影响不是很明显。标养条件下，28d龄期时，几乎没有多大差别，84d龄期时，虽有差距但差距很小；负温养护条件下，含气量对混凝土氯离子扩散系数的影响也不是很明显。

从以上的数据分析可以得知：无论是标准养护条件下还是在负温养护条件下，初始含气量对混凝土氯离子扩散系数的影响并不是太明显。

12)矿物掺和料对氯离子扩散的影响

(1)A组混凝土氯离子扩散系数，如表4.104和图4.96所示。

表4.104　A组混凝土氯离子扩散系数($\times10^{-12}m^2/s$)

时间及养护条件	A-1	A-2	时间及养护条件	A-1	A-2
28d标准养护	8.19	2	28d负温养护	20.3	19.7
84d标准养护	6.16	1.8	84d负温养护	10.57	5.1

从表4.104及图4.96可知：不同测试龄期、不同养护条件下，不掺矿物掺和料的A-1混凝土氯离子扩散系数均大于掺加矿物掺和料的A-2混凝土。混凝土在标准养护下，掺加矿物掺和料对混凝土氯离子扩散系数改善效果明显，28d龄期时，不掺矿物掺和料的混凝土氯离子扩散系数超过掺加矿物掺和料混凝土的4倍。在负温养护条件下，28d龄期时改善效果不明显，

但到 84d 龄期时，掺加矿物的混凝土氯离子扩散系数仅是不掺加矿物掺和料混凝土的 48%。

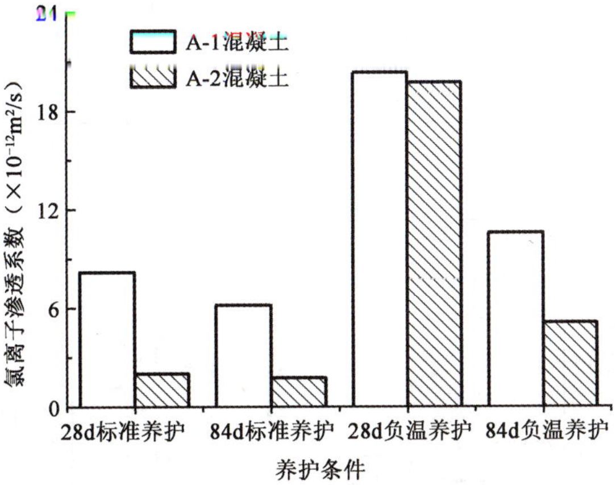

图 4.96 A 组混凝土氯离子扩散系数

(2) B 组混凝土氯离子扩散系数，如表 4.105 和图 4.97 所示。

表 4.105 B 组混凝土氯离子扩散系数（$\times 10^{-12}m^2/s$）

时间及养护条件	B-1	B-2	时间及养护条件	B-1	B-2
28d 标准养护	9.47	6.6	84d 标准养护	7.07	1.8
28d 负温养护	15.3	9.7	84d 负温养护	12.2	7.5

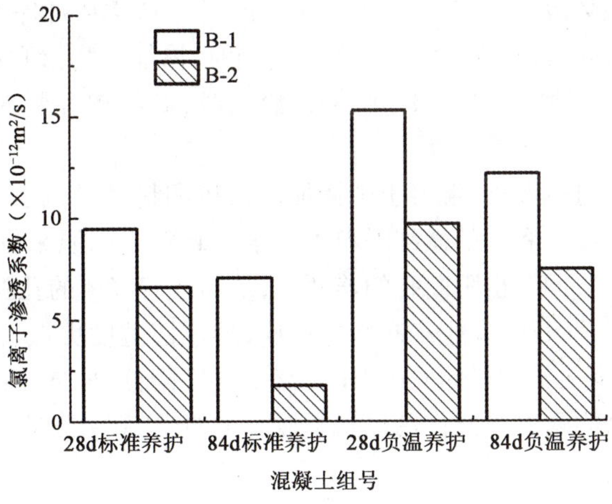

图 4.97 B 组混凝土氯离子扩散系数

从表 4.105 及图 4.97 可知：不同测试龄期、不同养护条件下，不掺矿物掺和料的 B-1 混凝土氯离子扩散系数均大于掺加矿物掺和料的 B-2 混凝土。标养条件下，28d 龄期时，矿物掺和料对氯离子扩散系数改善较小，但到 84d 龄期时，改善较明显，掺加矿物掺和料的混凝土氯离子扩散系数仅为不掺加混凝土的 0.25 倍；负温养护条件下，28d 龄期时，掺加矿物掺和料的混凝土氯离子扩散系数为不掺加混凝土的 0.63 倍，84d 龄期为 0.61 倍。

(3) C 组混凝土氯离子扩散系数，如表 4.106 和图 4.98 所示。

表 4.106　C 组混凝土氯离子扩散系数($\times 10^{-12} m^2/s$)

时间及养护条件	C-1	C-2	时间及养护条件	C-1	C-2
28d 标准养护	10.33	8.1	84d 标准养护	9.55	2.4
28d 负温养护	23.6	16.4	84d 负温养护	13.52	12.3

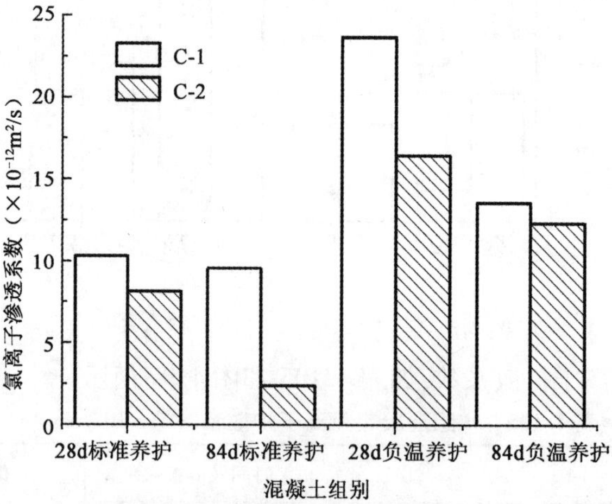

图 4.98　C 组混凝土氯离子扩散系数

从表 4.106 及图 4.98 可知：不同测试龄期、不同养护条件下，不掺矿物掺和料的 C-1 混凝土氯离子扩散系数均大于掺加矿物掺和料的 C-2 混凝土。标准养护条件下，28d 龄期时矿物掺和料对氯离子扩散系数改善不多，但到 84d 龄期时，掺加矿物掺和料的混凝土氯离子扩散系数仅为不掺加的 0.25 倍；负温养护条件下，28d 龄期时，掺加矿物掺和料的混凝土氯离子扩散系数为不掺矿物掺和料混凝土的 69%，到 84d 龄期时，矿物掺和料对氯离子扩散系数改善不多。

从以上的数据分析可以看出，混凝土中掺加矿物掺和料可以减小混凝土的氯离子扩散系数。分析原因，有：①矿物掺和料的微细颗粒填充水泥颗粒之间原来较大的空隙，降低浆体中的毛细孔隙率，细化孔径，同时也阻断孔的连通性，从而改善浆体的孔隙结构属性；②矿物掺和料与水泥水化生成的 $Ca(OH)_2$ 发生二次水化反应，形成溶解度更低、稳定性更好的低碱度水化硅酸钙凝胶，同时浆料—集料界面 $Ca(OH)_2$ 富集程度降低，取向度降低，晶体尺寸减小，界面属性得以改善。两个因素的共同作用提高了混凝土的密实性，降低了混凝土的渗透性能。

第 5 章　腐蚀条件下高性能混凝土性能与配制技术

5.1　影响混凝土耐腐蚀性能的主要因素

混凝土硫酸盐侵蚀是指硫酸根离子、镁离子等由外界渗入混凝土中,并与其某些成分发生化学反应而对混凝土产生腐蚀,使混凝土性能逐渐退化。这是一个复杂的物理化学过程,这个过程主要受两个方面因素的影响:①混凝土自身的特点,称为材料因素,包括混凝土的水灰比、孔隙率、水泥品种和用量、集料品种与级配、外掺剂等;②混凝土所处的硫酸盐侵蚀环境特点,称为环境因素,包括溶液中阳离子类型、SO_4^{2-} 浓度、溶液温度以及侵蚀溶液的 pH 值等。

(1)水泥品种。不同品种的水泥配制的混凝土具有不同的抗硫酸盐侵蚀的能力。混凝土的抗硫酸盐侵蚀能力在很大程度上取决于水泥熟料的矿物组成及其相对含量,尤其是 C_3A 和 C_3S 的含量,C_3A 水化析出水化铝酸钙是形成钙矾石的必要组分,C_3S 水化析出的 $Ca(OH)_2$ 是形成石膏的必要组分,降低 C_3A 和 C_3S 的含量也就相应地减少形成钙矾石和石膏的可能性,从而可以提高混凝土的抗硫酸盐侵蚀的能力。

(2)矿物掺和料的掺量。掺粉煤灰、矿粉等活性掺和料能够显著提高混凝土的抗硫酸盐侵蚀能力。因为混凝土中掺入掺和料后,除了能够降低 C_3A 和 C_3S 的含量外,而且还能与水泥水化产物 $Ca(OH)_2$ 发生二次水化反应。其主要作用是:

①二次水化产物主要填充水泥石的毛细孔,提高水泥石的密实度,降低水泥的孔隙率,使侵蚀介质浸入混凝土内部更为困难,同时也增加混凝土的强度,因而使混凝土的抗侵蚀能力增强;

②二次水化反应使石膏结晶侵蚀受阻;

③二次水化反应使毛细孔中石灰浓度的迅速降低,当石灰浓度较低时,会导致高盐基水化铝酸钙水解成为低盐基水化铝酸钙。

(3)混凝土的密实程度和配合比。混凝土的密实度对其抗硫酸盐侵蚀能力具有重大影响。混凝土的密实度越高,即使混凝土的孔隙率越小,侵蚀溶液就越难渗入混凝土的孔隙内部,因而在水泥石孔隙内产生的有害物质的速度和数量必然减少,另外,混凝土的密实度越高,也会使混凝土的强度提高,因此合理设计混凝土的配合比是非常必要的。尤其是降低水灰比,掺适量的减水剂可使混凝土的密实度增大,从而显著地提高混凝土的抗硫酸盐侵蚀的能力。

(4)混凝土强度。强度越高,耐硫酸盐腐蚀越好。

(5)侵蚀溶液中阳离子的类型的影响。不同的 Ca、Na、K、Mg 和 Fe 的阳离子会产生不同的侵蚀机理和破坏原因,与硫酸钠和硫酸镁的侵蚀机理截然不同。

(6)侵蚀溶液中 SO_4^{2-} 浓度的影响。Santhanam 等将水泥砂浆浸泡于硫酸钠和硫酸镁溶液中,研究了溶液浓度对膨胀速度的影响。在硫酸钠溶液中,$R=1.44\times10^{-5}[SO_3]^{0.89}$,在硫酸镁溶液中,$R=6.07\times10^{-3}[SO_3]^{0.23}$。膨胀速率与温度的关系为:硫酸钠和为 $R=(t-t_1)\mathrm{k}[SO_3]^n$,其中 t 为总的浸泡时间,t_1 为开始产生膨胀的时间,$t_1=\exp(4\,430.7/T-11.45)$,$T$ 为溶液温度(开氏温标)。

(7)侵蚀溶液 pH 值的影响。Mehta 和 Brown 认为,ASTM 标准所建议的将试块浸泡并不能真实的代表现场情况,因为在浸泡过程中,混凝土中的碱不断地析出,使溶液的 pH 值很快的由 7 上升到 12 左右,而且 SO_4^{2-} 浓度也随着浸泡而降低,一般说来,连续浸泡的试验室试块与现场暴露的试块相比,具有较强的抗侵蚀性能。这是因为现场暴露的试块通常处于恒定浓度和 pH 值的硫酸盐侵蚀之中,并且受环境条件的影响如干湿循环等,而这些恰是加速侵蚀的条件。

国内学者也认识到了这个问题,席跃忠等的研究表明,随着侵蚀溶液 pH 值的下降,侵蚀反应也不断变化。当 pH =12.5 ~12 时,钙矾石结晶析出,当 pH =11.6 ~10.6 时,石膏结晶析出;当 pH <10.6 时,钙矾石开始分解,与此同时,当 pH <12.5,C-S-H 凝胶也将溶解和再结晶,其钙硅比 CaO/SiO_2 逐渐下降,由 pH =12.5 时的 2.12 降到 pH =8.8 时的 0.5,水化产物的溶解—过饱和—再结晶过程不断进行,从而引起混凝土的孔隙率、强度和黏结力的变化。当 pH <8.8 时,即使掺超塑化剂和活性混合材的混凝土,也难免遭受侵蚀。

(8)环境温度的影响。根据 Arrhenius 方程,温度每升高 10°,一般化学反应的速度大约增加 2 ~3 倍。温度的升高将导致 SO_4^{2-} 离子扩散提高,同时也将导致离子运动速度和化学反应速度提高。这些都将导致混凝土硫酸盐侵蚀速度的提高,这可作为试验室加速试验的手段。

(9)干湿交替和冻融循环的影响。Robert D C 等通过试验研究比较了硫酸钠溶液中经历连续浸泡、干湿循环、冻融循环等条件下混凝土的膨胀量,结果表明干湿循环中的最大,冻融循环中的次之,连续浸泡中的最小。

5.2 提高混凝土抗盐腐蚀性能的措施

从混凝土腐蚀机理可以看出,混凝土的盐类腐蚀属于以上 3 种腐蚀共同参与的复杂而综合的过程,而且 3 种腐蚀相互促进,构成恶性循环过程:溶解和化学反应腐蚀过程中 CH 的流失,一方面降低混凝土的强度,另一方面使孔隙扩大,为固体膨胀腐蚀提供了空间,固体膨胀腐蚀所扩展的裂缝又为溶解和化学反应腐蚀过程增大反应面。

为了提高盐湖地区混凝土的耐久性及抗蚀性,一般采取以下几种方法解决腐蚀问题:

(1)合理选择水泥品种:选 C_3A 含量低的水泥(如抗硫酸盐水泥)。

(2)掺适量的矿物掺和料(如碱性矿渣、粉煤灰、硅粉)。

(3)适宜的水泥掺量。抗侵蚀混凝土单位水泥用量不宜过低,有关试验结果表明混凝土水泥低于 300kg/m^3 时,SO_4^{2-} 溶液对混凝土侵蚀破坏程度随 C_3A 含量的增加而增大,但当水泥用量达 390kg/m^3 时,SO_4^{2-} 溶液对混凝土的破坏程度随 C_3A 含量的增加只有稍微增加,甚至无破坏现象。这说明高水泥用量、低渗透性降低侵蚀破坏,比降低水泥熟料中 C_3A 含量更为重要。

(4)控制水灰比。混凝土强腐蚀防护措施要求水灰比不超过 0.4,说明对有抗侵蚀要求的混凝土其水灰比是有严格要求的。

(5)掺优质外加剂。混凝土外加剂品种繁多,应用范围越来越广泛,但用得最多是减水剂和引气剂。

(6)严格控制施工质量。合理的混凝土配合比是抗侵蚀的基本条件,更重要的是要注意施工质量。除了使用合格的原材料外,对混凝土施工每道工序都必须严格把关。其中正确的振捣,即不漏振、不过振,尤为重要。

(7)采用高压蒸汽养生。采用高压蒸汽养生能消除游离的 $Ca(OH)_2$,同时 C_2S 和 C_3S 都形成晶体水化物,比常温下形成的水化硅酸钙要稳定得多,而 C_3A 则水化成稳定的立方晶系的 C_3AH_6 代替活泼得多的六方晶系的 C_4AH_{12},变成低活性状态,改善混凝土抗硫酸盐性能。

(8)增设必要的保护层。当侵蚀作用较强,上述措施不能奏效时,可在混凝土表面加上耐腐蚀性强且不透水的保护层(如沥青、塑料、玻璃等)。

5.3 试验用原材料

(1)水泥。采用甘肃永登水泥厂的祁连山牌 42.5 级普通硅酸盐水泥,并进行基本性能和强度测定,其结果见如表 5.1 所示。

表 5.1 水泥基本性能和强度

指标	$f_{28d}^{折}$(MPa)	$f_{28d}^{压}$(MPa)	标准稠度用水量(mL)	凝结时间		细度(%)
				初凝	终凝	
普-42.5-硅	9.5	44.3	135	1h 15min	2h 45min	5.6

注:安定性等性能经检验均合格。

(2)矿物掺和料。矿物掺和料是将矿渣、粉煤灰、硅灰三种材料按不同的比例配合形成。粉煤灰采用郑州金龙源粉煤灰综合利用有限公司的Ⅰ级粉煤灰,按《用于水泥和混凝土的粉煤灰》(GB/T 1596—2005)及《用于水泥和混凝土中的粒化高炉矿渣粉》(GB/T 18046—2008)和《高强高性能混凝土用矿物外加剂》(GB/T 18736—2002)为检测依据测定。所用粉煤灰性能指标及化学成分如表 5.2 所示,所用矿渣粉的性能指标如表 5.3 所示。

表 5.2 粉煤灰性能指标(%)

指标	细度	含水率	烧失量	需水量比	SO_3 含量	Cl^- 含量
GB/T 1596—2005	≤12	≤1	≤5	≤95	≤3.0	≤0.02
实测值	5.7	0.0	2.2	92	0.3	0.017

(3)砂。其用山砂,该砂细度模数 2.3,级配良好,属于Ⅱ中砂,堆积密度 1 700kg/m^3,表观密度 2 608kg/m^3,含泥量为 1.7%。

表5.3　矿渣性能指标(%)

指　标	比表面积(m^2/kg)	含水率	烧失量	需水量比	碱含量	SO_3 含量	Cl^- 含量	MgO 含量
GB/T 18046—2000	350~500	≤1.0	≤5	≤100	—	≤4.0	≤0.02	≤14
实测值	445	0.3	2.2	96	2.30	0.1	0.018	0.004

(4)石子。碎石,粒径为5~10mm,级配良好,含泥量为0.3%,表观密度为2 369kg/m^3。

(5)减水剂。C20、C30、C40混凝土组使用萘系SP-N,C50混凝土组使用SDJ聚羧酸高效减水剂。

(6)引气剂。选用SJ-2引气剂。

(7)水。选用自来水。

5.4　试验设计

5.4.1　试验目的

掌握复合盐腐蚀环境下混凝土试件在不同影响因素下的侵蚀规律,并为试件损伤变量D的定量化分析提供基本的试验数据,最后将宏观腐蚀性能与微观结构密切联系起来。

5.4.2　试验方案

抗渗性是混凝土耐久性的综合表现。水胶比是渗透性的主要影响因素之一,为了了解在不同水胶比下,混凝土盐害侵蚀过程以及抗侵蚀能力规律,本文配制了C50、C40、C30、C20共4个不同水胶比的基准混凝土。

掺和料在混凝土中应用广泛,在水泥中掺用掺和料来改善混凝土的抗硫酸盐侵蚀性能,已被证实为一种行之有效的办法。因此,本文配制了适于C50、C40、C30、C20共4个不同水胶比的掺掺和料的混凝土。

掺引气剂可改善混凝土的韧性,提高混凝土的抗渗性、抗冻性等。但引气剂对混凝土抗盐蚀性能的影响缺少研究。一方面,混凝土的抗盐蚀性能与盐溶液向混凝土内部的扩散速度有密切关系,因此预估改善孔结构来提高混凝土的抗盐蚀性能是一条有效途径;另一方面,甘肃环境温差大,气候干燥,地方冬季寒冷,混凝土极易遭受冻融破坏,为了研究更适合当地环境的抗硫酸盐侵蚀性能的混凝土配合比。本文配制了掺引气剂的C50、C40、C30、C20共4个不同水胶比的混凝土。

另外,为了更好地了解矿物掺和料和引气剂相互复合后对混凝土的抗盐蚀性能,本文还配置了掺矿物掺和料和引气剂复合的C50、C40、C30、C20共4个不同水胶比的混凝土。

所以本文共配制了16个配合比,并对混凝土的损伤变量作了定量分析。最后,用压汞法测定了硬化水泥净浆的孔结构体系参数,探讨孔结构与混凝土抗腐蚀性。

1)试验用混凝土的配合比

C组主要用于考察普通混凝土的抗复合盐腐蚀性能;CC组主要用于考察掺和料混凝土的抗复合盐腐蚀性能;CYC组是考虑双掺掺和料和引气剂对普通混凝土抗复合盐腐蚀性能的影响;YC组是考虑掺引气剂对普通混凝土抗复合盐腐蚀性能的影响。混凝土坍落度控制在140~180mm。

相应强度表示符号前再加C表示混凝土掺掺和料;相应强度表示符号前再加Y表示混凝土掺引气剂;相应强度表示符号前再加CY表示混凝土双掺掺和料和引气剂。

(1)E1表示以完全浸泡方式腐蚀的混凝土;

(2)E2表示以立式半浸方式腐蚀的混凝土;

(3)E3表示以干湿循环方式腐蚀的混凝土。

混凝土配合比的主要参数如表5.4~表5.7所示。

表5.4 基准混凝土配合比参数

编　号	W/B(%)	砂率(%)	减水剂(%)	含气量(%)	$F_{cu,28d}$(MPa)
C50	0.32	36	1.0	1.6	66.1
C40	0.38	38	1.8	1.3	55.0
C30	0.50	42	1.0	1.4	43.7
C20	0.66	44	1.0	1.0	32.3

表5.5 掺掺和料混凝土配合比参数

编　号	W/B(%)	FC/B(%)	KC/B(%)	砂率(%)	减水剂(%)	含气量(%)	$F_{cu,56d}$(MPa)
CC50	0.32		40	36	1.6	1.0	64.2
CC40	0.38		40	38	1.4	1.0	56.5
CC30	0.5	30		42	1.0	1.3	45.0
CC20	0.66	30		44	0.5	1.0	34.0

表5.6 掺引气剂混凝土配合比参数

编号	W/B(%)	砂率(%)	减水剂(%)	引气剂(万)	含气量(%)	$F_{cu,28d}$(MPa)
YC50	0.32	36	1.5	4.0	5.0	54.8
YC40	0.38	38	1.5	3.5	5.5	44.3
YC30	0.5	42	1.2	3.0	5.5	34.2
YC20	0.66	44	0.6	4.0	1.6	30.5

表5.7 掺掺和料和引气剂混凝土配合比参数

编号	W/B(%)	FC/B(%)	KC/B(%)	砂率(%)	减水剂(%)	引气剂(万)	含气量(%)	$F_{cu,56d}$(MPa)
CYC50	0.32		40	36	1.5	4.5	5.3	60.2
CYC40	0.38		40	38	1.2	4.0	5.3	52.8
CYC30	0.5	30		42	1.0	3.5	4.8	38.9
CYC20	0.66	30		44	0.5	5.0	1.9	31.8

注:不掺掺和料混凝土的抗压强度为标养28d后的实测强度,掺掺和料混凝土的抗压强度为标养56d后的实测强度。FC是以粉煤灰为主的掺和料;KC是以矿渣为主的掺和料。

2)介质

强腐蚀复合盐溶液:含盐总量22.36%,其中硫酸钠的含量为10.36%,氯化镁的含量为12%;为保持试验过程中腐蚀介质的浓度不变,50d换一次溶液。试件在浸泡过程中,每天用H_2SO_4滴定,以中和试件在溶液中放出的$Ca(OH)_2$,边滴定边搅拌使溶液pH值保持在7.0左右。

3)腐蚀方式

为了模拟西北寒冷地区自然环境中存在的腐蚀状态,即全部埋置于盐湖卤水和盐渍土中的混凝土试件,一半埋置于盐湖卤水和盐渍土中的混凝土试件以及处于干湿交替状态中的混凝土试件,因此,本文采用了以下3种腐蚀方式:

(1)试件完全浸泡于溶液中(图5.1);

(2)试件立式浸泡于溶液中;

(3)试件完全浸泡于溶液中进行干(图5.2)湿循环。

图5.1 试件立式浸泡于溶液中

图5.2 试件置于烘箱中烘干

5.5 矿物掺和料对耐久性混凝土碱—集料反应抑制效果

1)目的

碱—集料反应(Alkali-Aggregate Reaction,AAR),是指混凝土的碱与集料中的活性成分发生化学反应,引起混凝土的体积膨胀和开裂,影响混凝土结构的安全和使用的现象。碱—集料反应一旦发生就很难阻止。依据反应机理的不同,混凝土碱—集料反应主要分为碱硅酸反应、碱碳酸反应和碱硅酸盐反应,目前世界各国发生的碱—集料反应大多数为碱硅酸反应。

碱硅酸反应需要具有3个条件:①混凝土的原材料水泥、混合材料、外加剂和水等含有一定量的碱;②集料中有相当数量的活性成分;③潮湿环境,有充分的水分或湿润空气供给。

根据前期进行的耐久性混凝土原材料性能测试结果分析可知:西北大部分地区的原材料具有潜在碱—硅酸反应活性或存在碱—硅酸反应活性,使用这些原材料发生碱—集料反应的可能性较大,目前重要性工程设计使用寿命通常为100年,确保其在使用期间不发生碱—集料反应是保证工程混凝土工程质量的关键。

自 1940 年 Stanton T E 首先提出碱—集料反应问题以来，先后在很多国家和地区都发现了碱—集料反应，碱—集料反应造成的巨大危害已引起世界各国的高度关注，对碱—集料反应的抑制措施进行了大量研究，目前学术界普遍认为掺加矿物掺和料，减少混凝土中水泥用量，从而降低混凝土中总碱含量是降低混凝土发生碱—集料反应的最有效也是最经济的方法。我国目前现行标准《预防混凝土碱—集料反应技术规范》(GB/T 50733—2011)中的抑制集料碱—硅酸反应活性有效性试验方法限制了胶凝材料中矿物掺和料掺量，“单独掺用粉煤灰时，粉煤灰掺量应为 30%；当复合掺用粉煤灰和粒化高炉矿渣粉时，粉煤灰掺量应为 25%，粒化高炉矿渣粉掺量应为 10%；可掺用硅灰取代相应掺量的粉煤灰或粒化高炉矿渣粉，硅灰掺量不得小于 5%”。这与实际工程存在较大不符，实际工程通常根据混凝土强度和耐久性指标确定矿物掺和料的掺量，而无法完全满足这个标准的掺量规定，因此，进行矿物掺和料种类和掺量对抑制混凝土碱—集料反应的效果研究是非常有必要的，也可判定采用潜在碱—硅酸反应或存在碱—硅酸反应的原材料配制的耐久性混凝土是否会发生碱—集料反应破坏。

2)试验方法

矿物掺和料对耐久性混凝土碱—集料反应抑制效果研究采用《预防混凝土碱—集料反应技术规范》(GB/T 50733—2011)中附录 A“抑制集料碱—硅酸反应活性有效性试验方法”，采用快速砂浆棒法进行抑制有效性试验。但由于该方法限制了混凝土中矿物掺和料的掺量，无法体现出矿物掺和料品种和掺量对抑制碱—集料反应的影响规律和程度，也无法确定矿物掺和料的最优掺量。因此，本次试验其他要求均符合该标准，改变矿物掺和料的品种和掺量，分析得出矿物掺和料对抑制碱—集料反应的影响规律和程度。

3)试验方案

依托具体工程，通过耐久性混凝土指导性配合比专项技术研究分析了西北地区原材料具有潜在碱活性或存在碱活性反应危害，针对这一现象，提出了“采用快速碱—硅酸反应试验测试 14d 膨胀率在 0.10% ~0.20% 的砂原则上可以用来配制该工程耐久性混凝土。需要控制混凝土中的总碱含量的同时，按照现行国家标准《预防混凝土碱—集料反应技术规范》(GB/T 50733—2011)进行抑制集料碱—硅酸反应活性有效试验，抑制有效方可使用；采用快速碱—硅酸反应试验测试 14d 膨胀率在 0.20% 以上的砂原则上不可以用来配制该工程耐久性混凝土”。结合该工程的具体实际情况，耐久性混凝土配合比研究所使用的砂 14d 快速砂浆棒膨胀率为 0.143 9%，属于此范围，需要进行抑制有效性试验，采用砂为Ⅱ区中砂，颗粒级配合格，细度模数为 2.9，含有微晶质石英、隐晶质石英和应变石英，为具有潜在碱—硅酸反应活性砂，该砂 14d 快速砂浆棒膨胀率为 0.193%，接近 0.20% 上限。为考虑矿物掺和料对碱—硅酸反应抑制效果的影响规律和程度，设计制作了 7 种不同矿物掺和料的砂浆试棒，如表 5.8 所示。其中编号 1 为未掺任何矿物掺和料；编号 2 为单掺 25% 的粉煤灰(耐久性配合比-1)；编号 3 为复掺 15% 的粉煤灰和 10% 的粒化高炉矿渣粉；编号 4 为单掺 30% 的粉煤灰；编号 5 为单掺 30% 的粒化高炉矿渣粉；编号 6 为复掺 15% 的粉煤灰和 15% 的粒化高炉矿渣粉(耐久性配合比-2)；编号 7 为复掺 30% 的粉煤灰和 10% 的粒化高炉矿渣粉。

表 5.8 矿物掺和料抑制集料碱—硅酸反应活性有效性试验方案及结果

编号	水泥(g)	粉煤灰(g)	粒化高炉矿渣粉(g)	水(g)	膨胀率(%)			
					3d	7d	14d	56d
1	440	0	0	206.8	0.019	0.134	0.193	0.678
2*	330	110	0	206.8	0.008	0.010	0.022	0.090
3	330	66	44	206.8	0.007	0.018	0.035	0.191
4	308	132	0	206.8	0.007	0.008	0.021	0.099
5	308	0	132	206.8	0.006	0.013	0.023	0.081
6	308	66	66	206.8	0.002	0.008	0.022	0.101
7	264	132	44	206.8	0.001	0.002	0.004	0.049

4)试验结果与分析

(1)矿物掺和料总量对抑制碱—硅酸反应的有效性影响分析

编号1矿物掺和料掺入总量为0%,编号2和3矿物掺和料掺入总量为25%,编号4、5、6矿物掺和料掺入总量均为30%,编号7矿物掺和料掺入总量为40%。由图5.3测试结果分析可知,随着矿物掺和料的掺入总量增加,14d的膨胀率明显有减小趋势,说明矿物掺和料掺入总量与抑制碱—硅酸反应正相关。

(2)矿物掺和料种类对抑制碱—硅酸反应的有效性影响分析

由图5.3可以看出,编号2和3的砂浆试件矿物掺和料总量相同,都为25%,但编号2的砂浆试件单掺粉煤灰,而编号3是复掺15%的粉煤灰和10%的粒化高炉矿渣粉,两者相比单掺粉煤灰的砂浆试件14d膨胀率要低一些,同样编号4、5、6矿物掺和料总量均为30%,但单掺粉煤灰的砂浆试件14d膨胀率要低一些。这是因为粉煤灰同粒化高炉矿渣粉相比,其可溶性碱含量更低,在计算混凝土总碱含量时,粉煤灰的碱含量是以1/6计入的,而粒化高炉矿渣粉是以1/2计入的,掺入相同量的粉煤灰和粒化高炉矿渣粉引入混凝土内部的碱含量不同,粉煤灰降低混凝土内部的碱含量更多,更能有效抑制碱—硅酸反应的发生。

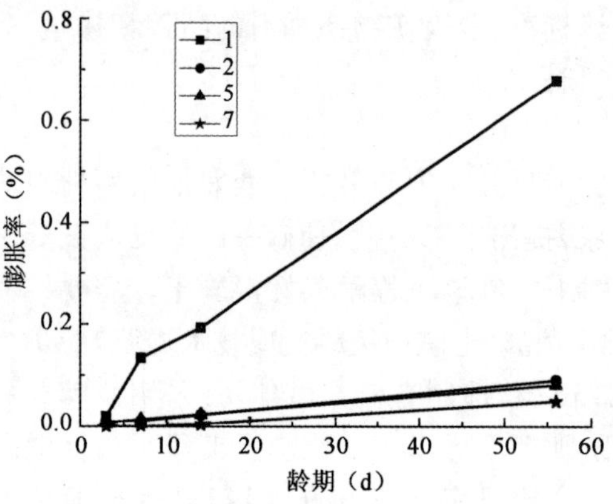

图5.3 矿物掺和料掺量对抑制集料碱—硅酸反应影响曲线

(3)矿物掺和料抑制碱—硅酸反应的有效性判定

国家标准《预防混凝土碱—集料反应技术规范》(GB/T 50733—2011)进行抑制集料碱—硅酸反应活性有效试验规定,掺有矿物掺和料的砂浆试件14d的膨胀率小于0.03%时,可判定抑制集料碱—硅酸反应活性有效。本研究中所制备的两种混凝土其砂浆试件,即表5.8中编号2和编号6,其14d膨胀率都为0.022%,满足小于0.03%的要求,说明抑制集料碱—硅酸反应活性有效,不会发生碱—集料反应。

碱—集料反应是一个长期的反应过程,反应周期可达十几年甚至几十年,而抑制碱—硅酸反应的有效性试验仅进行14d,虽然是实验室加速试验,但是否抑制有效就能够完全保证混凝土不发生碱—集料反应。研究进行了84d砂浆膨胀率的测试,发现随着龄期的增长,砂浆试件的膨胀率持续在增长,以本研究的两种混凝土砂浆试件为例,其84d的膨胀率都达到了0.1%。为避免混凝土发生碱—集料反应而导致结构劣化、破坏,建议快速砂浆棒法14d膨胀率大于0.20%的砂不得使用。

5.6 矿物掺和料对混凝土耐久性影响研究

高性能混凝土通过掺入粉煤灰、磨细矿渣粉、硅灰等矿物掺和料,这些掺和料中较粗的颗粒可代替水泥填充细集料空隙,更细的颗粒,如10m以下的颗粒,可以填充水泥中毛细孔和凝胶孔的空隙,改善混凝土内部孔结构,使混凝土内部更加密实。但不同矿物掺和料在混凝土中的作用有着各自的特点,将不同种类矿物掺和料以合适的复合比例和总掺量掺入混凝土,则可使其取长补短,不仅可调节需水量,还可使胶凝材料空隙率达到最小,从而使整个混凝土形成紧密的堆聚结构体系。但不同地区粉煤灰和矿渣粉的技术指标和品质不同,因此使混凝土获得最佳的工作性、强度和耐久性的掺量是不尽相同的。因此,采用西北地区本地的矿物掺和料,研究矿物掺和料的品种和掺量对混凝土的性能影响,对保证和改善耐久性混凝土耐久性有着重要意义。

通过调整矿物掺和料掺入比例和掺入品种,测试不同混凝土的抗氯离子渗透性,分析矿物掺和料对高性能混凝土耐久性的影响,达到优化矿物掺和料的作用效果。

(1)研究方法

前面的研究中已经发现混凝土的抗氯离子渗透性的两个指标,即电通量和氯离子迁移系数相关性很高,因此针对矿物掺和料对混凝土耐久性影响的研究,以电通量作为评定指标,测试不同矿物掺和料掺量的混凝土在不同龄期的电通量值,评定矿物掺和料的掺量和品种对混凝土抗氯离子渗透性,即耐久性的影响。

(2)试验方案

试验研究以水胶比为0.40的强度等级为C30混凝土为例,进行4组试验研究,分别配制了以粉煤灰为主掺矿物掺和料的混凝土。矿物掺和料掺入总量为胶凝材料的30%,其中粉煤灰为20%,粒化高炉矿渣粉为10%,记为FC;以粒化高炉矿渣粉为主掺矿物掺和料的混凝土,矿物掺和料掺入总量为胶凝材料的40%,其中粉煤灰为10%,粒化高炉矿渣粉为30%,记为KC;掺以粉煤灰为15%、粒化高炉矿渣粉为15%的混凝土(本研究中的C30-2),记为YC;完全不掺矿物掺和料的基准混凝土,记为JC。各组混凝土配合比参数如表5.9所示。

表5.9 水胶比为0.40混凝土的配合比参数

参 数	JC	FC	KC	YC
水胶比	0.40	0.40	0.40	0.40
单位用水量(kg/m^3)	145	145	145	145
砂率(%)	48	48	48	48
砂子用量(kg)	932	932	932	932
石子用量(kg)	1 010	1 010	1 010	1 010
高效减水剂掺量(%)	1.5	1.2	1.3	1.2

(3)试验结果与分析

表5.10为掺不同矿物掺和料的水胶比为0.40的混凝土在不同龄期的抗氯离子渗透试验测试结果。

表5.10 掺不同矿物掺和料的水胶比为0.40的混凝土各龄期电通量测试值

测试项目	JC	FC	KC	YC
28d电通量(C)	3 050	1 468	1 122	985
56d电通量(C)	2 901	1 046	934	617

不掺矿物掺和料的基准混凝土JC,28d电通量为3 050C,56d电通量为2 901C。这是因为基准混凝土JC由于仅采用水泥作为胶凝材料,砂浆之间的空隙只能依靠单一的水泥颗粒来填充,其填充能力一般,使混凝土的密实性差,混凝土内部孔隙较多,抗渗性较差。掺以粉煤灰为主和以粒化高炉矿渣粉为主的矿物掺和料的混凝土电通量有明显的降低;对于以掺粉煤灰为主的FC混凝土,28d电通量为1 268C,56d电通量为1 046C;而以掺粒化高炉矿渣粉为主的KC混凝土,28d电通量为1 122C,56d电通量为934C,均低于基准混凝土的电通量。这是因为在水泥的基础上,添加了一种细颗粒尺寸的材料,使砂浆之间的空隙靠两种颗粒来填充,可以较好地发挥颗粒的填充效应,使密实度较高,电通量较小。对比两种矿物掺和料的混凝土电通量,掺以粒化高炉矿渣粉为主的KC混凝土28d时的电通量要明显小于掺以粉煤灰为主FC混凝土的电通量,而到56d时两者相差不大。这主要是粉煤灰早期反应速度慢,而粒化高炉矿渣粉反应速度快。因此在早期掺以粒化高炉矿渣粉为主的混凝土比较致密,而随着粉煤灰的不断水化,后期两者致密程度相差不大,所以电通量相差不大。

而将粉煤灰、粒化高炉矿渣粉进行优化复合后,掺入混凝土中,由于不同粒度分布的材料填充密实效应明显,可显著提高混凝土结构的密实度,改善混凝土内部孔隙结构,使电通量降低,YC混凝土28d电通量为985C,56d电通量为617C,明显低于其他3种混凝土的电通量。

(4)优化矿物掺和料混凝土孔结构与耐久性的关系

从混凝土的密实性方面分析,要配制抗氯离子渗透性优良的混凝土,也就是要配制密实性很高的混凝土。从颗粒细粉材料的填充密实效应来分析,采用不同粒度分布的粉煤灰、粒化高炉矿渣粉复合掺入混凝土中,改善混凝土内部孔隙特征,减少有害孔的数量,增加无害孔的数量,可提高混凝土的密实度,配制出高密实性的耐久性混凝土。

尽管目前对混凝土中孔的大小分类还没有一个统一的模式,但综合大量相关资料,较为能够被接受的是吴中伟院士提出的对孔的分类:孔径小于20nm孔为无害孔;孔径为20~50nm的为少害孔;孔径在50~200nm的为有害孔;孔径大于200nm则为多害孔。描述孔结构形态时,常用总空隙率、孔比表面积、临界孔径、最可几孔径、平均孔径及各类孔的分布等参数。其中,临界孔径是指能将较大的孔隙连通起来的各孔的最大孔级,反映混凝土中孔隙的连通性,对混凝土的抗氯离子渗透有很大影响。混凝土最可几孔径是指出现概率最大的孔径。研究采用压汞仪进行基准混凝土JC和优化混凝土YC两种混凝土的孔结构测试,测试结果如表5.11和表5.12所示。

表 5.11 基准混凝土与优化矿物掺和料混凝土不同尺寸孔的分布

编号	不同孔级的孔占总孔比例(%)			
	<20nm	20 ~ 50nm	50 ~ 200nm	>200nm
JC	0.46	40.18	45.62	9.14
YC	1.04	89.56	3.29	4.09

表 5.12 基准混凝土与优化矿物掺和料混凝土孔隙结构特征参数

编号	水胶比	总孔隙率(%)	总孔体积(ml/g)	总孔面积(m^2/g)	比表面积(m^2/mL)	最可几孔径(nm)	临界孔径(nm)	平均孔径(nm)
JC	0.40	14.59	0.090 0	5.548 06	61.645 1	44.311 9	35.62	50.8
YC	0.40	16.19	0.099 9	13.173 2	131.863 8	21.080 0	21.08	26.6

由表 5.11 和表 5.12 可以看出,优化矿物掺和料的混凝土与基准相比,其总孔隙率变化不大,但孔的比表面积增加了 1.13 倍,平均孔径减小 0.48 倍,临界孔径减小 0.41 倍,最可几孔径减小 0.52 倍,即孔径细化,平均孔径向小孔方向移动。优化掺和料混凝土水泥石少害孔占主导位置,而基准混凝土有害孔较多。

5.7 单一因素作用下对混凝土腐蚀性的影响

5.7.1 不同腐蚀方式对混凝土抗盐蚀性的影响

盐类对混凝土具有腐蚀作用,其腐蚀程度与混凝土和盐类的接触状态及环境的温度、湿度等有着密切的关系。当混凝土处于完全浸泡状态时,其腐蚀破坏常小于干湿交替区(如液面波动区、浪溅区、潮汐区)。腐蚀试验是一个漫长的试验过程,需要耗费大量的人力与物力。目前,混凝土的腐蚀试验尚没有统一的标准试验方法,许多研究都借鉴了抗硫酸盐水泥的耐腐蚀试验方法,采用长期浸泡,或将浸泡与人工热烘相结合以加速腐蚀的试验方式。本节主要研究不同浸泡方式(即完全浸泡、立式半浸、干湿循环三种浸泡方式)下,复合盐溶液对混凝土的腐蚀特性。

1)混凝土的抗压强度

表 5.13 为不同腐蚀方式下基准混凝土的抗压试验结果。由表 5.13 可知:

(1)混凝土 C50 在 3 种腐蚀方式 E1、E2、E3 下,腐蚀 100 个循环比腐蚀 50 个循环时的抗压抗蚀系数 K_c 分别提高 1%、2% 和 3%。

(2)混凝土 C40 在 3 种腐蚀方式 E1、E2、E3 下,腐蚀 100 个循环比腐蚀 50 个循环时的抗压抗蚀系数 K_c 分别提高 1%、3% 和 5%。

(3)混凝土 C30 在 3 种腐蚀方式 E1、E2、E3 下,腐蚀 100 个循环比腐蚀 50 个循环时的抗压抗蚀系数 K_c 分别降低 4%、8% 和 12%。

(4)混凝土 C20 在 3 种腐蚀方式 E1、E2、E3 下,腐蚀 100 个循环比腐蚀 50 个循环时的抗压抗蚀系数 K_c 分别降低 14%、16% 和 19%。

表 5.13　不同腐蚀方式下基准混凝土的抗压强度试验结果

胶结材料类型	腐蚀方式	水中养护 50d 强度(MPa)	溶液腐蚀 50d 强度(MPa)	抗蚀系数 K_c (%)	水中养护 100d 强度(MPa)	溶液腐蚀 100d 强度(MPa)	抗蚀系数 K_c (%)
C50	E1	68.5	69.9	102	70.4	71.8	103
	E2		70.6	103		73.9	105
	E3		73.3	107		77.4	110
C40	E1	57.3	59.6	104	61.5	64.6	105
	E2		60.2	105		66.4	108
	E3		63.0	110		70.7	115
C30	E1	47.6	51.9	109	51.8	54.4	105
	E2		53.3	112		53.9	104
	E3		49.0	103		47.1	91
C20	E1	36.5	36.2	99	40.7	34.6	85
	E2		34.9	96		32.6	80
	E3		32.1	88		28.1	69

注:1. C20 表示设计强度为 20MPa 的混凝土;C30 表示设计强度为 30MPa 的混凝土;C40 表示设计强度为 40MPa 的混凝土;C50 表示设计强度为 50MPa 的混凝土。

2. 相应强度表示符号前再加 C 表示混凝土掺掺和料;相应强度表示符号前再加 Y 表示混凝土掺引气剂;相应强度表示符号前再加 CY 表示混凝土双掺掺和料和引气剂。

3. E1 表示以完全浸泡方式腐蚀的混凝土;E2 表示以立式半浸方式腐蚀的混凝土;E3 表示以干湿循环方式腐蚀的混凝土。

试验数据表明:在干湿循环腐蚀方式下,抗压抗蚀系数 K_c 变化的速度和幅度最大,在立式半浸腐蚀方式下,抗压抗蚀系数 K_c 变化的速度和幅度次之,在完全浸泡腐蚀方式下,抗压抗蚀系数 K_c 变化的速度和幅度最慢。因此,从抗压强度变化这个角度来看,在干湿循环腐蚀方式下腐蚀的混凝土,抗压抗蚀系数 K_c 变化最大,最为敏感。

2)混凝土的抗折强度

表 5.14 为不同腐蚀方式下基准混凝土的抗折强度试验结果。由表 5.14 可知:

(1)混凝土 C50 在三种腐蚀方式 E1、E2、E3 下,腐蚀 100 个循环比腐蚀 50 个循环时的抗折抗蚀系数 K_P 分别提高 1%、2% 和 7%。

(2)混凝土 C40 在三种腐蚀方式 E1、E2、E3 下,腐蚀 100 个循环比腐蚀 50 个循环时的抗折抗蚀系数 K_P 分别提高 4%、5% 和 9%。

(3)混凝土 C30 在三种腐蚀方式 E1、E2、E3 下,腐蚀 100 个循环比腐蚀 50 个循环时的抗折抗蚀系数 K_P 分别降低 7%、9% 和 15%。

(4)混凝土 C20 在三种腐蚀方式 E1、E2、E3 下,腐蚀 100 个循环比腐蚀 50 个循环时的抗折抗蚀系数 K_P 分别降低 10%、18% 和 25%。

表 5.14 不同腐蚀方式下基准混凝土的抗折强度试验结果

胶结材料类型	腐蚀方式	水中养护 50d 强度(MPa)	溶液腐蚀 50d 强度(MPa)	抗蚀系数 K_P(%)	水中养护 100d 强度(MPa)	溶液腐蚀 100d 强度(MPa)	抗蚀系数 K_P(%)
C50	E1	12.1	12.5	103	12.7	13.2	104
	E2		12.8	106		13.7	108
	E3		13.6	112		15.1	119
C40	E1	10.8	11.2	104	11.6	12.5	108
	E2		11.8	109		13.2	114
	E3		12.3	114		14.3	123
C30	E1	8.6	9.2	107	9.0	9.0	100
	E2		8.9	104		8.6	95
	E3		8.8	102		7.8	87
C20	E1	7.8	7.4	95	8.3	7.1	85
	E2		6.9	88		5.8	70
	E3		6.1	78		4.4	53

不同腐蚀方式下基准混凝土的抗压强度试验数据表明：抗折抗蚀系数 K_P 和抗压抗蚀系数 K_c 的腐蚀规律结论相同，只是抗折抗蚀系数 K_P 的变化幅度比抗压抗蚀系数 K_c 变化幅度大，反应腐蚀快慢的灵敏度高。

3)结论与原因分析

由试验结果可知：浸泡方式对混凝土的腐蚀破坏具有较大的影响。各组混凝土的抗压和抗折强度有着相同的变化规律，不同浸泡方式混凝土的抗压抗蚀系数 K_c 和抗折抗蚀系数 K_P 对腐蚀性液体的敏感次序为：干湿循环 > 立式半浸 > 完全浸泡。其原因主要是：完全浸泡主要是化学腐蚀；立式半浸是盐结晶和化学腐蚀双重破坏；而干湿循环则是加速了的盐结晶和化学腐蚀双重破坏腐蚀。盐结晶膨胀侵蚀破坏的特点是水泥水化产物基本未参与作用，而混凝土材料孔结构、空气中相对湿度的变化及盐溶液中离子的种类、浓度和结晶性质是其控制因素。这种物理侵蚀的速度远快于环境水的化学腐蚀，破坏也更加严重。

虽然，立式半浸能更真实地模拟了混凝土结构在温差较大的西部土壤中的腐蚀状况，但是，采用干湿循环腐蚀方式，可以在较短的时间内反映出盐溶液对混凝土的破坏作用，也可以模拟处于干湿循环腐蚀方式下腐蚀的混凝土试件。因此，在随后的小节中，只使用干湿循环腐蚀方式下的强度试验数据进行腐蚀性能的分析。

5.7.2 不同水胶比基准混凝土的抗盐蚀性能

1)混凝土的抗压强度

表 5.15 为不同水胶比基准混凝土的抗压强度试验结果。由表 5.15 可知：

(1)在干湿循环腐蚀方式下，混凝土 C50、C40 腐蚀 100 个循环比腐蚀 50 个循环时的抗压抗蚀系数 K_c 分别提高 3%、5%，其抗压抗蚀系数都大于 100%，说明这些试件还处于致密阶段，腐蚀物的数量还不足以造成试件内部结构的破坏，因而混凝土 C50、C40 有较强的抗复合盐腐蚀能力。

(2)混凝土C30、C20腐蚀100个循环比腐蚀50个循环时的抗压抗蚀系数K_c分别降低12%、19%,说明这些试件在腐蚀100个循环时,内部结构已经开始破坏,因而混凝土C30、C20的抗腐蚀能力较差。

表5.15　不同水胶比基准混凝土的抗压强度试验结果

胶结材料类型	水中养护50d强度(MPa)	溶液腐蚀50d强度(MPa)	抗蚀系数K_c(%)	水中养护100d强度(MPa)	溶液腐蚀100d强度(MPa)	抗蚀系数K_c(%)
C50	68.5	73.3	107	70.4	77.4	110
C40	57.3	63.0	110	61.5	70.7	115
C30	47.6	49.0	103	51.8	47.1	91
C20	36.5	32.1	88	40.7	28.1	69

试验数据结果表明:混凝土强度越高(水胶比越小),抗压抗蚀系数K_c变化的速度和幅度越小,强度越低(水胶比越大),抗压抗蚀系数K_c变化的速度和幅度越大。因此,从抗压强度变化这个角度来看,混凝土强度越高(水胶比越小),其耐盐蚀性能越好。

2)混凝土的抗折强度

表5.16为不同水胶比基准混凝土的抗折强度试验结果。由表5.16可知:

(1)在干湿循环腐蚀方式下,混凝土C50、C40腐蚀100个循环比腐蚀50个循环时的抗折抗蚀系数K_P分别提高7%、9%,其抗折抗蚀系数都大于100%,说明这些试件还处于致密阶段,腐蚀物的数量还不足以造成试件内部结构的破坏,因而混凝土C50、C40有较强的抗复合盐腐蚀能力。

(2)混凝土C30、C20腐蚀100个循环比腐蚀50个循环时的抗折抗蚀系数K_P分别降低15%、25%,说明这些试件在腐蚀100个循环时,内部结构已经开始破坏,因而混凝土C30、C20的抗腐蚀能力较差。

表5.16　不同水胶比基准混凝土的抗折强度试验结果

胶结材料类型	水中养护50d强度(MPa)	溶液腐蚀50d强度(MPa)	抗蚀系数K_p(%)	水中养护100d强度(MPa)	溶液腐蚀100d强度(MPa)	抗蚀系数K_c(%)
C50	12.1	13.6	112	12.7	15.1	119
C40	10.8	12.3	114	11.6	14.3	123
C30	8.6	8.8	102	9.0	7.8	87
C20	7.8	6.1	78	8.3	4.4	53

试验数据结果表明:抗折抗蚀系数K_P和抗压抗蚀系数K_c的腐蚀规律结论相同,只是抗折抗蚀系数K_P的变化幅度比抗压抗蚀系数K_c的变化幅度大,反应腐蚀快慢的灵敏度高。

3)结论与原因分析

由试验结果可知:水胶比对混凝土在盐腐蚀过程中抗压强度和抗折强度的变化有较大的影响。各组混凝土的抗压和抗折强度有着相同的变化规律,抗压、抗折抗蚀系数都是随着混凝土水胶比的增大,它们的变化速度和幅度越大,只是抗折抗蚀系数K_P的变化幅度比抗压抗蚀系数明显,反应腐蚀快慢的灵敏度高。其原因是:水胶比越大,砂浆及集料与水泥石界面处硬化浆体的孔隙率越高,侵蚀性离子更易扩散、渗透水泥石内,经化学、物理变化,生成的结晶产物越多,填充程度越大,强度提高幅度越大,因而在腐蚀初期,抗蚀系数增长随着水胶比的减少而增大,但随着循环次数的不断增加,膨胀性产物不断生成、积累,膨胀应力增大,混凝土结构遭受破坏的程度越大,抗蚀系数下降明显,水胶比较小时,混凝土密实度高,抗渗性能好,能有效地防治侵蚀液的侵入。强度较高的试件抗蚀系数大于100%的现象,说明试件还处于致密阶段,腐蚀物的数量还不足以造成试件内部结构的破坏。主要是由于硫酸盐对混凝土腐蚀机理的复杂性造成的。在最初的浸泡中,水泥矿物成分尚未完全水化,其中有一些孔隙尚未充满,不够密实,留有一定空间,浸泡时介质形成晶体及腐蚀介质与混凝土水化反应物生成的一些晶体将保留在混凝土孔隙内,由于这些晶体迅速填充混凝土孔隙,混凝土剩余孔隙逐渐饱和,并占有其他未饱和空间,从客观上来讲导致混凝土结构变得致密,而暂时提高混凝土的抗压强度。随着腐蚀时间和程度的增加,生成的一些晶体因膨胀互相挤压产生极大的内应力会导致混凝土的开裂,从长期来看会降低混凝土的抗压强度。

因此,从强度变化的角度来看,要提高混凝土的抗盐蚀性能,就要降低水灰比。

5.7.3 引气剂对混凝土抗盐蚀性的影响

1)混凝土的抗压强度

表5.17为基准混凝土与掺引气剂混凝土的抗压强度试验结果。由表5.17可知;

(1)混凝土C50和掺引气剂混凝土YC50腐蚀100个循环比腐蚀50个循环时的抗压抗蚀系数K_c分别提高3%和7%。

(2)混凝土C40和掺引气剂混凝土YC40腐蚀100个循环比腐蚀50个循环时的抗压抗蚀系数K_c分别提高5%和降低16%。

(3)混凝土C30和掺引气剂混凝土YC30腐蚀100个循环比腐蚀50个循环时的抗压抗蚀系数K_c分别降低12%和23%。

混凝土C20和掺引气剂混凝土YC20腐蚀100个循环比腐蚀50个循环时的抗压抗蚀系数K_c分别降低了19%和26%。

表5.17 基准混凝土与掺引气剂混凝土的抗压强度试验结果

胶结材料类型	水中养护50d强度(MPa)	溶液腐蚀50d强度(MPa)	抗蚀系数K_c(%)	水中养护100d强度(MPa)	溶液腐蚀100d强度(MPa)	抗蚀系数K_c(%)
C50	68.5	73.3	107	70.4	77.4	110
YC50	57.0	62.1	109	58.9	68.3	116
C40	57.3	63.0	110	61.5	70.7	115
YC40	46.2	51.7	112	47.9	45.0	94
C30	47.6	49.0	103	51.8	47.1	91
YC30	37.5	35.3	94	40.2	28.5	71
C20	36.5	32.1	88	40.7	28.1	69
YC20	32.5	20.0	60	33.4	11.0	34

试验数据结果表明:掺引气剂混凝土的抗压抗蚀系数K_c变化的幅度和速度都比基准混凝

土大,并且随着水胶比的增大而增大。因此,从抗压强度变化这个角度来看,掺引气剂对混凝土的耐盐蚀性能有不利影响。

2)混凝土的抗折强度

表5.18为基准混凝土与掺引气剂混凝土的抗折强度试验结果。由表5.18可知:

(1)混凝土C50和掺引气剂混凝土YC50腐蚀100个循环比腐蚀50个循环时的抗折抗蚀系数K_p分别提高7%和降低8%。

(2)混凝土C40和掺引气剂混凝土YC40腐蚀100个循环比腐蚀50个循环时的抗折抗蚀系数K_p分别提高9%和降低13%。

(3)混凝土C30和掺引气剂混凝土YC30腐蚀100个循环比腐蚀50个循环时的抗折抗蚀系数K_p分别降低15%和25%。

(4)混凝土C20和掺引气剂混凝土YC20腐蚀100个循环比腐蚀50个循环时的抗折抗蚀系数K_p分别降低25%和27%。

表5.18 基准混凝土与掺引气剂混凝土的抗折强度试验结果

胶结材料类型	水中养护50d强度(MPa)	溶液腐蚀50d强度(MPa)	抗蚀系数K_P强度(%)	水中养护100d强度(MPa)	溶液腐蚀100d强度(MPa)	抗蚀系数K_P(%)
C50	12.1	13.6	112	12.7	15.1	119
YC50	9.7	11.0	113	9.9	10.4	105
C40	10.8	12.3	114	11.6	14.3	123
YC40	9.5	8.9	94	9.7	7.9	81
C30	8.6	8.8	102	9.0	7.8	87
YC30	7.8	4.6	59	8.0	2.7	34
C20	7.8	6.1	78	8.3	4.4	53
YC20	6.7	2.4	36	6.8	0.58	9

试验数据结果表明:掺引气剂混凝土抗折抗蚀系数K_p和抗压抗蚀系数K_p的腐蚀规律结论相同,只是抗折抗蚀系数K_p的变化幅度比抗压抗蚀系数明显,反应腐蚀快慢的灵敏度高。

3)结论与原因分析

由试验结果可知:掺引气剂对混凝土强度的变化也有较大影响。各组混凝土的抗压和抗折强度有着相同的变化规律,根据本节的试验数据,掺引气剂加快腐蚀混凝土的强度变化的速度和幅度,并且随着水灰比的增大,抗压抗折抗蚀系数变化的速度和幅度增大,从理论上来说,在混凝土中加入适量的引气剂后,混凝土中孔隙结构的改变,引气剂产生的细小均匀独立而不相通的气泡,有效地隔断了混凝土中的毛细孔通道,防止侵蚀溶液入侵,又提供了一定的膨胀空间,减少膨胀应力破坏,因此,掺引气剂混凝土中水泥基材料的抗盐侵蚀性能会有所提高。但是试验数据并不能说明这一点,其原因也许是当水泥基材料与侵蚀溶液接触后,侵蚀溶液在孔隙中与周边的水泥水化产物发生反应,因生成的产物中形成大量结构疏松的$Mg(OH)_2$、易溶的$CaCl_2$以及产生膨胀力的石膏,封闭小气孔很快遭到破坏,使侵蚀溶液进入另外的孔隙,因为小气孔的存在,又为侵蚀液快速积累提供一个空间,侵蚀溶液在孔隙中与周边的水泥水化产物发生反应,因生成的产物中形成大量结构疏松的$Mg(OH)_2$、易溶的$CaCl_2$以及产生膨胀力的石膏,封闭小气孔很快遭到破坏,使侵蚀溶液进入深层的孔隙,反应重复发生,造成内部孔隙相通,腐蚀加剧。

因此,从强度变化的角度来看,掺引气剂对提高混凝土的耐盐蚀性能有不利作用,尽管如此,但从提高混凝土耐久性的目的出发,在混凝土中还是必须加入引气剂,因为引气剂对改善混凝土的抗冻、抗渗性能有显著的效果。

5.7.4 掺和料对混凝土抗盐蚀性的影响

1)混凝土的抗压强度

表5.19为基准混凝土与掺掺和料混凝土的抗压强度试验结果。由表5.19可知:

(1)混凝土C50和掺掺和料混凝土CC50腐蚀100个循环比腐蚀50个循环时的抗压抗蚀系数K_c分别提高3%和4%。

(2)混凝土C40和掺引气剂混凝土CC40腐蚀100个循环比腐蚀50个循环时的抗压抗蚀系数K_c分别提高5%和3%。

(3)混凝土C30和掺引气剂混凝土CC30腐蚀100个循环比腐蚀50个循环时的抗压抗蚀系数K_c分别降低12%和9%。

(4)混凝土C20和掺引气剂混凝土CC20腐蚀100个循环比腐蚀50个循环时的抗压抗蚀系数K_c分别降低19%和14%。

表5.19 基准混凝土与掺掺和料混凝土的抗压强度试验结果

胶结材料类型	水中养护50d强度(MPa)	溶液腐蚀50d强度(MPa)	抗蚀系数K_c(%)	水中养护100d强度(MPa)	溶液腐蚀100d强度(MPa)	抗蚀系数K_c(%)
C50	68.5	73.3	107	70.4	77.4	110
CC50	67.5	73.6	109	69.0	78.0	113
C40	57.3	63.0	110	61.5	70.7	115
CC40	58.8	63.5	108	59.2	65.7	111
C30	47.6	49.0	103	51.8	47.1	91
CC30	48.3	50.7	105	49.0	47.0	96
C20	36.5	32.1	88	40.7	28.1	69
CC20	37.3	34.7	93	38.2	30.2	79

试验数据结果表明:掺掺和料混凝土的抗压抗蚀系数K_c变化的幅度和速度都比基准混凝土小,并且随着水胶比的减少而减少。因此,在复合盐腐蚀时,掺掺和料对混凝土的抗压强度有改善作用。

2)混凝土的抗折强度

表5.20为基准混凝土与掺掺和料混凝土的抗折强度试验结果。由表5.20可知:

(1)混凝土C50和掺掺和料混凝土CC50腐蚀100个循环比腐蚀50个循环时的抗折抗蚀系数K_P分别提高7%和3%。

(2)混凝土C40和掺引气剂混凝土CC40腐蚀100个循环比腐蚀50个循环时的抗折抗蚀系数K_P分别提高9%和5%。

(3)混凝土 C30 和掺引气剂混凝土 CC30 腐蚀 100 个循环比腐蚀 50 个循环时的抗折抗蚀系数 K_P 分别降低 15% 和 7%。

(4)混凝土 C20 和掺引气剂混凝土 CC20 腐蚀 100 个循环比腐蚀 50 个循环时的抗折抗蚀系数 K_P 分别降低 25% 和 16%。

表 5.20 基准混凝土与掺掺和料混凝土的抗折强度试验结果

胶结材料类型	洁水腐蚀 50d 强度(MPa)	溶液腐蚀 50d 强度(MPa)	抗蚀系数 K_P (%)	洁水腐蚀 100d 强度(MPa)	溶液腐蚀 100d 强度(MPa)	抗蚀系数 K_P (%)
C50	12.1	13.6	112	12.7	15.1	119
CC50	12.0	12.6	105	12.2	13.1	108
C40	10.8	12.3	114	11.6	14.3	123
CC40	11.5	12.5	109	11.2	12.8	114
C30	8.6	8.8	102	9.0	7.8	87
CC30	10.3	10.7	104	10.2	9.9	97
C20	7.8	6.1	78	8.3	4.4	53
CC20	8.9	7.6	85	9.1	6.3	69

试验数据结果表明:掺掺和料混凝土抗折抗蚀系数 K_P 和抗压抗蚀系数 K_c 的腐蚀规律结论相同,只是抗折抗蚀系数 K_P 的变化幅度比抗压抗蚀系数明显,反应腐蚀快慢的灵敏度高。

3)结论与原因分析

由试验结果可知:掺掺和料对混凝土强度的变化也有较大影响。各组混凝土的抗压和抗折强度有着相同的变化规律,根据本节的试验数据,掺掺和料可以改善混凝土抗压抗折抗蚀系数变化的速度和幅度,并且随着水胶比的减小,抗压抗折抗蚀系数变化的速度和幅度减少。其原因是矿物掺和料主要通过以下作用效应来提高混凝土的耐久性。

(1)活性效应。混凝土中掺入活性混合材料后,除了能够降低 C_3A 和 C_3S 的含量外,而且活性混合材料还能与水泥水化产物 $Ca(OH)_2$ 发生二次水化反应:

$$SiO_2 + x_1 Ca(OH)_2 + m_1 H_2O \rightarrow x_1 CaO \cdot SiO_2 \cdot n_1 H_2O \tag{5.2}$$

$$Al_2O_3 + x_2 Ca(OH)_2 + m_2 H_2O \rightarrow x_2 CaO \cdot Al_2O_3 \cdot n_2 H_2O \tag{5.3}$$

又因加入掺和料后,浆体的密实度较高,反应生成的水化产物填充和分割混凝土中的大孔,使空隙细化,抗渗性好。

(2)形态效应。矿物掺和料的颗粒一般呈球形,且表面光滑,能减少内部摩擦阻力,改善混凝土拌和物的和易性,使之易于浇筑密实。如果保持流动性不变,就可以减少用水量,降低水灰比,就减少水泥浆体硬化后水分消耗和蒸发留下的空隙,也就提高混凝土的耐久性。

(3)微集料效应。矿物掺和料的微小颗粒均匀分布在水泥颗粒之间,阻止水泥颗粒的相互黏结,而使之处于分散状态,有利于混凝土的水化反应,同时也相应地减少用水量,使硬化后的混凝土孔隙大大降低,从而提高混凝土的密实度。

(4)界面效应。集料和水泥石之间的界面是混凝土中的薄弱环节。加入矿物掺和料后,能减少硬化水泥浆体的集料界面间过渡区域的宽度,干扰过渡区中氢氧化钙晶体的取向性,提高界面强度和密实性。

因此,从强度变化的角度来看,掺掺和料可以提高混凝土的耐盐蚀性能。

5.8 耦合作用下对混凝土腐蚀性的影响

5.8.1 掺和料和引气剂对混凝土抗盐蚀性的影响

1)混凝土的抗压强度

表5.21为基准混凝土与双掺掺和料和引气剂混凝土的抗压强度试验结果。由表5.21可知:

(1)混凝土C50和双掺掺和料和引气剂混凝土CYC50腐蚀100个循环比腐蚀50个循环时的抗压抗蚀系数 K_c 分别提高3%和3%。

(2)混凝土C40和双掺掺和料和引气剂混凝土CC40腐蚀100个循环比腐蚀50个循环时的抗压抗蚀系数 K_c 分别提高5%和降低9%。

(3)混凝土C30和双掺掺和料和引气剂混凝土CYC30腐蚀100个循环比腐蚀50个循环时的抗压抗蚀系数 K_c 分别降低12%和17%。

(4)混凝土C20和双掺掺和料和引气剂混凝土CYC20腐蚀100个循环比腐蚀50个循环时的抗压抗蚀系数 K_c 分别降低19%和23%。

表5.21 基准混凝土与双掺掺和料和引气剂混凝土的抗压强度试验结果

胶结材料类型	水中养护50d强度(MPa)	溶液腐蚀50d强度(MPa)	抗蚀系数 K_c(%)	水中养护100d强度(MPa)	溶液腐蚀100d强度(MPa)	抗蚀系数 K_c(%)
C50	68.5	73.3	107	70.4	77.4	110
CYC50	63.8	70.8	111	66.2	75.5	114
C40	57.3	63.0	110	61.5	70.7	115
CYC40	55.9	64.3	115	58.2	61.7	106
C30	47.6	49.0	103	51.8	47.1	91
CYC30	41.5	44.4	107	44.8	40.3	90
C20	36.5	32.1	88	40.7	28.1	69
CYC20	34.3	24.4	71	36.9	17.7	48

试验数据结果表明:双掺掺和料和引气剂混凝土的抗压抗蚀系数 K_c 变化的幅度和速度都比基准混凝土大,并且随着水胶比的增大而增大。因此,从抗压强度变化这个角度来看,双掺掺和料和引气剂对混凝土的耐盐蚀性能有不利影响。

2)混凝土的抗折强度

表5.22为基准混凝土与双掺掺和料和引气剂混凝土的抗折强度试验结果。由表5.22可知:

(1)混凝土C50和双掺掺和料和引气剂混凝土CYC50腐蚀100个循环比腐蚀50个循环时的抗折抗蚀系数 K_P 分别提高7%和5%。

(2)混凝土C40和双掺掺和料和引气剂混凝土CYC40腐蚀100个循环比腐蚀50个循环

时的抗折抗蚀系数 K_P 分别提高 9% 和降低 6%。

(3)混凝土 C30 和双掺掺和料和引气剂混凝土 CYC30 腐蚀 100 个循环比腐蚀 50 个循环时的抗折抗蚀系数 K_P 分别降低 15% 和 10%。

(4)混凝土 C20 和双掺掺和料和引气剂混凝土 CYC20 腐蚀 100 个循环比腐蚀 50 个循环时的抗折抗蚀系数 K_P 分别降低 25% 和 21%。

表 5.22　基准混凝土与双掺掺和料和引气剂混凝土的抗折强度试验结果

胶结材料类型	洁水腐蚀 50d 强度(MPa)	溶液腐蚀 50d 强度(MPa)	抗蚀系数 K_P (%)	洁水腐蚀 100d 强度(MPa)	溶液腐蚀 100d 强度(MPa)	抗蚀系数 K_P (%)
C50	12.1	13.6	112	12.7	15.1	119
CYC50	10.9	12.0	110	11.4	13.1	115
C40	10.8	12.3	114	11.6	14.3	123
CYC40	10.3	12.5	112	10.5	12.4	118
C30	8.6	8.8	102	9.0	7.8	87
CYC30	10.2	10.8	106	9.9	9.5	96
C20	7.8	6.1	78	8.3	4.4	53
CYC20	9.4	7.6	81	9.7	5.8	60

试验数据结果表明:双掺掺和料和引气剂混凝土的抗折抗蚀系数 K_P 变化的幅度和速度都比基准混凝土小,并且随着水胶比的减小而减少。因此,从抗折强度变化这个角度来看,双掺掺和料和引气剂可以提高混凝土的耐盐蚀性能。

3)结论与原因分析

由试验结果可知:双掺掺和料和引气剂对混凝土强度的变化也有一定影响。双掺掺和料和引气剂对混凝土水泥基材料的抗盐侵蚀性能的抗折强度和抗压强度有不同影响,对于抗折强度而言,双掺掺和料和引气剂可以改善混凝土抗折强度抗蚀系数变化的速度和幅度,但对于抗压强度,双掺掺和料和引气剂加快混凝土的抗压强度抗蚀系数变化的速度和幅度,并且随着水灰比的增大,抗压抗折抗蚀系数变化的速度和幅度增大。其主要原因是矿物掺和料对抗折强度的改善作用。

因此,从抗压强度变化的角度来看,双掺掺和料合引气剂对提高混凝土耐盐蚀性能有不利作用,而从抗折强度变化的角度来看,双掺掺和料和引气剂对混凝土的耐盐蚀性能有改善作用。

5.8.2　硫酸盐、镁盐复合溶液侵蚀机理分析

1)腐蚀机理

(1)化学腐蚀机理

高浓度 $MgCl_2$、Na_2SO_4 溶液与水泥基材料作用时,会发生如下反应:

①当 $MgCl_2$ 与水泥石中的 $Ca(OH)_2$ 发生反应,生成 $Mg(OH)_2$ 和 $CaCl_2$,$CaCl_2$ 将被溶出,而这层 $Mg(OH)_2$ 薄膜有阻碍侵蚀液向水泥基材料内部渗透的作用,能在一定程度上减少侵蚀液对水泥基材料的不利影响。

②水合硫铝酸钙或石膏的生成会导致水泥基材料疏松,并促使侵蚀液进一步向水泥基材料内部渗透,在一定程度上又能加剧侵蚀液对水泥基材料的不利影响。

③随着 C-S-H 胶体中石灰的析出和胶结性的降低,胶体中的石膏和 $Mg(OH)_2$ 将不断增加,随着 $Mg(OH)_2$ 的不断增加,$Mg(OH)_2$ 和硅胶生成没有胶结力的水化硅酸镁(M-S-H)。

④Mg^{2+} 与水泥石中的 $Ca(OH)_2$ 发生置换反应生成 $Mg(OH)_2$,降低水泥石的碱度。

$$MgCl_2 + Ca(OH)_2 \rightarrow Mg(OH)_2 + CaCl_2 \quad (5.4)$$

$$Ca(OH)_2 + Na_2SO_4 + 2H_2O \rightarrow CaSO_4 \cdot 2H_2O + 2NaOH \quad (5.5)$$

$$CaCl_2 + Na_2SO_4 + 2H_2O \rightarrow CaSO_4 \cdot 2H_2O + 2NaCl \quad (5.6)$$

高浓度 $MgCl_2$、Na_2SO_4 溶液与水泥基材料作用时,溶液的反应能力很强,以至于水泥基材料内部扩散出来的 $Ca(OH)_2$ 数量不足以使 $MgCl_2$ 和 Na_2SO_4 及时中和。由水介质带到水泥基材料表面的 $MgCl_2$、Na_2SO_4 经过 $Mg(OH)_2$ 薄膜,进一步扩散到水泥基材料的深层,与那里的水合硅酸盐以及构成水泥石的其他水合物接触,使这些全部破坏,变成松散的、无黏结性的物质。

(2)物理腐蚀机理

混凝土为多孔材料,当它们浸入盐溶液中时,会被高浓度的盐溶液饱和,而后在干燥的条件下,盐类在孔隙中结晶。随着干湿循环次数的增加,混凝土孔隙内的盐类晶体不断生长和积累,最终将产生足够大的结晶压力(硫酸钠结晶而成的十水合硫酸钠,氯化镁结晶成六水合氯化镁),从而引起毛细孔壁及水泥混凝土材料开裂,表层混凝土剥落。

2)混凝土的抗盐蚀性能的质量变化率试验研究

在混凝土的耐腐蚀研究中,腐蚀过程中试件质量的变化规律一直是一个相当重要的考察对象。在实际工程中,受盐腐蚀的混凝土结构,很多是由于混凝土的层层剥落而导致其最终破坏的。因此,在研究混凝土腐蚀时,质量的变化是一个必不可少的考察对象,它反映了盐腐蚀时盐溶液进入混凝土→盐结晶密实填充(化学反应产物膨胀填充)→盐结晶膨胀破坏(化学反应产物膨胀破坏)→混凝土剥落这一本质过程。本节着重讨论腐蚀过程中混凝土质量的变化规律。

(1)不同水胶比基准混凝土的质量变化率

西北部盐渍土地区的复合盐侵蚀对建筑物造成严重的破坏,尤其是混凝土结构。所以采用基准混凝土以及掺掺和料作为辅助胶凝材料和引气外加剂来配制抗盐侵蚀的混凝土。下面选用的是 C20、C30、C40、C50 的基准混凝土来研究混凝土腐蚀的质量性能改变。试验结果如图 5.4 所示。

从图 5.4 中可以看出,混凝土 C20 质量变化的速度和幅度最大,混凝土 C30、C40 质量变化的速度和幅度次之,混凝土 C50 质量变化的速度和幅度均较小。因此,从不同强度对质量变化率的影响这个角度来看,混凝土强度越高(水胶比越小),可以延缓混凝土的腐蚀性能。其原因是:混凝土的强度越高(水胶比越小)混凝土的密实度越高,即使混凝土的空隙减少,侵蚀溶液难以渗入混凝土的空隙内部,因而在水泥石空隙内产生有害物质的速度和数量必然减少,从而生成的结晶盐和膨胀结晶物也少,所以强度越高,曲线越平缓。从图中也可以看出:在腐蚀 25 个循环之中,强度较高的混凝土质量都有迅速减少的趋势,且随着水胶比的减少而增大,分析其原因,主要是:混凝土强度越高水泥掺量越大,其水化产物 $Ca(OH)_2$ 的含量也增加,在开始阶段的溶析出的 $Ca(OH)_2$ 也越多，质量降低更快。虽然从图中看不出混凝土 C20 质量减少，但从腐蚀规律可以得出，它在 25 个腐蚀循环前就已经经历了质量减少的过程，且由于它的水胶比大，试件内部的毛细管孔隙多，能容纳比低水胶比试件更多的结晶盐和膨胀性产物。但继续腐蚀下去，也会开裂破坏。

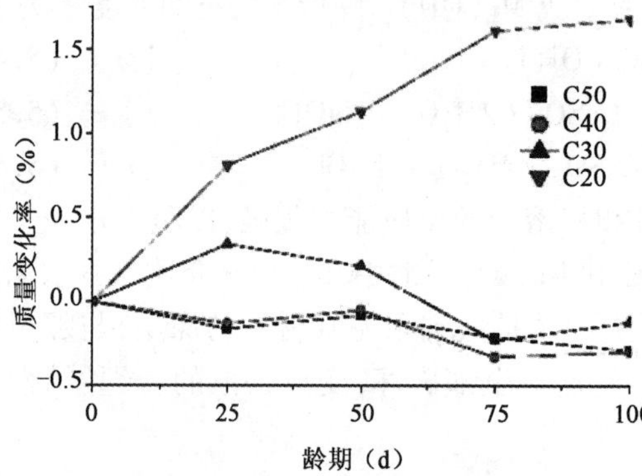

a）完全浸泡

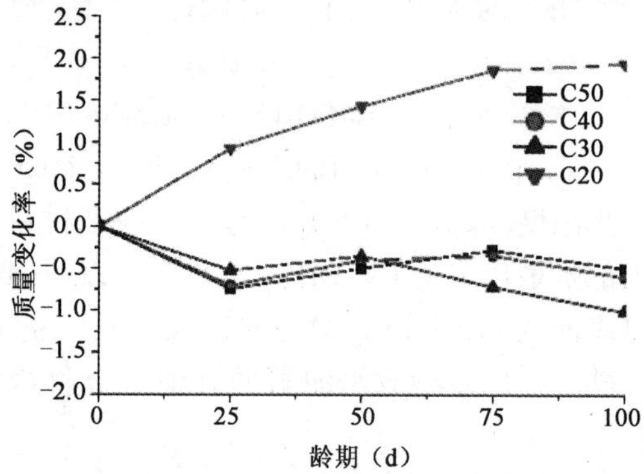

b）立式半浸

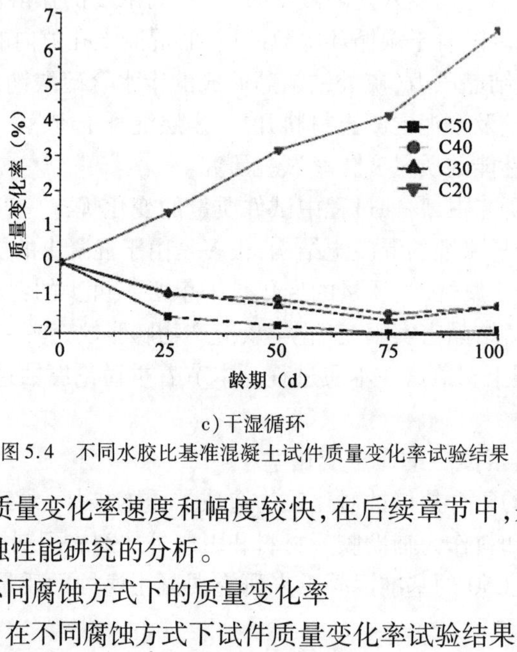

c）干湿循环

图 5.4　不同水胶比基准混凝土试件质量变化率试验结果

由于混凝土 C20 的质量变化率速度和幅度较快，在后续章节中，采用 C20 混凝土的质量变化率试验数据进行腐蚀性能研究的分析。

（2）混凝土 C20 在不同腐蚀方式下的质量变化率

图 5.5 为混凝土 C20 在不同腐蚀方式下试件质量变化率试验结果。从图 5.5 中可以看出：C20 混凝土在完全浸泡腐蚀方式（E1）下的质量变化曲率最平缓；C20 混凝土在立式半浸腐蚀方式（E2）下的质量变化曲线较平缓；C20 混凝土在干湿循环腐蚀方式（E3）下的质量变化曲线最陡。因此，从不同腐蚀方式对质量变化的影响这个角度来看，同样是干湿循环腐蚀方式下的腐蚀速度最快。其原因是：完全浸泡主要是化学腐蚀；立式半浸是盐结晶和化学腐蚀双重破坏；而干湿循环则是加速了的盐结晶和化学腐蚀双重破坏腐蚀。混凝土为多孔材料，当它们浸入盐溶液中时，会被高浓度的盐溶液饱和，而后在干燥的条件下，盐类在孔隙中结晶。随着干湿循环次数的增加，混凝土孔隙内的盐类晶体不断生长和积累，所以，干湿循环的腐蚀速度最快。

因此，下面采用 C20 混凝土在干湿循环腐蚀方式下分别掺掺和料、引气剂和双掺掺和料和引气剂的试验结果数据进行腐蚀性能研究的分析。

(3)C20 和加外加剂 C20 混凝土的质量变化率

图 5.6 为混凝土 C20 和掺外加剂 C20 在干湿循环腐蚀方式下试件质量变化率试验结果。从图 5.6 中可以看出:

①掺掺和料混凝土的质量变化率曲线比基准混凝土的曲线缓和,同时也是图中最缓和的曲线,说明掺和料对提高混凝土对盐的腐蚀是有效的。其原因是:一方面能改善混凝土的孔结构,使孔结构细化,均匀性增加,密实度提高,腐蚀溶液难易进入,质量增加缓慢;另一方面,因为矿物掺和料改变水泥的部分水化产物和结构,如 $Ca(OH)_2$ 晶体量减少,而水化硅酸钙等胶凝体增加,所以生成膨胀物的反应物减少,质量增加也缓慢。

②掺引气剂的混凝土的质量变化率曲线最陡,质量增加最快,说明引气剂对改善混凝土的抗盐蚀性能不利。其原因是:当水泥基材料与侵蚀溶液接触后,侵蚀溶液在孔隙中与周边的水泥水化产物发生反应,因生成的产物中形成大量结构疏松的 $Mg(OH)_2$、易溶的 $CaCl_2$ 以及产生膨胀力的石膏,封闭小气孔很快遭到破坏,使侵蚀溶液进入另外的孔隙;因为小气孔的存在,又为侵蚀液快速积累提供了一个空间,侵蚀溶液在孔隙中与周边的水泥水化产物发生反应,因生成的产物中形成大量结构疏松的 $Mg(OH)_2$、易溶的 $CaCl_2$ 以及产生膨胀力的石膏,封闭小气孔很快遭到破坏,使侵蚀溶液进入深层的孔隙;反应重复发生,造成内部孔隙相通,盐溶液迅速在里面膨胀结晶,因此质量增加最快。

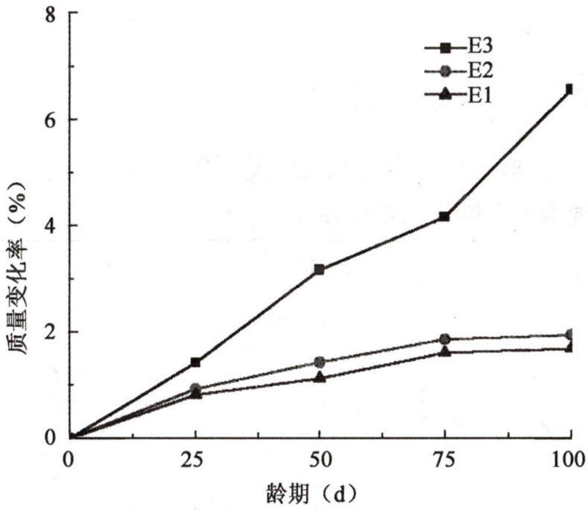

图 5.5 C20 混凝土在不同腐蚀方式下试件质量变化率试验结果

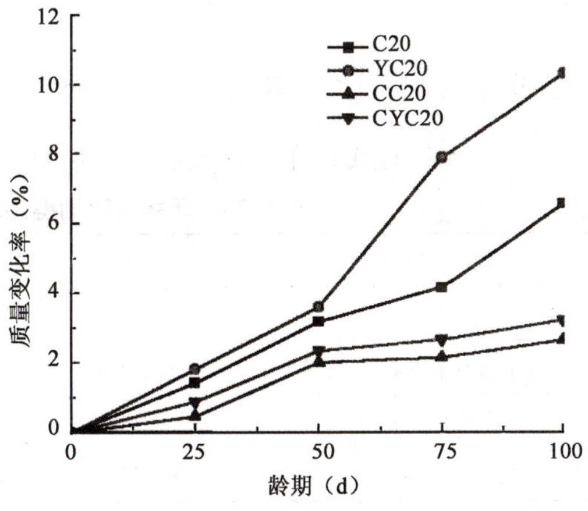

图 5.6 C20 混凝土干湿循环腐蚀方式下试件质量变化率试验结果

③双掺引气剂和掺和料的混凝土的质量变化率曲线比基准混凝土的平缓,原因应该是矿物掺和料对混凝土质量变化率的改善作用大一些。

3)结论

(1)一方面混凝土水胶比越小,质量变化速度就越慢。从质量变化角度来看,降低水胶比可以提高混凝土的耐腐蚀性能;另一方面混凝土水胶比越小,表面分解腐蚀越严重。

(2)在 3 种腐蚀方式下,干湿循环质量增大的速度最快,立式半浸质量增大的速度次之,完全浸泡质量增大的速度最慢。因此,从质量变化的角度来看,干湿循环同样能快速腐蚀混凝土。

(3)掺矿物掺和料混凝土的质量变化曲线最平缓,质量增大速度最慢,引气剂混凝土的质量变化曲线最陡,质量增大速度最快,双掺掺和料和引气剂的混凝土的质量变化曲线比基准混凝土要平缓。因此,从质量变化的角度来看,掺矿物掺和料能改善混凝土的抗盐腐蚀,引气剂对改善混凝土的抗盐腐蚀性能不利,双掺掺和料和引气剂混凝土对改善混凝土的抗盐腐蚀也有一定作用。

5.9 孔结构对渗透性和抗盐蚀性能的影响

混凝土固有的多孔性决定混凝土具有一定的渗透性。渗透系数随孔隙率的增加而增大。然而大量研究证明,孔隙率并不是影响渗透性的最主要因素。Abbas 明确指出,混凝土的渗透性与孔隙率相关,但两者之间并不是简单的函数关系,其渗透性高低主要取决于内部孔隙的联通状况以及渗透路径的曲折性,即孔结构的特征。

Metha P K 试验得出,只有大于 100nm 的孔才能影响混凝土的强度和渗透性。小于 50nm 的孔数量可以反映凝胶数量的多少,而凝胶数量越多则混凝土强度越高,抗渗性越好,抗盐蚀性能也越好。微分曲线与横轴包围的面积表示总空隙体积,在一定的孔径范围内,曲线峰值所对应的孔径即为最可几孔径。其物理意义为:水泥石中小于该孔径则不能形成连通的孔道,也即为出现概率最大的孔径。最可几孔径移向小孔径范围,抗渗透性增加明显,抗盐蚀性能也越好。

5.9.1 水胶比与混凝土孔结构和抗盐蚀性能的关系

压汞法测得 C20、C30、C40、C50 四组基准混凝土试验结果,如表 5.23、表 5.24 和图 5.7 所示。

表 5.23 压汞试验测得基准混凝土孔隙结构特征参数

特征参数	C20	C30	C40	C50
总孔体积(mL/g)	0.110 7	0.103 4	0.096 2	0.077 7
总孔面积(m^2/g)	3.219 96	5.780 56	7.731 76	14.865 6
平均孔径(nm)	109.1	60.5	39.9	18.2
最可几孔径(nm)	95.335 3	50.368 6	32.372 8	18.800 5

表 5.24 不同水胶比混凝土的孔分布(%)

胶结材料类型	孔分布(nm)			
	无害孔级	少害孔级	有害孔级	多害孔级
	<20	20~50	50~200	>200
C20	0.2	0.88	63.76	34.48
C30	0.1	10.72	80.36	6.80
C40	0.42	49.73	41.67	7.64
C50	60.45	34.6	2.59	1.67

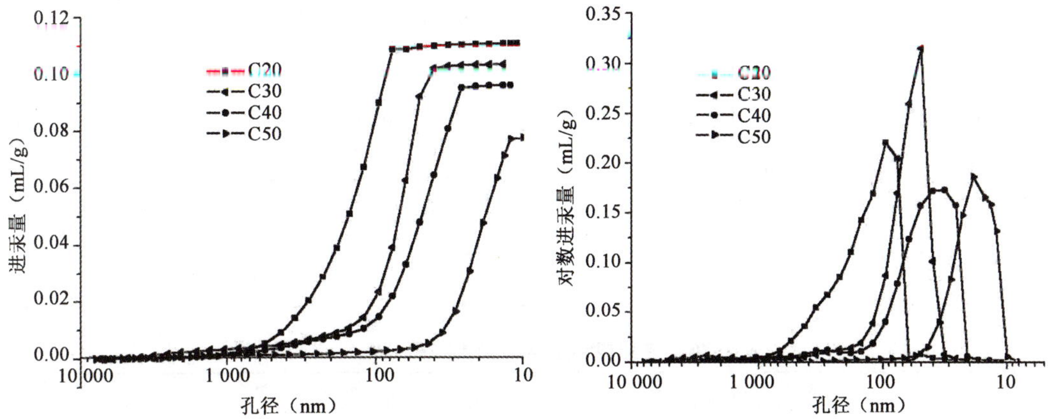

图5.7 不同水胶比混凝土累积进汞量与孔径的关系和孔结构

一般而言，在同等条件下，混凝土中的孔隙率，除了成型密实的因素，主要取决于水胶比的大小。

由表5.23和图5.7可以看出：由于水胶比的不同，孔隙分布显著不同。随着水胶比的减少，总孔体积降低，而总孔面积增加，混凝土C20、C30、C40、C50总孔体积依次为0.110 7mL/g、0.103 4mL/g、0.096 2mL/g、0.077 7mL/g，总孔面积依次为3.220m^2/g、5.781m^2/g、7.732m^2/g、14.866m^2/g；另一方面，从孔径的分布来看，可以知道，水胶比较小时，水泥石中不仅平均孔径降低，最可几孔径也减少，混凝土C20、C30、C40、C50平均孔径依次为109.1nm、60.5nm、39.9nm、18.2nm，最可几孔径依次为95.335nm、50.369nm、32.373nm、18.801nm。由表5.24可知：随着水胶比的减少，多害孔级、有害孔级含量相对减少，少害、无害孔级所占的比例相对增多，混凝土C20多害孔级占34.48%，有害孔级占63.76%，混凝土C30有害孔级占80.36%，少害孔级占10.72%、混凝土C40少害孔级大量增加，达到49.73%，混凝土C50的无害孔级高达60.45%，而多害孔级和有害孔级所占比例大量减少。分析其原因，可能是因为水胶比越低，水泥浆体中的自由水空间减少，形成的水化产物结构越密实，所以，总孔体积减小，总孔面积增加，介质的孔级配得到明显改善，各种侵蚀性介质及其他有害物质进入混凝土内部就越难。

因此，随着水胶比的降低，孔隙率降低，孔结构得到改善，混凝土的抗渗性提高，因而各种耐久性指标也随之提高，抗盐腐蚀性能也得到有效提高。

5.9.2 掺和料混凝土与孔结构和抗盐蚀性能的关系

由表5.25和图5.8可以看出：掺和料混凝土与基准混凝土相比，总孔体积、最可几孔径、平均孔径均有所下降，但下降幅度不一样，而总孔面积增加。混凝土CC20的总孔体积比混凝土C20的总孔体积下降3.4%、最可几孔径下降60.9%、平均孔径下降56.7%，总孔面积上升幅度为233%；混凝土CC50的总孔体积比混凝土C50的总孔体积下降0.4%、最可几孔径下降34.9%、平均孔径下降28.0%，总孔面积上升幅度为138%。另外，由表5.26可知：掺掺和料混凝土的多害孔级、有害孔级含量相对减少，少害、无害孔级所占的比例相对增多，混凝土CC20的少害孔级比混凝土C20的少害孔级所占比例增加38.44%，多害孔级所占比例减少27.01%，混凝土CC50的无害孔级比混凝土C50

的无害孔级所占比例增加38.44%,少害孔级所占比例减少21.84%。

表5.25 压汞试验测得掺和料与基准混凝土孔隙结构特征参数对照

特征参数	C20	CC20	C30	CC30	C40	CC40	C50	CC50
总孔体积(mL/g)	0.111	0.107	0.103	0.101	0.096	0.079	0.078	0.077
总孔面积(m^2/g)	3.210	7.500	5.781	9.003	7.732	13.31	14.87	20.47
平均孔径(nm)	109.1	47.2	60.5	37.4	39.9	20.5	18.2	13.1
最可几孔径(nm)	95.34	40.28	50.37	32.38	32.37	17.09	18.80	12.24

表5.26 掺和料和基准混凝土的孔分布(%)

胶结材料类型	孔分布			
	无害孔级	少害孔级	有害孔级	多害孔级
	<20nm	20~50nm	50~200nm	>200nm
C20	0.2	0.88	63.76	34.48
CC20	1.45	39.32	49.67	7.47
C30	0.1	10.72	80.36	6.80
CC30	0.29	62.95	29.96	4.82
C40	0.42	49.73	41.67	7.64
CC40	43.16	50.22	3.03	2.14
C50	60.45	34.6	2.59	1.67
CC50	82.28	12.76	1.6	2.0

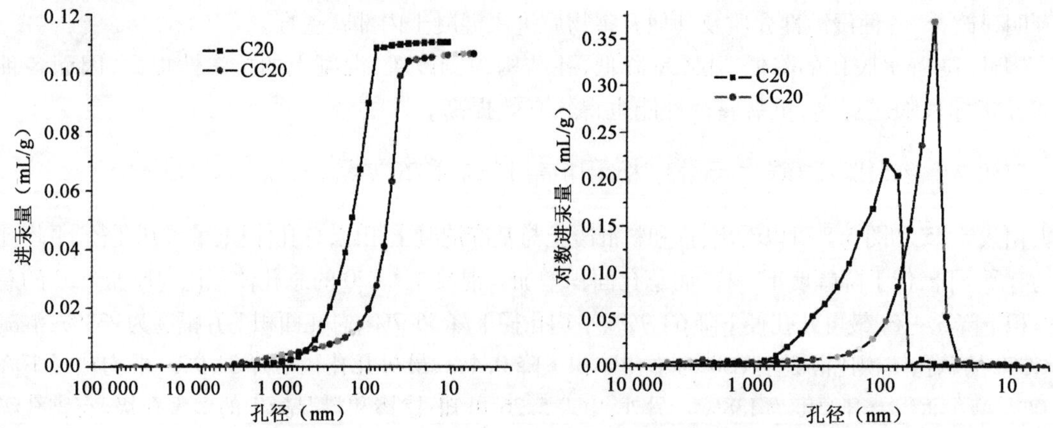

a)掺和料CC20和基准C20混凝土累积进汞量与孔径的关系

图 5.8

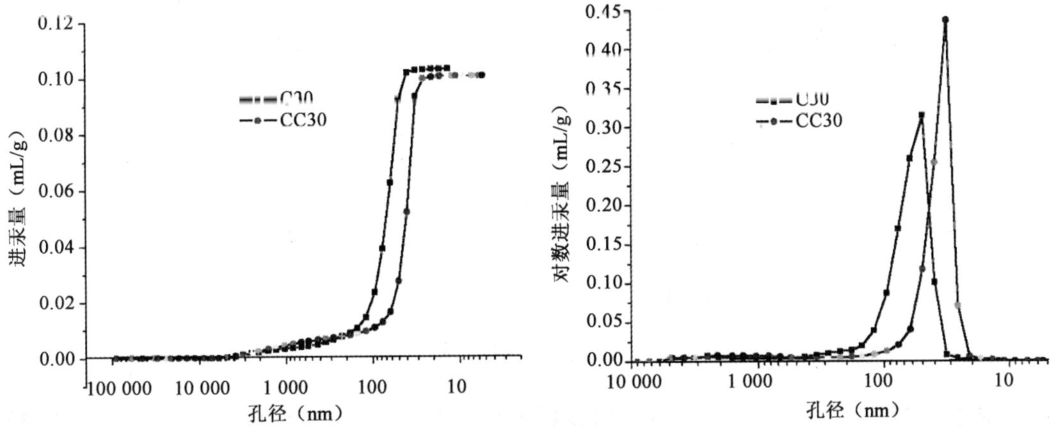

b）掺和料 CC30 和基准 C30 混凝土累积进汞量与孔径的关系

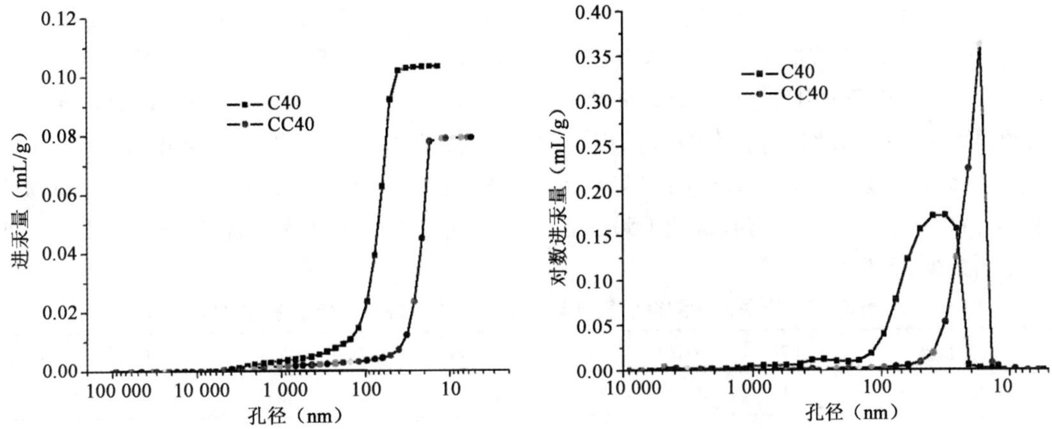

c）掺和料 CC40 和基准 C40 混凝土累积进汞量与孔径的关系

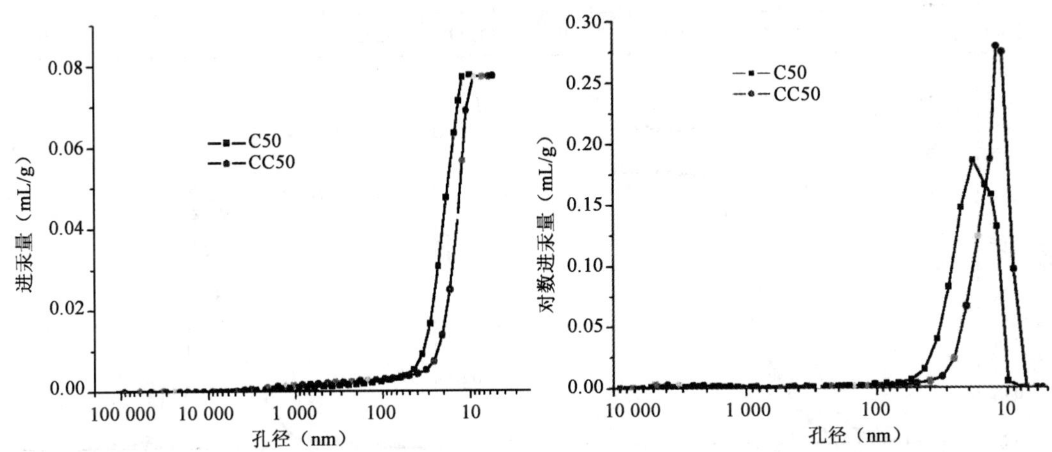

d）掺和料 CC50 和基准 C50 混凝土累积进汞量与孔径的关系

图 5.8 掺和料和基准混凝土累积进汞量与孔径的关系

对比基准混凝土和掺和料混凝土可以看出，掺掺和料混凝土孔隙结构性能优于基准混凝土。其原因是:在普通混凝土中掺入活性矿物掺和料的目的在于改善混凝土中水泥石的胶凝物质的组成。活性矿物掺料(如硅灰、矿渣、粉煤灰等)中含有大量的活性组分 SiO_2 及活性 Al_2O_3,它们能和波特兰水泥水化过程中所产生的游离石灰及高碱性水化硅酸钙产生二次反应,生成强度更高、稳定性更好的低碱性水化硅酸钙,从而达到改善水化胶凝物质的组成并消除游离石灰的目的。同时有的超细矿物掺和料其平均粒径远小于水泥粒子的平均粒径,它们能填充于水泥粒子之间的空隙中,使水泥石结构更为致密,并阻断可能形成的渗透通路。

因此,混凝土掺入掺和料,孔隙率降低,孔结构得到改善,孔径细化,抗渗性提高,因而各种耐久性指标也随之提高。所以,抗盐腐蚀性能也得到有效地提高。

5.9.3 引气剂混凝土与孔结构和抗盐蚀性能的关系

由表5.27和图5.9可以看出:引气剂混凝土与基准混凝土相比,总孔体积、最可几孔径、平均孔径均有所上升,但上升幅度不一样,而总孔面积下降。CC20混凝土的总孔体积比C20混凝土的总孔体积上升15.8%、最可几孔径上升58.4%、平均孔径上升75%,总孔面积下降幅度为36.1%;CC50混凝土的总孔体积比C50混凝土的总孔体积上升5.8%、最可几孔径上升12.1%、平均孔径上升26.4%,总孔面积下降幅度为18.0%。另外,由表5.28可知:掺入引气剂的混凝土,多害孔级、有害孔级含量相对增加,少害、无害孔级所占的比例相对减少,YC20混凝土的多害孔级比C20混凝土的多害孔级所占比例增加39.05%,有害孔级所占比例减少38.92%,YC50混凝土的少害孔级比C50混凝土的少害孔级所占比例增加30.51%,无害孔级所占比例减少35.99%。

表5.27 压汞试验测得引气剂与基准混凝土孔隙结构特征参数对照

特征参数	C20	YC20	C30	YC30	C40	YC40	C50	YC50
总孔体积(mL/g)	0.111	0.128	0.103	0.109	0.096	0.090	0.078	0.082
总孔面积(m^2/g)	3.210	2.058	5.781	7.323	7.732	5.548	14.87	12.19
平均孔径(nm)	109.1	190.9	60.5	48.6	39.9	50.8	18.2	23.0
最可几孔径(nm)	95.34	151.0	50.37	40.29	32.37	44.31	18.80	21.07

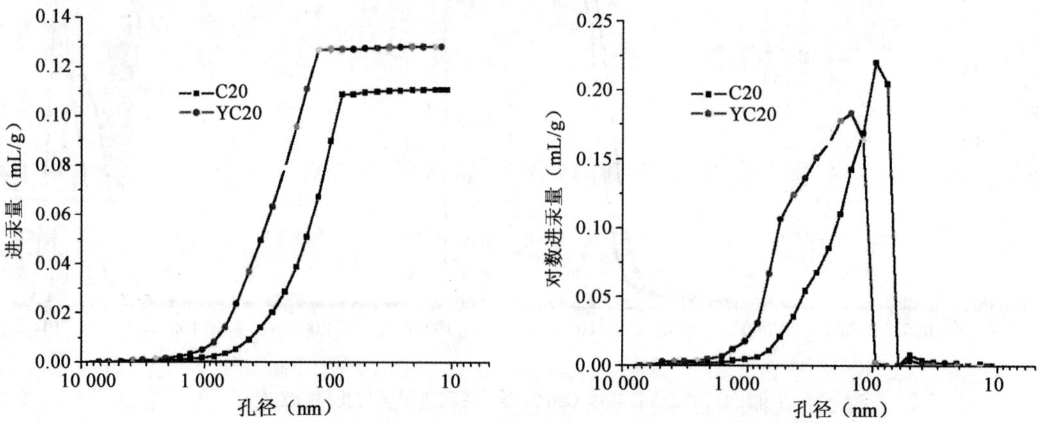

a)引气剂YC20和基准C20混凝土累积进汞量与孔径的关系和孔结构

图 5.9

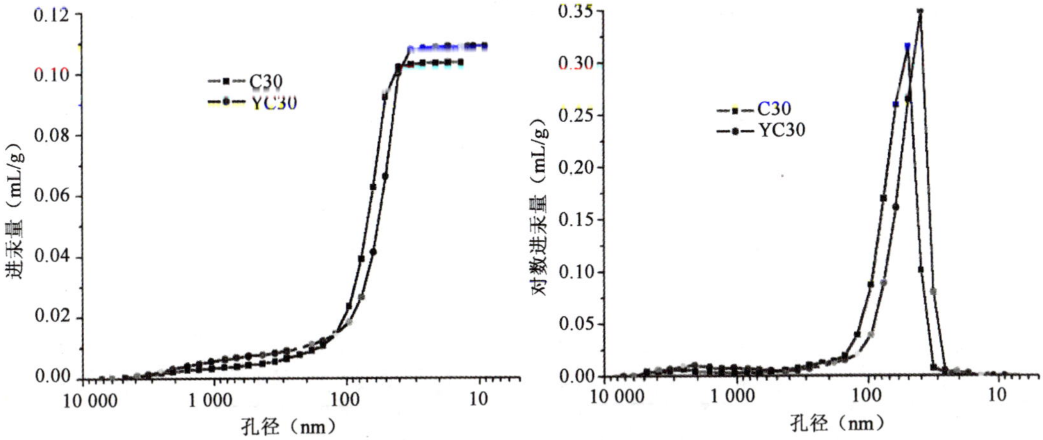

b)引气剂 YC30 和基准 C30 混凝土累积进汞量与孔径的关系

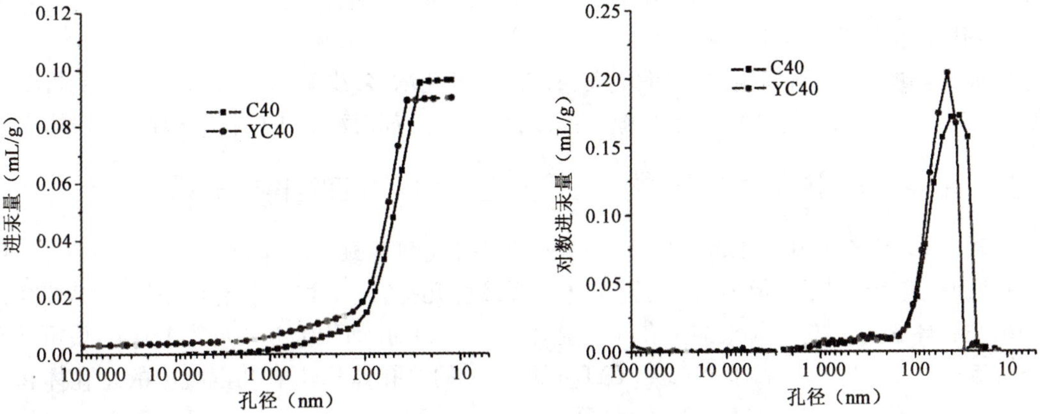

c)引气剂 YC40 和基准 C40 混凝土累积进汞量与孔径的关系

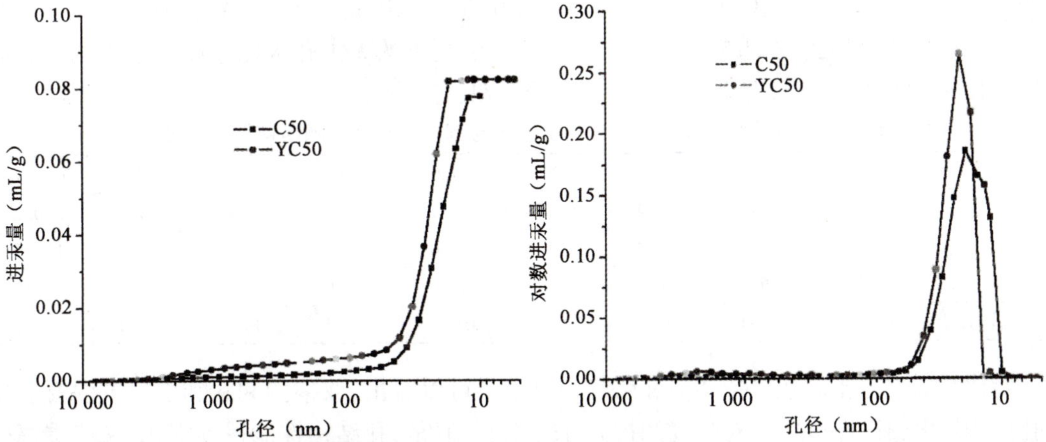

d) 引气剂 YC50 和基准 C50 混凝土累积进汞量与孔径的关系

图 5.9　引气剂和基准混凝土累积进汞量与孔径的关系

表 5.28　引气剂和基准混凝土的孔分布(%)

胶结材料类型	孔　分　布(nm)			
	无害孔级 <20	少害孔级 20～50	有害孔级 50～200	多害孔级 >200
C20	0.2	0.88	63.76	34.48
YC20	0.03	0.51	24.84	73.53
C30	0.1	10.72	80.36	6.80
YC30	0.28	38.9	50.55	7.56
C40	0.42	49.73	41.67	7.64
YC40	0.46	40.18	45.62	9.14
C50	60.45	34.6	2.59	1.67
YC50	24.46	65.19	3.69	4.28

对比基准混凝土和引气剂混凝土可以看出,掺引气剂混凝土孔隙结构性能不如基准混凝土。其原因是:为了达到抗冻要求,在混凝土中常掺入引气剂,从而在水泥浆体中引入气孔。但引入的气孔大致范围在 50～200μm。因此,在水泥浆体中引入的气孔比毛细孔要大得多,并对其强度和抗渗性有不良影响。

因此,混凝土掺入引气剂,孔隙率增大,有害、多害孔增多,少害、无害孔减少,抗渗性降低,因而有害离子更加容易进入混凝土孔隙。所以,掺入引气剂对混凝土的抗盐腐蚀性性能不利。

5.9.4　掺掺和料和引气剂混凝土与孔结构和抗盐蚀性能的关系

由表 5.29 和图 5.10 可以看出:双掺掺和料和引气剂混凝土与基准混凝土相比,总孔体积、总孔面积均有所上升,但上升幅度不一样,而最可几孔径、平均孔径有所下降。CYC20 混凝土的总孔体积比 C20 混凝土的总孔体积上升 11.9%、总孔面积上升幅度为 180%,最可几孔径下降 57.7%、平均孔径下降 58.3%;CYC50 混凝土的总孔体积比 C50 混凝土的总孔体积上升 12.6%、总孔面积上升幅度为 27%,最可几孔径下降 34.9%、平均孔径下降 13.7%。另外,由表 5.30 可知:双掺掺和料和引气剂的混凝土,多害孔级、有害孔级含量相对减少,少害、无害孔级所占的比例相对增多,CYC20 混凝土的少害孔级比 C20 混凝土的少害孔级所占比例增加 43.85%,有害孔级所占比例减少 18.06%,CYC50 混凝土的无害孔级比 C50 混凝土的无害孔级所占比例增加 10.53%,有害孔级和多害孔级大幅度减少。

表 5.29　压汞试验测得双掺掺和料和引气剂与基准混凝土孔隙结构特征参数对照

特征参数	C20	CYC20	C30	CYC30	C40	CYC40	C50	CYC50
总孔体积(mL/g)	0.117	0.124	0.103	0.111	0.096	0.100	0.078	0.082
总孔面积(m^2/g)	3.210	9.023	5.781	7.660	7.732	13.17	14.87	12.19
平均孔径(nm)	109.1	45.5	60.5	50.2	39.9	26.6	18.2	23.0
最可几孔径(nm)	95.34	40.29	50.37	48.15	32.37	21.08	18.80	21.07

对比基准混凝土和双掺掺和料和引气剂混凝土可以看出,双掺掺和料和引气剂混凝土的总孔体积增大,孔隙率增加,对强度和抗渗性能不利,但是,孔结构性能得到细化,又能提高强度和抗渗性能。分析其原因是:掺引气剂引入大量孔隙,总孔体积增加,而掺入掺和料又可以细化孔径,所以孔结构性能得到改善。

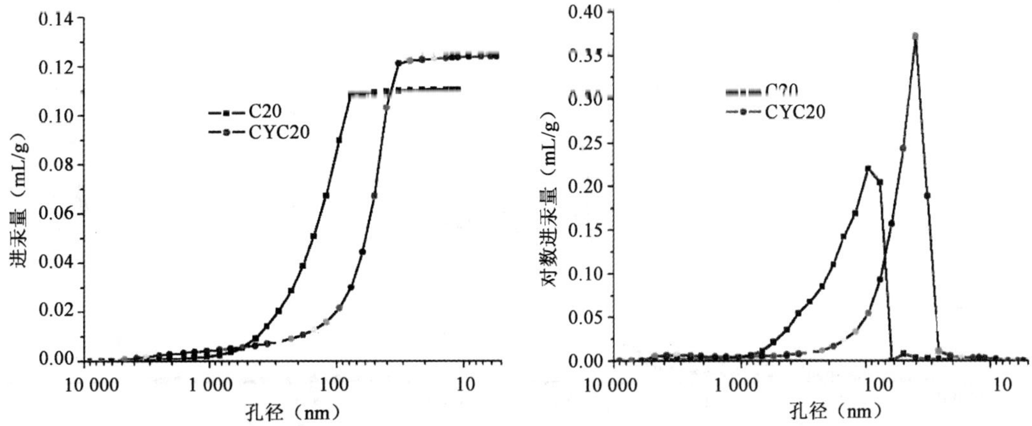

a）双掺掺和料和引气剂 CYC20 和基准 C20 混凝土累积进汞量与孔径的关系

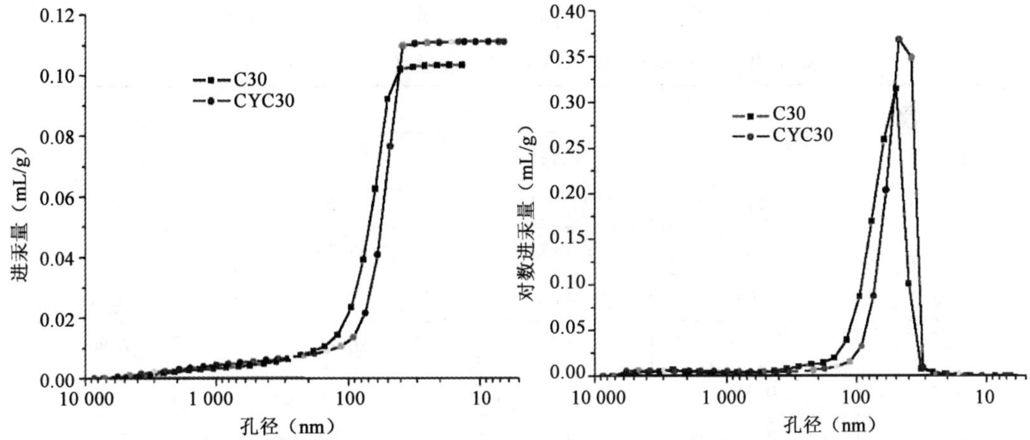

b）双掺掺和料和引气剂 CYC30 和基准 C30 混凝土累积进汞量与孔径的关系

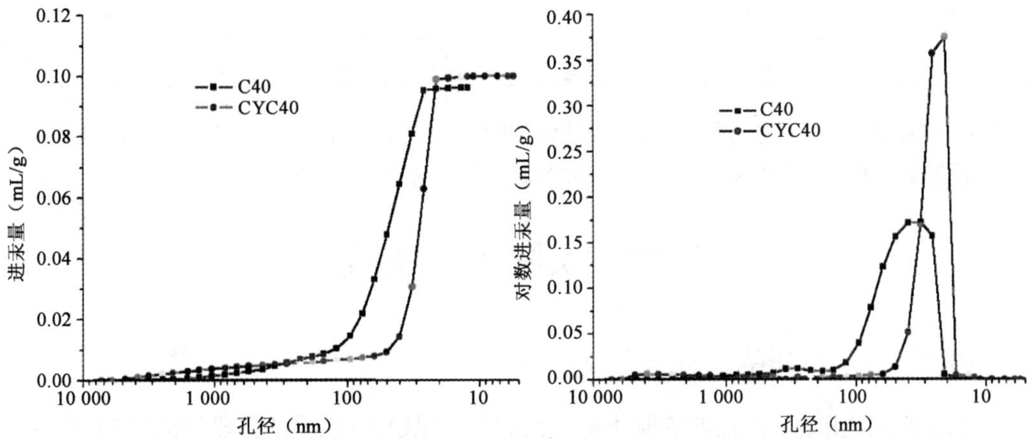

c）双掺掺和料和引气剂 CYC40 和基准 C40 混凝土累积进汞量与孔径的关系

图 5.10

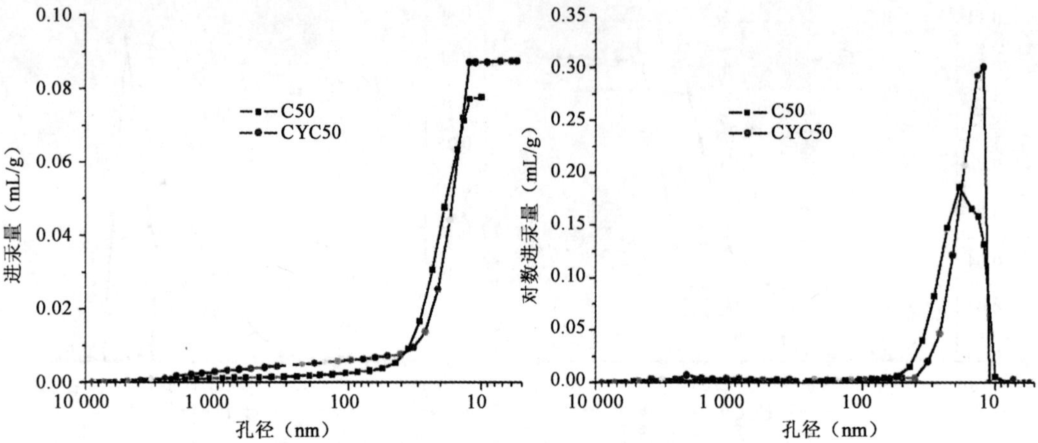

d)双掺掺和料和引气剂 CYC50 和基准 C50 混凝土累积进汞量与孔径的关系

图 5.10　双掺掺和料和引气剂和基准混凝土累积进汞量与孔径的关系

表 5.30　双掺掺和料和引气剂与基准混凝土的孔分布(%)

胶结材料类型	孔　分　布			
	无害孔级	少害孔级	有害孔级	多害孔级
	<20nm	20 ~ 50nm	50 ~ 200nm	>200nm
C20	0.2	0.88	63.76	34.48
CYC20	0.99	44.73	45.70	6.61
C30	0.1	10.72	80.36	6.80
CYC30	0.43	72.3	19.08	6.0
C40	0.42	49.73	41.67	7.64
CYC40	1.04	89.56	3.29	4.09
C50	60.45	34.6	2.59	1.67
CYC50	70.98	20.8	2.2	4.2

因此,从抗折强度变化的角度来看,双掺掺和料和引气剂对混凝土的抗盐腐蚀性能有利;而从抗压强度来看,双掺掺和料和引气剂对混凝土的抗盐腐蚀性能不利。

5.10　实际工程实践

5.10.1　实际地段的土壤化学成分分析

针对西部盐渍土地区高性能混凝土耐久性的研究课题,本试验的路段是西(宁)库(尔勒)公路安西至敦煌段改建工程的一座位于安敦线 K44 + 134 处的桥梁。该桥所处地质区域属盐渍土地区。对其进行了化学试验分析,如表 5.31 ~ 表 5.34 所示。

表 5.31 安敦公路易溶盐化学分析

取土地点部位	安敦公路 K44 +134 处桥	安敦公路 K44 +134 处桥	安敦公路 K44 +134 处桥	安敦公路 K44 +134 处桥	安敦公路 K44 +134 处桥
取土高程(cm)	1 140.10	1 139.90	1 139.70	1 139.50	1 139.30
含水率(%)	22.6	15.7	13.6	12.4	14.7
总含盐量(%)	4.200 0	1.004	0.270 0	0.348 0	1.440 0
含 CO_3^{2-} 离子(%)	0	0.002 4	0.002 46	0	0.000 06
含 HCO_3^- 离子(%)	0.025 8	0.012 2	0.018 6	0.018	0.015 7
含 Mg^{2+} 离(%)	0.078 6	0.001 3	0.004 66	0.000 75	0.004 5
含 Ca^{2+} 离子(%)	0.394	0.021 4	0.011 2	0.012 4	0.014 5
含 Cl^- 离子(%)	0.397 6	0.051 1	0.039 6	0.022 8	0.028 1
含 SO_4^{2-} 离子(%)	0.190	0.170	0.055	0.023	0.033 9
含盐程度	中	中	弱	弱	中
盐渍土的种类	硫酸盐、氯化物	硫酸盐	氯化物、硫酸盐	氯化物、硫酸盐	氯化物、硫酸盐

表 5.32 安敦公路易溶盐化学分析

取土地点部位	安敦公路 K44 +134 处桥	安敦公路 K44 +134 处桥	安敦公路 K44 +134 处桥	安敦公路 K44 +134 处桥	安敦公路 K44 +134 处桥
取土高程(cm)	1 139.10	1 138.90	1 138.70	1 138.50	1 138.30
含水率(%)	7.75	7.21	8.7	7.25	14.4
总含盐量(%)	0.873 0	0.1420	0.543 0	0.407 0	0.608 0
含 CO_3^{2-} 离子(%)	0.003 70	0.003 92	0.002 43	0.006 22	0.003 0
含 HCO_3^- 离子(%)	0.016 0	0.022 4	0.012 6	0.021 4	0.029 3
含 Mg^{2+} 离子(%)	0.004 50	0.002 9	0.006 42	0.001 7	0.001 29
含 Ca^{2+} 离子(%)	0.005 61	0.014 63	0.008 9	0.038 1	0.002 5
含 Cl^- 离子(%)	0.026 0	0.023 4	0.0320	0.077 5	0.040 8
含 SO_4^{2-} 离子(%)	0.016 1	0.232	0.110	0.301	0.047 9
含盐程度	弱	弱	中	弱	中
盐渍土的种类	硫酸盐、氯化物	硫酸盐	硫酸盐	硫酸盐	氯化物、硫酸盐

表 5.33　安敦公路易溶盐化学分析

取土地点部位	安敦公路 K44+134 处桥	安敦公路 K44+134 处桥	安敦公路 K44+134 处桥	安敦公路 K44+134 处桥	安敦公路 K44+134 处桥
取土高程(cm)	1 138.10	1 137.90	1 137.70	1 137.50	1 137.30
含水率(%)	2.35	6.38	5.06	4.13	4.41
总含盐量(%)	0.502 1	0.313 0	0.201 0	0.150 0	0.260 3
含 CO_3^{2-} 离子(%)	0.000 0	0.000 5	0.008 9	0.000 5	0.000 0
含 HCO_3^- 离子(%)	0.027 0	0.007 5	0.013 1	0.008 86	0.283 2
含 Mg^{2+} 离子(%)	0.004 1	0.005 8	0.005 4	0.004 3	0.075
含 Ca^{2+} 离子(%)	0.003 9	0.01	0.013 3	0.768 0	0.009 8
含 Cl^- 离子(%)	0.009 5	0.031 5	0.023 1	0.018 5	0.025 6
含 SO_4^{2-} 离子(%)	0.019 2	0.063	0.082	0.085 0	0.049 4
含盐程度	中	弱	弱	弱	弱
盐渍土的种类	氯化物、硫酸盐	氯化物、硫酸盐	硫酸盐	硫酸盐	氯化物、硫酸盐

表 5.34　安敦公路易溶盐化学分析

取土地点部位	安敦公路 K44+134 处桥	安敦公路 K44+134 处桥
取土高程(cm)	1 137.10	1 136.90
含水率(%)	3.28	3.69
总含盐量(%)	0.201 1	0.249 8
含 CO_3^{2-} 离子(%)	0	0.001 9
含 HCO_3^- 离子(%)	0.011 6	0.005 73
含 Mg^{2+} 离子(%)	0.006 35	0.004 53
含 Ca^{2+} 离子(%)	0.067 8	0.007 15
含 Cl^- 离子(%)	0.021	0.017
含 SO_4^{2-} 离子(%)	0.029 5	0.000 384
含盐程度	弱	弱
盐渍土的种类	氯化物、硫酸盐	氯化物

从易溶盐的化学分析(表 5.31 ~ 表 5.34)中可以得出如下结论:该地段盐渍土的种类主要是氯化物和硫酸盐,也就是说该地段混凝土将受到 Cl^- 和 SO_4^{2-} 的腐蚀。前面已经分析了 Cl^- 和 SO_4^{2-} 对混凝土的腐蚀机理,说明该地区主要是这两种离子所产生的破坏。

5.10.2　盐渍土对混凝土的侵蚀试验

1)混凝土试件的制作

采用不同的水泥品种、水胶比、砂率及外加剂,配制不同强度等级的混凝土,进行抗盐渍土侵蚀能力的对比试验。混凝土的配合比设计如表 5.35 ~ 表 5.41 所示。

表 5.35 第 1 种混凝土配合比设计

混凝土强度等级		C25		
水泥品种		普通硅酸盐水泥		
坍落度(mm)		55 ~ 70		
水胶比		0.47		
砂率(%)		34		
混凝土配合比				
名称	水	水泥	砂	碎石
材料用量(kg/m^3)	200	426	620	1 204
质量比	0.47	1	1.46	2.83

表 5.36 第 2 种混凝土配合比设计

混凝土强度等级		C25		
水泥品种		抗硫硅酸盐水泥		
坍落度(mm)		55 ~ 70		
水胶比		0.47		
砂率(%)		34		
混凝土配合比				
名称	水	水泥	砂	碎石
材料用量(kg/m^3)	200	426	620	1 204
质量比	0.47	1	1.46	2.83

表 5.37 第 3 种混凝土配合比设计

混凝土强度等级			C25		
水泥品种			普通硅酸盐水泥		
坍落度(mm)			55 ~ 70		
水胶比			0.47		
砂率(%)			32		
混凝土配合比					
名称	水	水泥	KJ-2 型防腐阻锈剂	砂	碎石
材料用量(kg/m^3)	172	329	37	612	1 300
质量比	0.52	1	0.11	1.86	3.95

表 5.38 第 4 种混凝土配合比设计

混凝土强度等级	C25
水泥品种	普通硅酸盐水泥
坍落度(mm)	55 ~ 70
水胶比	0.47
砂率(%)	32

续上表

混凝土配合比					
名称	水	水泥	KJ-2 型防腐阻锈剂	砂	碎石
材料用量(kg/m^3)	164	314	35	620	1 317
质量比	0.52	1	0.11	1.97	4.19

表 5.39 第 5 种混凝土配合比设计

混凝土强度等级			C35		
水泥品种			普通硅酸盐水泥		
坍落度(mm)			55 ~ 70		
水胶比			0.35		
砂率(%)			30		
混凝土配合比					
名称	水	水泥	KJ-2 型防腐阻锈剂	砂	碎石
材料用量(kg/m^3)	176	453	50	532	1 239
质量比	0.39	1	0.11	1.17	2.74

表 5.40 第 6 种混凝土配合比设计

混凝土强度等级			C15		
水泥品种			普通硅酸盐水泥		
坍落度(mm)			55 ~ 70		
水胶比			0.59		
砂率(%)			36		
混凝土配合比					
名称	水	水泥	KJ-3 型防腐阻锈剂	砂	碎石
材料用量(kg/m^3)	160	244	27	726	1 293
质量比	0.66	1	0.11	2.98	5.3

表 5.41 第 7 种混凝土配合比设计

混凝土强度等级			C35		
水泥品种			普通硅酸盐水泥		
坍落度(mm)			55 ~ 70		
水胶比			0.35		
砂率(%)			30		
混凝土配合比					
名称	水	水泥	KJ-3 型防腐阻锈剂	砂	碎石
材料用量(kg/m^3)	172	442	49	551	1 285
质量比	0.39	1	0.11	1.25	2.91

如表5.35～表5.41所示的7种混凝土配合比设计，每种混凝土按设计要求预制8个桩及两组试块，采用机械方法搅拌及振捣，并进行标准养护。桩与一组试块达到设计强度50%以上后按设计要求埋入相应位置；另一组试块56d后测强度。KJ-2型防腐阻锈剂是在调查国内外研究成果的基础上，选用多种材料与硅酸盐水泥、普通硅酸盐水泥复合后，在进行单离子、交叉离子等不同腐蚀介质下的耐腐蚀试验后优化设计而成的。其特点是：从胶凝材料组成及结构方面综合提高混凝土耐腐蚀性，具有比抗硫酸盐水泥更好的耐腐蚀性，同时还具有防止混凝土中钢筋锈蚀的作用；不但使用方便、价格低廉，而且对多种盐类的单离子和交叉离子具有良好的防腐作用。混凝土试件试模的制作、浇筑、振捣与拆模工艺如图5.11～图5.20所示。

图5.11　混凝土试件试模的现场制作(1)

图5.12　混凝土试件试模的现场制作(2)

图5.13　混凝土试件试模的现场制作(3)

图5.14　混凝土试件试模中放置钢筋笼(1)

图5.15　混凝土试件试模中放置钢筋笼(1)

图5.16　混凝土试件浇筑及振捣(1)

图 5.17　混凝土试件浇筑及振捣(2)

图 5.18　混凝土试件成型拆除试模(1)

图 5.19　混凝土试件成型拆除试模(2)

图 5.20　混凝土试件成型拆除试模(3)

2)试件埋设

预制桩埋设在盐渍土现场,在桥梁跨越河道的上游和下游均有埋设。试件尺寸为 150mm × 150mm × 250mm。

(1)桩的设计

桩的设计如图 5.21 所示。该桩有箍筋 9 道。图中数字单位为厘米(cm),其中主筋为 $\phi6$ 钢筋,箍筋为 $\phi12$ 钢筋。

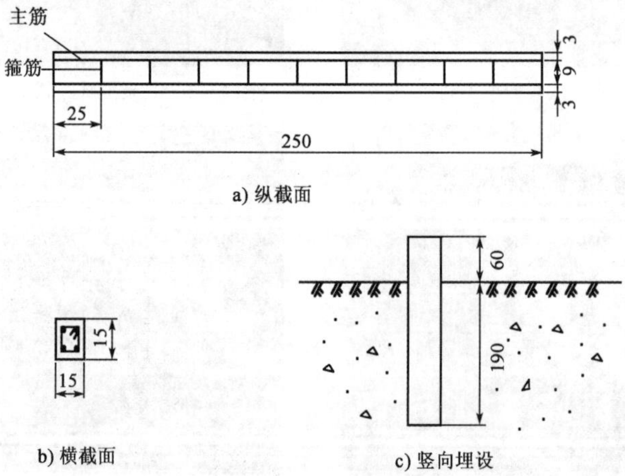

图 5.21　桩设计示意图(cm)

(2)桩的埋设位置

桩的埋设位置如图5.22所示,分别在河道上游和下游均有埋设。

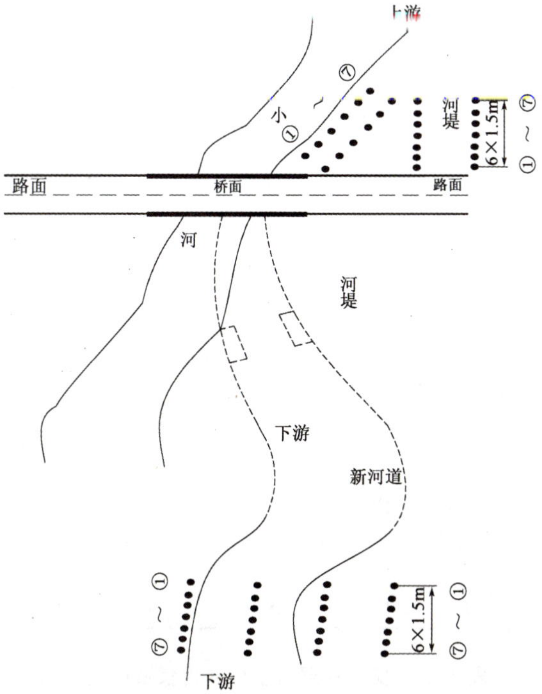

图5.22　桩的埋设位置平面示意图

如图5.22所示桩的埋设位置,纵向均为7个桩,横向桩是同种配合比。

(3)混凝土试验柱的浇筑

混凝土试验柱的浇筑如表5.42~表5.48所示。现场试测桩的埋设情况如图5.23~图5.28所示。

表5.42　第1种混凝土材料用量及性能指标

<table>
<tr><td colspan="2">混凝土强度等级</td><td colspan="9">C25</td></tr>
<tr><td colspan="2">试验柱名称</td><td colspan="9">普通硅酸盐水泥</td></tr>
<tr><td colspan="2" rowspan="3">实测坍落度(mm)</td><td colspan="3">1</td><td>2</td><td colspan="3">设计混凝土数量(m^3)</td><td colspan="2">0.47</td></tr>
<tr><td colspan="3" rowspan="2">59</td><td rowspan="2">61</td><td colspan="3">实浇混凝土数量(m^3)</td><td colspan="2">0.479</td></tr>
<tr><td colspan="3">试件试验结果</td><td colspan="2">合格</td></tr>
<tr><td rowspan="3">材料用量</td><td colspan="2">水泥(kg)</td><td colspan="2">碎石(kg)</td><td colspan="2">砂(kg)</td><td colspan="2">其他</td><td>节约混凝土数量(m^3)</td><td></td></tr>
<tr><td>理论</td><td>实际</td><td>理论</td><td>实际</td><td>理论</td><td>实际</td><td>理论</td><td>实际</td><td>超用混凝土数量(m^3)</td><td>0.009</td></tr>
<tr><td>204.05</td><td>205.0</td><td>576.72</td><td>577.0</td><td>296.98</td><td>297.0</td><td></td><td></td><td>超用混凝土原因</td><td>自然损耗</td></tr>
<tr><td rowspan="3">试验原材料</td><td rowspan="3">水泥</td><td rowspan="2">出厂强度等级</td><td colspan="2" rowspan="2">普通硅酸盐水泥32.5级</td><td rowspan="3">砂</td><td>含泥量(%)</td><td>0.90</td><td rowspan="3">碎石</td><td>最大粒径(mm)</td><td>31.5</td></tr>
<tr><td>含水量(%)</td><td>0.50</td><td>针片状含量(%)</td><td>0.80</td></tr>
<tr><td>试验强度等级</td><td colspan="2">普通硅酸盐水泥32.5级</td><td>细度模量</td><td>2.92</td><td>级配情况</td><td>良好</td></tr>
<tr><td colspan="3" rowspan="2">拌和每盘实际材料用量</td><td>水泥(kg)</td><td>砂(kg)</td><td colspan="2">碎石(kg)</td><td>水(kg)</td><td colspan="3">外掺剂</td></tr>
<tr><td>100</td><td>146</td><td colspan="2">283</td><td>47</td><td colspan="3"></td></tr>
</table>

表 5.43　第 2 种混凝土材料用量及性能指标

<table>
<tr><td colspan="2">混凝土强度等级</td><td colspan="9">C25</td></tr>
<tr><td colspan="2">试验柱名称</td><td colspan="9">抗硫硅酸盐水泥</td></tr>
<tr><td colspan="2" rowspan="3">实测坍落度(mm)</td><td colspan="2">1</td><td colspan="2">2</td><td colspan="2">设计混凝土数量(m^3)</td><td colspan="3">0.47</td></tr>
<tr><td colspan="2" rowspan="2">61</td><td colspan="2" rowspan="2">62</td><td colspan="2">实浇混凝土数量(m^3)</td><td colspan="3">0.48</td></tr>
<tr><td colspan="2">试件试验结果</td><td colspan="3">合格</td></tr>
<tr><td rowspan="3">材料用量</td><td colspan="2">水泥(kg)</td><td colspan="2">碎石(kg)</td><td colspan="2">砂(kg)</td><td colspan="2">其他</td><td>节约混凝土数量(m^3)</td><td></td></tr>
<tr><td>理论</td><td>实际</td><td>理论</td><td>实际</td><td>理论</td><td>实际</td><td>理论</td><td>实际</td><td>超用混凝土数量(m^3)</td><td>0.01</td></tr>
<tr><td>204.48</td><td>205.0</td><td>577.92</td><td>579.0</td><td>297.6</td><td>298.0</td><td></td><td></td><td>超用混凝土原因</td><td>自然损耗</td></tr>
<tr><td rowspan="3">试验原材料</td><td rowspan="3">水泥</td><td rowspan="2">出厂强度等级</td><td colspan="2" rowspan="2">中抗硫 52.5 级</td><td rowspan="3">砂</td><td>含泥量(%)</td><td>0.9</td><td rowspan="3">碎石</td><td>最大粒径(mm)</td><td>31.5</td></tr>
<tr><td>含水率(%)</td><td>0.4</td><td>针片状含量(%)</td><td>1.0</td></tr>
<tr><td>试验强度等级</td><td colspan="2">中抗硫 52.5 级</td><td>细度模量</td><td>2.91</td><td>级配情况</td><td>良好</td></tr>
<tr><td colspan="3" rowspan="2">拌和每盘实际材料用量</td><td>水泥(kg)</td><td>砂(kg)</td><td colspan="2">碎石(kg)</td><td>水(kg)</td><td colspan="3">外掺剂</td></tr>
<tr><td>100</td><td>146</td><td colspan="2">283</td><td>47</td><td colspan="3"></td></tr>
</table>

表 5.44　第 3 种混凝土材料用量及性能指标

<table>
<tr><td colspan="2">混凝土强度等级</td><td colspan="9">C25</td></tr>
<tr><td colspan="2">试验柱名称</td><td colspan="9">普通硅酸盐水泥</td></tr>
<tr><td colspan="2" rowspan="3">实测坍落度(mm)</td><td colspan="2">1</td><td colspan="2">2</td><td colspan="2">设计混凝土数量(m^3)</td><td colspan="3">0.47</td></tr>
<tr><td colspan="2" rowspan="2">61</td><td colspan="2" rowspan="2">59</td><td colspan="2">实浇混凝土数量(m^3)</td><td colspan="3">0.478</td></tr>
<tr><td colspan="2">试件试验结果</td><td colspan="3">合格</td></tr>
<tr><td rowspan="3">材料用量</td><td colspan="2">水泥(kg)</td><td colspan="2">碎石(kg)</td><td colspan="2">砂(kg)</td><td colspan="2">其他</td><td>节约混凝土数量(m^3)</td><td></td></tr>
<tr><td>理论</td><td>实际</td><td>理论</td><td>实际</td><td>理论</td><td>实际</td><td>理论</td><td>实际</td><td>超用混凝土数量(m^3)</td><td>0.008</td></tr>
<tr><td>157.26</td><td>158.0</td><td>621.4</td><td>622.0</td><td>292.54</td><td>293.0</td><td>17.69</td><td>18.0</td><td>超用混凝土原因</td><td>自然损耗</td></tr>
<tr><td rowspan="3">试验原材料</td><td rowspan="3">水泥</td><td rowspan="2">出厂强度等级</td><td colspan="2" rowspan="2">普硅 32.5 级</td><td rowspan="3">砂</td><td>含泥量(%)</td><td>0.9</td><td rowspan="3">碎石</td><td>最大粒径(mm)</td><td>31.5</td></tr>
<tr><td>含水率(%)</td><td>0.5</td><td>针片状含量(%)</td><td>0.7</td></tr>
<tr><td>试验强度等级</td><td colspan="2">普硅 32.5 级</td><td>细度模量</td><td>2.9</td><td>级配情况</td><td>良好</td></tr>
<tr><td colspan="3" rowspan="2">拌和每盘实际材料用量</td><td>水泥(kg)</td><td>砂(kg)</td><td colspan="2">碎石(kg)</td><td>水(kg)</td><td colspan="3">外掺剂(KJ-2 型防腐阻锈剂)</td></tr>
<tr><td>100</td><td>186</td><td colspan="2">395</td><td>52</td><td colspan="3">11</td></tr>
</table>

表 5.45 第 4 种混凝土材料用量及性能指标

混凝土强度等级		C25								
试验柱名称		普通硅酸盐水泥								
实测坍落度(mm)		1		2		设计混凝土数量(m^3)		0.47		
		59		60		实浇混凝土数量(m^3)		0.478		
						试件试验结果		合格		
材料用量	水泥(kg)		碎石(kg)		砂(kg)		其他		节约混凝土数量(m^3)	
	理论	实际	理论	实际	理论	实际	理论	实际	超用混凝土数量(m^3)	0.008
	150.09	150.0	629.53	630.0	296.36	296.0	16.73	17.0	超用混凝土原因	自然损耗
试验原材料	水泥	出厂强度等级	普硅 32.5 级		砂	含泥量(%)	0.8	碎石	最大粒径(mm)	31.5
						含水量(%)	0.5		针片状含量(%)	0.5
		试验强度等级	普硅 32.5 级			细度模量	2.83		级配情况	良好
拌和每盘实际材料用量			水泥(kg)	砂(kg)	碎石(kg)		水(kg)	外掺剂(KJ-3 型防腐阻锈剂)		
			100	197	419		52	11		

表 5.46 第 5 种混凝土材料用量及性能指标

混凝土强度等级		C35								
试验柱名称		普通硅酸盐水泥								
实测坍落度(mm)		1		2		设计混凝土数量(m^3)		0.47		
		58		59		实浇混凝土数量(m^3)		0.48		
						试件试验结果		合格		
材料用量	水泥(kg)		碎石(kg)		砂(kg)		其他		节约混凝土数量(m^3)	
	理论	实际	理论	实际	理论	实际	理论	实际	超用混凝土数量(m^3)	0.01
	217.44	218.0	594.72	595.0	255.36	256.0	24.0	24.0	超用混凝土原因	自然损耗

续上表

混凝土强度等级	C35								
试验原材料	水泥	出厂强度等级	普硅 32.5 级	砂	含泥量(%)	0.8	碎石	最大粒径(mm)	31.5
					含水率(%)	0.5		针片状含量(%)	0.8
		试验强度等级	普硅 32.5 级		细度模量	2.83		级配情况	良好
拌和每盘实际材料用量		水泥(kg)	砂(kg)	碎石(kg)	水(kg)	外掺剂(KJ-2 型防腐阻锈剂)			
		100	117	274	39	11			

表 5.47　第 6 种混凝土材料用量及性能指标

混凝土强度等级	C15									
试验柱名称	普通硅酸盐水泥									
实测坍落度(mm)	1		2		设计混凝土数量(m^3)		0.47			
	59		61		实浇混凝土数量(m^3)		0.479			
					试件试验结果		合格			
材料用量	水泥(kg)		碎石(kg)		砂(kg)		其他		节约混凝土数量(m^3)	
	理论	实际	理论	实际	理论	实际	理论	实际	超用混凝土数量(m^3)	0.009
	116.88	117.0	619.35	620.0	347.75	348.0	12.93	13.0	超用混凝土原因	自然损耗
试验原材料	水泥	出厂强度等级	普硅 32.5 级		砂	含泥量(%)	0.9	碎石	最大粒径(mm)	31.5mm
						含水率(%)	0.5		针片状含量(%)	0.8
		试验强度等级	普硅 32.5 级			细度模量	2.90		级配情况	良好
拌和每盘实际材料用量			水泥(kg)	砂(kg)	碎石(kg)		水(kg)	外掺剂(KJ-3 型防腐阻锈剂)		
			100	298	530		66	11		

表 5.48　第 7 种混凝土材料用量及性能指标

混凝土强度等级	C35			
试验柱名称	普通硅酸盐水泥			
实测坍落度(mm)	1	2	设计混凝土数量(m^3)	0.47
	60	60	实浇混凝土数量(m^3)	0.48
			试件试验结果	合格

续上表

<table>
<tr><td rowspan="3">材料用量</td><td colspan="2">水泥(kg)</td><td colspan="2">碎石(kg)</td><td colspan="2">砂(kg)</td><td colspan="2">其他</td><td>节约混凝土数量(m³)</td><td></td></tr>
<tr><td>理论</td><td>实际</td><td>理论</td><td>实际</td><td>理论</td><td>实际</td><td>理论</td><td>实际</td><td>超用混凝土数量(m³)</td><td>0.01</td></tr>
<tr><td>212.16</td><td>212.0</td><td>616.8</td><td>617.0</td><td>264.48</td><td>265.0</td><td>23.52</td><td>24.0</td><td>超用混凝土原因</td><td>自然损耗</td></tr>
<tr><td rowspan="3">试验原材料</td><td rowspan="3">水泥</td><td rowspan="2">出厂强度等级</td><td colspan="2" rowspan="2">普硅 32.5 级</td><td rowspan="3">砂</td><td>含泥量(%)</td><td>0.9</td><td rowspan="3">碎石</td><td>最大粒径(mm)</td><td>31.5</td></tr>
<tr><td>含水率(%)</td><td>0.6</td><td>针片状含量(%)</td><td>0.9</td></tr>
<tr><td>试验强度等级</td><td colspan="2">普硅 32.5 级</td><td>细度模量</td><td>2.83</td><td>级配情况</td><td>良好</td></tr>
<tr><td colspan="3" rowspan="2">拌和每盘实际材料用量</td><td>水泥(kg)</td><td>砂(kg)</td><td colspan="2">碎石(kg)</td><td>水(kg)</td><td colspan="3">外掺剂(KJ-3 型防腐阻锈剂)</td></tr>
<tr><td>100</td><td>125</td><td colspan="2">291</td><td>39</td><td colspan="3">11</td></tr>
</table>

图 5.23 现场试验柱埋设情况(1)

图 5.24 现场试验柱埋设情况(2)

图 5.25 现场试验柱埋设情况(3)

图 5.26 现场试验柱埋设情况(4)

图5.27 现场试验柱埋设情况(5)

图5.28 现场试验柱埋设情况(6)

3)试验结论

对所设计的7种配合比的混凝土进行抗压强度测试。在标准养护条件下,56d后测试试块的强度。测试结果如表5.49~表5.55所示。

表5.49 第1种混凝土C25配合比设计(普通硅酸盐水泥)试块抗压强度

序号＼名称	受压面积(mm^2)	破坏荷载(kN)	单块值(MPa)	代表值(MPa)
1	22 500	660	29.3	28.7
2	22 500	645	28.7	
3	22 500	630	28.0	

表5.50 第2种混凝土C25配合比设计(抗硫硅酸盐水泥)试块抗压强度

序号＼名称	受压面积(mm^2)	破坏荷载(kN)	单块值(MPa)	代表值(MPa)
1	22 500	625	27.8	29.1
2	22 500	650	28.9	
3	22 500	690	30.7	

表5.51 第3种混凝土C25配合比设计(加入"KJ-2型防腐阻锈剂"的普通硅酸盐水泥)试块抗压强度

序号＼名称	受压面积(mm^2)	破坏荷载(kN)	单块值(MPa)	代表值(MPa)
1	22 500	665	29.6	29.9
2	22 500	640	28.4	
3	22 500	710	31.6	

表5.52 第4种混凝土C25配合比设计(加入"KJ-3型防腐阻锈剂"的普通硅酸盐水泥)试块抗压强度

序号＼名称	受压面积(mm^2)	破坏荷载(kN)	单块值(MPa)	代表值(MPa)
1	22 500	670	29.8	28.9
2	22 500	630	28.0	
3	22 500	650	28.9	

表 5.53　第 5 种混凝土 C35 配合比设计(加入"KJ-2 型防腐阻锈剂"的普通硅酸盐水泥)试块抗压强度

名称/序号	受压面积(mm^2)	破坏荷载(kN)	单块值(MPa)	代表值(MPa)
1	22 500	760	33.8	34.0
2	22 500	790	35.1	
3	22 500	745	33.1	

表 5.54　第 6 种混凝土 C15 配合比设计(加入"KJ-3 型防腐阻锈剂"的普通硅酸盐水泥)试块抗压强度

名称/序号	受压面积(mm^2)	破坏荷载(kN)	单块值(MPa)	代表值(MPa)
1	22 500	540	24.0	23.7
2	22 500	525	23.3	
3	22 500	535	23.8	

表 5.55　第 7 种混凝土 C35 配合比设计(加入"KJ-3 型防腐阻锈剂"的普通硅酸盐水泥)试块抗压强度

名称/序号	受压面积(mm^2)	破坏荷载(kN)	单块值(MPa)	代表值(MPa)
1	22 500	750	33.3	34.3
2	22 500	770	34.2	
3	22 500	795	35.3	

5.10.3　结论

第 1 种和第 2 种混凝土配合比设计选用相同的混凝土强度等级、坍落度、水胶比和砂率，但是选用的水泥品种不同，没有添加任何外加剂，这两组混凝土的抗压强度均符合设计规范要求，但第 2 种配合比即水泥品种选用抗硫硅酸盐水泥的抗压强度较第 1 种使用普通硅酸盐水泥的要高一些。

第 3 种和第 4 种混凝土配合比设计选用相同的混凝土强度等级、水泥品种、坍落度、水胶比和砂率，只是所选用的外加剂不同。前者使用 KJ-2 型防腐阻锈剂；后者使用 KJ-3 型防腐阻锈剂。试验所测抗压强度均符合设计规范要求，但前者即使用 KJ-2 型防腐阻锈剂的混凝土抗压强度要高一些。

第 3 种和第 5 种混凝土配合比设计选用相同的水泥品种、坍落度和外加剂，但混凝土强度等级、水胶比和砂率都不同，试验所测抗压强度后者不符合设计规范要求。

第 5 种和第 7 种混凝土配合比设计选用相同的混凝土强度等级、水泥品种、坍落度、水胶比和砂率，只是所使用的外加剂不同，两者的抗压强度均不符合设计规范要求。

第 4 ~7 种混凝土配合比设计选用相同的水泥品种、坍落度和外加剂，混凝土强度等级、水胶比和砂率均不相同，三者中具有较小水胶比和砂率但混凝土强度等级高的第 4 种配合比设计混凝土具有较高的抗压强度。第 1 ~4 种混凝土配合比设计选用相同的混凝土强度等级、坍落度和水胶比,所选用的水泥品种、砂率和外加剂不同,试验所测混凝土抗压强度是具有较小砂率、掺入 KJ-2 型防腐阻锈剂的第 3 种配合比设计的混凝土较高。

综合以上分析可以得出,经过对比,在符合强度设计规范的要求下,第 3 种配合比设计的混凝土效果最好。

第 6 章　大风条件下高性能混凝土性能与配制技术

6.1　试验特点及耐磨性评定指标

本试验的仪器采用滚珠式耐磨试验机。该试验方法的特点是：

(1)以滚珠轴承为磨头，产生滚动和滑动摩擦。

(2)采用湿试件所测得的耐磨性能结果偏安全，同时可免去干磨时的除尘设备，并可防止钢珠在研磨过程中因温度升高而变软。

(3) 澳大利亚标准 MA20 采用的耐磨试验机结构简单和操作方便，故本试验方法和配套的滚珠式耐磨试验机技术参数等效采用 MA20 中的规定。

(4)磨损试验结果有以磨损重量和磨损深度两种表示方法，其中以磨损深度表示与实际情况符合，故较为合理。《水平混凝土表面抗磨损性试验方法》(ASTM C779—2012)和 MA20 中，都是以磨损深度来计算其耐磨指标的。

本试验中的耐磨性指标采用与 MA20 相同的计算公式计算耐磨度：

$$I_a = \frac{\sqrt{R}}{P} \tag{6.1}$$

式中：I_a——耐磨度，精确至 0.01；

R——磨头转数(千转)；

P——磨槽深度(mm)。

图 6.1 和图 6.2 表示磨前和磨后的照片对比。

图 6.1　混凝土磨损之前

图 6.2　混凝土磨损之后

(5)试验可以对不同材料和制品以同一个耐磨指标进行相互间的耐磨性对比，试验方法的适用面较广。

6.2 混凝土的耐磨性机理

关于材料的机械磨损，Holm R 和 Burwell J T 等相继提出黏着磨损理论，即认为：两个相互作用的表面仅在少数几个孤立的凸出点发生接触，导致这些接触面产生很高的应力，这些微凸体发生黏着相对运动时，内聚力较弱的一方的微凸体即被对方材料俘获。这一理论指出，材料的磨损与作用面的垂直荷载和滑动距离成正比，而与材料的屈服应力成反比。20 世纪 70 年代以来，随着断裂力学的迅猛发展，材料的磨损理论得到不断充实和完善。混凝土的磨损过程被解释为一个“断裂过程”，即表面材料经受着裂纹形成、扩展、失稳扩展及碎屑脱离本体这一循环过程。Suh N P 根据断裂力学理论提出的脱层磨损理论认为磨损是孔穴生核率、裂缝扩展率、摩擦系数及硬度的函数。

水泥混凝土的磨损是一个复杂的物理力学过程，除本身材料的性能以外，还与磨损方式及环境条件密切相关。混凝土表面会受到各种磨耗作用，如水工混凝土、挟砂的水流作用使混凝土受到冲刷，路面混凝土会受到车辆轮胎反复的摩擦及冲击作用。风力较大地区混凝土还受到风砂的磨蚀作用。在磨耗的过程中，首先砂部分被磨损，露出粗集料，接着由于冲击力，粗集料破坏或者被拔出来，形成孔穴，进一步砂浆被磨耗掉，粗集料进一步露出来。如此反复进行，混凝土不断遭到破坏产生孔洞，裂缝等病害。

混凝土的磨损大体包括磨耗、冲磨、空蚀和风蚀 4 种。

(1)磨耗一般是指干摩擦引起的损耗，为路面和工业地坪由于车辆行驶所造成；

(2)冲磨常发生于水工结构，例如隧道衬砌、溢流面以及给排水管道等，当水夹带着砂土颗粒流过混凝土表面，与其碰撞、滑动或滚动引起的损耗；

(3)水工结构物混凝土可能受到另一种破坏作用，称为空蚀(也称气蚀)，即水流夹带气泡在流向突然变化时形成高负压导致爆裂，会使混凝土表面产生空穴的现象；

(4)耐风蚀性是指暴露于大气中的混凝土，其砂浆抵抗风砂磨蚀的能力。

6.3 提高混凝土耐磨性的原理及措施

(1)采用低水灰比，降低用水量(在保证振动密实的条件下选用最低用水量)、较高水泥用量的高强度混凝土。

这是因为选择耐磨混凝土适用的一般原则是混凝土的抗压强度，因为它是决定混凝土耐磨性的最主要因素。

(2)选择级配良好，清洁而坚硬的粗细集料，最大粒径 25mm 左右较好。在磨耗比较严重的情况下，如果专门浇筑一层面层混凝土，可用最大粒径为 10mm 的粗集料。

这是因为水泥净浆的抗磨性能较差，所以混凝土的抗磨耗性则多数取决于所用集料的硬度。为了制备高耐磨混凝土，可选用高耐磨集料。

(3)采用良好的、适当的养护条件，如对于硅酸盐水泥和普通水泥最少为 7d(20℃)。

(4)可利用硅灰的高火山灰和高效填充效应,通过掺用减水剂、硅灰等外加材料来提高混凝土的耐磨性。

严格地说,掺与未掺掺和料的混凝土中水化产物的种类是相同的,但 C-S-H 凝胶的组成、C-S-H凝胶和 $Ca(OH)_2$ 含量不同,掺加了掺和料的混凝土中凝胶含量高于未掺掺和料混凝土。

未掺掺和料的混凝土中,C-S-H 凝胶是大粒子状及纤维状等,$Ca(OH)_2$ 晶体呈定向排列,具有普通水泥水化产物的特性。当掺加掺和料后,水化 C-S-H 凝胶则呈黏稠团聚状或网络状,很少有呈定向排列的 $Ca(OH)_2$ 晶体,即使有,$Ca(OH)_2$ 晶体的尺寸亦大大降低。这是因为:掺和料中的 SiO_2 组分与 $Ca(OH)_2$ 之间的化学反应在减少 $Ca(OH)_2$ 晶体、增加浆体中凝胶含量的同时,降低 $Ca(OH)_2$ 晶体的尺寸,使细小的 $Ca(OH)_2$ 晶体比粗大的晶体更易形成,以无数取向性较弱和结晶程度差的细小晶体取代纯水泥浆体系中的定向排列,从而将体系的颗粒组分细化,提高混凝土的密实性。

从孔结构分析来看,掺加掺和料的混凝土中最可几孔径向小孔径方向移动,对混凝土性能产生危害的大孔比例大大降低。掺加掺和料后小孔径的孔隙率增加,是因为反应中形成的凝胶是微观上多孔的物质,它们填充到大的毛细空隙中,将一个含有大的毛细孔隙的体系转化成包含无数微孔的体系,使结构致密。

从界面理论分析,掺和料的使用使界面区分布有细小的 $Ca(OH)_2$ 晶体或无定型的 $Ca(OH)_2$、低碱型的 C-S-H 凝胶,这些都会强化过渡区、减少微裂纹,提高混凝土的致密度,提高水泥浆体与集料的结合强度,使界面区结构致密,对提高混凝土强度和耐久性十分有益。

(5)采用必要的表面防护材料提高耐磨性。

6.4 水胶比对混凝土耐磨性的影响

1)试验混凝土配合比

碎石2(第3章表3.42)配制混凝土,记为SC;碎卵石配制混凝土,记为SLC;卵石配制混凝土,记为LC。试验混凝土配合比参数如表6.1所示。

表6.1 试验混凝土配合比参数

项目 / 水胶比		SC	SLC	LC	SC	SLC	LC
水胶比		0.38			0.30		
单位用水量(kg/m^3)		145	145	145	145	145	145
砂率(%)		44	42	40	40	38	36
粗集料(%)	碎石	1 038			1 075		
	碎卵石		1 038			1 111	
	卵石			1 112			1 147
高效减水剂掺量(%)		1.3	1.2	1.1	1.4	1.2	1.0

2)不同水胶比混凝土的耐磨性

测定掺加不同粗集料配制的不同水胶比混凝土56d的耐磨度,试验结果如表6.2所示。

表 6.2 水胶比对混凝土耐磨度的影响

编号	水胶比 0.38			水胶比 0.3		
	SC	SLC	LC	SC	SLC	LC
耐磨度	1.66	1.59	1.45	2.26	2.21	1.89

3)结果分析

对于不同粗集料配制的混凝土,水胶比对混凝土耐磨度的影响规律是一致的。水胶比小的混凝土,其混凝土强度较高,耐磨性好;采用碎石配制的混凝土,其强度较高,耐磨性最好;碎卵石混凝土次之;卵石配制的混凝土,其强度最低,耐磨性最差。

6.5 通过优化掺和料提高混凝土的耐磨性

1)试验混凝土配合比

本试验采用碎石、河砂,试验所用原材料的技术性能见第 3 章。基准混凝土,记为 JC,单掺 30% 粉煤灰的混凝土,记为 FC;单掺 40% 矿渣粉的混凝土,记为 KC;掺 20% 矿粉和 10% 粉煤灰的混凝土,记为 S1C;掺 10% 矿粉和 20% 粉煤灰的混凝土,记为 S2C;掺 30% 优化掺和料和 1.5% 抗裂致密剂的混凝土,记为 YC;各组混凝土均进行标准养护,其配合比参数如表 6.3 所示。

表 6.3 混凝土的主要配合比参数

项目 / 水胶比	JC	FC	KC	S1C	S2C	YC
	0.38	0.38	0.38	0.38	0.38	0.38
单位用水量(kg/m^3)	145	145	145	145	145	145
砂率(%)	44	44	44	44	44	44
粉煤灰掺量(%)		30		10	20	15
矿粉掺量(%)			40	20	10	15
抗裂致密剂(%)						1.5
高效减水剂掺量(%)	0.9	1.0	1.0	1.0	1.0	1.0

2)掺加不同掺和料混凝土的耐磨度

测定掺加不同类型及比例掺和料的混凝土 56d 的耐磨度,试验结果如表 6.4 所示。

表 6.4 掺和料对混凝土耐磨度的影响

编号	JC	FC	KC	S1C	S2C	YC
耐磨度	1.46	1.50	1.66	1.64	1.52	1.66

3)结果分析

掺加优化掺和料后,各强度等级混凝土的耐磨度均比单掺掺和料混凝土高,说明优化掺和料对混凝土的耐磨性有很好的改善作用;因此,从耐磨性考虑,可选用优化掺和料配制混凝土以抵抗大风对混凝土的强磨蚀作用。

6.6 通过改善养护方式提高混凝土的耐磨性

(1)试验混凝土配合比

试验混凝土配合比如表6.3所示。

(2)掺加不同掺和料混凝土,在不同养护方式下的耐磨度

标准养护记为BY(图6.3和图6.4);试件拆模后在-10℃条件下进行冰冻,这种养护方式记为DY(图6.3和图6.4);试件拆模后在其表面包裹一层密封的保温保湿膜,而后置于-10℃条件下进行冰冻,这种养护方式记为SY,如图6.5和图6.6所示。测定掺加不同类型及比例掺和料的混凝土56d的耐磨度,试验结果如表6.5所示。

图6.3 标养试件磨损前

图6.4 标养试件磨损后

图6.5 包裹塑料膜试件磨损前

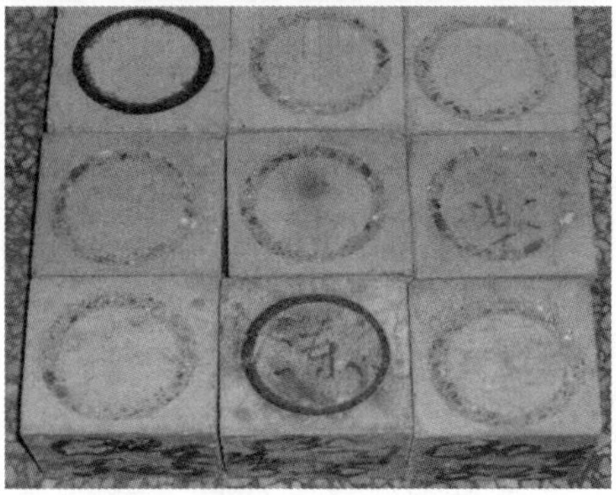

图6.6 包裹塑料膜模试件磨损后

表6.5 掺和料对混凝土耐磨度的影响

编号	JC	FC	KC	S1C	S2C	YC
BY	1.46	1.50	1.66	1.64	1.52	1.66
DY	1.09	0.68	0.92	1.32	1.06	1.10
SY	1.36	1.14	1.39	1.51	1.46	1.69

(3)结果分析

从养护方式来看,采用直接冰冻的方式养护混凝土,其耐磨度均低于标养混凝土;而采用先包保温保湿膜后冰冻的方式养护混凝土,其耐磨度均高于直接冰冻混凝土,但与标养混凝土

相比,差异不大,表现为耐磨度略低于标养混凝土。

从掺和料角度分析,掺加不同掺和料的混凝土,其耐磨度受养护方式的影响规律基本是一致的:直接冰冻混凝土的耐磨度最低,先包后冻的次之,标养混凝土的耐磨度最大,但是后两者之间的差距不大。

6.7 通过涂装防护材料提高混凝土的耐磨性

6.7.1 涂装防护材料提出的背景

耐磨作为混凝土耐久性的一项重要指标,是衡量混凝土性能的一个主要方面。兰新铁路第二双线(新疆段)全长713.4km,设计时速200km/h以上,沿线穿越新疆九大风区中的五大风区,分别是:达坂城三十里风区、吐鲁番西部风区、哈密北戈壁风区、哈密南戈壁风区以及百里风区。五大风区,风力强劲,年均风速,如表6.6所示。

表6.6 兰新铁路第二双线(新疆段)穿越风区年均风速

序　号	风　区	风区面积(km^2)	年均风速(m/s)
1	达坂城谷地	1 500	5.0~6.2
2	吐鲁番西部	1 000	4.0~5.0
3	百里	3 000	4.5~5.5
4	哈密南戈壁	33 200	4.5~5.5
5	哈密北戈壁	16 800	5.0~6.2

强风带起的沙粒对当地的自然环境的风蚀磨损影响显著,形成了众多的风蚀地貌,在这一特殊的自然条件下,大风对兰新铁路第二双线(新疆段)高速铁路混凝土施工以及混凝土耐久性的影响非常显著。针对在特殊环境下的具体情况,研究大风对混凝土表面的影响及如何缓解大风对于混凝土的磨蚀作用,对于工程的施工和维护具有重要的实际意义。

本试验针对兰新铁路第二双线(新疆段)具体施工需要,旨在应用一种强风蚀地区混凝土施工和保养中缓解风蚀磨损的新型混凝土表面抗风蚀界面处理材料。通过将这种材料涂刷至混凝土表面,并在其表面可形成一层渗入混凝土内部的致密耐老化涂膜,以提高混凝土耐磨蚀、耐水、抗冻等耐久性能。

6.7.2 应用涂装防护材料的目的

(1)从混凝土耐磨蚀机理出发,研究能够渗入混凝土内部通过物理和化学作用形成抗磨蚀涂层的适宜原材料,研究混凝土表面抗风蚀界面处理材料的最佳耐磨效果。

(2)测试耐磨材料的不同性能。

(3)研究混凝土表面耐磨蚀界面处理材料的成型、施工工艺,确定适宜在建(构)筑物混凝土表面能够迅速、有效施工的施工作业法。

6.7.3 涂装防护材料试验及结果分析

目前,国内外研究和应用的耐磨蚀材料主要通过添加耐磨致密组分提高混凝土内部结构和通过涂刷并进行表面硬化处理提高表面耐磨程度两种方式。通过提高内部混凝土致密程度增加耐磨性能是国内外目前对混凝土耐磨性能提高的最主要手段,其主要使用的耐磨添加材料有硅灰、矿渣、钢渣、高纯硅、石英砂等,也有通过表面处理材料达到混凝土表面抗风蚀、耐磨效果。

本试验应用的是一种复合乳液型混凝土表面抗风蚀界面处理材料。其抗风蚀耐磨机理是通过抗风蚀表面渗透材料渗入混凝土中并和混凝土发生一定的反应,形成致密网状结构,实现混凝土表面致密效果,达到耐磨目的。

1)四种对比材料以及基准混凝土编号

(1)1 号,复合乳液型混凝土表面抗风蚀界面处理材料。

(2)2 号,涂料型混凝土表面抗风蚀界面处理材料。

(3)3 号,厚质水溶性树脂复合材料。

(4)4 号,可固化溶液型硅酸盐材料。

(5)5 号,未涂抹耐磨材料的基准混凝土,C30。

2)耐磨性能试验及数据分析

(1)试验方法。采用滚珠轴承法耐磨试验机。

(2)设备原理。耐磨试验测试设备和原理如图 6.7 所示。

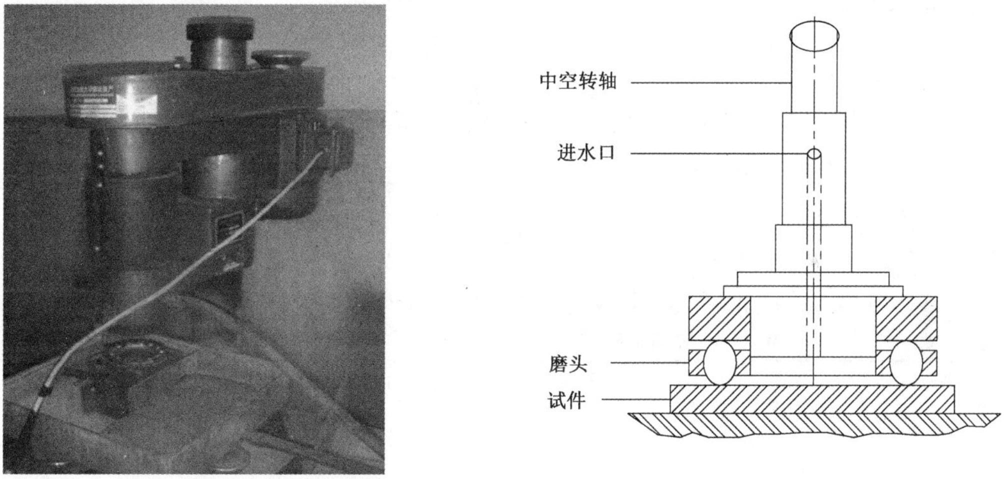

图 6.7 滚珠式耐磨试验机

4 种对比材料以及基准混凝土各制备 7 组,即 21 块,通过 200 次干磨试验,测试每块试块的平均磨损宽度和磨头转数,通过磨损宽度和滚珠直径可计算出磨损深度,按照式(6.1)计算每块试块通过滚珠轴承法测试的耐磨度,计算其平均值,并将其为对比材料的对比耐磨度。

4 种对比材料以及基准试块的测试数据如表 6.7 所示。

(3)结论。

从掺和料考虑,基准混凝土的耐磨性是最差的,要提高混凝土的耐磨性,应在混凝土中掺入掺和料,特别是掺加抗裂致密剂对提高混凝土耐磨性的效果是非常显著的。

从养护方式考虑,要提高混凝土的耐磨性,应在早期提供足够的水化湿度以保证水化程度。采用混凝土表面覆盖保温保湿膜的方式,可以充分保证膜内水分不散失,保持较高的膜内湿度,以提供混凝土需水,保证混凝土强度发展,以提高混凝土耐磨性。

表 6.7　4 种对比材料以及基准试块的测试数据(mm)

对比材料	试块磨槽宽度测试数据																					平均值
	第 1 组			第 2 组			第 3 组			第 4 组			第 5 组			第 6 组			第 7 组			
1 号	3.86	3.81	3.88	3.79	3.89	3.88	3.92	3.91	4.13	3.87	3.83	3.81	3.89	3.87	3.76	3.83	3.78	3.81	3.79	3.97	3.92	3.87
2 号	3.65	3.36	3.37	3.69	3.80	3.66	3.42	3.62	3.43	3.57	3.79	3.64	3.78	3.83	3.89	3.89	3.60	3.89	3.93	3.99	4.11	3.71
3 号	4.93	4.83	4.89	5.12	5.21	5.09	5.02	4.95	4.89	4.77	4.65	4.68	5.10	5.03	5.11	5.14	5.19	5.01	5.02	5.10	5.01	4.99
4 号	4.54	4.38	4.18	4.38	4.29	4.29	4.66	4.54	4.67	4.69	4.67	4.64	4.32	4.66	4.70	4.45	4.39	4.37	4.01	4.17	4.20	4.40
5 号基准	5.33	5.39	5.48	5.83	5.86	5.99	5.66	5.45	5.73	5.96	5.97	5.84	5.44	5.68	5.75	5.84	5.68	5.71	5.81	5.98	5.92	5.73

注:1. 每个测试数据均为单块磨损试块磨损槽宽度的 8 个测试平均值。

2. 磨损槽宽度测试设备为游标卡尺,测试精度为 0.01mm。

按照下式可以计算出磨槽深度:

$$P = \frac{\phi}{2} - \sqrt{\left(\frac{\phi}{2}\right)^2 - \left(\frac{L}{2}\right)^2} \tag{6.2}$$

式中:P——磨槽深度(最终磨槽深度与初始磨槽深度之差),精确至 0.01mm;

ϕ——滚珠直径,标准直径为 15.875mm;

L——磨槽宽度,精确至 0.01mm。

再通过耐磨度公式可以计算每种对比材料的平均耐磨度,即:

$$I_s = \frac{\sqrt{R}}{P} \tag{6.3}$$

式中:I_s——耐磨度,精确至 0.01;

R——磨头转数(千转);

P——磨槽深度(最终磨槽深度与初始磨槽深度之差)(mm)。

4 种对比材料以及基准试块的平均耐磨度计算结果如表 6.8 所示。

表 6.8　四种对比材料以及基准试块的平均耐磨度计算结果

试验编号	1 号	2 号	3 号	4 号	5 号
平均磨槽宽度(mm)	3.87	3.71	4.99	4.4	5.73
平均磨槽深度(mm)	0.24	0.22	0.40	0.31	0.54
平均耐磨度	1.88	2.03	1.11	1.44	0.84

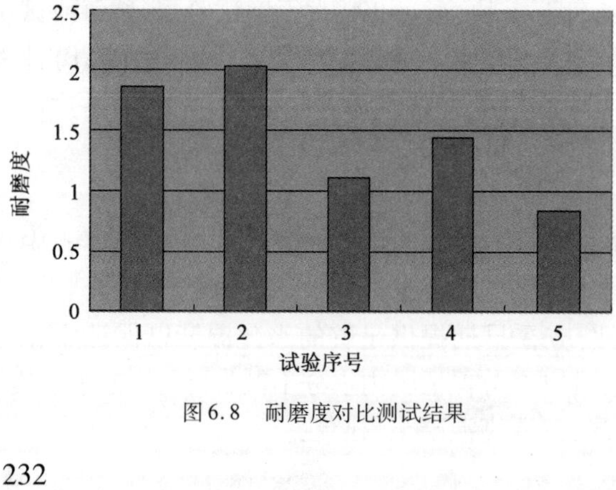

图 6.8　耐磨度对比测试结果

4 种对比材料和基准混凝土耐磨度对比柱状图如图 6.8 所示。

4 种对比材料以及基准试块的耐磨试验后表面情况如图 6.9 所示。

根据试验数据分析表明,耐磨度依次大小为 2 号 >1 号 >4 号 >3 号。

3)耐水性能试验及数据分析

(1)试验方法。每种对比材料试件两组共 6 块,试块六面均涂刷对比材料,泡水3d,取出后表面用湿布迅速擦拭,测定试块表面用滤纸覆盖不出现水印的时间,即表干时间,并观察4种对比材料以及基准混凝土试块表面表观变化。

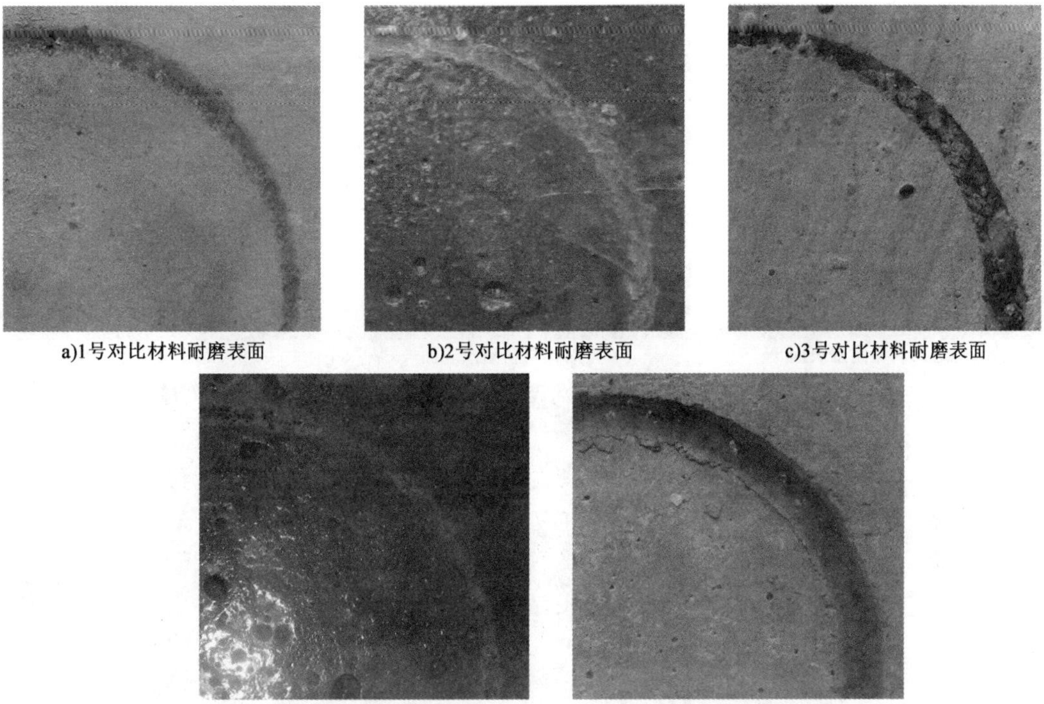

a)1号对比材料耐磨表面　b)2号对比材料耐磨表面　c)3号对比材料耐磨表面

d)4号对比材料耐磨表面　e)5号基准试件耐磨表面

图6.9　4种对比材料以及基准试块耐磨表面效果

(2)试验条件。室温20℃,相对湿度30%。

4种对比材料以及基准混凝土试块表干时间如表6.9所示。

表6.9　四种对比材料以及基准试块的表干时间测试结果(min)

试验编号	表干时间						平均表干时间
	第1组			第2组			
1号	3	5	3	3	3	4	3.5
2号	21	25	26	24	23	23	23.7
3号	65	65	65	70	70	70	67.5
4号	440	420	440	430	440	430	433.3
5号	520	540	540	540	550	550	540

4种对比材料以及基准混凝土试块表观现象如表6.10所示。

表6.10　4种对比材料以及基准试块的表观现象结果

试验编号	表观现象
1号	既有良好的耐水性能,又具有憎水效果,表面迅速变白干燥
2号	有耐水性能,没有憎水效果,表干时间短
3号	有耐水性能,没有憎水效果,表干时间较长
4号	没有耐水性能,出现溶蚀现象,表干时间长

4种对比材料以及基准混凝土试块泡水3d立即取出,放置5min后表观情况如图6.10所示。

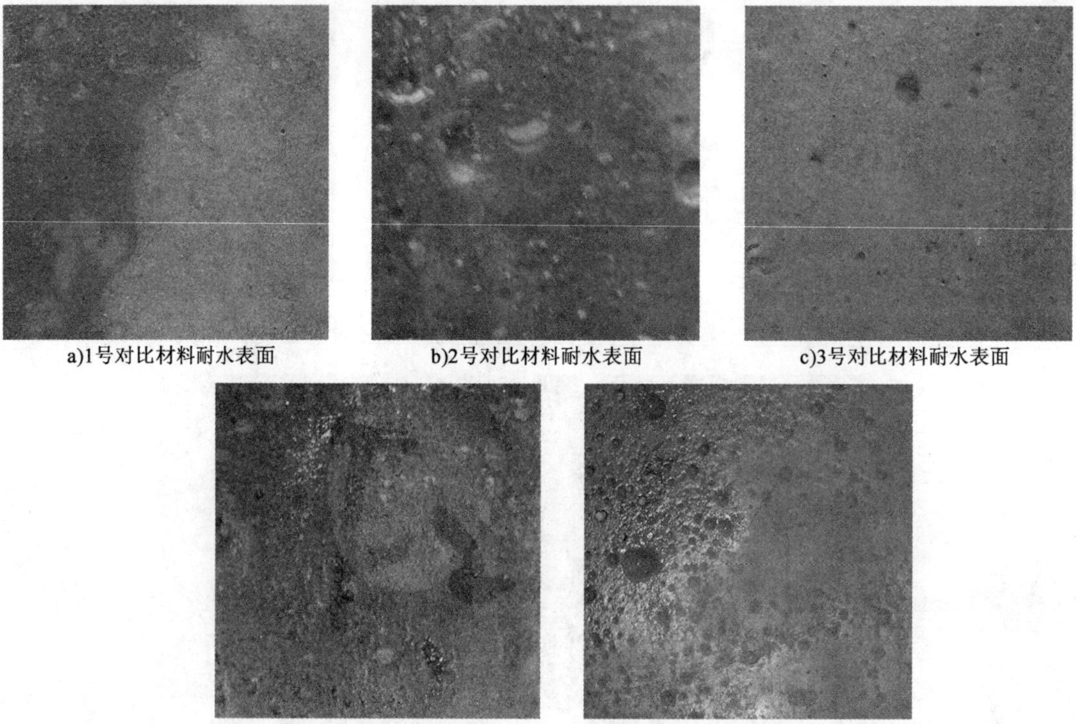

a)1号对比材料耐水表面　b)2号对比材料耐水表面　c)3号对比材料耐水表面

d)4号对比材料耐水表面　e)5号基准试块耐水表面

图6.10　对比材料耐水后表面情况

通过耐水试验数据及表6.10图6.10得出,4种对比材料耐水效果的大小排序应为1号>2号>3号>4号。由试验可知,1号提高混凝土耐磨性相比其他组试验效果最好。这里重点对1号的混凝土抗风蚀表面渗透材料性能进行观测、测试,具体结果如表6.11所示。

表6.11　1号抗风蚀表面渗透材料性能

材料性能	外观	乳白色液体
	容积中状态	观察30d,无结块、分层等现象
	涂刷性能	易涂刷
	固含量(%)	>10
混凝土表面性能	耐磨度	1.88
	抗冻性	冻融循环(−30℃/4h~+20℃/3h),15次涂层无开裂、溶蚀、起皮等现象
	抗紫外线	照射7d,涂层无显著变化
	耐水性	泡水3d,无开裂、溶蚀、起皮等现象
	抗开裂性	涂层大面积涂刷无开裂

综上所述,根据以上耐磨及耐水性能综合评定,选用1号对比材料作为混凝土抗风蚀表面渗透材料,即采用复合乳液型作为混凝土抗风蚀表面渗透材料,相对于其他几组试验,其提高混凝土耐磨效果最好。这主要是因为1号混凝土抗风蚀表面渗透材料涂刷于混凝土表面,可

渗入混凝土内部发生反应，生成致密产物填充内部的部分毛细孔和其他空隙，乳液成分渗入混凝土内部后形成的连贯的聚合物空间网状结构，构成致密保护层。风蚀颗粒在冲击混凝土表面时，作用于混凝土表面造成切削作用，被聚合物形成的网状结构阻挡，混凝土表层易被磨损掉的砂浆黏着力增强，使粗集料得到有效保护，难于凸露，并进一步阻止表层砂浆基体形成空洞，防止混凝土表层的磨蚀。故采用复合乳液型作为混凝土抗风蚀表面渗透材料可以提高混凝土的耐磨性能。

4）涂装防护材料使用方法和注意事项

根据试验过程中得出的经验，建议 1 号混凝土抗风蚀表面渗透材料施工工序如下：

（1）首先，清洗混凝土表面，清除表面油污和附着物。

（2）待清洗的混凝土表面充分干燥后，开始进行涂刷施工。

（3）开桶并使用移动式搅拌设备将乳液充分搅拌均匀，可采用涂刷和喷涂两种方式，涂刷可使用滚刷和排刷两种工具，应注意随时清理刷子上的黏附物，喷涂可使用农用喷雾器或油漆喷枪，喷涂时应注意做好面部防护，并均匀地将乳液喷涂在干燥的混凝土表面。1kg 混凝土抗风蚀表面渗透材料可处理 1 ~ 5m^2（涂刷 1 ~ 5 遍）混凝土表面。

第7章　干旱条件下高性能混凝土养护技术及应用

7.1　混凝土养护的重要性

西北地区特殊的环境条件:干燥、大风、大温差。

在这种特殊的气候环境中,施工环节控制及养护措施不当会造成桥墩的开裂。引起桥墩开裂的原因是多方面的,但主要原因还是混凝土内外温差过大产生过高的温度应力(混凝土水化热引起的应力可以分为内部约束应力和外部约束应力两大类。内部约束应力是指由于混凝土内部不同的温度分布引起的不同的体积变化而导致的应力,即水化反应初期由于中心部分温度比表面温度高,会导致表面产生拉应力;而温度开始下降时中心部分的收缩会比表面部多,此时中心部会产生拉应力。外部约束应力是指新浇筑的混凝土,由于水化热而发生的体积变化,受到与其接触的已浇筑混凝土或者地基等的约束而产生的应力。外部约束的作用与接触面积的大小和外部约束的刚度等因素相关。)及混凝土的干缩,在受到内部或外部的约束时而产生的。而对于早期的桥墩裂缝,水化热温差引起的桥墩表面拉应力是首要原因。混凝土硬化初期,水泥与水发生化学反应,产生水化热,混凝土的温度逐步升高。普通尺寸混凝土构件散热条件好,混凝土内外温差不大,整个构件变形基本一致,不致产生严重的水化热裂缝。但大体积混凝土尺寸较大,水化热明显,混凝土温度明显升高,随着时间的推移,混凝土热量慢慢消失,混凝土外表面热量散失快,温度下降也很快,而在混凝土内部积聚的热量不能尽快散发,从而形成内部温度高而外部温度低的温度梯度,由此产生的温度变形的不均匀在受到结构自身约束和外部约束时,会产生很大的温度应力。体积越大,内部积蓄的热量越不易散失,温度梯度就越大,产生的温度应力随之升高,许多情况下因处理或控制不当,这种应力会超过混凝土的抗拉强度而导致混凝土表面开裂,同时由于在这种特殊气候环境条件下,空气相对湿度极小,在混凝土硬化后,不可能寄希望于通过空气供给混凝土继续水化需要的水分。

因此,在这种恶劣的环境条件下,混凝土中胶凝材料的水化只有一次机会,在施工过程中必须抓住这次机会,通过采取有效的保温保湿措施,保证混凝土的性能发展,控制裂缝的产生。

7.2 养护方式的数值计算分析

7.2.1 未加保温材料时有限元数值计算模型分析

在有限元分析中,通过 Midas Civil 的水化热计算模块,并按照实际情况设置边界条件、热源函数以及对流系数等对该桥墩混凝土的水化热温度进行计算(表 7.1 和图 7.1),得到墩中心点与表面点的水化热温度值,如表 7.2 和图 7.2 ~ 图 7.10 所示。

表 7.1　水化热分析的建模与分析过程

序号	建 模 过 程	参 数 设 置
1	定义一般材料特性	弹性模量、比热、热传导率
2	定义时间依存特性	收缩、徐变、弹性模量变化
3	建立结构模型	定义单元、边界条件
4	水化热分析控制	定义积分系数、初始温度
5	定义环境温度函数、对流系数函数、单元对流边界	输入外界温度的变化函数和对流系数函数之后,定义单元(节点)的对流边界
6	定义固定温度	对于温度不随时间变化的部分输入固定温度
7	定义热源函数分配热源	根据水泥种类和实验数据定义热源函数并将其分配给相应单元
8	定义施工阶段	定义各施工阶段对应的单元和边界条件
9	运行分析	进行热传导分析和热应力分析
10	查看分析结果	查看各阶段的温度和应力

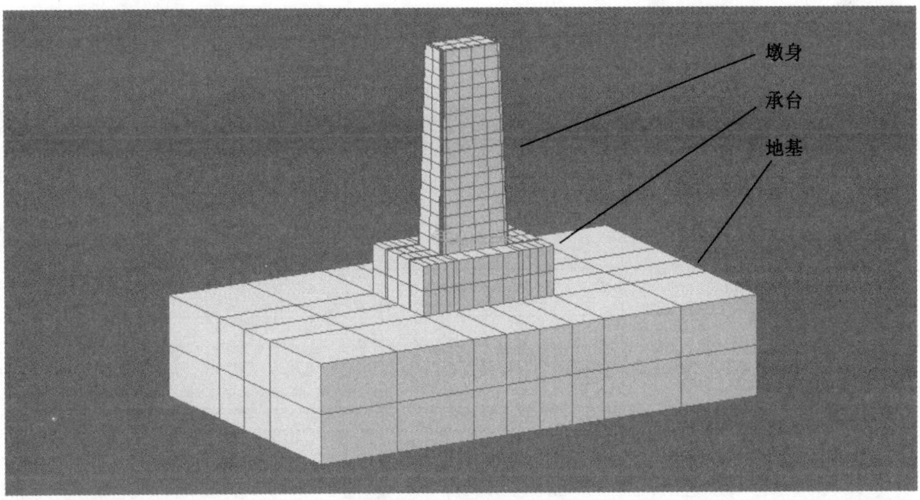

图 7.1　桥墩模型示意图

注:上部为墩身、中部实体为承台、下部实体为土体。

表 7.2　未加保温材料水化热温度计算结果

时间(h)	表面点(℃)	中心点(℃)	温度差(℃)
入模	10.13	10.14	0.01
20	21.57	57.71	36.14
40	22.12	64.93	42.81
60	23.29	65.56	42.27
80	22.61	64.74	42.13
100	22.3	63.39	41.09
120	21.42	62.52	41.1
140	20.62	62.23	41.61
160	19.83	62.19	42.36
180	19.1	62.07	42.97
200	18.39	61.72	43.33
220	17.75	60.69	42.94
240	17.17	59.62	42.45
480	12.97	52.63	39.66
960	10.81	43.38	32.57

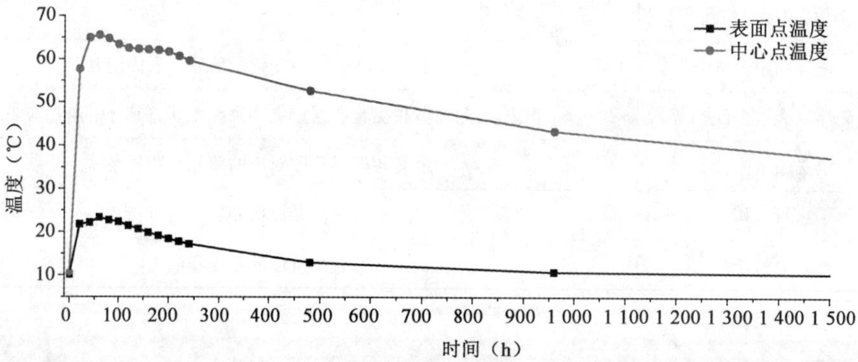

图 7.2　未加保温材料中心点与表面点温度变化曲线

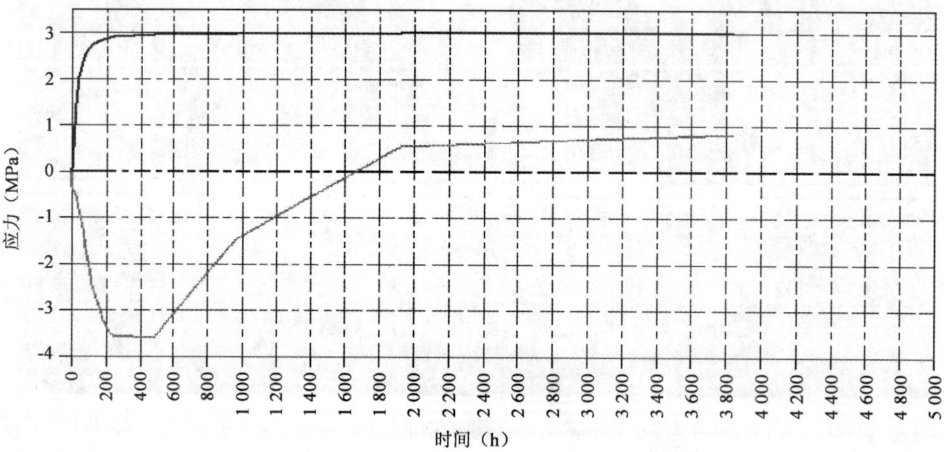

图 7.3　中心点应力(粗线)与允许抗拉强度(细线)曲线

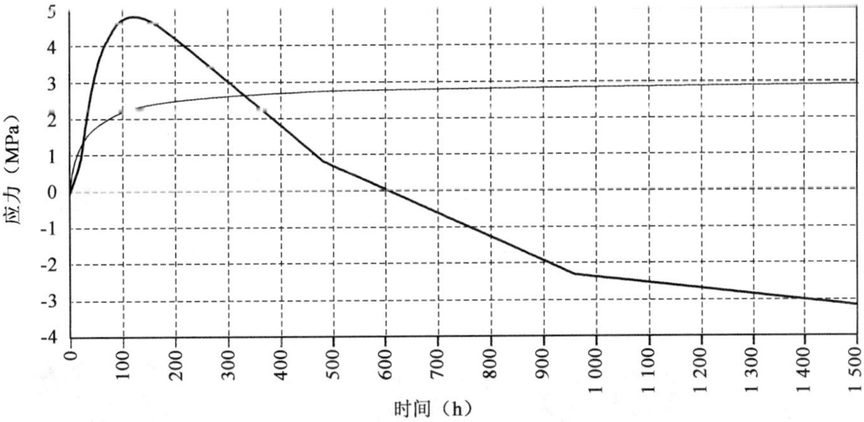

图7.4　表面点应力(粗线)与允许抗拉强度(细线)曲线

图7.5　墩身施加对流边界过程

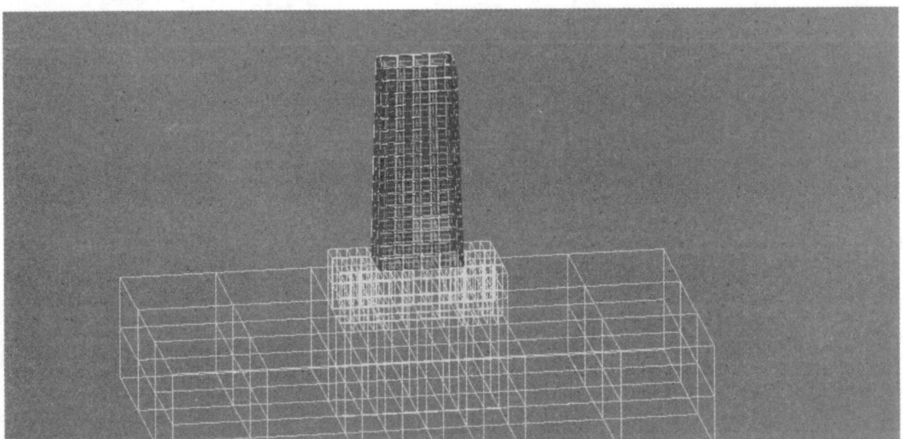

图7.6　墩身施加对流边界后

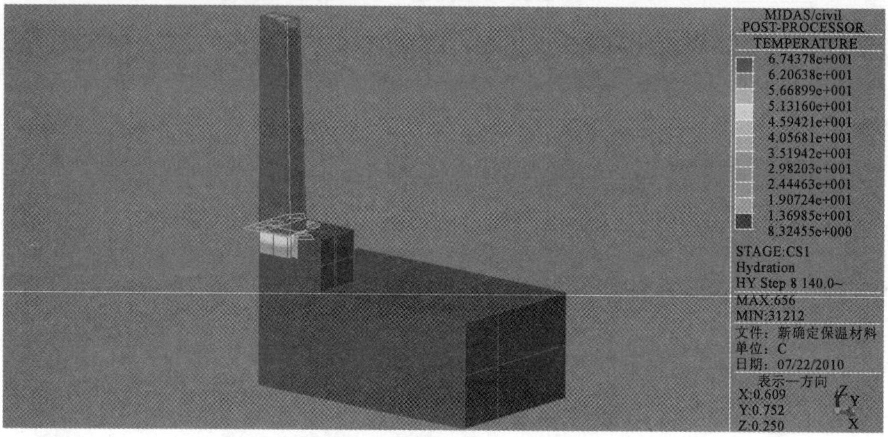

图 7.7　未加保温材料墩身浇筑 60h 后温度云图

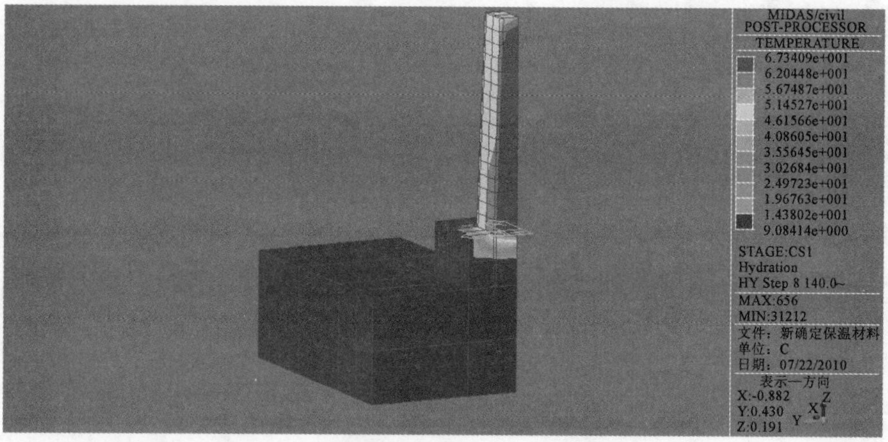

图 7.8　未加保温材料墩身浇筑 140h 后温度云图

图 7.9　未加保温材料墩身浇筑 200h 后温度云图

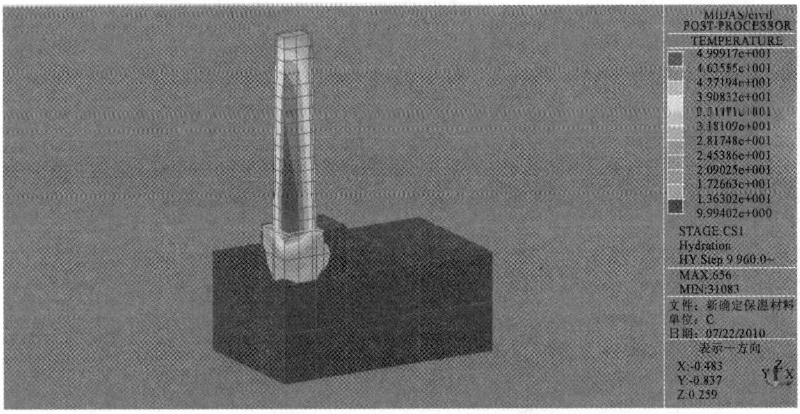

图 7.10 未加保温材料墩身浇筑 960h 后温度云图

根据表 7.2 及图 7.2 和图 7.3 分析可知：桥墩温度从浇筑混凝土入模到 60h 时这段时间温度急剧上升，从 60h 后温度回落，到 480h 时表面及中心温度分别降到 12.97℃及 52.63℃，从 480 ~ 960h，温度降低速度相对较缓；从 960h 后温度减低速度缓慢，直到与外界温度相同为止。在浇筑 60h 时达到最高温度，而此时中心温度与表面温度之差为 42.27℃；在中心温度最大时，并不是中心温度与表面温度温差最大的时候，浇筑 200h 后，中心温度与表面温度温差达到最大值 43.33℃（该值已超出规范要求的最大温差值 25℃），说明温差最大的时候不是温度升到最高的时刻，而是相对滞后。这主要是因为在升温时，温差较小，而在降温时，内部降温速度慢，而表面降温速度快，致使内外温差大。通过温度梯度分析可知，在兰新二线特殊气候环境条件下，桥墩需要采取养护措施，以避免桥墩由于温度应力过大而产生裂缝。从图 7.2 中可以看出：中心温度应力值均小于混凝土允许抗拉强度值。从图 7.3 中可以看出：混凝土表面的最大拉应力为 4.83MPa，混凝土的表面拉应力已超过其允许抗拉强度，从温度应力角度进一步说明在外界温度较低的地区桥墩需要采取有效地保温措施，确保桥墩不出现温度应力而引起裂缝。

7.2.2 加 2cm 厚保温材料时有限元数值计算模型分析

2cm 厚保温材料如图 7.11 所示。计算结果如表 7.3 所示，温度变化曲线如图 7.12 ~ 图 7.18 所示。

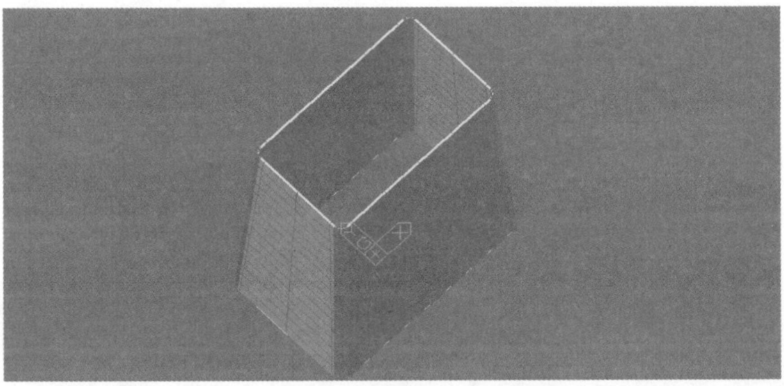

图 7.11 墩身四周加保温材料示意图

表 7.3　加 2cm 厚保温材料水化热温度计算结果

时间(h)	表面点(℃)	中心点(℃)	温度差(℃)
入模	10.14	10.57	0.43
20	46.51	68.85	22.34
50	47.97	70.95	22.98
55	47.97	70.96	22.99
60	47.62	70.95	23.33
80	46.53	70.80	24.27
100	46.24	70.59	24.35
120	46.47	70.34	23.87
140	46.39	70.04	23.65
160	45.99	69.70	23.71
180	45.29	69.34	24.05
200	44.98	68.94	23.96
220	44.59	68.51	23.92
240	43.93	68.06	24.13
480	41.48	62.44	19.96
960	35.04	42.49	7.45

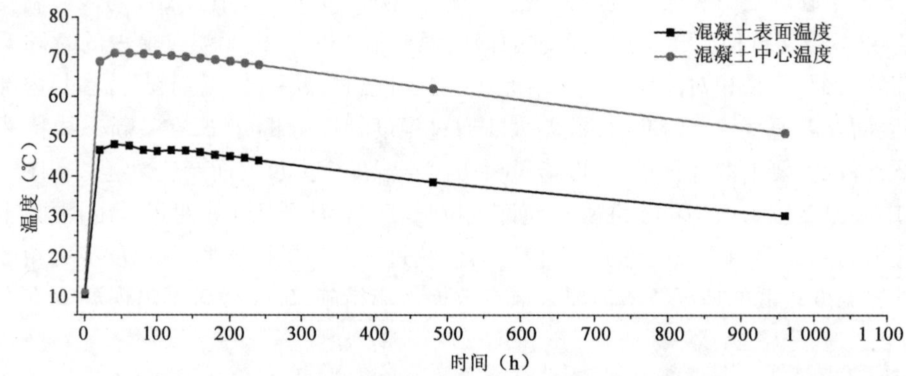

图 7.12　加 2cm 厚保温材料中心点和表面点温度变化曲线

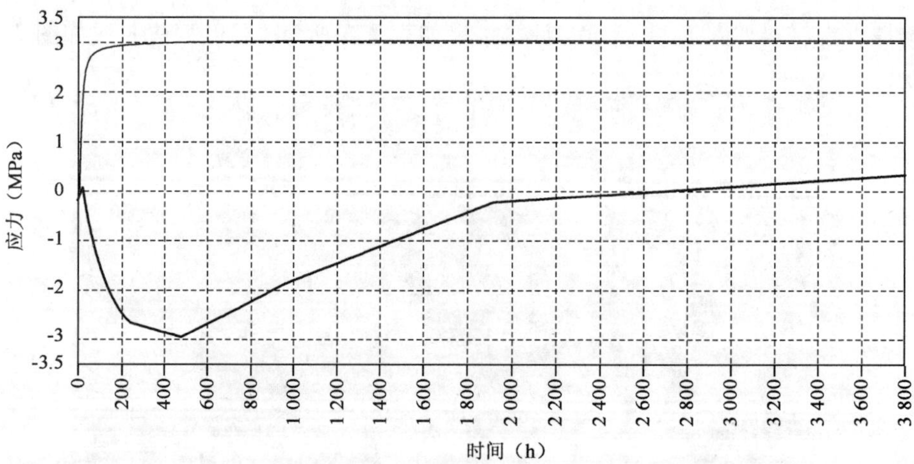

图 7.13　加 2cm 厚保温材料中心点(粗线)应力和允许应力(细线)关系曲线

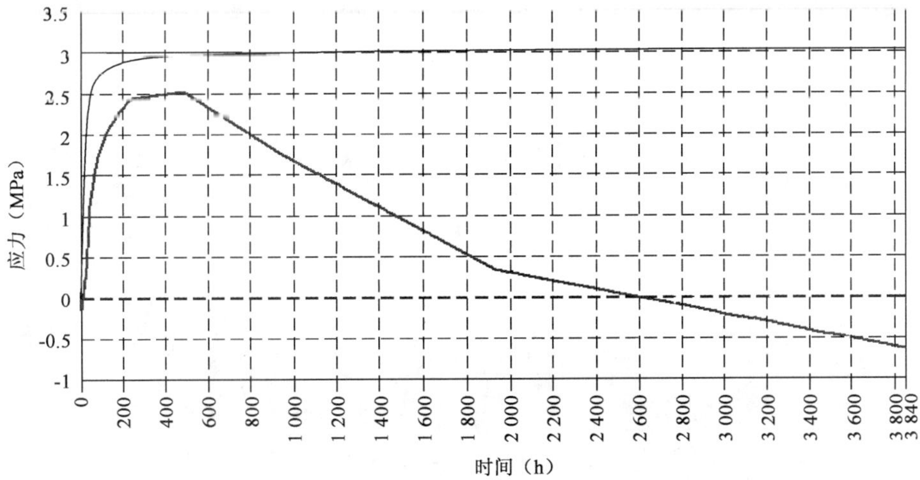

图 7.14　加 2cm 厚保温材料表面点应力曲线

图 7.15　加 2cm 厚保温材料墩身浇筑 55h 后温度云图

图 7.16　加 2cm 厚保温材料墩身浇筑 160h 后温度云图

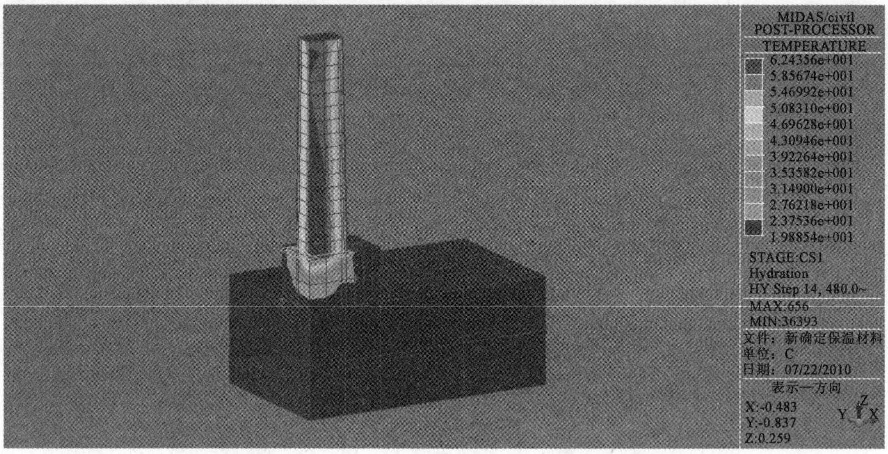

图7.17　加2cm厚保温材料墩身浇筑480h后温度云图

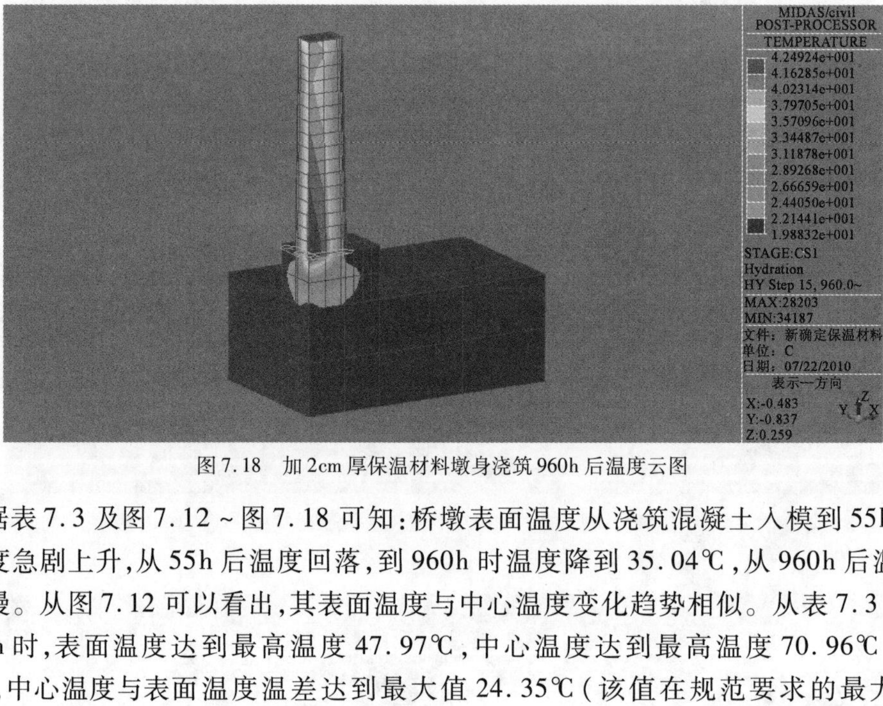

图7.18　加2cm厚保温材料墩身浇筑960h后温度云图

根据表7.3及图7.12～图7.18可知：桥墩表面温度从浇筑混凝土入模到55h时这段时间温度急剧上升，从55h后温度回落，到960h时温度降到35.04℃，从960h后温度减小速度缓慢。从图7.12可以看出，其表面温度与中心温度变化趋势相似。从表7.3可知：在浇筑55h时，表面温度达到最高温度47.97℃，中心温度达到最高温度70.96℃；在浇筑100h后，中心温度与表面温度温差达到最大值24.35℃（该值在规范要求的最大温差值25℃之内），通过在墩身四周包裹保温保湿材料，可以大大降低墩身温度梯度，通过选取一定厚度（2cm厚）保温材料可以满足混凝土墩身中心到表面温差不超过25℃的规范要求。从图7.12中又可以看出：中心温度应力值均小于混凝土允许抗拉强度值。从图7.13中可以看出：表面拉应力最大为2.52MPa，混凝土的表面拉应力小于规范混凝土允许抗拉强度，从温度应力角度进一步说明在外界温度较低的地区桥墩需要采取有效的保温措施，以满足规范对混凝土中心到表面的温度差要求。

7.2.3　加3cm厚保温材料时有限元数值计算模型分析

3cm厚保温材料示意图如图7.19所示，计算结果如表7.4所示，温度变化曲线如图

7.20～图7.26所示。

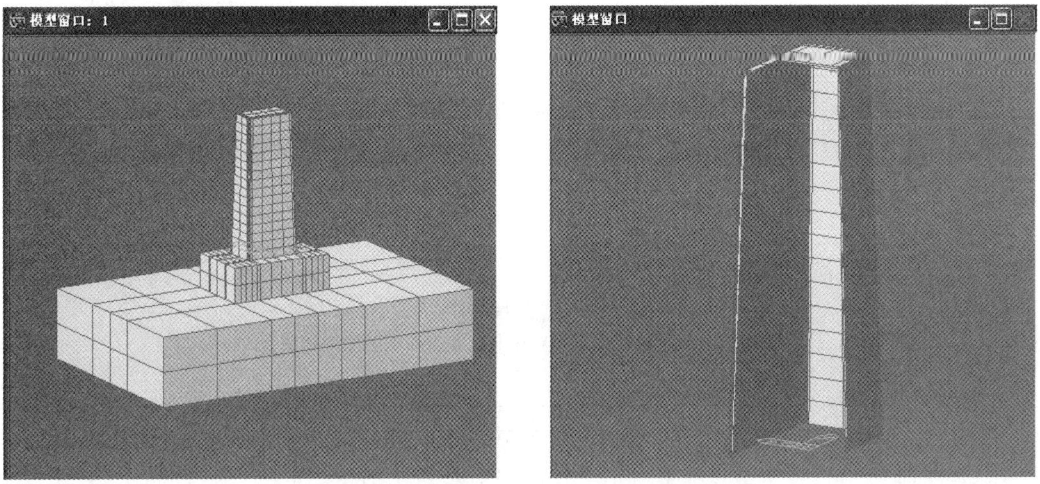

图7.19　墩身四周加保温材料示意图

表7.4　加3cm厚保温材料水化热温度计算结果

时间(h)	表面点(℃)	中心点(℃)	温度差(℃)
入模	20.26	20.26	0
20	47.35	54.8	7.45
40	50.68	67.17	16.49
50	56.32	73.13	16.81
60	56.43	73	16.57
80	56.06	72.82	16.76
100	52.41	72.46	20.05
120	52.31	72.02	19.71
140	52.27	72.32	20.05
160	50.59	72.16	21.57
180	49.84	71.93	22.09
200	49.29	71.46	22.17
220	48.03	70.94	22.91
240	47.79	70.02	22.23
480	45.23	62.33	17.1
960	38.77	44.75	5.98

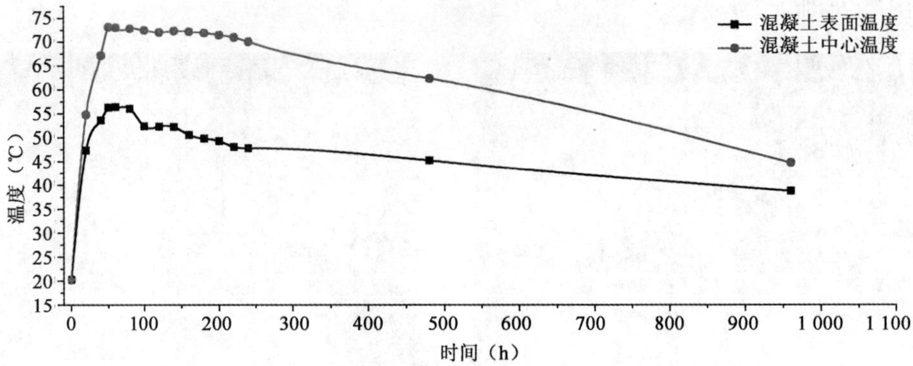

图 7.20　加 3cm 厚保温材料中心点和表面点温度变化曲线

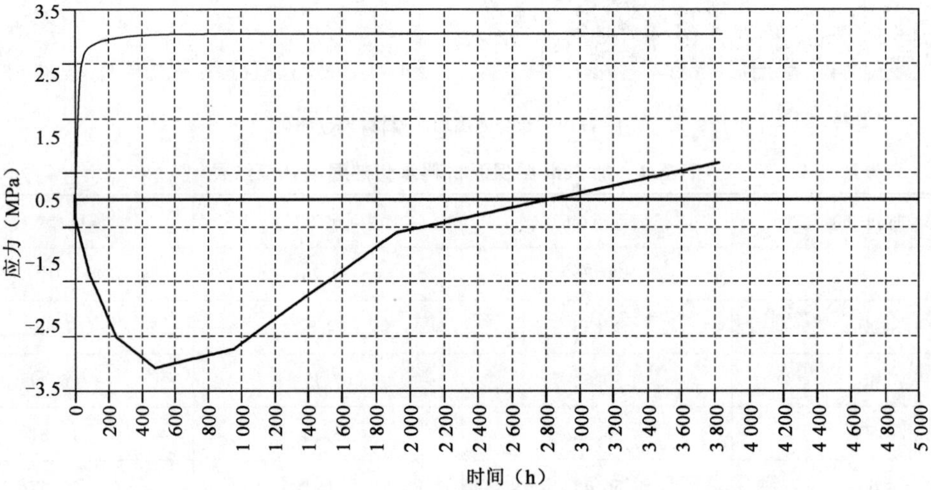

图 7.21　加 3cm 厚保温材料中心点(粗线)应力和允许应力(细线)关系曲线

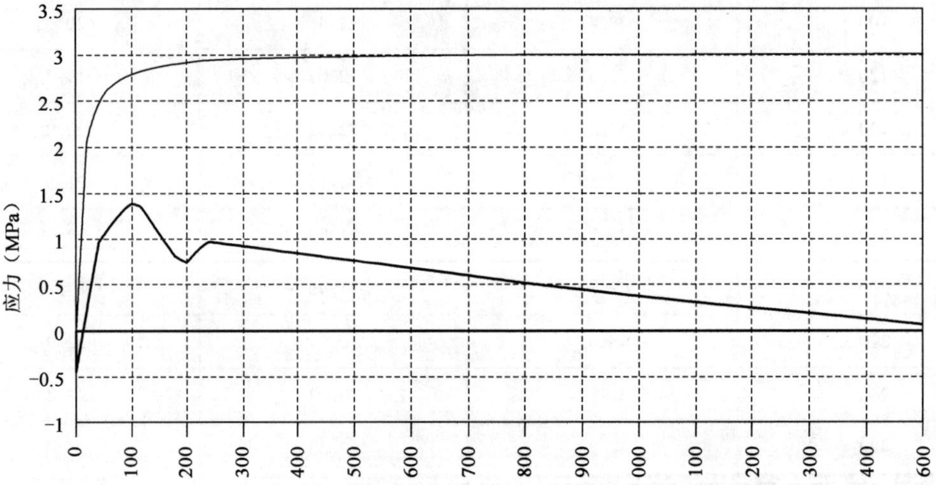

图 7.22　加 3cm 厚保温材料表面点应力曲线

图 7.23　加 3cm 厚保温材料墩身浇筑 50h 后温度云图

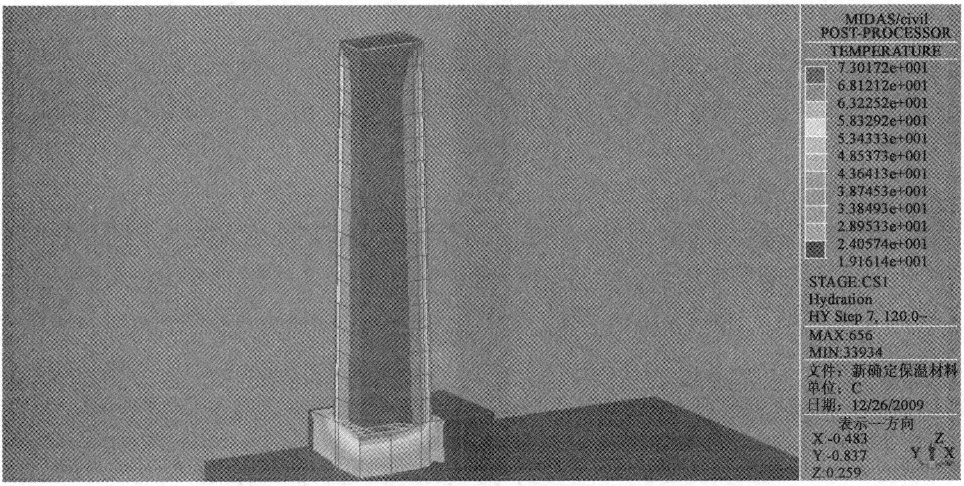

图 7.24　加 3cm 厚保温材料墩身浇筑 120h 后温度云图

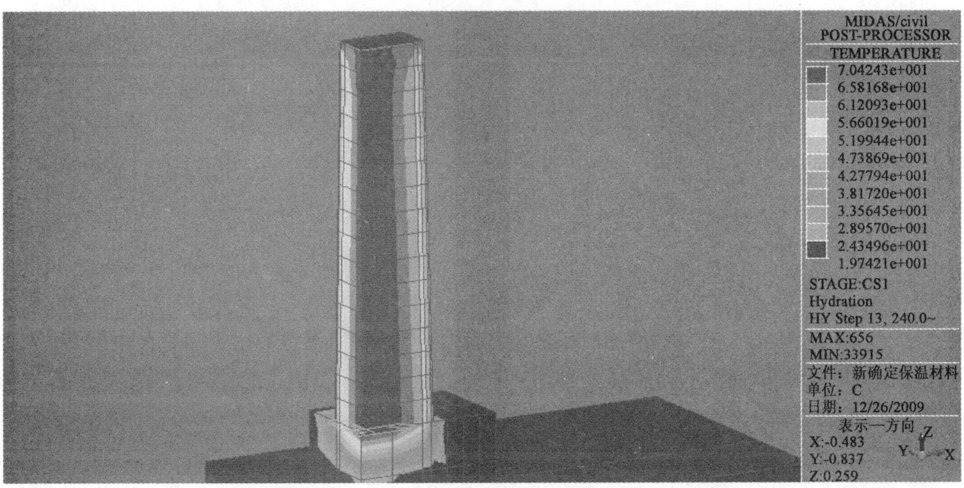

图 7.25　加 3cm 厚保温材料墩身浇筑 240h 后温度云图

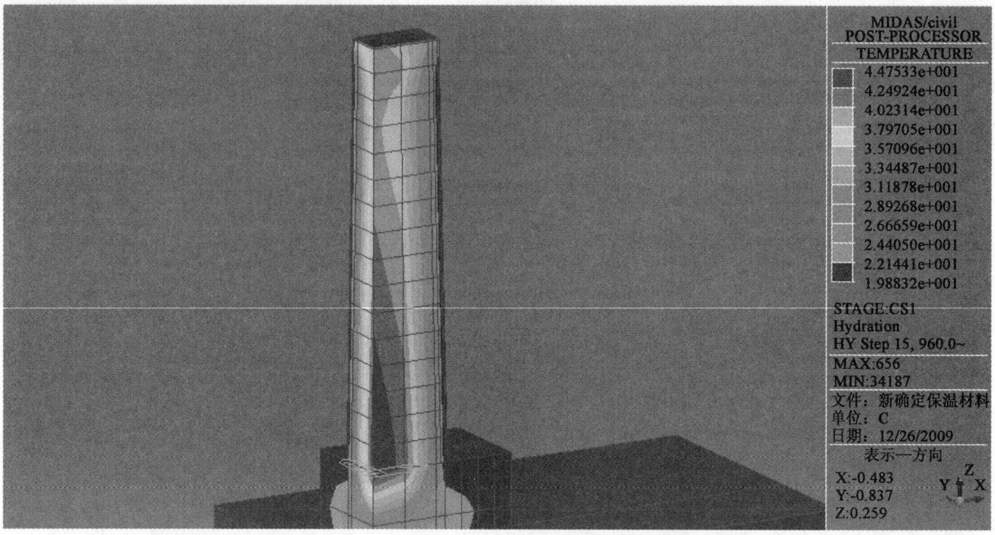

图 7.26　加 3cm 厚保温材料墩身浇筑 960h 后温度云图

根据表 7.4 及图 7.20 ~ 图 7.26 可知：桥墩表面温度从浇筑混凝土入模到 50h 时这段时间温度急剧上升，从 55h 后温度回落。从表 7.4 可知：在浇筑 50h 时，中心温度达到最高温度 73.13℃，表面温度达到 56.32℃；在浇筑 220h 后，中心温度与表面温度温差达到最大值 22.91℃（该值在规范要求的最大温差值 25℃之内）。通过在墩身四周包裹泡沫塑料，可以大大降低墩身温度梯度，通过选取一 3cm 厚的保温材料可以保证在低温时或大体积混凝土中心温差与表面温差满足规范要求。从图 7.21 中可以看出，中心温度应力值均小于混凝土允许抗拉强度值。从图 7.22 中可以看出，混凝土的最大拉应力为 1.423MPa，混凝土的表面拉应力小于规范混凝土允许抗拉强度，说明在外界温度较低地区或大体积混凝土的桥墩需要加厚保温保湿材料，以确保满足桥墩中心温度与表面温度不超过规要求。

7.3　室内养护方式对比试验研究

7.3.1　试验设计

1）试验目的

为获得不同强度等级的混凝土在干旱少水、大风、夏季高温、冬季低温，昼夜和季节温差大的戈壁环境条件下，采用何种养护方式才能保证混凝土具有良好的抗裂性、强度和耐久性，并为现场的养护提供理论支持。

2）试验方案

将试件在标准条件下养护 1d，拆模后分别包裹塑料膜养护（记为 CT）和包裹保温保湿膜（记为 WS）养护两种方式，分 20℃、－5 ~ 15℃ 和 －10 ~ 20℃ 3 种养护温度来模拟大风、大温差环境。将混凝土养护至 7d、28d、56d 龄期时测得其强度，并与标准养护的混凝土进行比较，养护至 56d 龄期时测定其电通量，并测试不同养护方式下不同强度等级混凝土的开裂情况。

3)试验原材料及性能

(1)混凝土原材料

养护条件及方式的对比试验采用粉煤灰、矿粉、抗裂致密剂优化后的掺和料,水泥、碎石、砂,其技术指标均见第2章。

(2)包裹材料

①土工布。保湿材料采用土工布,如图7.27所示,土工布为建材市场销售的单布无膜土工布,质量大于300g/m²,吸水饱和后质量大于1 000 g/m²。

②橡塑板。保温材料采用橡塑板,厚度为2cm,如图7.28所示。依据《柔性泡沫橡塑绝热制品》(GB/T 17794—2008)测试,其物理技术指标如表7.5所示。

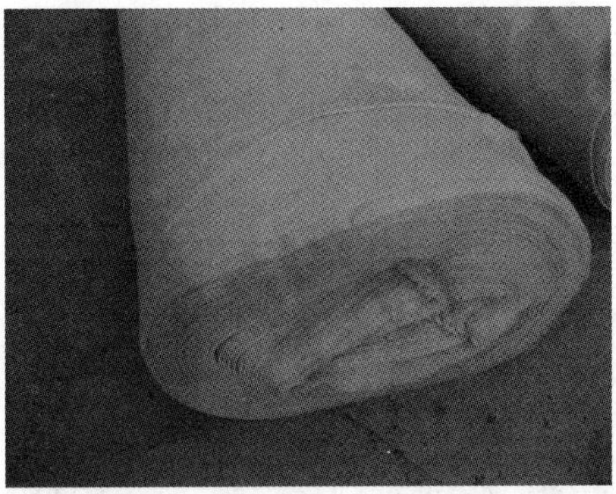

图7.27 土工布

图7.28 橡塑板

表7.5 包裹用橡塑板物理技术指标

检验项目		单位	性能指标(Ⅰ类)	测试值
表观密度		kg/m³	≤95	64
导热系数	-20℃(平均温度)	W/(m·k)	≤0.034	0.033
	0℃(平均温度)		≤0.036	
	40℃(平均温度)		≤0.041	
透湿性能	透湿系数	g/(m·s·Pa)	$\leq 1.3\times10^{-10}$	3.4×10^{-11}
	湿阻因子		$\geq 1.5\times10^{3}$	5.8×10^{3}
真空吸水率		%	≤10	6.6
尺寸稳定性(105±3℃,7d)		%	≤10.0	5
压缩回弹率(压缩率50%,压缩时间72h)		%	≥70	73
抗老化性(150h)			轻微起皱,无裂纹,无针孔,不变形	合格

4)养护温度、湿度的控制

20℃的养护温度是直接将不同养护方式的试件置于室内,控制温度为20℃,相对湿度为50%,为模拟大风气候环境,用电风扇进行直吹,如图7.29所示;-5~15℃和-10~20℃两种养护温度通过恒温恒湿箱(图7.30)控制温度变化,相对湿度为50%。

图 7.29　相对湿度 50%、20℃大风环境

图 7.30　恒温恒湿箱

5）保温保湿膜的包裹方法

先将土工布吸水至饱和（图 7.31），包裹在试件表面，并固定牢固（图 7.32）；然后将橡塑板包裹在土工布表面（图 7.33），并用胶带进行密封（图 7.34）。

图 7.31　土工布浸水饱和

图 7.32　土工布包裹

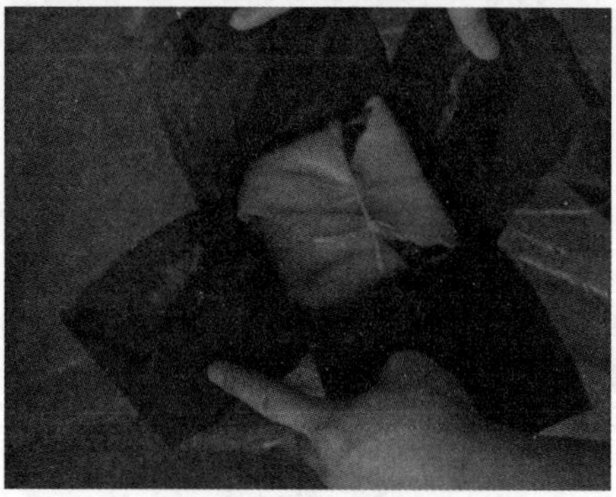

图 7.33　橡塑板包裹

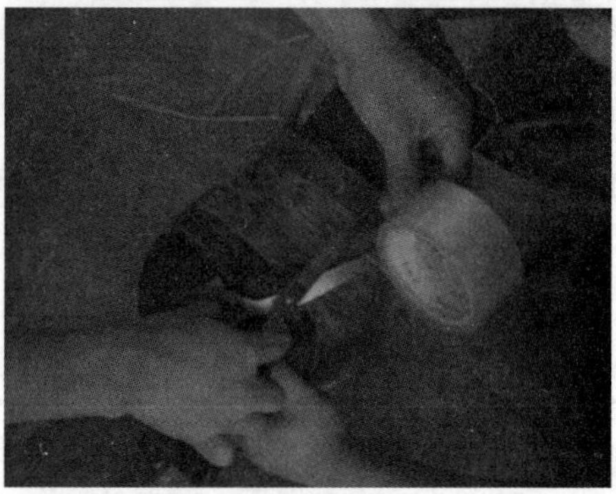

图 7.34　橡塑板密封

7.3.2　相对湿度 50%、20℃条件下养护方式试验结果与分析

1）混凝土养护方式对比的试验结果

L 型混凝土配合比参数见表 3.13 中 LYC，D 型混凝土配合比参数见表 3.14 中 DYC，Z 型混凝土配合比参数见表 3.15 中 ZYC。

(1)不同的养护方式的强度试验结果

表7.6～表7.8分别为在20℃、相对湿度50%条件下,包裹塑料膜、包裹保温保湿膜的L型、D型、Z型混凝土强度测试值和标准条件下混凝土的强度测试值。

表7.6 不同养护方式下L型混凝土各龄期强度测试值(MPa)

项　目	BY	CT	WS
7d强度	37.2	33.1	45.1
28d强度	57.5	55.6	62.5
56d强度	63.2	60.1	67.3

注:BY为标准养护;CT为包裹塑料膜养护;WS为包裹保温保湿膜养护。

表7.7 不同养护方式下D型混凝土各龄期强度测试值(MPa)

项　目	BY	CT	WS
7d强度	33.2	30.1	42.1
28d强度	48.6	45.6	60.5
56d强度	57.8	56.1	62.3

表7.8 不同养护方式下Z型混凝土各龄期强度测试值(MPa)

项　目	BY	CT	WS
7d强度	30.1	25.3	37.6
28d强度	44.0	40.4	46.6
56d强度	50.1	46.8	52.9

(2)不同的养护方式的抗氯离子渗透试验结果

表7.9～表7.11分别为在20℃、相对湿度50%条件下,不同养护方式下L型、D型、Z型混凝土各龄期抗氯离子渗透性(电通量)的测试值。

表7.9 不同养护方式下L型混凝土各龄期抗氯离子渗透性(电通量)**的测试值**(C)

项　目	BY	CT	WS
28d电通量	1 096	1 207	931
56d电通量	694	785	684

表7.10 不同养护方式下D型混凝土各龄期抗氯离子渗透性(电通量)**的测试值**(C)

项　目	BY	CT	WS
28d电通量	1 120	1 327	978
56d电通量	783	1 174	750

表7.11 不同养护方式下Z型混凝土各龄期抗氯离子渗透性(电通量)**的测试值**(C)

项　目	BY	CT	WS
28d电通量	1 230	1 479	1 070
56d电通量	820	1 209	791

2)混凝土养护方式对比试验结果分析

(1)不同养护方式条件下混凝土强度测试结果分析

在20℃、相对湿度50%条件下,采用塑料膜包裹养护的混凝土各龄期的强度均低于标养的基准混凝土,但是最终可以达到强度要求。采用保温保湿膜包裹养护的混凝土,其强度均高于标养的基准混凝土和塑料膜包裹养护的混凝土。这说明保温保湿膜对混凝土强度发展的促进作用明显,因为保温保湿膜既可以保证混凝土内部水化的温度,土工布所吸收的水分可以对混凝土进行湿度补给,保证水泥充分水化。

(2)不同养护方式的抗氯离子渗透试验结果分析

在20℃、相对湿度50%条件下,包裹塑料膜或保温保湿膜的养护方式均可降低混凝土的电通量,但包裹保温保湿膜的养护方式使电通量降低得更多,即改善混凝土抗渗性的效果更佳。

7.3.3 相对湿度50%,-5~15℃条件下养护方式试验结果与分析

1)混凝土养护方式对比的试验结果

L型混凝土配合比参数见表3.13中LYC,D型混凝土配合比参数见表3.14中DYC,Z型混凝土配合比参数见表3.15中ZYC。

(1)不同的养护方式的强度试验结果

表7.12~表7.14分别为在-5~15℃、相对湿度50%条件下,包裹塑料膜、包裹保温保湿膜的L型、D型、Z型混凝土强度测试值和标准条件下混凝土的强度测试值。

表7.12 不同养护方式下L型混凝土各龄期强度测试值(MPa)

项　目	BY	CT	WS
7d强度	37.2	27.9	33.3
28d强度	57.5	54.7	56.0
56d强度	63.2	59.1	62.8

表7.13 不同养护方式下D型混凝土各龄期强度测试值(MPa)

项　目	BY	CT	WS
7d强度	33.2	25.8	29.5
28d强度	48.6	46.7	49.9
56d强度	57.8	53.9	58.4

表7.14 不同养护方式下Z型混凝土各龄期强度测试值(MPa)

项　目	BY	CT	WS
7d强度	30.1	19.5	25.6
28d强度	44.0	40.9	45.5
56d强度	50.1	47.0	50.7

(2)不同养护方式的抗氯离子渗透试验结果

表7.15～表7.17分别为在－5～15℃、相对湿度50%条件下,不同养护方式下L型、D型、Z型混凝土各龄期抗氯离子渗透性(电通量)的测试值。

表7.15 不同养护方式下L型混凝土各龄期抗氯离子渗透性(电通量)的测试值(C)

项　目	BY	CT	WS
28d电通量	1 096	1 467	1 250
56d电通量	694	1 150	858

表7.16 不同养护方式下D型混凝土各龄期抗氯离子渗透性(电通量)的测试值(C)

项　目	BY	CT	WS
28d电通量	1 120	1 574	1 412
56d电通量	783	1 221	981

表7.17 不同养护方式下Z型混凝土各龄期抗氯离子渗透性(电通量)的测试值(C)

项　目	BY	CT	WS
28d电通量	1 230	1 797	1 180
56d电通量	820	1 409	1 036

2)混凝土养护方式对比的试验结果分析

(1)不同养护方式条件下混凝土强度测试结果分析

在－5～15℃、相对湿度50%条件下,即正负变温的养护温度条件,不同强度等级的混凝土的各龄期强度均低于标养混凝土的,说明大温差的环境条件对混凝土的强度发展是不利的。在这种情况下,可以通过包裹养护膜的方式在一定程度上促进混凝土强度发展。其中,包裹保温保湿膜养护的混凝土,其强度高于包塑料膜养护的混凝土,特别是对早期强度发展有利。

(2)不同养护方式的抗氯离子渗透试验结果分析

在－5～15℃、相对湿度50%条件下,不管用何种材料包裹混凝土,其56d电通量均高于标准养护混凝土的电通量,这说明正负变温对混凝土的性能发展非常不利。采用保温保湿膜包裹养护混凝土的电通量低于采用塑料膜包裹养护的混凝土,说明保温保湿膜在低温条件下可充分保持膜内较高温度及足够湿度,以保证混凝土正常的性能发展,使混凝土在较为严酷的变温条件下仍可保证较低的电通量,即可保证较高的抗氯离子渗透性能。

7.3.4 相对湿度50%,－10～20℃条件下养护方式试验结果与分析

1)混凝土养护方式对比的试验结果

L型混凝土配合比参数见表3.13中LYC,D型混凝土配合比参数见表3.14中DYC,Z型混凝土配合比参数见表3.15中ZYC。

(1)不同的养护方式的强度试验结果

表7.18～表7.20分别为在－10～20℃、相对湿度50%条件下,包裹塑料膜、包裹保温保湿膜的L型、D型、Z型混凝土强度测试值和标准条件下混凝土的强度测试值。

表 7.18　不同养护方式下 L 型混凝土各龄期强度测试值(MPa)

项　目	BY	CT	WS
28d 强度	57.5	28.9	44.3
56d 强度	63.2	50.5	57.1

表 7.19　不同养护方式下 D 型混凝土各龄期强度测试值(MPa)

项　目	BY	CT	WS
28d 强度	48.6	22.7	30.8
56d 强度	57.8	46.2	52.7

表 7.20　不同养护方式下 Z 型混凝土各龄期强度测试值(MPa)

项　目	BY	CT	WS
28d 强度	44.0	20.3	27.8
56d 强度	50.1	40.1	48.3

(2)不同的养护方式的抗氯离子渗透试验结果

表 7.21 ~ 表 7.23 分别为在 -10 ~ 20℃、相对湿度 50% 条件下,不同养护方式下 L 型、D 型、Z 型混凝土各龄期抗氯离子渗透性(电通量)的测试值。

表 7.21　不同养护方式下 L 型混凝土各龄期抗氯离子渗透性(电通量)的测试值(C)

项　目	BY	CT	WS
28d 电通量	1 096	2 180	1 475
56d 电通量	694	1 681	1 120

表 7.22　不同养护方式下 D 型混凝土各龄期抗氯离子渗透性(电通量)的测试值(C)

项　目	BY	CT	WS
28d 电通量	1 120	2 369	1 693
56d 电通量	783	1 870	1 350

表 7.23　不同养护方式下 Z 型混凝土各龄期抗氯离子渗透性(电通量)的测试值(C)

项　目	BY	CT	WS
28d 电通量	1 230	2 583	1 897
56d 电通量	820	2 148	1 460

2)混凝土养护方式对比分析

(1)不同养护方式条件下混凝土强度测试结果分析

在 -10 ~ 20℃、相对湿度 50% 条件下,对正负变温的养护温度来讲,其混凝土的各龄期强度均低于标养的，说明正负变温的环境条件对混凝土强度发展是不利的。在这种情况下，可以通过包裹养护膜的方式在一定程度上促进混凝土的强度发展。其中，包裹保温保湿膜养护的混凝土，其强度高于包塑料膜养护的混凝土，特别是对早期强度发展有利。与 -5 ~ 15℃ 的温度相比较，-10 ~ 20℃ 的变温条件对混凝土性能的影响更为严重，温度较标准养护降低得更多。

(2)不同养护方式的抗氯离子渗透试验结果分析

-10 ~ 20℃、相对湿度 50% 条件下，进行混凝土养护，不管用哪种材料包裹混凝土，其 56d 电通量均高于标准养护混凝土的电通量，这说明这种变温条件对混凝土的性能发展非常不利。采用保温保湿膜养护混凝土的电通量低于采用包裹塑料布养护的混凝土。这说明保温保湿膜在低温条件下可以充分保持膜内较高温度及足够湿度，以保证混凝土正常的性能发展，使混凝土在这种严酷的变温条件下仍可保证较低的电通量，即可保证较高的抗氯离子渗透性能。

7.3.5 不同养护方式下混凝土抗裂性能试验

抗裂试验采用抗裂环，拆模后分别采用塑料膜包裹的养护方式（记为 CT，如图 7.35 和图 7.36 所示）和包裹保温保湿材料养护方式（记为 WS，如图 7.37 和图 7.38 所示）在室内养护 7d，然后移到室外养护 7d 后，观察并测量裂缝情况。

图 7.35 抗裂混凝土试件

图 7.36 塑料布包裹室外养护

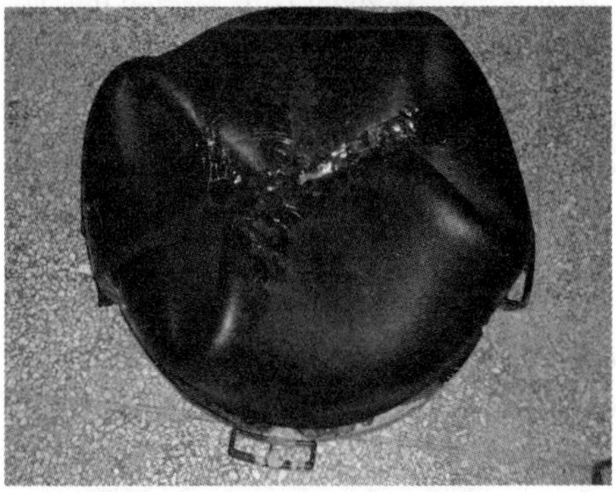

图 7.37 保温保湿膜包裹试件

图 7.38 混凝土裂缝

(1)不同养护方式下混凝土开裂情况

表 7.24 ~ 表 7.26 分别为不同养护方式下，不同强度等级混凝土的开裂情况。

表 7.24　不同养护方式下 L 型混凝土裂缝开展情况

养护方式 / 裂缝情况	裂缝编号	裂缝长度(mm)	裂缝宽度(mm)	备　注
CT	1	160	9	贯通
	2	32	0.3	
WS	无开裂			

表 7.25　不同养护方式下 D 型混凝土裂缝开展情况

养护方式 / 裂缝情况	裂缝编号	裂缝长度(mm)	裂缝宽度(mm)	备　注
CT	1	160	7	贯通
	2	30	0.25	
WS	无开裂			

表 7.26　不同养护方式下 Z 型混凝土裂缝开展情况

养护方式 / 裂缝情况	裂缝编号	裂缝长度(mm)	裂缝宽度(mm)	备　注
CT	1	160	5	贯通
	2	21	0.1	
WS	无开裂			

(2)裂缝开裂分析

采用塑料膜包裹养护的混凝土,产生 1 条较宽的贯通裂缝和 1 条非贯通裂缝;而采用保温保湿膜养护的混凝土,14d 后没有产生裂缝。这说明保温保湿膜在混凝土的养护过程中可以减少裂缝,起到很好的防裂作用。

7.3.6　试验结论

通过对两种不同养护方式养护的不同强度等级的混凝土在不同养护温度下的强度、抗氯离子渗透性能的测定,以及测试两种不同养护方式不同混凝土的裂缝开展情况分析得出,在20℃、相对湿度 50% 条件下,并采用风扇模拟大风环境条件下,采用保温保湿膜包裹的养护方式的混凝土各龄期强度均高于标准养护和包裹塑料布养护的混凝土,各龄期的电通量均小于标准养护和包裹塑料布养护的混凝土。这主要是因为土工布所吸收的水,可以补充混凝土内部反映消耗掉的水,而橡塑板由于具有保温隔热作用,外界大风环境无法影响其内部温度和湿度,故内部水泥水化充分,且水化热不易散失,将有利于水泥水化。在 -5 ~ 15℃、相对湿度 50% 条件下和 -10 ~20℃、相对湿度 50% 条件下(用于模拟昼夜或季节大温差),保温保湿膜包裹养护的混凝土和塑料布包裹养护的混凝土各龄期强度均小于标准养护的混凝土,而保温保湿膜包裹养护的混凝土和塑料布包裹养护的混凝土各龄期的电通量均高于标准养护的混凝土。这说明大温差对混凝土的强度发展不利,导致水泥水化速度较慢,反应不充分,硬化后混凝土结构不密实,但保温保湿膜包裹养护的混凝土较塑料布包裹养护的混凝土各龄期的强度均有所提高,电通量有所下降。这说明包裹保温保湿膜的混凝土养护方式比传统的包裹塑料布养护的混凝土在大温差条件下更能保证混凝土的强度和密实性。通过对不同养护方式条件下混凝土的抗裂试验分析,采用包裹保温保湿膜养护的混凝土由于保湿膜提供必要的水分,而保温材料兼具密封材料的作用,其内部水分不易向外散失,故混凝土抗裂性得到明显提高。

7.4 干旱环境下高性能混凝土施工技术

1)一般规定

(1)当昼夜平均气温高于30℃时,混凝土工程的施工应符合本节的有关规定。

(2)除非本节有关规定,夏(热)期混凝土工程施工还应满足国家和行业相关规范和指南的其他相关规定。

2)混凝土的配制、搅拌和运输

(1)原材料储存、降温要求。

①应对水泥、砂、石的储存仓、料堆等进行遮阳防晒处理,或在砂石料堆上喷水降温,以降低原材料进入搅拌机的温度。

②采用冷却装置冷却拌和水,并对水管及水箱加遮阳和隔热设施,也可在拌和水中加碎冰作为拌和水的一部分。

③水泥进入搅拌机的温度不宜大于40℃。

(2)混凝土配合比设计应考虑坍落度损失。混凝土中可掺加减水剂以减少水泥用量。掺用粉煤灰取代部分水泥,减少水泥用量。

(3)搅拌站料斗、储水器、皮带运输机、搅拌楼都要尽可能采取遮阳措施,尽量缩短搅拌时间。应经常测定混凝土的坍落度,调整混凝土的配合比,以满足施工所必需的坍落度要求。

(4)混凝土宜选用水化热较低的水泥。当掺用缓凝型减水剂时,可根据气温适当增加坍落度。

(5)宜尽可能在棚内或气温较低的晚上或夜间搅拌混凝土,以保证混凝土的入模温度满足设计要求。当设计未规定时,混凝土的入模温度不宜高于30℃。

(6)宜采用混凝土运输搅拌车运输混凝土,混凝土运输容器应设防晒设施,尽量缩短运输时间。运输混凝土过程中宜慢速搅拌混凝土,不得在运输过程加水搅拌。

(7)混凝土的浇筑。

①夏(热)期浇筑混凝土前,应作好充分准备,备足施工设备,保证连续进行浇筑;混凝土从搅拌机到入模的传递时间及浇筑时间要尽量缩短,并尽快开始养护。

②混凝土浇筑宜选在1d中温度较低的时间内进行。

③浇筑场地应遮阴,以降低模板、钢筋的温度;也可在模板、钢筋和地基上喷水以降温,但在浇筑时不能有附着水。

④应加快混凝土的修整速度,修整时可用喷雾器喷少量水防止表面裂纹,但不能直接往混凝土表面洒水。

⑤混凝土浇筑前应将模板或基底喷水润湿,浇筑宜连续进行。

(8)混凝土的养护。

①混凝土浇筑完后,表面应立即覆盖清洁的塑料膜,初凝后撤去塑料膜,用浸湿的粗麻布覆盖,并经常洒水,保持潮湿状态最少7d。当条件许可时,也可采取在混凝土表面喷雾降温、湿润空气等养护措施,在模板底部采取预先冷却的技术措施等。保湿养护期间,应采取遮阳和挡风措施,以控制温度和干热风的影响。

②混凝土拆模后的洒水养护宜用自动喷水系统和喷雾器,湿养护应不间断,不得形成干湿循环。

③大体积混凝土应提前养护,且养护时间不应少于28d。

(9)质量检验。

①混凝土浇筑与养护时,环境温度每日检查4次,并做好检查记录;当温度超过热期规定的要求时,混凝土拌和时应采取有效降温、防晒措施,以保证混凝土的浇筑质量,否则应停止施工。

②混凝土热期施工除应留标准条件下养护的试件外,还应制作相同数量的试件并将其置于与结构相同的环境条件下养护,检查混凝土强度,以指导施工。

③在混凝土浇筑前,应通过试验确定在最高气温条件下混凝土分层浇筑的覆盖时间,施工时应严格控制,不得超过。

④在混凝土的浇筑过程中,应严格控制缓凝剂的掺量,并检查混凝土的凝结时间,以防因缓凝剂掺量不准造成危害。

7.5 干旱条件下高性能混凝土养护工程应用实例

7.5.1 试验设计

1)试验目的

在具有典型恶劣气候或环境的沿线标段,现场浇筑实体混凝土桥墩,在桥墩拆模后,分别采用传统的养护方式(包裹塑料薄膜、棉毡洒水)和优化的养护方式(保温保湿膜包裹的养护方式)进行养护,通过墩体内温度测试元件,实时监控混凝土墩内、外部温差,并通过测试两种养护方式养护的混凝土结构表面裂缝开展情况、同条件养护的试件的不同龄期强度、电通量等指标比较两种养护方式的优劣。

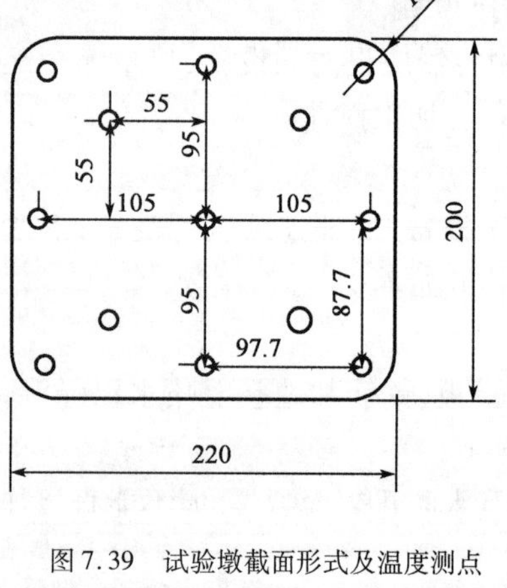

图7.39 试验墩截面形式及温度测点布置(五标,mm)

2)试验过程

(1)试验墩的尺寸及温度测点布置

试验墩高度为4m,截面尺寸根据不同标段有所不同,典型截面形式如图7.39和图7.40所示。其中,在包裹材料与混凝土表面埋设了4个测温元件,并在大气中向阳和背阴面均布置测温元件。

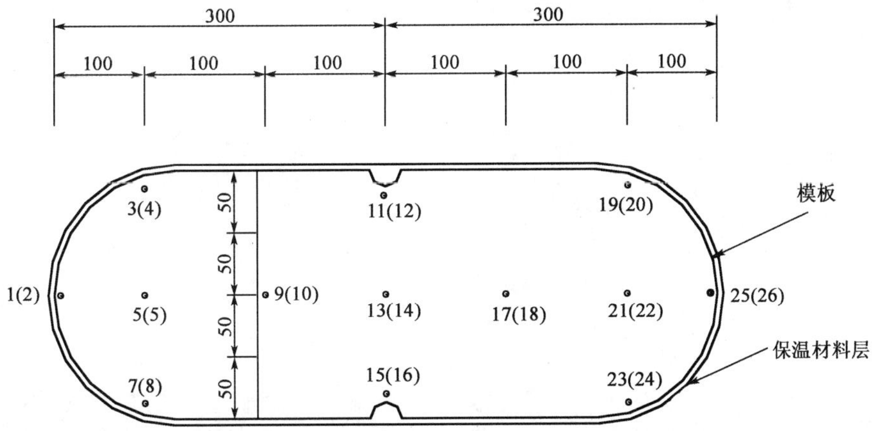

图7.40 试验墩截面形式及温度测点布置(九标,mm)

(2)浇筑试验墩用混凝土

试验墩浇筑均采用C35混凝土,各标段所用原材料不同,但是同一标段所用原材料相同,常规养护的试验墩没有添加抗裂致密剂,而保温保湿膜包裹养护的墩添加1.5%的抗裂致密剂。各标段使用的原材料技术指标经检验均满足相关规范要求。表7.27为五标采用的混凝土原材料种类及配合比。

表7.27 试验墩混凝土配合比

材 料	产 地	用量(kg/m)
水	饮用水	145
水泥	天山 低碱 PO42.5	262
矿粉	曲沃 S95	101
粉煤灰	新华天 F.I	40
砂	鸭子咀	799
碎石	河南路桥 5~25mm 连续级配	1 103
外加剂	北京建工	4
抗裂致密剂	兰州交通大学	6

(3)包裹养护用材料

保温保湿包裹养护用的材料技术指标如表7.5所示。

(4)试验墩浇筑过程

试验墩浇筑前应进行基坑开挖,浇筑混凝土垫层,混凝土垫层为50cm,垫层混凝土达到一定强度后,在垫层上架立支架,进行模板的架立,对模板搭接位置进行处理。模板架立后将铂电阻传感器连接到自制的钢筋骨架上,吊入模板内,浇筑混凝土,如图7.41~图7.48。

(5)试验墩拆模

混凝土浇筑完成后,立即进行温度测试,测试频率为1次/min,根据温度测试结果,当混凝土水化温度下降后进行拆模,如图7.49和图7.50所示。

图 7.41　基础垫层养护

图 7.42　模板的架立

图 7.43　钢筋架及测试元件

图 7.44　钢筋架吊入模板

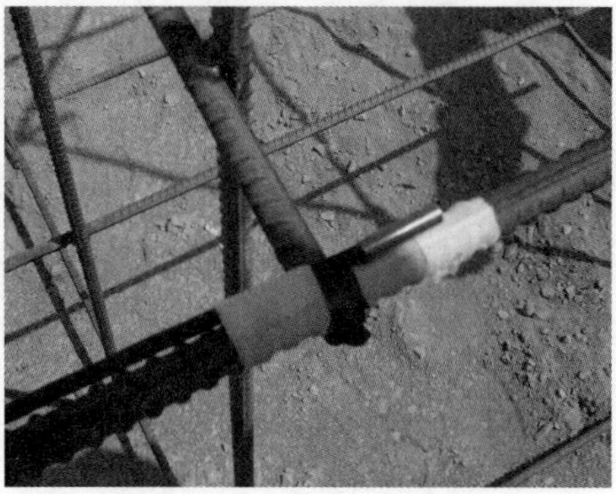

图 7.45　铂电阻传感器

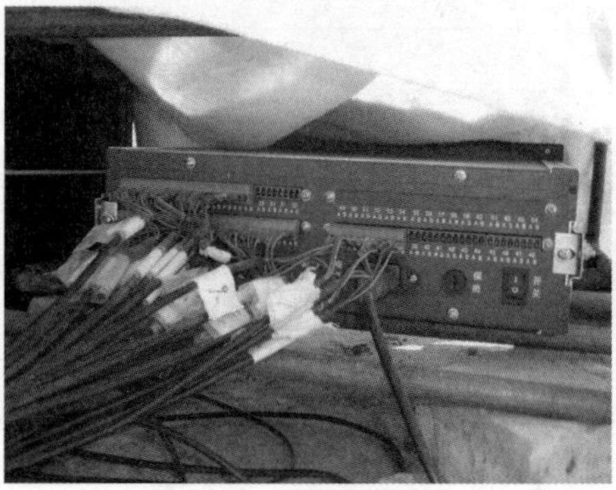

图 7.46　温度测试巡检仪

图 7.47　混凝土浇筑

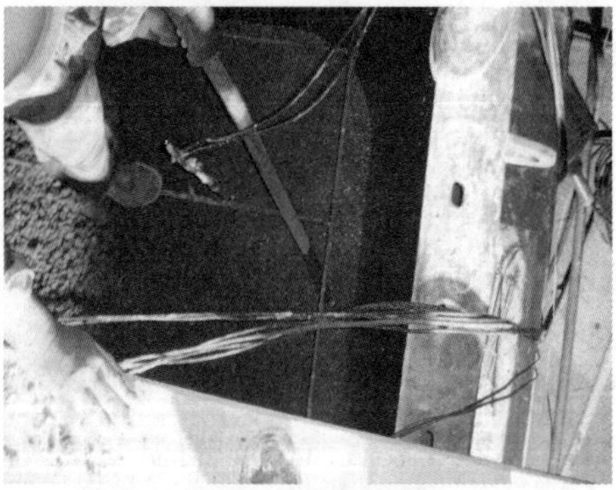

图 7.48　混凝土振捣

图7.49 混凝土温度测试

图7.50 试验墩拆模

(6)试验墩包裹养护

拆模后常规养护墩采用塑料薄膜包裹,棉毡包裹,彩条布罩面;保温保湿养护采用土工布包裹,洒水浸湿后包裹橡塑板,如图7.51~图7.53所示。

图7.51 两种养护方式的试验墩(九标)

图7.52 常规养护方式(五标)

图 7.53　保温保湿养护方式(五标)

7.5.2　试验结果与分析

通过试验墩的现场试验,对不同养护方式进行表观观察及测试数据分析,从混凝土内部温度、表面温度及大气温度的变化情况分析,同时对试件强度、电通量等指标的测试等进行综合分析。

1)不同养护方式拆除养护膜后效果对比

采用保温保湿膜养护的试验墩在现场养护过程中未发现有裂缝产生,养护 28d 后,将桥墩距墩顶 1m 范围内的保温保湿模拆除,未有裂缝产生,并且表面平整,没有较大的气孔,经过几天暴露,发现上部暴露面出现裂缝,如图 7.54 和图 7.55 所示;采用普通养护的试验墩在现场养护过程中发现有裂缝产生,并且表面粗糙,有大的气孔,如图 7.56 和图 7.57 所示。

图 7.54　保温保湿养护拆模后整体情况

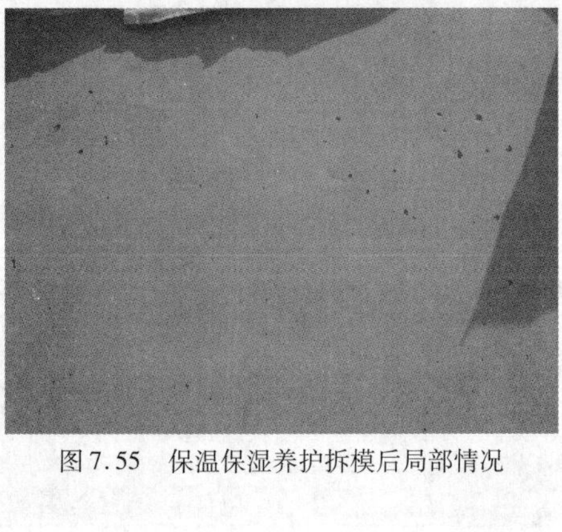

图 7.55　保温保湿养护拆模后局部情况

2)现场试验墩温度分析

在现场通过对试验墩的温度测试,分析关键点温度的变化情况;通过数据分析,研究关键测点的温度变化是否满足规范要求。

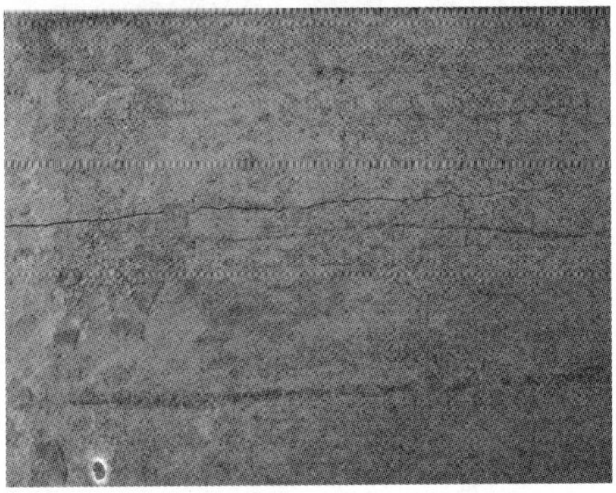

图7.56 普通墩产生的裂缝

图7.57 普通墩不光滑的混凝土表面

(1)保温保湿养护方式

通过分析图7.58可以得出：通过保温保湿膜包裹，在浇筑100:35:58时，混凝土中心最高温度为55.4℃。混凝土与保温保湿材料之间温差为41.3℃、39.7℃和36℃，此时大气温度为14.8℃，因此，混凝土中心与大气温差40.6℃，混凝土中心到混凝土表面温差19.4℃。从图7.58的数据又可以看出：

①保温保湿养护方式能够满足混凝土中心与混凝土表面、混凝土表面与大气温差基本控制在20℃内，能满足拆模后混凝土中心温度与表面温差控制在20℃内的规范要求，且其温差在不断地缩小，为防止混凝土开裂提供了保障。

②当外界升、降温时，橡塑板的温度随着大气温度的升降而升降，但是从数据分析可知，其升降幅值远小于大气的升降幅值，并且滞后于大气温度的升降，说明橡塑板的隔热保温效果良好，通过保温保湿材料的应用，冬季低温，夏季高温，昼夜季节温差大条件下的保温隔热要求。

③通过保温保湿膜的包裹，使混凝土试验墩阴面及阳面温差减小。

④采用橡塑板包裹的试验墩，当混凝土体积较大或环境温度较低时，表面温度与大气温度差值较大，有个别时刻可能温差超过20℃，因此现场应根据桥墩的实际水化温度的大小，增加橡塑板的厚度以满足要求。

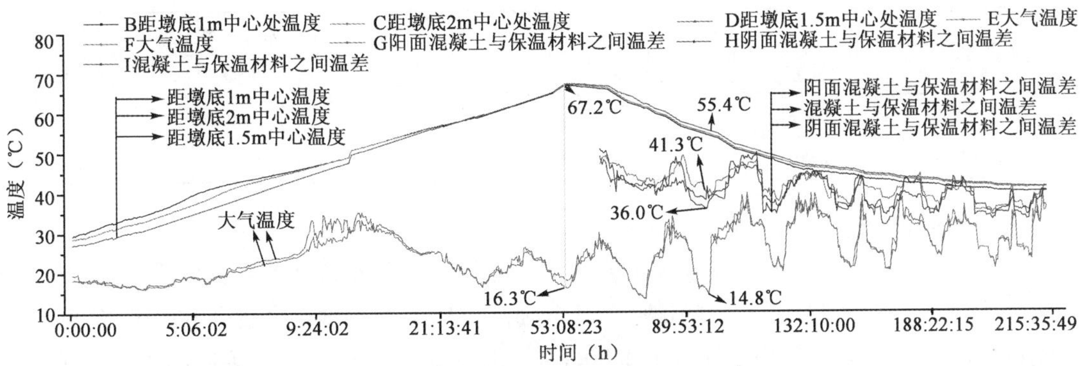

图7.58 保温保湿材料养护方式温度变化曲线

(2)常规养护方法

通过分析图7.59可以得出：常规包裹棉毡、塑料布及彩条布受大气影响明显，随着大气温度的升降而升降，在浇筑102:59:44时，混凝土中心最高温度为56.9℃，混凝土与保温保湿材料之间温差25.7℃、25.4℃和25.2℃，此时大气温度为21.4℃，因此，混凝土中心与大气温差35.5℃，混凝土中心到混凝土表面温差31.7℃。在其他时间段，混凝土中心温度与混凝土表面温差超出20℃的时刻也较多。可以看出：

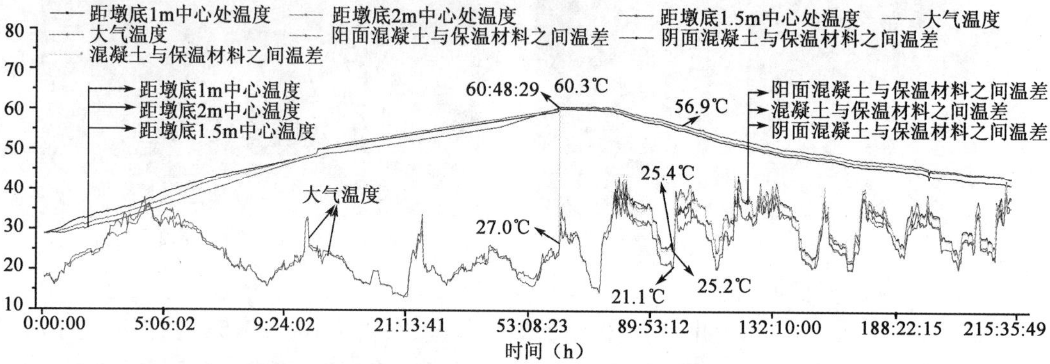

图7.59　普通材料养护方式温度变化曲线

图7.60　钻芯取样试件

①常规养护方式难以满足拆模后混凝土中心温度与表面温差控制在20℃内的规范要求。

②在外界降温时，特别是夜间温度较低时，常规养护方法隔热保温性能难以满足冬季低温，夏季高温，昼夜季节温差大条件下的保温隔热要求。

(3)试验墩强度及电通量测试结果与分析

①试验墩强度及电通量测试结果

当试验墩混凝土龄期达到28d时，对试验墩进行了钻芯取样(图7.60)，进行强度测试，并同时测试预留标养试件和同条件养护试件的强度，结果如表7.28所示。

表7.28　不同养护条件下混凝土28d抗压强度测定值

项目名称	保温保湿膜养护			常规包裹养护		
	标养	同条件	钻芯取样	标养	同条件	钻芯取样
强度(MPa)	43.8	47.6	55.4	42.1	40.2	50.7
电通量(C)	1 001	915	867	1 084	1 170	960

②试验墩强度及电通量测试结果分析

由表7.28可知：采用保温保湿膜包裹养护的混凝土在标养条件下的强度为43.8MPa，而同条件养护和在试验墩钻芯取样的试件温度分别高于标准养护试件强度8.6%和26.5%，而电通量分别仅是标养条件下的91.4%和86.6%。这是因为橡塑板的包裹使同条件和实体墩混凝土温度较高，粉煤灰水化较快，因此在28d时，混凝土的密实性要高于标准养护的混凝土试件，其强度提高，电通量降低。而采用塑料薄膜包裹养护的混凝土，标准养护试件测试强度为42.1MPa，高于同条件养护的试件测试强度40.2MPa，而低于试验墩钻芯取样混凝土的强度50.7MPa。这主要是因为塑料膜的保温隔热效果较差，同条件养护的试件温度散失较快，因此强度增长慢，而试验墩由于内部混凝土热量散失不佳，温度相对外部较高，粉煤灰水化较快，强度增长较快。而电通量测试值与强度正好相反，是由于保温保湿养护的试验墩混凝土内掺入抗裂致密剂，标准养护条件下强度高于没有掺加抗裂致密剂的塑料膜包裹养护的混凝土，而电通量较低，在保温保湿膜和抗裂致密剂的共同作用下优化养护的混凝土同条件和实体墩的强度均高于常规养护的混凝土强度，电通量均低于常规养护的混凝土。

7.5.3 试验结论

(1)常规养护方式难以满足拆模后混凝土中心温度与表面温差控制在20℃内的规范要求；保温保湿养护方式能够满足混凝土中心与混凝土表面、混凝土表面与大气温差控制在20℃内，能够满足拆模后混凝土中心温度与表面温差控制在20℃内的规范要求，且其温差在不断地缩小。

(2)在外界降温时，特别是夜间温度较低时，常规养护方法保温隔热性能难以满足冬季低温，夏季高温，昼夜季节温差大的保温隔热要求；虽然橡塑板的温度随着大气温度的升降而升降，但其升降幅值远小于大气温度的升降幅值，并且略有滞后，说明橡塑板的隔热保温效果良好，通过保温保湿材料的应用，能够满足夜间温度较低时等特殊条件下的保温要求。

(3)在拆模过程中发现，保温保湿养护的试验墩所用到的保温材料可以重复利用，而普通墩的养护材料很难重复利用，说明采用保温保湿膜的养护方式是经济的。

(4)由实体钻芯取样试件的强度和电通量测试数据分析可知，抗裂致密剂可以提高混凝土的密实性，提高混凝土的强度，降低混凝土的电通量。

附表一　高性能耐久性混凝土原材料监控流程

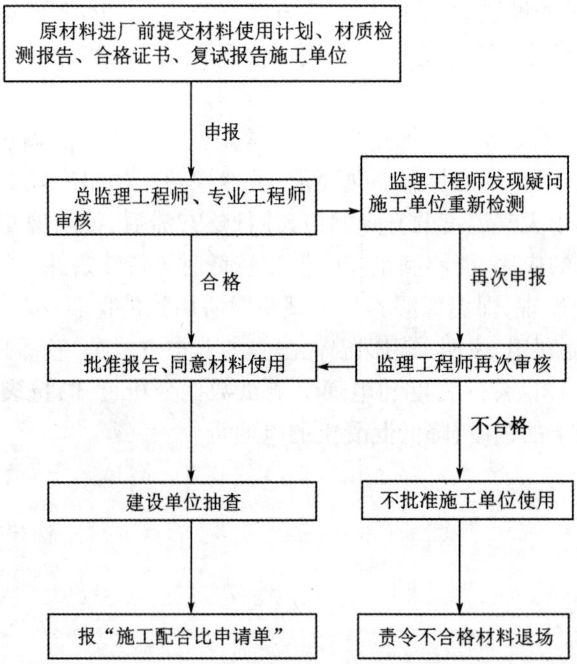

附表二　高性能耐久性混凝土工程施工前期监控流程

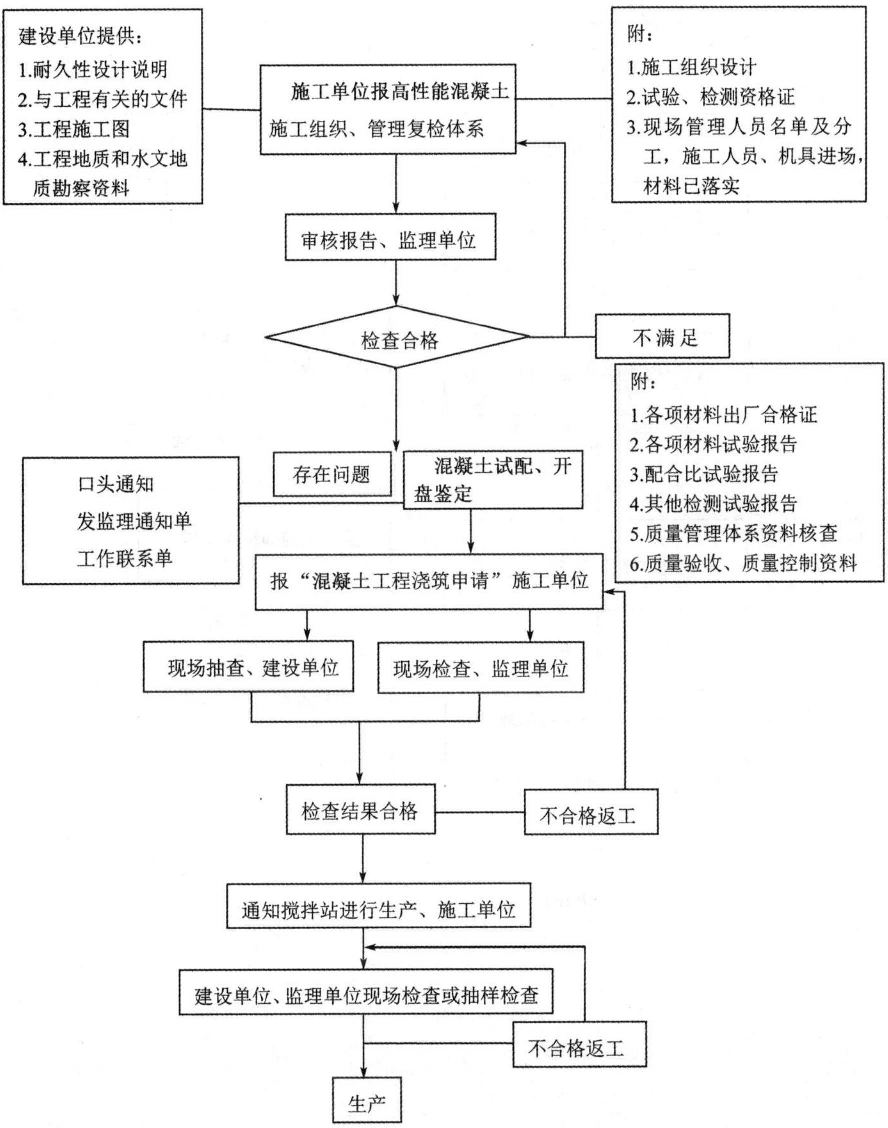

附表三　高性能耐久性混凝土施工试配监控流程

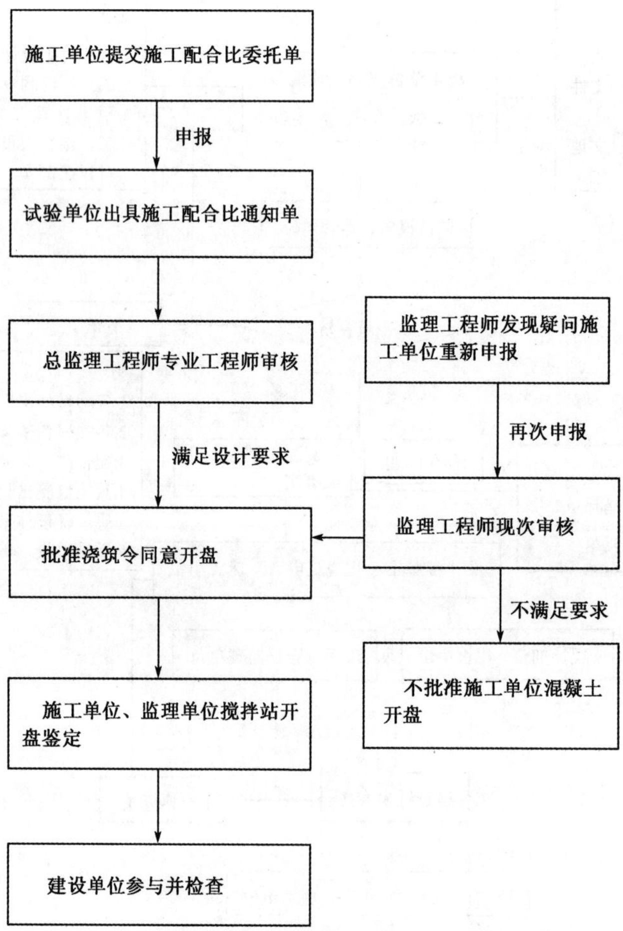

附表四　高性能耐久性混凝土工程质量控制流程

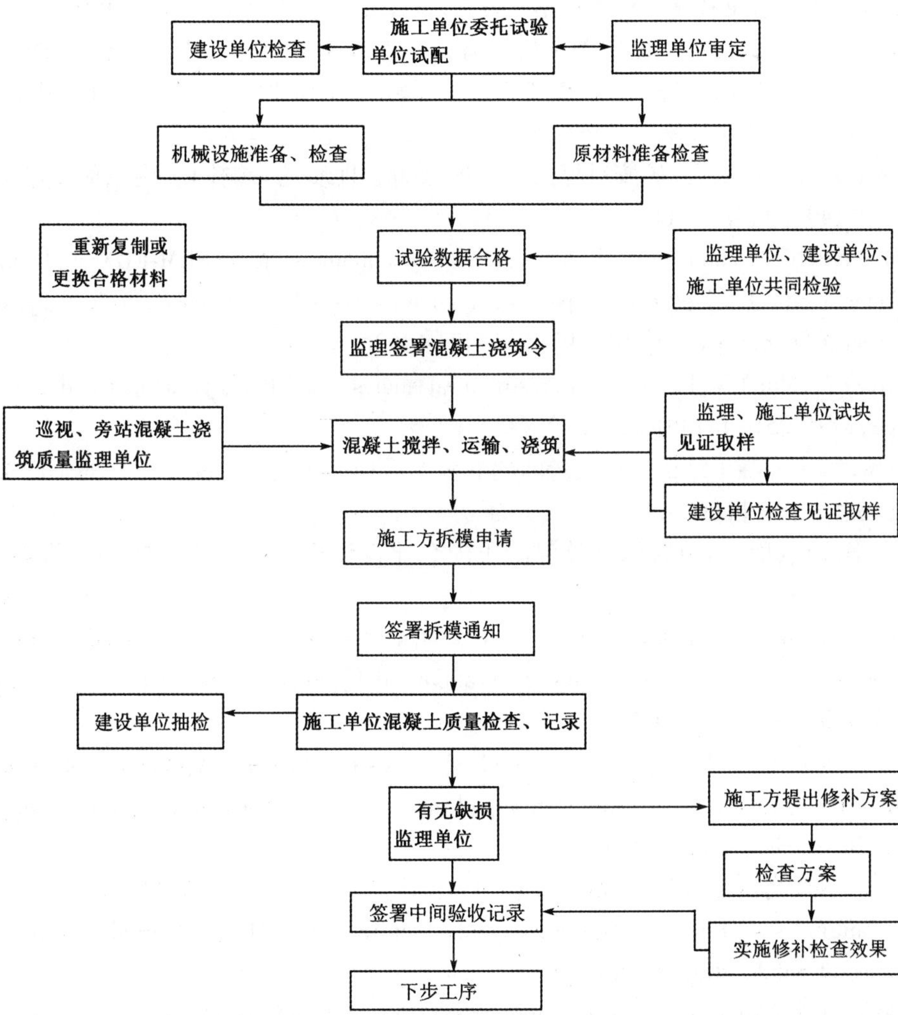

参 考 文 献

[1] 孙伟,缪昌文.现代混凝土理论与技术[M].北京:科学出版社,2012.

[2] 吴中伟,廉慧珍.高性能混凝土[M].北京:中国铁道出版社,1999.

[3] 阎培渝,姚燕.水泥基复合材料科学与技术[M].北京:中国建材工业出版社,1999.

[4] Mindess S, Young J F. 混凝土[M].方秋清,译.北京:中国建筑工业出版社,1989.

[5] 赵庆新,孙伟,郑克仁,等.水泥、磨细矿渣、粉煤灰颗粒弹性模量的比较[J].硅酸盐学报,2005,33(7):837-841.

[6] 郑克仁,孙伟,林玮,等.矿渣对界面过渡区微力学性质的影响[J].南京航空航天大学学报,2008,40(3):407-411.

[7] Chen J, Sorelli L, Vandamme M, et a1. A coupled nanoindentation/SEM-EDX study on low water/cement ratio Portland cement paste: Evidence for C-S-H/CH nanocomposites[J]. Journal of American Ceramic Soeiety, 2010, 93(5): 1484-1493.

[8] Cheyrezy M, Maret V, Frouin L. Microstructural analysis of RPC[J]. Cement and Concrete Research, 1995, 25(7): 1491-1500.

[9] 廉慧珍.解决混凝土结构工程质量问题的根本途径——变革混凝土工程的生产关系[J].混凝土世界,2011,(6):20-27.

[10] 韩小华,廉慧珍.当前我国预拌混凝土配合比设计现状与改进方向[J].混凝土世界,2011,(12):40-45.

[11] Constantinides G, Chandran K S R, UlmF J, et a1. Gridindentation analysisof compositemicrostructure and mechanics: Principles and validation[J]. Materials Science and Engineering: A, 2006, 430(1~2): 189-202.

[12] Constantinides G, Ulm F J. The effect of two types of DSH on the elasticity of cement-based materials: Results from nanoindentation and micromechanical modeling [J]. Cement and Concrete Research, 2004, 34(1): 67-80.

[13] 廉慧珍.对"高性能混凝土"的再反思[J].混凝土世界,2010,06:8-11.

[14] Constantinides G, Ulm F J. The nanogranular nature of C-S-H[J]. Journal of Mechanics and Physics of Solids, 2007, 55(1): 64-90.

[15] Dejong M J, Ulm F J. The nanogranular behavior of C-S-H at elevated temperatures (up to 700C) [J]. Cement and Concrete Research, 2007, 37(1): 1-12.

[16] Diamond S. Mercury porosimetry: An inappropriate method for the measurement of pore size distributions in cement-based materials[J]. Cement and Concrete Research, 2000, 30(10):

1517-1525.

[17] 顾祥林,徐宁,黄庆华,等.混凝土结构时间多尺度环境作用研究[J].同济大学学报(自然科学版),2012,(1):1-7.

[18] 徐宁,张伟平,顾祥林,等.混凝土结构空间多尺度环境作用研究[J].同济大学学报(自然科学版),2012,(2):159-166.

[19] Hughes J J,Tritik P. Micro-mechanical properties of cement paste measured by depth-sensing nanoindentation:A preliminary correlation of physical properties with phase type[J]. Materials Characterization,2004,53(2-4):223-231.

[20] 张戎令,王起才,刘树红,等.极端大温差、干旱戈壁地区桥墩养护方法研究[J].兰州交通大学学报,2014,(4):49-55.

[21] 张戎令,王起才,马丽娜.微膨胀和侧向约束共同作用下混凝土徐变性能和孔结构的关系[J].硅酸盐学报,2015,(5):585-593.

[22] Igarashi S,Bentur A,Mindess S. Effect of processing on the bond and interfaces in steel fiber reinforced cement composites [J]. Cement and Concrete Composites,1996,18(5):313-322.

[23] Igarashi S,Bentur A,Mindess S. Microhardness testing of cementitious materials[J]. Advanced Cement Based Materials,1996,4(2):48-57.

[24] Jennings H M. A model for the microstructure of calcium silicate hydrate in cement paste[J]. Cement and Concrete Research,2000,30(1):101-116.

[25] 黄士元,蒋家奋,杨南如,等.近代混凝土技术[M].西安:陕西科技出版社,1998.

[26] 周立霞.西北戈壁地区高性能混凝土耐久性研究[D].兰州:兰州交通大学,2011.

[27] Jennings H M. Refinements to colloid model of C-S-H in cement[J]. Cement and Concrete Research,2008,38(3):275-289.

[28] Miller M,Bobko C,Vandamme M,et al. Surface roughness criteria for cement paste nanoindentation[J]. Cement and Concrete Research,2008,38(4):467-476.

[29] Mondal P,Shah S P,LMarks L. Nanoscale characterization of cementitious materials [J]. ACI Materials Journal,2008,105(2):174-179.

[30] Mondal P,Shah S P,Marks L. A reliable technique to determine the local mechanical properties at the nanoscale for cementitious materials [J]. Cement and Concrete Research,2007,37(10):1440-1444.

[31] Němeek J,Milauer V,Kopecky L. Characterization of Alkali-Activated Fly-Ash by Nanoindentation,in Nanotechnology in Construction [M]. Berlin:Springer,2009.

[32] Neville A M. 混凝土的性能[M]. 李国伴,马贞勇,译. 北京:北京建筑工业出版社,1983.

[33] 西德尼·明德斯,J.弗朗西斯·杨. 混凝土(第二版)[M]. 吴科如,等,译. 北京:化学工业出版社,2005.

[34] 姚燕.高性能混凝土的体积变形及裂缝控制[M]. 北京:中国建材工业出版社,2011.

[35] 李想. 高性能混凝土试验研究与应用[D].济南:山东大学,2009.

[36] 赵兴有,胡汝骥.哈密盆地风蚀地貌及其旅游价值[J].干旱区地理,2002,3(9):282-284.

[37] Oliver W C, Pharr G M. An improved technique for determining hardness and elastic modulus using load and displacement sensing indentation experiments[J]. Materials Research Society, 1992, 7(6): 1564-1583.

[38] Qomi M J A 2010. Fly Ash is Critical/or C-A-S-H[EB/OL]. MIT CSHub, Sept. http://web. mit. edu/cshub/news/news. html.

[39] Reda M M, Shrive N G, Gillott J E. Microstructural investigation of innovative UHPCI[J]. Cement and Concrete Research, 1999, 29(3): 323-329.

[40] Richardson I G. The calcium silicate hydrates[J]. Cement and Concrete Research, 2008, 38(2): 137-158.

[41] Sorelli L, Constantinides G, Ulm F J, et al. The nano-mechanical signature of ultra high performance concrete by statistical nanoindentation techniques [J]. Cement and Concrete Research, 2008, 38(12): 1447-1456.

[42] 刮俊. 新疆高寒地区桥梁混凝土耐久性研究[D]. 西安:长安大学, 2010.

[43] Sun W, Mandel J A, Said S. Study of the interface strength in steel fiber-reinforced cement-based cornposites[J]. Journal of American Concrete Institute, 1986, 83(4): 597-605.

[44] Taylor H F W. Proposed structure/or calcium silicate hydrate gel [J]. Journal of American Ceramic Society, 1986, 69(6): 464-467.

[45] 张粉芹,王海波,王起才. 不同类型 C50 混凝土孔结构与耐久性关系的研究[J]. 混凝土与水泥制品, 2009, (2): 10-13.

[46] 张粉芹,彭一春,王起才. 不同类型 C40 及 C50 混凝土耐久性的试验研究[J]. 兰州交通大学学报, 2009, (1): 37-40.

[47] 刘建忠,孙伟,张倩倩,等. 低水胶比水泥基复合材料的流变特性[J]. 混凝土与水泥制品, 2014, (1): 1-4.

[48] 谢友均,陈小波,马昆林,等. 石灰石粉对水泥—粉煤灰砂浆流变行为影响的研究[J]. 铁道科学与工程学报, 2015, (1): 59-65.

[49] Vandamme M, Ulm F J, Fonollosa P. Nanogranulal packing of C-S-H at substochiometric conditions[J]. Cement and Concrete Research, 2010, 40(1): 14-26.

[50] Velez K, Maximilien S, Damidot D, et al. Determination by nanoindentation of elastic modulus and hardness of pure constituents of Portland cement clinker[J]. Cement and Concrete Research, 2001, 31(4): 555-561.

[51] Wang X, Jacobsen S, He J. Application of nanoindentation testing to study of the interracial transition zone in steel fiber reinforced mortar[J]. Cement and Concrete Research, 2009, 39(8): 701-715.

[52] Young J F. A review of pore structure of cement paste and concrete and its influence on permeability[J]. ACI SP, 1988, 108(1): 1-18.

[53] Zhu W, Bartos P J M. Application of depth-sensing microindentation testing to study of interfacial transition zone in reinforced concrete[J]. Cement and Concrete Research, 2000, 30(8): 1299-1304.

[54] Zhu W,Hughes J J,Bicanic N,et al. Nanoindentation mapping of mechanical properties of cement paste and natural rocks[J]. Materials Characterization,2007,58(11~12):1189-1198.

[55] Mario. 混凝土新技术[M]. 刘数华,冷发光,李丽华,译. 北京:中国建材工业出版社,2008.

[56] 王起才,鲍学英,曹兴龙,等. 基于主成分分析法的C50高性能混凝土配合比优选研究[J]. 铁道建筑,2013,(4):152-155.

[57] 廉慧珍. 混凝土配合比计算的原则[J]. 商品混凝土,2010,(12):21-23,30.

[58] 中华人民共和国行业标准. JC 474—2008 砂浆、混凝土防水剂(JC 474—2008)[S]. 北京:中国建筑工业出版社,2008.

[59] 中华人民共和国国家标准. GB 23429—2009 混凝土膨胀剂[S]. 北京:中国标准出版社,2009.

[60] 刘伟,谢友均,董必钦. 海砂混凝土抗硫酸盐侵蚀性能研究[J]. 工业建筑,2014,(8):131-135,143.

[61] 于本田,刘树红,王起才,等. 兰新铁路第二双线鄯善至乌鲁木齐段骨料性能试验研究[J]. 铁道标准设计,2011,(2):9-12.

[62] 刘伟,谢友均,董必钦,等. 海砂特性及海砂混凝土力学性能的研究[J]. 硅酸盐通报,2014,(1):15-22.

[63] 廉慧珍. 砂石质量是影响混凝土质量的关键[C]//中国砂石协会. 首届机制砂石生产与应用技术论坛论文汇编. 中国砂石协会,2010:7.

[64] 张戎令,王起才,马丽娜,等. 复配外加剂体系对高性能混凝土收缩性能的影响[J]. 硅酸盐通报,2013,(11):2194-2199,2205.

[65] 肖海军,孙伟,蒋金洋,等. 水泥基材料微结构的反复压汞法表征[J]. 东南大学学报(自然科学版),2013,(2):371-374.

[66] 于本田,王起才,张粉芹,等. 粗骨料对混凝土性能影响的试验研究[J]. 硅酸盐通报,2011,(6):1 371-1 375.

[67] 顾祥林,付武荣,汪小林,等. 混凝土材料与结构破坏过程模拟分析[J]. 工程力学,2015,(11):9-17.

[68] 范秀君,王起才,林雪. 兰新铁路第二双线大温差墩身防裂养护措施研究[J]. 西部交通科技,2011,(1):75-79.

[69] 刘鹏,宋力,余志武. 人工模拟环境中混凝土内温度响应谱[J]. 中南大学学报(自然科学版),2014,(9):3085-3092.

[70] 刘鹏,余志武,陈令坤,等. 自然环境温度作用下一维混凝土内温度响应模型[J]. 铁道学报,2014,(8):103-109.

[71] 刘鹏,余志武,宋力. 自然环境温度作用谱和混凝土温度响应谱[J]. 建筑材料学报,2014,(3):532-537,547.

[72] 张伟平,张庆章,顾祥林,等. 环境条件和应力水平对混凝土中氯离子传输的影响[J]. 江苏大学学报(自然科学版),2013,(1):101-106.

[73] 刘建忠,孙伟,张倩倩,等. 低水胶比水泥基复合材料的流变特性[J]. 江西建材,2014,

(12):174-178.
[74] 于本田,王起才.青藏铁路桥梁压浆材料冻胀变形试验研究[J].中国铁道科学,2010,(4):27-32.
[75] 李建新,王起才,李盛,等.引气剂掺量对水泥砂浆孔结构的影响研究[J].混凝土,2014,(7):122-124,130.
[76] 陈松,李伟龙,王起才,等.水泥砂浆含气量对孔隙特征及抗冻性影响的研究[J].硅酸盐通报,2014,(6):1293-1297.
[77] 李建新,王起才,李盛,等.含气量对水泥砂浆抗冻耐久性的影响[J].硅酸盐通报,2014,(7):1781-1787.
[78] 张伟平,童菲,邢益善,等.混凝土导热系数的试验研究与预测模型[J].建筑材料学报,2015,(2):183-189.
[79] 张伟平,邢益善,顾祥林.基于细观复合材料的混凝土导热系数模型[J].结构工程师,2012,(2):39-45.
[80] 李盛,王起才,马莉,等.水泥砂浆冻胀破坏力学模型计算分析[J].硅酸盐通报,2014,(5):1123-1129.
[81] 邓晓,王起才,张戎令,等.3℃下不同矿粉掺量对水泥水化影响的试验研究[J].混凝土,2015,(8):63-65,70.
[82] 王庆石,张凯,王起才,等.低温养护下引气混凝土的孔结构对力学性能及耐久性能影响研究[J].硅酸盐通报,2015,(8):2095-2099.
[83] 张庆章,顾祥林,张伟平,等.混凝土中毛细压力—饱和度关系模型[J].同济大学学报(自然科学版),2012,(12):1753-1759.
[84] 马俊元,李翔,顾祥林,等.混凝土多孔砖受力性能研究及其块型优化[J].结构工程师,2010,(5):50-56.
[85] 田野,金贤玉,金南国,等.水泥水化动力学的微观表征方法(英文)[J].稀有金属材料与工程,2010,(S2):216-219.
[86] 谢超,王起才,于本田,等.负温养护条件及水灰比对混凝土抗氯离子渗透性和细观结构影响试验研究[J].硅酸盐通报,2015,(8):2119-2124.
[87] 王庆石,张凯,王起才,等.不同含气量对-3℃养护环境下混凝土渗透性能的影响[J].硅酸盐通报,2015,(7):1775-1779.
[88] 余志武,单智,郭风琪,等.混凝土宏观损伤本构模型研究综述[J].建筑结构学报,2014,(S2):281-290.
[89] 文华,王起才,张凯,等.-3℃养护条件下不同含气量混凝土的微观孔结构及渗透性研究[J].硅酸盐通报,2015,(7):1786-1790.
[90] 邓晓,王起才,张戎令,等.-3℃下不同矿粉掺量对水泥水化影响的试验研究[J].混凝土,2015,(7):80-83.
[91] 王起才,张凯,王庆石.-3℃养护下引气混凝土渗透性能与孔结构特性[J].材料导报,2015,(14):131-134,139.
[92] 邓晓,王起才,张戎令,等.3℃下不同矿物掺和料的水泥水化程度试验研究[J].硅酸盐

通报,2015,(7):1750-1755.

[93] 李盛,李建新,王起才,等. 水泥砂浆封闭孔隙冻胀破坏问题的力学分析[J]. 公路交通科技,2015,(4):83-89.

[94] 张凯,王起才,王庆石,等. 含气量对低温养护下混凝土孔结构的研究[J]. 混凝土,2015,(4):49-52.

[95] 王起才,陈川,张戎令,等. 考虑持续低温影响的水泥水化放热计算模型[J]. 建筑材料学报,2015,(2):249-254.

[96] 张凯,王起才,王庆石,等. 含气量对混凝土早期强度的研究[J]. 混凝土,2015,(3):27-30.

[97] 张凯,王起才,王庆石,等. 含气量对低温养护下混凝土早期实际强度及抗冻性能的影响研究[J]. 硅酸盐通报,2015,(3):677-683.

[98] 陈松,李建新,王起才,等. 水泥砂孔隙特征对抗冻性影响的研究[J]. 混凝土,2015,(2):26-28.

[99] 杨阳,王起才,张戎令,等. 基于不同恒定低温和水灰比的水泥水化程度试验研究[J]. 混凝土,2015,(1):5-8.

[100] 王庆石,王起才,张凯,等. 3℃下含气量对混凝土强度、孔结构及抗冻性的影响[J]. 硅酸盐通报,2015,(3):615-620.

[101] 王庆石,王起才,张凯,等. 不同含气量混凝土的孔结构及抗冻性分析[J]. 硅酸盐通报,2015,(1):30-35.

[102] 周立霞,王起才. 矿物掺和料对混凝土抗冻性的影响[J]. 混凝土,2011,05:53-56,59.

[103] 张凯,王起才,王庆石,等. 3℃养护下引气混凝土早期强度及抗冻性能研究[J]. 工业建筑,2015,(2):5-9.

[104] 张粉芹,张颖,王起才. 低强度大流动性引气混凝土耐久性的试验研究[J]. 混凝土,2009,(2):20-23.

[105] 陈川,冷洁,邢添,等. 水灰比和低温环境影响的水泥水化放热计算模型[J]. 混凝土,2015,(1):21-24,31.

[106] 石磊,王志伟. 戈壁地区混凝土冬季施工养护措施探讨[J]. 道路工程,2014,(10):175.

[107] 于本田,贾龙,王起才,等. 碱硅酸反应影响因素试验研究与灰色关联分析[J]. 混凝土,2013,(5):28-30,34.

[108] 于本田,王起才,周立霞,等. 矿物掺和料与水胶比对混凝土耐久性的影响研究[J]. 硅酸盐通报,2012,(2):391-395,410.

[109] 于本田,王起才,周立霞,等. 兰新铁路第二双线混凝土抗氯离子渗透性能试验研究[J]. 硅酸盐通报,2012,(5):1 323-1 327,1 331.

[110] 张粉芹,王海波,王起才. 掺和料和引气剂对混凝土孔结构与性能影响的研究[J]. 水力发电学报,2010,(1):180-185.

[111] 周立霞,王起才,张粉芹. 矿物掺和料和孔结构对混凝土抗渗性的影响[J]. 水力发电学报,2010,(3):196-201.

[112] 王起才,姜鹏. 兰新铁路高性能混凝土碱—集料反应试验研究[J]. 西部交通科技,2010,

(11):69-72,82.
[113] 宋鲁光,孙伟,高建明. 干湿循环条件下矿渣混凝土氯离子表观扩散系数的影响因素研究[J]. 混凝土,2015,(11):4-6,11.
[114] 宋鲁光,孙伟,高建明. 养护龄期对混凝土氯离子扩散系数时间依赖性的影响[J]. 东南大学学报(自然科学版),2015,(6):1151-1154.
[115] 庞超明,罗时勇,秦鸿根,等. 混凝土气体渗透性试验方法[J]. 东南大学学报(自然科学版),2014,(6):1235-1239.
[116] 殷光吉,左晓宝,孙伟,等. 硫酸盐侵蚀下水泥基材料等效应力计算[J]. 南京理工大学学报,2015,(2):167-173.
[117] 贾艳涛,孙伟,郑克仁,等. 硅酸盐水泥-矿渣复合浆体的水化反应进程研究[J]. 硅酸盐通报,2015,(6):1548-1553,1564.
[118] 殷光吉,左晓宝,孙伟,等. 硫酸盐侵蚀下水泥净浆膨胀应变计算[J]. 工程力学,2015,(9):119-125.
[119] 张云清,余红发,孙伟,等. 盐冻作用下混凝土受弯构件承载力的计算[J]. 材料科学与工程学报,2014,(1):29-34.
[120] 李士彬,孙伟. 疲劳、碳化和氯盐作用下混凝土劣化的研究进展[J]. 硅酸盐学报,2013,(11):1459-1464.
[121] 周彬彬,顾祥林,张伟平,等. 海洋大气环境下钢筋混凝土梁受弯时变可靠度分析[J]. 土木工程学报,2010,(S2):15-21.
[122] 付传清,金贤玉,田野,等. 多场耦合作用下氯离子分布场的数值模型[J]. 东南大学学报(自然科学版),2010,(S2):119-125.
[123] 刘鹏,余志武,陈颖,等. 自然和人工模拟环境中混凝土氯盐侵蚀相似关系研究[J]. 建筑结构学报,2014,(S2):362-370.
[124] 刘鹏,余志武. 人工模拟与自然的氯盐环境中混凝土氯盐侵蚀相似性研究[J]. 中国铁道科学,2014,(4):136-138.
[125] 刘军,谢友均,邢锋,等. 氯离子对粉煤灰混凝土表层渗透性的影响[J]. 中南大学学报(自然科学版),2014,(11):4000-4005.
[126] 雷明锋,彭立敏,谢友均,等. 侵蚀环境和荷载耦合作用下盾构管片氯离子扩散规律试验研究[J]. 现代隧道技术,2014,(3):98-104.
[127] 马昆林,龙广成,谢友均. 硫酸盐半浸泡侵蚀下水泥基材料中腐蚀产物的试验研究[J]. 混凝土,2013,(9):33-35,39.
[128] 马昆林,谢友均,龙广成. 毛细作用下硫酸盐溶液在混凝土中传输速率的试验研究[J]. 硅酸盐学报,2012,(10):1448-1455.
[129] 李化建,谢永江,易忠来,等. 氯盐环境下铁路混凝土配合比参数的研究[J]. 铁道学报,2012,(9):111-116.
[130] 刘鹏,宋力,余志武. 不同干湿条件下混凝土表层内水分传输[J]. 中南大学学报(自然科学版),2014,(8):2830-2838.
[131] 李翔,陈贡联,马俊元,等. 混凝土多孔砖砌体材料抗剪性能试验研究[J]. 建筑材料学

报,2011,(1):98-105.

[132] 王卓琳,顾祥林,林峰. 水泥砂浆复合受力破坏准则的试验研究[J]. 建筑材料学报,2011,(4):437-442.

[133] 徐少云,张粉芹,王起才. 提高大温差、大风、干燥环境下混凝土耐磨性的试验研究[J]. 兰州交通大学学报,2011,(4):67-70.

[134] 王彦平,王起才,居春常. 混凝土表面增强处理对抗冲蚀磨损性能的影响[J]. 混凝土,2013,(3):37-40.

[135] 王彦平,居春常,王起才. 风沙环境下混凝土、砂浆和水泥石的固体颗粒冲蚀磨损试验研究[J]. 中国铁道科学,2013,(5):21-26.

[136] 章岩,王起才,张粉芹,等. 混凝土抗风蚀磨损表面强化处理材料的对比试验研究[J]. 中国铁道科学,2012,(2):43-47.

[137] 刘军,谢友均,邢锋,等. 粉煤灰对混凝土表层渗透性能的影响[J]. 硅酸盐通报,2013,(7):1242-1247.

[138] 王彦平,居春常,王起才. 冲击参数对兰新铁路混凝土结构冲蚀磨损的影响[J]. 硅酸盐通报,2013,(4):607-612.

[139] 章岩,王起才,江林,等. 水泥基材料表面渗透防护材料技术研究进展[J]. 材料导报,2014,(15):98-103.

[140] 章岩,王起才,张忠元,等. 水泥基材料表面渗透防护试验研究[J]. 兰州交通大学学报,2014,(3):176-182.

[141] 郑传明,姜正平,陈飚. 耐磨抗冲击补偿收缩混凝土的研究[J]. 世界地震工程,2001,17(4):143-146.

[142] 赵彦华,王彦平,王起才,等. 砂子级配对砂浆冲蚀磨损性能的影响[J]. 混凝土与水泥制品,2015,(8):16-19.

[143] 王彦平,龚卓,王起才. 风沙环境下混凝土桥梁墩身固体颗粒冲蚀磨损及防护材料试验研究[J]. 硅酸盐通报,2015,(7):1941-1946.

[144] 王彦平,龚卓,王起才. 环氧树脂及其复合材料的固体颗粒冲蚀磨损[J]. 建筑材料学报,2015,(4):652-657.

[145] 王彦平,龚卓,王起才. 改性环氧树脂固体颗粒冲蚀磨损试验研究[J]. 工程塑料应用,2015,(1):93-96.

[146] 马飞,孙家瑛,张逸君,等. 界面改性对混凝土路用性能的影响[J]. 建筑材料学报,2001,4(4):351-355.

[147] 吕丽华,柳俊哲. 混凝土路面的抗冻融磨蚀措施[J]. 东北林业大学学报,2009,37(10):74-75.

[148] 李朝来. 西部温湿度条件下混凝土减缩阻裂方法研究[D]. 哈尔滨:哈尔滨工业大学,2014.

[149] Bissonnette B, Pigeon M. Tensile creep at early age of ordinary silica fume and fiber reinforced concrete[J]. Cement and Concrete Research,1995, 25(5):1075-1085.

[150] Bloom R, Bentur A. Free and restrained shrinkage of normal and high-strength concrete[J].

ACI Materials Journal, 1995, 92(2): 211.
[151] 佘安明. 干燥大温差气候下混凝土含水量测定与显微结构的研究[D]. 武汉:武汉理工大学,2007.
[152] 岳家平. 高温大温差低密度水泥浆体系研究与应用[D]. 成都:西南石油大学,2012.
[153] 李茂光. 西部温湿度条件下混凝土体积变形与开裂规律研究[D]. 哈尔滨: 哈尔滨工业大学,2013.
[154] 刘志勇. 不同温湿度环境粉煤灰混凝土与基准混凝土收缩性能试验研究[J]. 土木工程学报,2009,(5):69-73.
[155] Hua C, Ehrlacher A. Analyses and models of the autogenous shrinkage of hardening cement paste 1. Modeling at macroscopic scale[J]. Cement and Concrete Research,1995,25(7): 1457-1468.
[156] Uysal M, Yilmaz K. Effect of mineral admixtures on properties of self-compacting concrete [J]. Cement and Concrete Composites,2011,33(7):771-776.
[157] Brewer H W, Burrows R W. Coarse ground cement makes more durable concrete[J]. ACI Journal,1951,47(25): 353.
[158] Wiegrink K, Marikunte S, Shah S P. Shrinkage cracking of high strength concrete[J]. ACI Materials Journal,1996,93(5):409- 415.
[159] 蒲建国. 酒泉戈壁地区高性能混凝土耐久性研究[D]. 西安:西安建筑科技大学,2011.
[160] 杨明,周士琼,李益进. 粉煤灰高性能混凝土养护方法的试验研究[J]. 混凝土与水泥制品,2001,5:10-11.
[161] 钱晓倩. 早期养护时间对混凝土早期收缩的影响[J]. 沈阳大学学报:自然科学版,2007,23(4):610-613.
[162] Cin P C. Concrete the most widely used construction materials[J]. American Concrete Institute Special/Symposium Publication,1995(154):257-266.
[163] Goretta K C,Burdt M L,Cuber M M. Solid-particle erosion of portland cement and concrete [J]. Wear,1999,224(1):106-112.
[164] Momber A W. The erosion of cement paste,mortar and concrete by gritblasting[J]. Wear, 2000,246(1-2):46-54.
[165] 龙武斌. 沙漠戈壁区道床板混凝土养护技术[J]. 中国高新技术企业,2014,(19):88-90.
[166] 王铁梦. 工程结构裂缝控制[M]. 北京:中国建筑工业出版社. 1997.
[167] 马丽媛,姚燕. 高强混凝土收缩开裂的研究[D]. 北京:中国建筑材料科学研究院. 2001: 41- 42.
[168] 郑翥鹏,郑建岚. 高强与高性能混凝土的抗裂影响因素及理论分析[D]. 福建:福州大学. 2002:29-30
[169] 额吉乐,高强高性能混凝土早期收缩及开裂抑制措施研究[D]. 北京:北京交通大学,2011:62-64.
[170] 刘旭晨,廉慧珍. 对掺用粉煤灰的混凝土抗裂性的试验研究[J]. 商品混凝土. 2005(1): 18-21.

[171] Fiorio B. Wear characterisation and degradation mechanisms of a concrete surface under ice friction[J]. Construction and Building Materials,2005,19(5):366-375.

[172] Momber A W. Damage to rocks and cementitious materials from solid impact[J]. Rock Mechanics and Rock Engineering ,2004,37(1):57-82.

[173] 艾红梅,白雪娇. 高性能混凝土收缩开裂与对策研究[J]. 商品混凝土,2010,(10):19-21.

[174] Austin S A. Air permeability versus sorptivity:Effects of field curing on cover concrete after one year of field exposure[J]. Magazine of Concrete Research,2000,52(1):17-24.

[175] Alizadeh R,Ghods P,Chini M. Effect of curing conditions on the service life design of RC structures in the persian gulf region[J]. Journal of Materials in Civil Engineering,2008,20(1):2-8.

[176] Austin S A. Robins P J. Influence of early curing on the sub-surface permeability and strength of silica fume concrete[J]. Magazine of Concrete Research,1997,49(178):23-34.

[177] 于本田,王起才,周立霞,等. 兰新铁路第二双线混凝土采用橡塑板保温保湿试验研究[J]. 兰州交通大学学报,2012,04:7-10,16.

[178] 于本田,王起才,周立霞,等. 干燥、昼夜大温差气候下混凝土保温保湿养护效果试验研究[J]. 硅酸盐通报,2012,06:1398-1402,1408.

[179] En O M,Hansen P F,Water-entrained cement-based materils(Ⅱ):Experimental observations,Cement and Concrete Research,2002(31):973-978.

[180] GowriPalna N,Cbarera J G,Cusens A R,et al. Effect of curing on durability[J]. Concrete International,1990,(12),47-54.

[181] Asselanis J G,AiteinP C,AiteinP C. Effect of Curing Conditions on the ComPressive Strength and Elastie Modulus of Very High-Strength Conerete[J]. Cement,Concretenad. Aggregates,1989,(11),80-83。

[182] 张洪川,王起才. 兰新铁路大体积混凝土试验墩养护方式优化与分析[J]. 工程建设,2011,(3):46- 49.

[183] 杨得山,王起才. 兰新二线高性能混凝土桥墩抗裂性试验研究[J]. 工程建设与设计,2011,(7):152-154.

[184] 邓晓,王起才,李盛,惠兵. “五个度”在水泥水化进程中的影响关系研究[J]. 硅酸盐通报,2015,34(11):3321-3326.

[185] 张戎令,王起才,马丽娜,等. 膨胀剂掺量和含钢率对钢管混凝土徐变性能的影响[J]. 建筑材料学报,2015,(5):749-756.

[186] 张戎令,王起才,马丽娜,等. 膨胀剂掺量和含钢率对钢管混凝土徐变性能的影响[J]. 建筑材料学报,2015,(5):749-756.

[187] 曹兴龙,王起才,鲍学英. 混凝土配合比设计及强度预测[J]. 硅酸盐通报,2015,(3):639-643.

[188] 王彦平,龚卓,王起才. 风沙环境下不同强度等级砂浆冲蚀磨损试验研究[J]. 兰州交通大学学报,2015,(1):44- 48.

[189] 杜迎东,王起才,于本田,等. 兰州地区商品混凝土用骨料性能试验研究[J]. 铁道建筑,2015,(8):127-130.
[190] 谢超,王起才,于本田,等. 不同养护条件下同等强度混凝土抗氯离子渗透性和细观结构对比分析试验研究[J]. 硅酸盐通报,2015,(9):2496-2500.
[191] 陈松,刘汝生,王起才. 普通硅酸盐水泥水化热影响因素试验研究[J]. 铁道建筑,2014,(6):159-161.
[192] 鲍学英,王起才,张磊. 基于灰色关联分析的再生混凝土粗骨料质量优选研究[J]. 硅酸盐通报,2014,(4):741-745.
[193] 张戎令,王起才,马丽娜,等. 膨胀剂掺量和应力比对钢管混凝土徐变性能的影响[J]. 中南大学学报(自然科学版),2014,(7):2416-2423.
[194] 鲍学英,王起才. 灰色聚类法在再生混凝土粗骨料质量等级评价中的应用[J]. 土木建筑与环境工程,2014,(3):112-117.
[195] 张戎令,杨阳,王起才,等. 钢管-微膨胀混凝土气孔结构改变对徐变的影响[J]. 硅酸盐通报,2014,(6):1 514-1 519.
[196] 陈川,王起才,张戎令,等. 持续低温环境下的水泥水化特性试验研究[J]. 混凝土,2014,(8):74-77.
[197] 陈川,王起才,张戎令,等. 水灰比以及水化程度对水泥水化计算模型的影响[J]. 混凝土,2014,(7):32-36.
[198] 张戎令,王起才,葛勇,等. 膨胀剂掺量对钢管混凝土徐变性能的影响[J]. 公路交通科技,2014,(11):66-71,84.
[199] 于本田,王起才,周立霞,等. 兰新铁路第二双线混凝土矿物掺和料掺量优化试验研究[J]. 西安建筑科技大学学报(自然科学版),2012,(3):351-356.
[200] 周立霞,王起才. 粉煤灰粒度分布及其活性的灰色关联分析[J]. 硅酸盐通报,2011,(3):656-661,666.
[201] 于本田,刘树红,王起才,等. 兰新铁路第二双线高性能混凝土施工质量的控制措施[J]. 工程质量,2011,(5):6-11.
[202] 常卫锋,王起才,李海威. 恶劣环境下对桥梁墩柱养护的浅析[J]. 北方交通,2011,(9):43- 46.
[203] 刘鹏,余志武,宋力,等. 自然环境中混凝土内微环境温度响应[J]. 湖南大学学报(自然科学版),2014,(9):60-65,71.
[204] 贺智敏,龙广成,谢友均,等. 蒸养混凝土的表层伤损效应[J]. 建筑材料学报,2014,(6):994-1000,1008.
[205] 刘军,谢友均,邢锋. 自然浸泡环境下粉煤灰对水泥基材料孔结构的影响[J]. 硅酸盐通报,2013,(7):1397-1400,1409.
[206] 黄法礼,李化建,谢永江,等. 新拌混凝土工作性能与流变参数相关性研究进展[J]. 混凝土,2015,(10):119-123,127.
[207] 杨鲁,谢永江,李化建,等. 新拌混凝土气泡参数分析法影响因素研究[J]. 材料导报,2015,(S1):366-368,384.
[208] 李玉琳,廉慧珍. 加强施工质量的过程控制[J]. 建筑技术,2009,(05):429- 433.